广西泥盆系锰矿及下雷锰矿床研究新进展与找矿方向

GUANGXI NIPENXI MENGKUANG JI XIALEI MENGKUANGCHUANG YANJIU XIN JINZHAN YU ZHAOKUANG FANGXIANG

夏柳静　编著

中国地质大学出版社

内容简介

自20世纪50年代末被发现后,半个多世纪以来,众多学者对下雷锰矿床含锰岩系特征、控矿褶皱、矿床成因类型及成矿模式等先后形成了许多不同的观点。结合野外观察及室内综合研究,对下雷锰矿床的含锰岩系、控矿构造、成矿物质来源、成矿机理等提出了新的认识,并建立了新的矿产预测类型及预测模型。

本书适合矿产勘查和规划管理部门相关人员使用,对地质找矿、矿床宏观研究,特别是锰矿的找矿、宏观研究工作具有重要参考价值。

图书在版编目(CIP)数据

广西泥盆系锰矿及下雷锰矿床研究新进展与找矿方向/夏柳静编著.—武汉:中国地质大学出版社,2024.4

ISBN 978-7-5625-5804-0

Ⅰ.①广… Ⅱ.①夏… Ⅲ.①泥盆纪-锰矿床-找矿方向-研究-广西 Ⅳ.① P618.320.8

中国国家版本馆 CIP 数据核字(2024)第 055439 号

广西泥盆系锰矿及下雷锰矿床研究新进展与找矿方向		夏柳静 编著
责任编辑:沈婷婷	选题策划:王凤林	责任校对:何澍语
出版发行:中国地质大学出版社(武汉市洪山区鲁磨路388号)		邮编:430074
电 话:(027)67883511	传 真:(027)67883580	E-mail:cbb@cug.edu.cn
经 销:全国新华书店		http://cugp.cug.edu.cn
开本:787毫米×1092毫米 1/16	字数:502千字	印张:19.75
版次:2024年4月第1版	印次:2024年4月第1次印刷	
印刷:武汉精一佳印刷有限公司		
ISBN 978-7-5625-5804-0		定价:128.00元

如有印装质量问题请与印刷厂联系调换

前　言

广西是我国锰矿资源较丰富的省份，探明的锰矿资源储量位居全国第二位，占全国已探明锰矿资源储量的23%；广西境内锰矿床产出层位有上泥盆统榴江组、五指山组，下石炭统大塘组（上一下石炭统巴平组），中二叠统孤峰组、下三叠统北泗组（石炮组）等。上泥盆统榴江组、五指山组，下三叠统北泗组（石炮组）含锰岩系及锰矿床主要分布于桂西南；下石炭统大塘组（上一下石炭统巴平组）、中二叠统孤峰组含锰岩系及锰矿床则主要分布于桂中。目前探明锰矿资源储量规模较大的含锰岩系有上泥盆统五指山组、下石炭统大塘组（上一下石炭统巴平组）、下三叠统北泗组（石炮组）。这3组含锰岩系中探明有大型、特大型、超大型锰矿床。

下雷锰矿床是广西境内目前唯一一个以工业矿石为主、单矿床资源储量超过1亿t的超大型锰矿床。半个多世纪以来，对下雷锰矿床含锰岩系组成及特征、主体控矿构造的形态及特征、锰矿床的成因及物质来源等的研究先后形成了许多不同的观点。

笔者借用现代海洋学研究成果及野外观察所得的微型黑（白）烟囱、矿床中较常见的锰结核构造、同生褶皱构造、伪向斜构造等资料，将下雷锰矿床的成因类型确定为洋中脊（海沟）火山喷流沉积。

类比自然界中豆鲕粒形成原理，认为软流圈之所以能为大多数矿床提供成矿物质，是因为在软流圈中有形成豆鲕粒的环境及条件，能形成豆鲕粒。形成的豆鲕粒将软流圈中各类含量低（如同地壳中各类元素的克拉克值）的成矿物质及其亲和物质富集。

软流圈中形成的豆鲕粒在移动过程中偶遇还未完成封闭、固结的区域深大断裂时便形成岩浆岩型矿床或火山岩型矿床。因为是偶遇，所以自然界中岩浆岩（火山岩）虽大面积分布，但岩浆岩型矿床或火山岩型矿床却占比很少。

软流圈中形成的豆鲕粒受到地壳的巨压始终不渝地向地壳上压力最小的洋中脊运动，在持续不断的下渗海水的萃取下形成火山喷流，喷入海底形成黑（白）烟囱。喷流出的成矿物质在水动力相对较弱的深海平原或中央断裂谷地形成沉积型内源外生矿床。

下雷锰矿床控矿褶皱无论是倒转向斜，还是平卧褶皱，与矿床控矿构造实际呈"平躺的大写L"的构造形态不相符。根据最新的洋中脊火山喷流沉积矿床成因特点，笔者将下雷锰矿床主要控矿褶皱定为"伪向斜"，即相当于历年各类报告中的Ⅰ级褶皱，主要控矿褶皱的次级褶皱Ⅱ、Ⅲ、Ⅳ级褶皱或部分，或大部分也并非构造应力作用的产物，也是受火山喷流作用形成的同生褶皱构造形态。

下雷锰矿区断裂构造较发育，不但有同生的区域性断裂F_1断层，还有"五期九组"的各期次级断层。但这些断层对锰矿层的破坏不大,因此下雷锰矿床整体保留完整。还有相当一部分次级断层通过加密工程控制后,其形态、规模均发生较大的变化。无论是区域性同生断裂F_1,还是"五期九组"的次级断层的断层角砾、碎裂岩等胶结物,主要为泥质、铁质,局部为方解石,只有第一期中的二组断裂部分有锰染或锰矿碎块。

若将"平躺的大写L"的构造形态定为倒转向斜或是平卧褶皱,就会出现一个有趣的问题,那就是褶皱的另一翼去了哪里?根据矿区断层特征,这一翼近1.0亿~1.32亿t的锰矿石被断层"吃掉"的可能性不大。笔者结合各个时期的勘探报告及科研资料分析,褶皱另一翼锰矿石被物理分化、化学分化等作用破坏掉的可能性也不存在。

另一翼是否真的不存在?下雷锰矿床的主体控矿构造是否真的可以重新定义?这些有趣的、又让人一时得不到答案的问题,在所有对下雷锰矿床有较深了解的地质技术人员,甚至是科研人员的脑海中挥之不去!

笔者对地球物理方法、地球化学方法、层序地层学方法等在我国南方寻找锰矿的适用性,以及探矿工程所收集的资料与矿山地质所收集到的资料的代表性也进行了粗浅的探讨。

本书研究人员经过多年的工作,取得了大量的一手资料,并对多项项目成果进行了系统的梳理,完成了阶段性的成果总结,取得了一些新进展,提出了一些新认识、新观点。提出了4个找矿预测靶区,对研究区下一步的找矿工作有一定的指导意义。但由于资料收集不全等,仍然存在大量的问题需要进一步解决。由于编者的水平有限,难免存在一些错误之处,敬请读者批评指正。

编者

2023年7月

目 录

第一章 概述 …………………………………………………………………… (1)
- 第一节 研究区位置交通 …………………………………………………… (1)
- 第二节 研究区自然地理和经济状况 ……………………………………… (2)
- 第三节 研究区景观概况 …………………………………………………… (3)
- 第四节 研究区各类保护区概况 …………………………………………… (3)
- 第五节 下雷锰矿区矿段划分 ……………………………………………… (5)

第二章 广西上泥盆统含锰岩系及锰矿 ……………………………………… (6)
- 第一节 地理分布及锰矿 …………………………………………………… (6)
- 第二节 古地理概貌 ………………………………………………………… (34)

第三章 以往地质工作程度 …………………………………………………… (37)
- 第一节 以往区域地质工作 ………………………………………………… (37)
- 第二节 以往矿产地质勘查工作 …………………………………………… (40)
- 第三节 研究区科研工作 …………………………………………………… (64)
- 第四节 矿石利用情况 ……………………………………………………… (145)

第四章 区域成矿地质背景 …………………………………………………… (151)
- 第一节 区域地层 …………………………………………………………… (151)
- 第二节 区域构造 …………………………………………………………… (154)
- 第三节 区域岩浆岩 ………………………………………………………… (158)
- 第四节 区域地层建造、构造及岩浆岩建造的关系 ……………………… (160)

第五章 矿区地质特征 ………………………………………………………… (162)
- 第一节 矿区地层 …………………………………………………………… (162)
- 第二节 矿区构造 …………………………………………………………… (165)
- 第三节 矿区岩浆岩 ………………………………………………………… (170)
- 第四节 矿区地球物理特征 ………………………………………………… (170)
- 第五节 矿区地球化学特征 ………………………………………………… (172)

第六章 典型锰矿床地质特征 ………………………………………………… (177)
- 第一节 下雷锰矿床勘查、开发简史 ……………………………………… (177)
- 第二节 南部矿段矿床地质特征 …………………………………………… (178)

  第三节 北中部矿段详细普查矿床地质特征 …………………………………………（194）
  第四节 北中部矿段矿床地质特征 ……………………………………………………（198）
第七章 下雷锰矿床研究新进展 ……………………………………………………………（268）
  第一节 含锰岩系研究新进展 ……………………………………………………………（268）
  第二节 含锰岩系分层标志研究新进展 …………………………………………………（275）
  第三节 褶皱构造研究新进展 ……………………………………………………………（276）
  第四节 小断层研究新进展 ………………………………………………………………（282）
  第五节 矿床成因研究新进展 ……………………………………………………………（283）
  第六节 成因机理与矿床成因模型 ………………………………………………………（287）
  第七节 找矿标志 …………………………………………………………………………（291）
第八章 结 论 …………………………………………………………………………………（293）
第九章 成矿预测 ………………………………………………………………………………（297）
  第一节 矿产预测类型 ……………………………………………………………………（297）
  第二节 找矿远景区 ………………………………………………………………………（299）
主要参考文献 …………………………………………………………………………………………（305）

第一章 概 述

第一节 研究区位置交通

研究区位于广西壮族自治区西南部,大新县城北西280°方向,距大新县城50km,行政区划属崇左市大新县下雷镇、百色市靖西市湖润镇管辖。其地理坐标为:东经106°40′00″—106°46′00″,北纬22°54′00″—22°56′00″,面积约32km²。

研究区位于下雷镇275°方向,距下雷镇6.5km,下雷镇有交通网可通研究区的各个方位。S109省道从下雷镇中通过,往西北58km到达靖西市;田阳至龙邦一级口岸高速路在靖西县城有互通出口;田东至龙邦一级口岸的铁路从靖西县城东部通过;田东、田阳县城设有高铁站、高速路互通出口;合那(合浦—那坡)省级高速路(S60)从下雷镇北部通过,直距约4.5km,在东南方向5km有互通出口;梧州至硕龙在建高速公路从矿区的西南通过;东北有县道途经土湖、上映到达天等县城;中越边境公路通过下雷矿区的西南部,往东北可看到下雷矿区全貌;下雷镇至跨国第二大瀑布德天瀑布11km;靖西市、德保县、天等县、大新县、田东县、田阳县等县(市)级公路均与S109省道相通。研究区内的交通较为方便,下雷锰矿区交通位置见图1-1。

图1-1 下雷锰矿区交通位置示意图

第二节　研究区自然地理和经济状况

研究区位处云贵高原台地南缘与广西山地丘陵过渡的斜坡地带,属低山丘陵地形,部分为岩溶洼地,悬崖陡壁甚多。地势北高南低,最高点为模架山,海拔847m,一般海拔400~600m,比高100~300m。区内草深林密,除灰岩裸露的峰丛外,均有浮土掩盖。山体多为北东-南西走向,与区域构造线方向基本吻合。由于岩性的差异,形成两种截然不同的地貌:丘陵土坡、洼地及其外围岩溶峰林、洼地、孤峰。

研究区地处亚热带,属亚热带季风气候,气候温暖潮湿,雨量充沛。日照时间长,春、秋季凉爽,冬温夏酷,无霜期达300d以上,昼夜温差较大,基本为雨热同期。每年6—9月较热,平均气温25~27℃,12月至翌年2月气温较低,平均为5~15℃,局部山区有霜冻;4—5月有冰雹;年降雨量1349~1 916.66mm,5—9月为雨季,降雨量达1123mm,占全年降雨量的77%。

研究区属边远山区,为壮族、汉族、苗族、瑶族、彝族、仡佬族等多民族聚居地,以壮族为主,绝大部分居民务农,仅部分青壮年外出务工,劳动力较为充沛。区内经济较为落后,以农业、采矿业为主。天等县曾经是国家级贫困县,可耕稻田、旱地较少,粮食作物主要为水稻、玉米和红薯,粮食仅够自给。经济作物有甘蔗、芭蕉、油茶、杧果、八角、辣椒、生姜等。土特产有龙眼、蛤蚧、药材、桄木砧板等。近年来烤烟种植发展较快,部分乡镇开始种植葡萄、火龙果。木材主要有松、槐、杉、栎类等。区内农村电网改造已完成,通电且通讯便利。

研究区采矿业、冶炼业近年来发展较迅速。各县城有小型水泥厂、化肥厂、机修厂、糖厂等;研究区附近的重要矿山有德保钦甲中型铜锡矿、靖西弄华中型黄铁矿及湖润锰矿、土湖锰矿、新湖锰矿、兴湖锰矿、大新锰矿(属下雷锰矿床的西南部)等。

大新锰矿是研究区最大的采矿、冶炼矿山。大新锰矿分布于下雷锰矿床的西南端。下雷锰矿床的矿业权虽被分成了几个(各矿业权关系见图1-2),但真正进一步进行矿山开采的并不

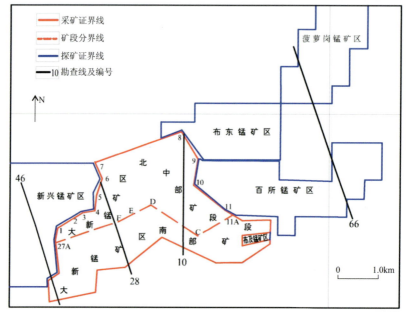

图1-2　下雷锰矿床及其周边各矿业权关系示意图

多。从技术、经济层面来讲,原因有3个:一是下雷锰矿床东部地区的锰矿埋藏较深,山高谷深,地形复杂,勘查难度大,成本高;二是另起炉灶建矿山投资大、采矿成本高,不是一般的投资者能承受的;三是碳酸锰矿石属于较难选矿石,有的矿业权人不一定掌握了碳酸锰矿石较成熟的冶炼技术,想建矿山,条件还不成熟。

研究区内无大江大河,但岩溶地下水丰富,龙合河与百诺河流经本区。当地生活供水充足,生产供水除旱季较紧张外,也基本充足。研究区有小型水电站多处,但不能满足工农业发展的需要,当地生产、照明用电基本由广西百色能源投资发展集团有限公司供给。

第三节 研究区景观概况

研究区位于桂西南部,属低山区,部分为岩溶洼地,悬崖陡壁甚多,地势北高南低。研究区大面积分布碳酸盐建造,在特定的气候及流水作用下,形成了岩溶地貌景观(喀斯特地貌景观)。正地形有峰林、孤峰、残丘等,负地形有岩溶洼地、波立谷及较多的岩溶丘陵等。溶洞发育,洞内常有地下湖或地下暗河以及由石灰岩溶解沉淀形成的钟乳石,景色宜人。村落、农田则多处于低畦河流附近。研究区森林覆盖率高,风土人情独特,民风淳朴,有德天瀑布、通灵大峡谷等旅游景点,是休闲旅游度假的好去处。

第四节 研究区各类保护区概况

研究区周边有2个水源林自然保护区:古龙山水源林保护区(自治区级)、下雷水源林保护区(自治区级),见图1-3。

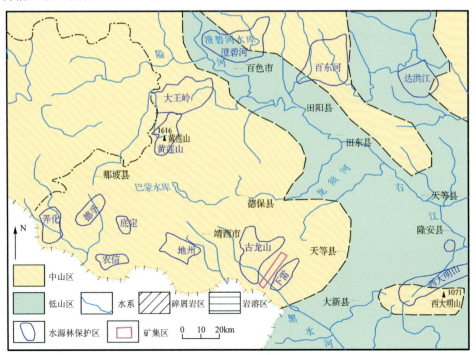

图1-3 研究区及周边自然保护区位置分布图

一、古龙山水源林保护区

古龙山水源林保护区位于研究区西北部,靖西市东南方向约30km,和德保县的南部交界。古龙山水源林保护区与研究区无重叠区域。该保护区是1982年建立的自治区级保护区,1986年建立管理站,中心地理坐标为东经106°50′,北纬22°50′,地跨靖西市的湖润镇、化峒、岳圩、武平乡和德保县的燕洞、龙光乡,面积约296.75km²,主要保护对象为水源涵养林及野生动植物。

古龙山水源林保护区处于北回归线以南,保护区内地形复杂、土石山交错,由丘陵至中山组成,属古生代的花岗岩、碳酸盐岩地层。发源于古龙山的河流有果老、下家丁、多吉、盘屯等小溪,汇集于湖润镇注入左江支流黑水河。

保护区内生物资源丰富,地带性植被为季节雨林,在石山上以蚬木为代表,还有石山樟、密楠木和金丝李等,但很少保存。800m以上的山顶,一般是草坡、灌木丛。在沟谷有鱼尾葵、秋枫、野蕉丛林。人工林有松木林、杉木林、桉树林、油茶林等,果树有木菠萝、龙眼、荔枝、柑橙、芭蕉等。

保护区有种子植物约800种,其中属于国家保护的珍稀树种有蚬木、肥牛树、金丝李、观音树、任木等,重要树种有米老排、马脚荷、禾木、西桦、香樟、泡桐等。

保护区内国家一级保护动物有黑叶猴、熊猴、金钱豹、蟒蛇等,二级保护动物有冠斑犀鸟、穿山甲、林麝、猕猴、金猫、大灵猫、原鸡、鬣羚、蛤蚧、巨松鼠等。

二、下雷水源林保护区

下雷水源林保护区位于研究区的东南部,大新县西北部,于1986年经广西壮族自治区人民政府批准建立保护区管理站,水源林保护区范围地理坐标为东经106°04′—106°48′,北纬22°24′—22°28′,包括大新县下雷、土湖两个乡的部分山地,总面积约79.2km²,主要保护对象为水源涵养林。

保护区境内有土山和石山两部分,大体各占1/2。土山部分为砂页岩低山,主要山脉有四城岭和吉门岭,最高峰为四城岭顶,海拔为1073m,一般海拔为500~700m。石山部分的地层为泥盆系碳酸盐岩,地貌为峰丛洼地和峰林谷地。

保护区境内水系不发达,中部有左江支流黑水河的上游逻水通过,是黑水河的主要水源地之一。

保护区属亚热带常绿季风雨林区,在碳酸盐岩山地人为干扰比较少的地方,保存的原生植被较好,保存有许多珍稀植物资源。如属国家重点保护的珍稀植物有蚬木、金丝李、金花茶、肥牛树、任木等石山树种及土山观光木、蒜头果等。

保护区内森林茂密、生物资源丰富,是动物栖息繁衍的重要区域,如有国家重点保护珍稀动物冠斑犀鸟、云豹、猕猴、林麝、水獭、蟒蛇、穿山甲等。

第五节 下雷锰矿区矿段划分

下雷锰矿区主体范围在 46~66 号勘查线之间,见图 1-4。1978—1985 年,广西壮族自治区第四地质队在开展下雷锰矿区详查勘查工作过程中,根据各个勘查时期工作时间的先后、工作程度的不同及地质构造、矿层空间展布特征的差异等将下雷锰矿床划分为南部矿段、中部矿段、北部矿段。北部矿段以 12 号勘查线为界分为北部西段(以前称西北部)和北部东段;南部矿段结合采区分为 8 号勘查线以东、8~24 号勘查线及 24 号勘查线以西 3 个地段,又依次另称为南部东段、南部中段、南部西段(以前称西南部)。

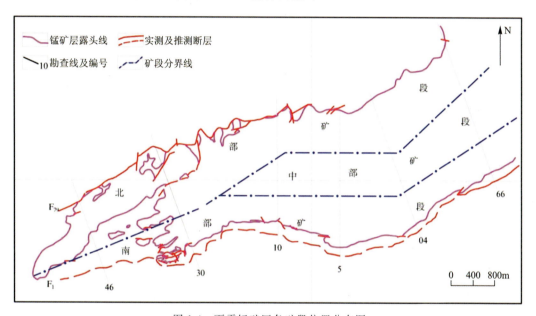

图 1-4 下雷锰矿区各矿段位置分布图

第二章　广西上泥盆统含锰岩系及锰矿

第一节　地理分布及锰矿

一、早—中泥盆世地层含锰岩系

早—中泥盆世地层含锰岩系主要分布于钦州地区。下泥盆统钦州组出露面积不大,且分布零星,地层多不完整。岩性以泥岩、粉砂岩、硅质岩为主,局部夹含锰、含磷层。含锰岩石为含锰硅质岩及斜黝帘石角岩。含锰硅质岩一般呈薄层状夹于硅质岩层中,多者可达十数层,常与含磷层共生。锰以含锰方解石的形式赋存在硅质岩中,Mn 含量为 5%～8%。钦州板城一带钦州组上部所夹斜黝帘石角岩,含锰方解石为 3%。上述含锰地层在条件适宜的风化带中,常形成淋滤型氧化锰矿床。

中泥盆统在钦州地区出露面积仅数十平方千米,以泥岩、粉砂岩为主,局部夹含锰泥岩。钦州小董的含锰岩系下部为碳酸锰泥岩,含碳酸锰 25%、氧化锰 4%、菱铁矿 5%、石英 5%。此外,钦州大直(中泥盆统小董组)、邕宁苏圩(中泥盆统罗富组)也有含锰岩层分布。

二、晚泥盆世地层含锰岩系

上泥盆统(这里主要是指榴江组、五指山组)在广西境内分布较广,除桂东梧州南部、北部,桂东南凭祥、钦州东部,桂中柳州-武宣西部,桂北桂林北部、三江南部有较大面积未见其出露外,其他地区均有大面积或零星出露,见图 2-1。

上泥盆统含矿性差异较大,含锰岩系主要分布于桂西南、钦防残余地槽,桂中柳州-武宣东部、丹池成矿带的北部,见图 2-1。根据其含矿性的强弱,将其展布范围分为 5 个区,分区编号为Ⅰ、Ⅱ、Ⅲ、Ⅳ、Ⅴ,见图 2-2。各分区岩性特征及锰矿床简介如下。

(一) Ⅰ区

Ⅰ区分布于西林-隆林-百色-那坡-靖西-德保-天等-大新等县市境内,包括桂西南锰矿富集区,含锰地层为上泥盆统榴江组、五指山组。榴江组以石英硅质岩为主,次有硅质灰岩、钙质硅质岩、硅质泥岩等,夹低品位碳酸锰矿,浅表氧化富集为氧化锰矿,地层厚 47～234m。五指山组岩性主要有扁豆状灰岩、硅质灰岩、泥岩、泥灰岩、硅质岩等,夹 3 层碳酸锰矿层,局部见含锰钙质硅质岩,地层厚 200m 左右。

第二章 广西上泥盆统含锰岩系及锰矿

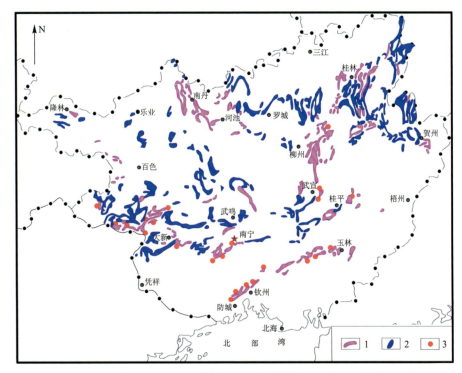

1.上泥盆统含锰岩系露头带;2.上泥盆统非含锰岩系露头带;3.锰矿床或主要锰矿点。

图 2-1 广西晚泥盆世地层及含锰岩系分布略图

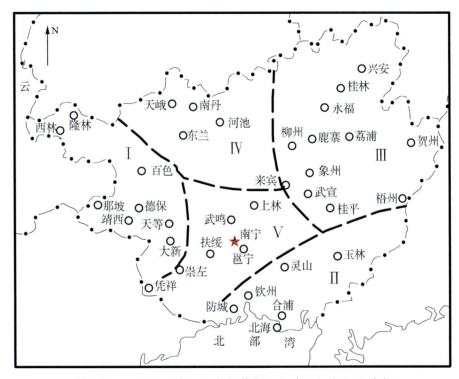

Ⅰ.桂西南区;Ⅱ.钦州-玉林区;Ⅲ.柳州-桂林区;Ⅳ.南丹-河池区;Ⅴ.南宁区。

图 2-2 广西晚泥盆世地层含锰地层分区示意图

Ⅰ区是广西境内上泥盆统成矿条件最好的地区。从成矿时间来看，以含锰岩系上泥盆统五指山组含矿性最好，以含锰岩系上泥盆统榴江组含矿性为次；从空间展布特征来看，本区成矿条件最好的还是桂西南地区，主要展布在大新县下雷、靖西市湖润、龙邦等地；其次为桂西、桂西北地区。

含锰岩系上泥盆统五指山组中找到中型、大型、超大型锰矿床，典型锰矿床有龙邦锰矿床（中型）、湖润锰矿床（大型）、下雷锰矿床（超大型）；在桂西北地区展布有成矿远景较好的矿床（点）。

本区矿床（点）及历年开展的地质工作补充如下。

1. 广西大新-云南广南一带优质锰矿资源评价

项目是由中国冶金地质总局中南地质勘查院于 2004 年 9 月申请、中国地质调查局批准立项的国土资源大调查项目，是西部铁锰多金属资源调查评价项目的子项目。项目由中国冶金地质总局承担，中国冶金地质总局中南地质勘查院实施，中国冶金地质总局中南地质勘查院南宁分院具体执行。

项目在广西西林县新街东部一带、那坡县坡荷—果腊一带上泥盆统五指山组发现锰矿层。锰矿层均受背斜控制，展布于背斜的两翼，沿走向延长 30～80km，锰矿层一般厚 0.68～1.10m，锰品位一般为 18.05%～35.43%。

2. 广西田林县洞弄氧化锰矿普查

1）项目的目标任务

广西田林县洞弄氧化锰矿普查项目是 2002 年由中国冶金地质总局中南地质勘查院申报的国家矿产资源补偿费项目。其目标任务为：①对全区的含锰岩系进行调查，对氧化锰矿露头带及有利成矿地段进行工程揭露；②对优质氧化锰矿展布地段实施加密工程，并进行深部控制，圈定优质氧化锰矿体；③对优质氧化锰矿地段进行开发论证；④研究成矿机理，总结成矿规律；⑤2004 年提交普查报告；⑥提交（333）+（334$_1$）氧化锰矿石资源量。

2）项目位置及交通

(1) 项目位置。普查区位于广西百色市西部，田林县南部。由田林县洞弄乡管辖，北东距田林县城约 30km，南东距百色市约 50km，西起弄瓦，东至者仙，面积约 60km²。其范围地理坐标为：东经 106°00′44″—106°10′07″，北纬 24°00′10″—24°07′44″。

(2) 交通概况。工作区有简易公路到达洞弄乡，洞弄乡至田林县城为四级公路相通。普查区交通不发达，大部分地区没有公路到达。

3）项目工作进展及取得的主要成果

(1) 工作时间。2001 年中南地质勘查院对矿区开展矿点检查，发现矿区内含锰岩系为上泥盆统五指山组。随后编制资源补偿费立项获得批准，2003 年 5 月根据批准的设计开始野外普查找矿工作，至 2003 年 12 月底结束普查地质工作。

(2) 完成的主要实物工作量。普查工作完成的主要实物工作量有：1∶1000 实测地质剖面 2500m；1∶10 000 地质修测 25km²；探槽 3 482.63m³；浅井 49.70m；坑道 237.90m。

(3)取得的主要成果。通过8个月的野外工作,取得如下成果:①大致查明展布于洞弄矿区者仙复式背斜北翼、南翼的地层、岩性及其厚度、产状和分布情况;②大致查明普查区内较大的褶皱、断裂和破碎带的分布、规模和产状;③大致查明普查区内侵入岩的种类、数量、形态和分布;④大致查明普查区内氧化锰矿的分布、数量、赋存部位、厚度、规模、产状和矿石质量;⑤探获预测的资源量(334_1)锰矿石量20.30万t。

4)矿层特征

(1)含锰岩系简介。矿区内含锰岩系为上泥盆统五指山组,主要岩性为深灰色硅质岩、硅质页岩夹页岩、砂质页岩,间夹泥质灰岩透镜体。受断层、辉绿岩体的影响,含锰岩系在空间上断续分布。

(2)矿体特征。普查工作共圈出2个锰矿体。Ⅰ号锰矿体控制走向延长130m,倾向延深150m。矿体厚度为0.52~1.10m,平均厚度为0.81m,Mn品位为40.85%~41.26%,平均值为41.13%;Ⅱ号锰矿体控制走向延长800m,倾向延深为150m,矿体厚度为0.70~0.75m,平均厚度为0.72m,Mn品位为20.74%~38.10%,平均值为32.41%。

5)提交报告及评审情况

2004年1月中国冶金地质总局中南地质勘查院提交《广西田林县洞弄氧化锰矿普查报告》。

3.广西那坡县锰矿踏勘

1965年,426地质队提交了《广西那坡县锰矿踏勘简报》,主要对那坡坡荷、平孟、那桑等地上泥盆统含锰情况进行踏勘,认为:那坡坡荷地段上泥盆统榴江组出露不全,没有含矿层第三段分布;平孟地段全为灰岩相,未见榴江组分布,在上泥盆统中不必再进行锰矿普查;那桑地段榴江组出露较全。

4.广西大新县新湖矿区锰矿普查

1)项目的目的任务

2005年5月广西壮族自治区第四地质队对大新县新湖矿区锰矿进行了补充工作,主要任务为调查圈出已有露天开采的采空区和上映—下雷县级公路压矿范围及其压覆资源量,并大致圈定地下开采的锰矿采空区及其破坏范围,同时在②号矿体有利地段增加采样工程;在原普查报告的基础上,结合本次工作成果重新估算资源量并编写报告,为进行矿权转让及办理矿证提供依据。

2)项目位置及交通

(1)项目位置。

工作区位于大新县城北西方向直距44km,行政区划属大新县土湖乡。地理坐标为:东经106°46′45″—106°51′00″,北纬22°59′45″—23°02′30″,南西起于昌屯,北东至土湖街,长达9km。勘查区面积7.33km²,涉及的1∶50 000图幅有上映幅及下雷幅,图幅编号分别为F48E006020和F48E007020。

(2)交通概况。

工作区有省道或县道柏油公路通往大新、靖西、天等、德保等附近县市,大新至靖西二级边境公路、大新至德保省道分别由工作区西南侧(里程20km处)、北东侧(里程10km处)穿过,上映至下雷县级公路途经工作区。工作区距湘桂铁路线上的崇左站里程113km,距南昆铁路线上的隆安站里程107km,交通较方便。

3)项目工作进展及取得的主要成果

(1)工作时间。2004年4月至2005年1月,广西壮族自治区第四地质队利用自治区地质勘查专项经费开展新湖矿区锰矿普查工作,首先进行地质测量,重点圈定含锰层位及追索矿体露头,然后对矿体开展稀疏的地表揭露工程,同时对层状氧化锰矿体用少量中深部工程进行了验证。

2005年1月提交普查报告,3月广西壮族自治区国土资源厅组织有关专家对普查报告进行了评审,并于4月11日通过桂国土资勘〔2005〕1号文下达了评审验收意见书,认为,矿区工作研究程度基本达到普查要求,同意项目验收通过,并同意报告提交保有(333)+(334_1)氧化锰矿石资源量206.97万t,其中推断的内蕴经济资源量(333)锰矿石量94.35万t。

(2)完成主要实物工作量。普查工作完成的主要实物工作量有:1:10 000地质草测12km^2,1:5000地质简测6.5km^2,探槽1 521.75m^3,浅井632.40m,竖井190.40m,地质钻孔181.25m,坑道139.50m,基本分析样221件,组合分析样3件,岩矿鉴定样25件。

(3)取得的主要成果。经估算普查共探获氧化锰矿净矿石资源量(332)+(333)为153.80万t,其中堆积型氧化锰矿推断的内蕴经济资源量(333)锰矿石量53.51万t,锰帽型氧化锰矿控制的内蕴经济资源量(332)锰矿石量2.38万t,推断的内蕴经济资源量(333)锰矿石量97.91万t。

4)矿层特征

(1)含锰岩系特征。本区含锰岩系为上泥盆统榴江组(D_3l),主要分布于矿区弄替—邱屯一带和巴勿北西,呈北东向长带状展布,另外于昌屯西侧有小面积出露,与下伏的东岗岭组呈断层接触,累计长约5.9km,宽80~350m,总厚度大于221.15m。根据岩石组合可分为下、中、上3个岩性段。

下段(D_3l^1):上部为灰白、灰黑、褐灰色微—薄层状硅质岩与褐黄色、灰黑色微—薄层状泥岩、含锰泥岩互层,局部夹褐黑色页状、条带状氧化锰矿层或薄—中厚层状土状氧化锰矿层。中部为灰白色、灰色薄层状硅质岩夹黑褐色、黄褐色薄—中厚层状含锰泥岩,局部夹3~5小层(单层厚5~8cm)叶片状氧化锰矿层。下部为灰白色薄层状硅质岩夹褐黄色薄—中厚层状泥岩、深灰色、灰色薄层状、条带状含锰硅质灰岩与硅质岩,厚度大于175.73m。

中段(D_3l^2):为矿区层状锰矿赋矿层位,由底部Ⅰ矿层、夹层和顶部Ⅱ矿层组成,厚度分别为0.55~1.45m、0.27~2.80m和1.14~6.18m。Ⅰ矿层、Ⅱ矿层为氧化锰矿层与硅质岩、泥岩、含锰泥岩、含锰硅质岩互层。夹层为灰色、浅灰色、灰白色微—薄层状硅质岩夹褐黄色、灰黑色、紫红色微—薄层状泥岩,厚1.99~10.43m。

上段(D_3l^3):灰色、灰白色、灰黑色硅质岩、含锰硅质岩与褐黑色、黄褐色、紫红色泥岩、含锰泥岩互层。上部泥岩略有增加,含锰硅质岩及含锰泥岩锐减,厚28.54~35.32m。

(2)矿体特征。锰矿层赋存于上泥盆统榴江组中段(D_3l^2),可分为两个矿层。底部矿层称为Ⅰ矿层,中部为夹层,顶部矿层称为Ⅱ矿层。两个矿层的形态、产状、分布、长度、宽度(延深)基本一致。矿层呈层状、似层状产出,产状与地层产状一致,随褶皱而起伏,走向北东60°,倾向北西,局部倒转,倾角变化较大(5°~81°),但总体倾角较缓,为10°~45°。

Ⅰ矿层:厚度为0.55~1.45m,平均厚度为0.85m。共圈有3个锰矿体:①号矿体矿层厚为0.71~1.09m,平均厚度为0.91m,Mn品位为10.12%~18.43%,平均品位为14.17%;②号矿体矿层厚为0.55~1.12m,平均厚度为0.78m,Mn品位为13.30%~19.94%,平均品位为17.03%;③号矿体矿层厚为0.58~1.45m,平均厚度为0.84m,Mn品位为11.85%~23.75%,平均品位为16.45%。矿层沿走向、倾向上厚度较稳定,变化也不大。

Ⅱ矿层:为矿区主要矿层,厚度为1.14~6.18m,平均厚度为3.94m。共圈有3个锰矿体:①号矿体矿层厚为1.14~6.18m,平均厚度为4.51m,平均Mn品位为15.34%;②号矿体矿层厚为1.63~3.35m,平均厚度为2.63m,平均Mn品位为18.25%;③号矿体矿层厚为3.67~5.81m,平均厚度为4.56m,平均Mn品位为17.28%。

Ⅰ矿层:Mn品位为10.12%~23.75%,平均值为15.88%,锰含量沿走向总体上略有往北东减小的趋势,沿倾向变化无明显规律。

Ⅱ矿层:矿石Mn品位为10.02%~24.16%,平均品位为16.98%。锰含量沿走向总体上也略有往北东减小的趋势,沿倾向变化无明显规律。

5)提交报告及评审情况

2005年6月广西壮族自治区第四地质队提交《广西大新县新湖矿区锰矿普查报告》。2005年8月8日南宁储伟资源咨询有限责任公司以桂储伟审〔2005〕62号文(《广西大新县新湖矿区锰矿普查地质报告》评审意见书)批准该报告。

5. 广西那坡县那模矿区坡爱矿段锰矿、弄铁矿段铁矿详查

2007年,广西那坡县嘉利矿业有限公司提交了《广西那坡县那模矿区坡爱矿段锰矿、弄铁矿段铁矿详查报告》。详查工作完成主要实物工作量有:1∶10 000地质草测10.84km²;1∶2000地形地质测量2.05km²;1∶1000地质剖面测量2400m;坑道418.26m;槽探532.36m³;浅井253.57m;各类测试样品286件。

详查报告共圈定了3个矿体。坡爱矿段1号矿体属锰帽型氧化锰矿,呈层状产于上泥盆统榴江组,控制长250m,平均厚5.0m。矿石主要化学组成为Mn(20.48%)、TFe(25.33%)、P(0.82%)、SiO_2(12.54%),属铁锰矿石。提交锰矿矿石资源储量27.77万t;铁矿矿石资源储量为41.6万t。

本书作者认为,综合本区下雷锰矿区等大型、超大型锰矿床含锰岩系岩性特征来看,Ⅰ区存在两类可以形成大型、超大型锰矿床的岩性组合。一是硅质-灰质,少量泥质;二是灰质-硅质-泥质。这两类岩性组合一般能形成大型、超大型锰矿床,如下雷锰矿床、东平锰矿床等。

(二)Ⅱ区

Ⅱ区主要分布于桂东南的防城、钦州、灵山、玉林等地,呈北东向断续延伸。含锰地层最显著的特点就是岩层较厚,岩性较单一,主要为一套硅质岩,包括石英硅质岩、生物屑硅质岩、泥质硅质岩和硅质泥岩等。

在成矿带中岩性变化较大,西南部为浅灰、灰黑色薄—叶片状粉砂质页岩夹粉砂岩、硅质页岩及少量泥质硅质岩,只在局部夹含锰硅质岩,含矿不好。中部钦州—灵山一带含锰地层为一套硅质岩、泥质硅质岩、生物屑硅质岩夹硅质页岩、泥岩、粉砂岩、含锰硅质岩、含锰泥岩及数层次生氧化锰矿层,是本区含矿性最好的,分布大量的锰矿床(点)。东北部玉林—湖村一带,含锰地层岩性仍以硅质岩、泥质硅质岩夹页岩、含碳硅质岩及含锰硅质岩为主,含矿性一般,分布有少量锰矿床(点)。

本区主要矿床(点)及历年开展的地质工作简介如下。

1. 广西灵山县上井矿区铁锰矿地质普查

1)项目的目标任务

通过地表揭露,并配以一定数量的深部钻孔工作,查明铁锰矿层的厚度、矿石质量、矿床成因及规模和主要控矿构造等有关地质特征,并对矿区做出评价。同时,通过重点解剖,获取铁锰矿的氧化矿和原生矿资料,以指导本地区同类型矿床的找矿工作。

2)项目的位置和交通

(1)项目位置。矿区位于灵山县旧州公社西部,属于上井、长安、那良等大队管辖。北东起于那马村,西南至太汗龙渠山脉,工作区范围坐标为东经$108°48'30''$—$108°49'35''$,北纬$22°20'45''$—$22°22'30''$,面积约为$6.0km^2$。

(2)交通概况。矿区东侧及北侧有简易公路与钦州—灵山线上的青坪、旧州、陆屋相通,其他大部分地段由于地形切割剧烈,道路崎岖,交通不便。

3)项目工作进展及取得的主要成果

(1)工作时间。普查工作开始于1977年底,至1988年4月中旬结束野外地质工作。

(2)完成主要实物工作量。普查工作完成的实物工作量有:1∶5000地质填图$6.0km^2$;探槽$8000.74m^3$;浅井$1239.50m$;平窿$310.80m$;钻探$3581.47m$;化学取样1421件;岩矿样113件;光谱样231件。

(3)取得的主要成果。普查工作的目的均已达到,获得了对矿区进行初步评价的地质资料,估算D级铁锰矿石储量57.61万t,褐铁矿石储量95.22万t,所获储量可供当地社队开采参考。

4)矿层特征

(1)含锰岩系概况。普查区内含锰岩系为上泥盆统榴江组,锰矿层主要赋存于榴江组第二段第二层。含锰岩系主要岩性为:下部灰白色、浅黄色薄层状铁锰质充填的石英角岩,局部地段夹含锰泥岩和贫氧化锰矿,铁锰矿呈薄层或透镜体,部分为褐铁矿,一般为1~4层。中部为灰白色薄层状铁锰质充填石英硅质岩(多变为石英角岩)夹含锰泥岩、硅质泥岩、矿层,深部以贫氧化锰矿为主,地表锰质减少,变为铁锰矿和褐铁矿,一般为1~3层。上部为灰白色铁锰质充填的石英硅质岩(常具角岩化)夹胶状褐铁矿和铁锰矿层,即铁锰质沿节理、裂隙充填,分布不均,多呈细脉状、网格状,富集者则成为矿体(层),一般为1~5层,以顶部的矿层较为稳定。

次要赋矿层位为榴江组第四段第一层,主要岩性为:中、下部灰白色石英硅质岩及灰白、黄色及浅紫红色石英硅质岩;上部(含矿层位)灰白色薄层状铁锰质充填石英角岩,胶状褐铁矿及氧化锰矿沿岩石节理、裂隙充填,多呈网脉状、花斑状,部分富集形成矿层,一般为1～3层。

(2)矿体特征。普查工作共圈出4个铁锰矿体。

1-2号铁锰矿体:控制走向延长414m,倾向延深17～150m,矿体厚度为0.70～6.61m,平均厚度为3.01m。Mn品位为11.61%～27.18%,平均值为15.59%,TFe品位为13.23%～30.74%,平均值为27.28%。

3号铁锰矿体:控制走向延长260m,倾向延深85m,矿体厚度为0.70～2.95m,平均厚度为1.39m。Mn品位为12.73%～16.99%,平均值为14.41%,TFe品位为14.76%～21.93%,平均值为19.10%。

5-2号铁锰矿体:控制走向延长190m,倾向延深110m,矿体厚度为0.70～1.93m,平均厚度为1.09m。Mn品位为15.67%～21.52%,平均值为18.14%,TFe品位为9.48%～32.31%,平均为18.14%。

6-1号铁锰矿体:控制走向延长180m,倾向延深120m,矿体厚度为0.70～2.69m,平均厚度为2.15m。Mn品位为15.92%～18.59%,平均值为17.89%,TFe品位为13.30%～15.60%,平均值为13.91%。

矿区共估算铁锰矿石资源量为57.61万t。另外,本区Zn、Co元素含量均较高,达到综合回收的指标。

5)提交报告及评审情况

1980年9月15日广西壮族自治区第三地质队提交《广西灵山县上井矿区铁锰矿地质普查报告》。广西壮族自治区第三地质队以桂三地审字〔80〕01号(《广西灵山县上井矿区铁锰矿地质普查报告》的审查意见书)批准该报告。

2. 广西玉林市新庄矿区锰矿详查

1)项目的目标任务

要求通过详查工作,进一步查明矿区地质构造特征、矿体形态、矿床规模等,并开展外围工作,扩大矿区远景。

2)项目位置及交通

(1)项目位置。项目位于玉林市北西方向约18km,矿区西南端属大平乡管辖,东北端则属龙安乡管辖。项目范围坐标为:东经109°59′02″—109°59′49″,北纬22°41′26″—22°42′07″。

(2)交通概况。矿区南东距玉林市火车站约20km,距雅桥火车站2.5km,玉林—贵港公路从矿区南侧通过,是至贵港市、南宁市的主干公路。矿区内有简易公路与公路网、铁路网相连,交通非常方便。

3)项目工作进展及取得的主要成果

(1)工作时间。项目野外地质工作始于1989年4月,至1989年10月结束,历时6个月。

(2)完成主要实物工作量。详查工作共完成主要实物工作量有:1:5000地质填图1.25km²;探槽5m³;浅井263.60m;平窿22.90m;钻探502.20m;化学取样97件;岩矿样11

件;光谱样 2 件;小体重及湿度样 29 件;组合样 13 件。

(3)取得的主要成果。通过详查工作,共估算 C+D 级表内锰矿石资源量 60.72 万 t,D 级表外锰矿石资源量 2.77 万 t。其中 Mn 品位大于或等于 28% 的锰矿石资源量 4.64 万 t,Mn 品位大于或等于 18% 的锰矿石资源量 56.08 万 t。

4)矿层特征

(1)含锰岩系特征。矿区内含锰岩系为上泥盆统榴江组(D_3l),根据岩性不同,可分为上、中下段。

榴江组上段(D_3l^3):下部为浅灰色、灰色石英硅质岩夹棕灰色含铁硅质岩及紫红色泥质硅质岩;上部为浅灰色、灰白色石英硅质岩及紫红、暗绿色含铝土质泥岩,厚度大于 140m,分布于矿区的东南部。

榴江组中下段(D_3l^{1-2}):岩石风化强烈。主要岩性为灰色、灰白色,致密块状硅质岩夹含锰层。含锰层比较稳定,一般含 1 层锰矿,局部分叉为 3~4 层,连续性较好,形态不复杂。矿层呈似层状、透镜状产出,全段厚 3~35m。

(2)矿体特征。详查工作共圈出 1 个锰矿体,控制走向延长 700m,倾向延深 30~50m,宽 50~200m,矿体厚度(铅直厚度)一般为 1.0~5.0m,最薄 0.20m,最厚 12.04m,平均厚度为 2.75m。Mn 品位为 10.48%~54.24%,平均值为 28.79%,Ni 含量为 0.132%~0.370%,平均值为 0.365%,Co 含量为 0.082%~0.182%,平均值为 0.116%。

5)提交报告及评审情况

1989 年 12 月广西壮族自治区第六地质队提交了《广西玉林市新庄锰矿区详查地质报告》。

3. 广西兴业县城隍矿区锰矿普查

1)项目的目标任务

探矿权人广西南宁万山矿业有限公司在依法取得广西兴业县城隍锰多金属矿普查的探矿权(勘查许可证号:4500000510095)后,为了查明兴业县城隍矿区的锰等多金属矿产资源前景,尽快开发该区锰矿资源,委托南宁三叠地质资源开发有限责任公司对兴业县城隍矿区开展锰多金属矿普查工作。其工作目的是提供该矿区较准确的矿产地质信息,为探矿权人开发该矿区矿产资源,依法办理采矿有关手续提供地质依据。

对工作区开展 1:5000 地质简测,大致查明矿区地层、构造、岩浆岩及锰矿体的地质特征;大致查明矿区内含锰地层内锰矿体的数量、规模、形态、产状、厚度及矿石的质量特征等;实施施工槽探、浅井等地表工程,揭露浅部锰矿层地质特征,选择成矿有利地段用少量坑道工程控制锰矿层浅部地质特征及氧化界线特征,圈定具有工业价值的矿体范围;大致了解锰矿床的开采技术条件和矿石的选冶技术性能,对矿床进行概略的经济技术评价;编制《广西兴业县城隍矿区锰矿普查报告》。

2)项目位置及交通

(1)项目位置。矿区位于广西兴业县城南西方向 30km,行政区划属玉林市兴业县城隍镇,普查工作区范围地理坐标为东经 109°42′30″—109°45′30″,北纬 22°35′15″—22°37′30″,面积为 11.10km²。

(2)交通概况。工作区交通较方便,有二级公路直达兴业县县城。兴业至玉林35km,兴业至南宁210km,有高速公路相通。

3)工作进展及取得的主要成果

(1)工作时间。普查野外地质工作从2005年4月1日开始,到2006年3月15日结束,2006年4月15日提交普查报告,历时12.5个月。

(2)完成主要实物工作量。普查工作完成的主要实物工作量有:1:5000地质草测11.1km^2;1:2000矿区地质简测0.15km^2;槽探(剥土)1050.3m^3;坑道92.0m;浅井21.6m;化学采样59件;小体重样19件;大体重样1件;岩矿鉴定样6件;光谱全分析样5件;物相分析样2件。

(3)取得的主要成果。经过详查工作,共圈定了2个氧化锰矿体,探获(332)+(333)锰矿石资源量22.39万t,其中控制的内蕴经济资源量(332)锰矿石量为3.99万t。

4)矿层特征

(1)含锰岩系特征。普查区含锰岩系为上泥盆统榴江组(D_3l),由下而上共分为3段,每段都有含锰层。

榴江组下段(D_3l^1):下部为硅质磷块岩、硅磷块岩及硅质岩;中部为硅质泥岩、硅质页岩及碳质岩;上部为铁锰质角砾状硅质岩,厚度为50~270m。

榴江组中段(D_3l^2):为主要的含锰岩层。岩性为含锰硅质岩、锰矿层、硅质岩夹泥岩,含生物碎屑球粒状硅质页岩。锰矿层主要赋存于本段中部,为第二含锰层,距第一含锰层约40m。锰矿层单层厚0.1~0.5m,由两层锰矿层夹一层含锰硅质岩组成。本段顶部有一层厚0.5m的含锰泥岩,是本段顶界标志层,全段厚度为30~130m。

榴江组上段(D_3l^3):为硅质页岩、粉砂岩及砂页岩、含锰硅质岩、含锰泥岩,单层厚0.3m。在上部夹有1m左右的锰质泥岩,为第三含锰层,全段厚度为60~420m。

(2)矿体特征。普查区锰矿层分布于城隍背斜南倾伏端及两翼,受地层控制,呈层状、似层状产出,与围岩界线清晰。形态受次级褶皱两翼地层产状控制,露头走向延长1140m。矿层产状南翼145°∠43°,北翼284°∠58°,平均倾角为43.9°。矿区锰矿层共圈出2个锰矿体。

①号锰矿体:控制走向长度为760m,倾向延深70m,厚度为1.13~2.74m,平均厚度为1.64m,矿石平均Mn品位为25.91%。估算(332)+(333)锰矿石资源量20.54万t。

②号锰矿体:控制走向长度为185m,倾向延深70m,矿体厚度为1.35m。平均Mn品位为18.50%。估算锰矿石推断的内蕴经济资源量(333)锰矿石量1.85万t。

5)提交报告及评审情况

2006年8月南宁三叠地质资源开发有限责任公司提交《广西兴业县城隍矿区锰矿普查报告》。2006年8月3日南宁储伟资源咨询有限责任公司以桂储伟审〔2006〕65号文(《广西兴业县城隍矿区锰矿普查报告》评审意见书)批准该报告。

4. 广西兴业县陈村矿区陈村、黄古岭矿段锰矿详查

1)项目的目标任务

探矿权人在依法取得广西兴业县陈村-牟村锰多金属矿普查探矿权证(勘查许可证号:

T45120080502007357)后,为了查明兴业县陈村矿区陈村、黄古岭矿段锰矿等多金属矿矿产资源前景,尽快开发该区锰矿资源,委托中国冶金地质勘查工程总局中南局南宁地质调查所对兴业县陈村矿区开展锰多金属矿详查工作。其工作目的是获取该矿区较准确的矿产地质信息,为探矿权人开发该矿区矿产资源及依法办理与采矿有关的手续提供地质依据。

2)项目位置及交通

(1)项目位置。项目位于兴业县城南东方向约13km,其西南端由大平山镇管辖,北东端由龙安乡管辖。项目范围地理坐标为东经109°58′15″—110°02′00″,北纬22°41′00″—22°42′45″,面积13.27km²。

(2)交通概况。项目南东距玉林市火车站约20km,距雅桥火车站2.5km。兴业至玉林市G324国道从矿区南侧通过,是通往贵港市、南宁市和广东省的主干公路。矿区有简易公路与铁路、公路网相接,交通非常方便。

3)项目工作进展及取得主要成果

(1)工作时间。详查野外地质工作从2007年6月1日开始,到2008年5月中旬结束,2008年8月15日提交详查报告,历时14.5个月。

(2)完成主要实物工作量。详查工作完成的主要实物工作量有:1∶5000地质草测13.27km²;1∶2000地形测量1.85km²;1∶2000矿区地质测量1.85km²;槽探(剥土)1 050.3m³;浅井34.6m;钻探853.4m;化学采样170件;小体重样53件;大体重样3件;岩矿鉴定样20件;光谱全分析样1组;组合分析样7组。

(3)取得的主要成果。通过地质填图、探矿工程施工、取样化验,在上泥盆统榴江组中段找到风化淋滤富集形成的锰帽型氧化锰矿以及第四纪地层中的堆积型氧化锰矿。估算锰帽型氧化锰矿石资源量(332)+(333)为31.91万t。估算堆积型氧化锰矿石净矿资源量(332)+(333)为7.24万t。

4)矿层特征

(1)含锰岩系特征。详查区锰帽型氧化锰矿含锰岩系为上泥盆统榴江组(D_3l)。其岩性自下而上共分为3段。各段岩性特征如下。

下段(D_3l^1):下部主要岩性为硅质磷块岩、硅磷块岩及硅质岩;中部为硅质泥岩、硅质页岩及碳质岩;上部铁锰质角砾状硅质岩。全段厚度为50~570m。

中段(D_3l^2):为含锰岩层。岩性为含锰硅质岩、锰质层、硅质岩夹泥岩,含生物碎屑球粒状硅质页岩。含锰硅质岩、锰质层经风化淋滤富集形成锰帽型锰矿层。一般见Ⅰ、Ⅱ、Ⅲ3层锰矿,锰矿层单层厚0.1~0.5m,一般由2~3层锰矿层夹1~2层含锰硅质岩组成。该段顶部有一层厚0.5m的含锰泥岩,是本段顶界标志层,全段厚度为10~130m。

上段(D_3l^3):为硅质页岩、粉砂岩及砂页岩,单层厚约10cm。下部风化后常呈黄褐色、黄色、灰色、紫红等杂色;上部为硅质页岩;中部为石灰岩。全段厚度为60~220m。

(2)矿体特征。经过详查工作,在区内圈有3个锰帽型氧化锰矿体。各个矿体特征如下。

Ⅰ-①号锰矿体:控制走向延长550m,厚度为0.56~1.30m,平均厚度为0.93m,矿石Mn品位为18.08%~29.55%,平均值为24.02%。估算(332)+(333)矿石资源量为11.48万t。

Ⅱ-①号锰矿体:控制走向延长550m,厚度为0.65~1.50m,平均厚度为0.98m,矿石Mn

品位为 19.03%～43.85%,平均值为 27.53%。估算(332)+(333)矿石资源量为 13.40 万 t。

Ⅲ-①号锰矿体:控制走向延长 300m,厚度为 0.53～1.19m,平均厚度为 0.99m,矿石 Mn 品位为 16.16%～29.22%,平均值为 23.10%。估算(332)+(333)矿石资源量为 7.03 万 t。

在区内圈有 2 个堆积型氧化锰矿体。各个矿体特征如下。

①号锰矿体:展布面积为 70 406.78m²,厚度为 0.85～2.80m,平均厚度为 1.80m,矿石 Mn 品位为 12.66%～33.19%,平均 Mn 品位为 24.96%。估算(332)+(333)矿石净矿资源量为 5.30 万 t。

②号锰矿体:展布面积为 18 746.16m²,厚度为 1.0～4.90m,平均厚度为 3.34m。矿石 Mn 品位为 22.46%～28.14%,平均 Mn 品位为 23.44%。估算(332)+(333)矿石净矿资源量为 1.94 万 t。

5)提交报告及评审情况

2008 年 9 月中国冶金地质勘查工程总局中南局南宁地质调查所提交《广西兴业县陈村矿区陈村、黄古岭矿段锰矿详查报告》。2008 年 12 月 5 日南宁储伟资源咨询有限责任公司以桂储伟审〔2008〕71 号文(《广西兴业县陈村矿区陈村、黄古岭矿段锰矿详查报告》评审意见书)批准该报告。

5. 广西玉林市兴业县福地矿区锰矿普查

1)项目的目标任务

为了查明广西壮族自治区玉林市兴业县福地矿区的锰矿资源储量,能尽快开发利用本矿区的锰矿资源,探矿权人在取得《广西玉林市兴业县福地锰矿普查》探矿权(勘查许可证号:4500000410638)后,委托勘查单位南宁三叠地质资源开发有限责任公司对兴业县福地矿区开展锰矿普查工作,以利于探矿权人尽可能对该矿区的锰矿资源进行开发利用。

对探矿许可证范围内进行 1:10 000 地质填图,大致查明矿区地层、构造、岩浆岩及锰矿体的地质特征;大致查明矿区内含锰地层内锰矿体的数量、规模、形态、产状、厚度及矿石的质量特征等;实施槽探、浅井等地表工程,揭露浅部锰矿层地质特征,选择成矿有利地段用少量坑道、钻探工程控制锰矿层深部地质特征及氧化界线特征;圈定具有工业价值的可供开发利用或进一步开展详查的锰矿体;大致了解锰矿床的开采技术条件和矿石的选冶技术性能,对矿床进行概略的经济技术评价;编制《广西玉林市兴业县福地矿区锰矿普查报告》。

2)位置与交通

(1)项目位置。项目区位于兴业县城南西方向,距兴业县城约 24km²,由兴业县城隍镇管辖。工作区范围地理坐标为东经 109°45′30″—109°48′00″,北纬 22°37′00″—22°39′00″,面积为 15.85km²。

(2)交通概况。工作区交通较方便,有省道直达兴业县县城。

3)工作进展及取得的主要成果

(1)工作时间。普查野外地质工作从 2005 年 3 月开始,到 2005 年 7 月结束。

(2)项目完成主要实物工作量。普查工作完成的主要实物工作量有:1:10 000 地质填图 15.85km²;剥土 109m;槽探 1 086.5m³;坑道 30m;钻探 188.8m;化学分析采样 52 件;岩矿标本样 7 件。

(3)取得的主要成果。经过普查工作,圈定了 3 个锰矿体,分别编号为①号、②号、③号矿体,共估算氧化锰矿石资源量(332)+(333)为 38.61 万 t。

4)矿层特征

(1)含锰岩系特征。矿区内含锰岩系为上泥盆统榴江组($D_3 l$),据岩性可划分为下、中和上 3 个岩性段。各个岩性段的岩性如下。

下段($D_3 l^1$):下部为硅质磷块岩、硅磷块岩及硅质岩;中部为硅质泥岩、硅质页岩及碳质岩,硅质泥岩中夹疏密不等的磷质条纹;上部为铁锰质角砾状硅质岩。全段厚度为 50~270m。

中段($D_3 l^2$):是主要的含锰岩层。岩性为含锰硅质岩、硅质岩夹泥岩,含生物碎屑球粒状硅质页岩。全段厚度为 30~130m。

上段($D_3 l^3$):为硅质页岩、粉砂岩及砂页岩,单层厚 10cm 左右。下部风化后常呈黄褐色、黄色、灰色、紫红色等杂色;上部为硅质页岩;中部为石灰岩。全段厚度为 60~420m。

(2)矿体特征。锰矿层展布于蟠龙岭背斜的南东翼的次级褶皱的两翼。矿层总延长约 3000m,展布面积约 3km²。受地层控制,矿层呈层状、似层状产出,倾角一般在 22°~56°之间,矿层平均倾角为 37°。经过普查工作,圈定了 3 个锰矿体。各矿体特征如下。

①号锰矿体:控制走向延长 1300m,厚度为 0.50~0.93m,平均厚度为 0.70m。矿石平均 Mn 品位为 24.32%,估算锰矿石资源量为 21.43 万 t。

②号锰矿体:控制走向延长为 1000m,厚度为 0.51~0.88m,平均厚度为 0.70m。矿石平均 Mn 品位为 24.38%,估算锰矿石资源量为 12.88 万 t。

③号锰矿体:控制走向延长为 600m,厚度为 0.50~0.93m,平均厚度为 0.65m。矿石平均 Mn 品位为 37.81%,估算锰矿石资源量为 4.30 万 t。

5)提交报告及评审情况

2005 年 9 月南宁三叠地质资源开发有限责任公司提交《广西玉林市兴业县福地矿区锰矿普查报告》。2006 年 4 月 13 日南宁储伟资源咨询有限责任公司以桂储伟审〔2006〕25 号文(《广西玉林市兴业县福地矿区锰矿普查报告》评审意见书)批准该报告。

6. 广西防城港市滩利锰矿普查

广西壮族自治区第四地质队在新一轮大规模找矿行动中,在钦防地槽开展普查找矿工作。在防城港市滩利锰矿区施工 5 个钻孔,见到较好的锰矿层。其中 3 个钻孔见 1 层锰矿,锰矿层厚度为 1.20~6.62m,锰矿石品位为 24%~43%;2 个钻孔见 2 层碳酸锰矿,第一层锰矿层厚度为 1.07~2.40m,锰矿石品位为 14.50%~20.10%;第二层锰矿层厚度为 1.01~2.60m,锰矿石品位为 13.96%~21.80%。控制倾向延深 200~260m。

作者认为,这些找矿成果,特别是找到碳酸锰矿层的成果说明,在展布面积较大的钦防(钦灵槽盆)成矿带还是存在有利于锰矿形成的沉积环境。要拓宽思路,不畏权威,将工作做细,充分利用现代的先进技术、测试技术以及交通发达的有利条件,弥补前人在技术、测试、交通等方面的不足,用事实说话,敢于否定前人的工作成果与认识。在翔实资料的基础上,全面归纳、总结,得出与事实相符的认识与结论,指导找矿工作。

(三)Ⅲ区

五指山组和榴江组均有含锰层发育,是广西晚泥盆世重要的锰矿成矿带之一,主要分布于兴安县、桂林市、永福县、鹿寨县、柳州市、武宣县、象州县、桂平市及贺州市一带。柳州市以北含锰岩系呈北东向展布,柳州市以南大致呈南北向分布,两套含锰岩系(榴江组、五指山组)均有分布。岩性和含矿性大致以鹿寨为界,南北两地岩性和含矿性特点有一些不同。

鹿寨以北,榴江组岩性变化不大,以暗色硅质岩为主,微粒结构,微层状构造,微细水平层理发育;五指山组以浅灰色、灰白色扁豆状灰岩为主,薄层状、扁豆状构造和缝合线构造发育,顶部出现浅色灰岩夹少量白云岩,局部含较多的生物屑。本段目前未发现含锰层。

鹿寨以南,榴江组在武宣三里、象州下田、鹿寨幽兰等地,以硅质岩为主,夹含锰硅质岩、含锰硅质页岩、含锰灰岩及锰结核或锰条带,局部深灰色硅质岩及含碳硅质泥岩中,含钒较高;五指山组主要为扁豆状灰岩,在象州运城至罗秀一带,扁豆状灰岩中夹含锰灰岩和碳酸锰矿透镜体,含锰5%~15%,浅表部分经风化作用,品位明显提高,形成层状、似层状、透镜状及囊状氧化锰矿体,分布于扁豆状灰岩形成的风化壳中,具有工业价值。

在桂平市木圭和贺州市一带扁豆状灰岩明显减少,泥质大量增加,岩石中普遍含硅质。木圭的含锰岩系榴江组以硅质岩、硅质页岩为主,夹含锰灰岩,含锰硅质灰岩发育次生氧化锰矿层,形成大型风化锰矿床。五指山组为硅质页岩、泥质页岩、扁豆状硅质灰岩或扁豆状灰岩,夹燧石层或结核。贺州市一带主要为硅质岩、硅质页岩夹泥岩、页岩、灰岩等,局部地段下部夹含锰泥灰岩、含锰硅质岩,风化形成锰矿层。

本区除在木圭一带产有风化锰矿床外,在来宾洪江一带,五指山组中部发育一套厚数十米的灰色薄层状硅质岩,夹含锰硅质岩,厚1.60m,含锰12.50%,局部形成风化型氧化锰矿床。

本区主要矿床(点)及历年开展的地质工作简介如下。

1. 广西来宾县寺山锰矿区六力矿段详查

1)项目的目标任务

根据广西壮族自治区地质矿产局的计划要求,广西壮族自治区第四地质队以桂地四矿〔1989〕07号文《来宾县寺山锰矿任务书》给寺山普查组下达的任务是:以六力为重点,以浅井、探槽为重点,钻探、竖井为辅的施工手段。1989年普查,控制C+D级氧化锰矿30万t。1990年进行详查。

2)项目位置及交通

(1)项目位置。寺山锰矿区六力矿段位于来宾县城东南130°方向,直线距离30km。东起牛江村,西至村背山,北自翻车坳,南抵羊山,由来宾县寺山六力村管辖。工作区范围坐标为东经109°25′53″—109°27′00″,北纬23°32′30″—23°32′49″,面积为4km²。

(2)交通概况。六力至寺山街7km,有公路通达。寺山到来宾火车站41km,至武宣县城48km,均为砂石公路。每天有十余次班车通行,交通便利。

3)项目工作进展及取得的主要成果

(1)工作时间。1989年3月上旬收集来宾县朝西锰矿区相关地质资料。3月中旬对来宾朝西、那款、方学、六力等几个锰矿点进行踏勘性检查,并进行比较和选点。同年5月进驻矿区,开始对六力矿点进行矿点检查。7月编写普查设计,开始普查工作。1990年、1991年进行详查。1992年3—4月进行收尾工作,5—6月编写详查地质报告。

(2)完成主要实物工作量。详查工作完成实物工作量有:1∶10 000地质填图 50.0 km²;1∶2000地形测绘 1.7 km²;1∶2000地质填图 4.0 km²;1∶25 000水文地质调查 60.0 km²;1∶5000水文地质调查 3.6 km²;探槽 1 611.02 m³;浅井 819.60 m;竖井 663.90 m;钻探 2 169.77 m;化学取样 242件;岩矿样 118件;光谱样 76件;小体重样 57件;大体重样 5件;组合样 16件;化石鉴定样 83件。

(3)取得的主要成果。①寺山锰矿区六力矿段地质构造已基本查明,含锰岩系已详细划分,锰矿层位、层数、分布、形态、产状、厚度、品位、矿物成分、结构构造、矿石可选性、矿层顶板、底板性质、矿区水工环地质条件已查明或是基本查明,并圈定了矿体和计算工业储量。探明氧化锰矿表内和暂定表内储量:C+D级 125.73万t。其中C级 35.46万t,D级 63.47万t,暂定表内D级 26.80万t。②在矿区外围找到了方学矿段,并进行了普查评价,完成了一个普查基地的任务。

4)矿层特征

(1)含锰岩系特征。矿区内含锰岩系为上泥盆统五指山组,依据岩性分为下、中、上3个部分,含8个小分层。

下部:(D_3w^{4-1})包括1~5小分层。

1小分层:薄层状生物屑、砂屑微晶灰岩夹硅质岩、硅质灰岩,灰岩与硅质灰岩的比例为 1∶1~5∶2。局部有紫红色泥岩条带,硅质岩与硅质灰岩相过渡。该分层厚度为16.69 m。

2小分层:中厚层砂屑生物屑泥微晶灰岩夹硅质岩。该分层厚度为4.7 m。

3小分层:薄层状灰岩夹硅质岩,两者比例为2∶1~3∶1。该分层厚度为9.79 m。

4小分层:中厚层状灰岩夹薄层状硅质岩,两者比例为2∶1~3∶1。顶部有一层含生物碎屑灰岩。硅质岩沿走向不时过渡为钙质硅质岩。该分层厚度为15 m。

5小分层:薄层状泥微晶生物屑灰岩与钙质硅质岩互层,两者比例为2∶1。钙质硅质岩局部过渡为中厚层状含锰硅质灰岩或含锰灰岩。顶部常有一层似层状-透镜状生物屑钙质硅质岩。生物屑钙质硅质岩是锰矿层的直接底板标志层。该分层厚度为9.55 m。

中部:(D_3w^{4-2})包括1个小分层。

6小分层:锰矿层。原生岩石为含锰灰岩。次生氧化富集后,形成锰帽型层状、似层状氧化锰矿。该分层厚度为0.12~3.66 m。

上部:(D_3w^{4-3})包括7、8两个小分层。

7小分层:中厚层状生物屑、粒屑泥晶灰岩夹硅质灰岩、含锰灰岩及薄层状、结核状、团块状硅质岩和硅质灰岩。局部矿层的顶板有0.50 m厚串珠状燧石结核顺层分布。该分层厚度为0.75~2.95 m。

8小分层:薄层状含生物屑泥晶灰岩夹硅质岩。层间有微层状紫红色泥岩分布。该分层厚度为2.2~3.65 m。

(2)矿体特征。详查工作共圈出12个锰矿体，Ⅰ号锰矿体为主矿体。各个矿体规模特征见表2-1。

表2-1 寺山锰矿区六力矿段矿体规模特征表

矿体编号	Ⅰ	Ⅱ	Ⅲ	Ⅳ	Ⅴ	Ⅵ
矿体长/m	1400	35	60	100	48	80
矿体宽/m	104~510	24	32	76	42	32
面积/km²	376 261	1144	1833	7120	2120	2595
矿体编号	Ⅶ	Ⅷ	Ⅸ	Ⅹ	Ⅺ	Ⅻ
矿体长/m	54	44	120	72	240	50
矿体宽/m	32	25	25	56	80	50
面积/km²	1768	1069	3256	2096	23 036	2475

矿体厚度（铅直厚度）为0.12~3.36m，一般为0.90~1.80m，平均厚度为1.45m，无论沿走向还是倾向，厚度变化均较稳定。大于2m的矿层在局部出露，如6线和10~14线之间。矿体矿石质量见表2-2。

表2-2 六力锰矿区矿石质量一览表

Mn/%		TFe/%		锰铁比	
区间	平均	区间	平均	区间	平均
12.76~38.49	27.01	3.85~11.90	7.95	1.83~4.70	3.52
P/%		磷锰比		SiO_2/%	
区间	平均	区间	平均	区间	平均
0.019~0.648	0.144	0.001~0.014	0.005	7.51~72.69	30.12

5）提交报告及评审情况

1992年7月广西壮族自治区第四地质队提交《广西来宾县寺山锰矿区六力矿段详查地质报告》。1992年12月广西壮族自治区地质矿产局以桂地矿审〔1992〕15号文（《广西来宾县寺山锰矿区六力矿段详查地质报告》审批意见书）批准该报告。1994年7月广西壮族自治区地质矿产局以桂地矿审〔1994〕10号文（《广西来宾县寺山锰矿区六力矿段详查地质报告》储量审核书）批准该报告提交的储量。

2. 广西来宾地区锰矿普查

1）项目的目标任务

"广西来宾地区锰矿普查"属国家资源补偿费矿产勘查项目。国土资源部（现自然资源部）分别于2001年、2003年、2004年下达项目计划，项目实际实施时间为2002年、2003年、2005年，工作周期为3年。广西壮族自治区国土资源厅于2001年12月27日、2004年9月

28日分别以桂国土资勘〔2001〕29号文转发国土资源部《关于下达2001年矿产资源补偿费矿产勘查项目计划的通知》、桂国土资勘〔2004〕17号文转发国土资源部《关于下达2004年矿产资源补偿费矿产勘查项目(第一批)计划的通知》批准项目实施。

目标任务是通过开展来宾地区锰矿普查工作,提交氧化锰矿资源量(333)+(334)500万t,其中推断的内蕴经济资源量(333)锰矿石量200万t。主要工作是在收集、分析前人资料的基础上,通过1:10 000地质测量和槽探、井探、坑探、钻探等工程揭露,大致查明矿区的矿体数量、规模、分布及其连续性、矿石质量等特征,为下一步工作提供依据。

2) 项目位置及交通

(1) 项目位置。工作区位于广西中部。南起武宣县城,北至柳江区百朋,东起象州县城,西至忻城县里高。行政区划属来宾市、武宣县、象州县、柳江区和忻城县。地理坐标为东经109°02′00″—109°38′00″,北纬23°36′00″—24°01′30″,拥有探矿权面积共163.75 km²。本次普查的高安、七洞、洪江、正龙、里高5个矿区位置及涉及的探矿权面积具体如下。

高安矿区位于来宾市区东面直距约30 km,地理坐标为东经109°00′00″—109°38′00″,北纬23°36′00″—23°48′00″,面积为91.98 km²(包括高安、枇杷岭两个矿证)。

七洞矿区位于来宾市区北西向直距约30 km,地理坐标为东经109°02′00″—109°06′30″,北纬23°54′30″—24°01′30″,面积为24.33 km²。

洪江矿区位于来宾市区南东方向直距15~30 km,地理坐标为东经109°25′45″—109°28′00″,北纬23°35′00″—23°45′00″,面积为19.19 km²。

正龙矿区位于来宾市区北东面3~15 km,地理坐标为东经109°19′00″—109°21′30″,北纬23°46′00″—23°48′30″,面积为15.71 km²。

里高矿区位于柳江区南西西向直距约35 km,地理坐标为东经109°01′30″—109°06′30″,北纬24°04′30″—24°10′00″,面积为12.54 km²。

(2) 交通概况。南北向的G322国道、桂海高速公路及湘桂铁路,G209国道分别在区内西部、中部、东部通过。来宾市区北距广西工业重镇柳州市仅69 km,南距广西首府南宁市152 km。红水河流经境内11个乡镇,500~800 t船舶可直航广州、香港。各乡镇间分布有乡村公路网,勘查区内都有简易砂石公路或柏油公路与乡镇柏油公路连接,交通便利。

3) 项目工作进展及取得的主要成果

(1) 工作时间。2002年度,普查工作以面上找矿为主,工作部署重点在高安矿区。2003年普查工作仍以面上找矿为主,以高安和七洞两矿区为重点普查区,同时在洪江、正龙、里高矿区开展预查工作。2004年普查工作是在往年工作的基础上,选择洪江矿区为重点开展普查工作。2005年7月22—23日,广西壮族自治区国土资源厅组织专家对本项目年度野外工作进行了野外验收。

(2) 完成主要实物工作量。普查工作完成实物工作量有:1:10 000地质填图147.0 km²;探槽6 785.0 m³;浅井3 101.6 m;竖井211.9 m;钻探1 360.62 m;化学取样307件;岩矿样97件;大体重样2件;组合样23件。

(3) 取得的主要成果。

①了解了区域地质特征、成矿条件、成矿远景和区内的主要矿产；大致查明了洪江、七洞、高安、正龙、里高矿区地质、构造特征，区内有锰帽型锰矿床及堆积型锰矿床两种类型。锰帽型锰矿床赋存于下二叠统孤峰组（P_1g）顶部（高安矿区）及上泥盆统五指山组第二段第一层（D_3w^{2-1}）（洪江矿区）氧化带界面之上的含锰地层中，堆积型锰矿床赋存于第四系残坡积层（Q^{esl}）中，成矿物质均来源于下二叠统孤峰组（P_1g）顶部约 20m 厚的含锰硅质灰岩。

②大致查明了洪江、七洞、高安、正龙、里高矿区锰矿层位、层（矿体）数、分布、矿体形态、产状、厚度、矿层顶、底板岩性。大致查明了主要矿体含矿率、矿石品位、矿物成分、结构构造；大致了解了矿石伴生有用、有害组分的种类、含量。

③全区共探获氧化锰净矿石（333）+（334）资源量 429.870 3 万 t，其中推断的内蕴经济资源量（333）锰矿石量 198.786 1 万 t。

4) 矿层特征

(1) 含锰岩系特征。上泥盆统五指山组为本区含锰岩系。据实测剖面，自下而上为五指山组第一段（D_3w^1）、第二段（D_3w^2）。其中第二段（D_3w^2）又分 3 个小层：第一小层（D_3w^{2-1}）、第二小层（D_3w^{2-2}）、第三小层（D_3w^{2-3}）。现分述如下。

①五指山组第一段（D_3w^1）：中、下部为土黄色薄层状泥岩夹灰白色薄层状硅质岩，局部有灰黑色土状锰质条带或深灰色透镜状硅质灰岩；上部灰、浅灰色薄层状硅质岩夹少量土黄色泥岩；顶部为硅质岩，局部含锰质条带。原生岩性零星见于钻孔中，岩性有灰岩、扁豆状灰岩、硅质灰岩等。全段厚度为 280m。

②五指山组第二段（D_3w^2）：进一步细分为 3 个小层。

第一小层（D_3w^{2-1}）：为本区锰矿层。由氧化锰矿混杂少量含锰泥岩及硅质岩碎块组成。氧化锰矿呈黑、灰黑色，微粒结构、胶状结构，粉粒状、致密块状、角砾状构造。主要矿石矿物为硬锰矿、软锰矿，主要脉石矿物为石英及水云母。全段厚度为 0.23～2.54m。

第二小层（D_3w^{2-2}）：为风化岩性。紫红色、红色、土黄色薄层状泥岩夹浅灰色、灰白色薄层状硅质岩。全段厚度为 1.50～10m。

第三小层（D_3w^{2-3}）：为风化岩性。下部为灰白色硅质岩夹灰黑色薄层状含锰硅质岩和含锰泥岩，局部为黄色泥岩、紫红色泥岩；上部为灰白色薄层状硅质岩夹土红色薄层状泥岩。全段厚度为 30～67m。

(2) 矿体特征。锰矿层呈层状、似层状或透镜状赋存于上泥盆统五指山组（D_3w）顶部，为单一矿层。矿层产状与围岩一致，随褶皱而变化。其中高岭矿段矿层连续性差，露头少，多为隐伏矿层，埋深 5～52m 不等，一般 15～40m。据工程揭露，目前共圈定矿体 8 个（勘查证内），单个矿体长 200～750m，宽 50～200m，规模均较小。矿体总体倾向东，倾角 14°～68°，变化较大，各矿体特征详见表 2-3。表 2-3 中显示，高岭矿段Ⅰ号矿体、Ⅱ-3 号矿体、Ⅲ号矿体均达到优质锰矿石的标准。

表 2-3 高岭、那款矿区锰帽型锰矿体产出特征及矿石化学成分一览表

矿段名称		高岭								那款		矿区平均
矿体编号		I	II-1	II-2	II-3	II-4	II-5	II-6	III	I	I-1	
矿体长度/m		300	100	100	100	400	600	700	750	1000	150	
矿体厚度/m	最大值					0.56	1.26	1.70	0.73	1.48		
	最小值					0.50	0.23	0.69	0.60	0.50		
	平均值	0.85	0.81	0.62	0.62	0.53	0.65	1.11	0.67	0.68	0.73	0.65
Mn/%	最大值					24.50	17.48	19.81	34.64	44.33		
	最小值					10.54	10.03	10.20	25.82	10.80		
	平均值	37.95	14.41	20.99	17.14	19.23	13.24	13.63	30.74	26.57	23.18	23.26
TFe/%	最大值					4.30	5.14	9.45	3.30	17.00		
	最小值					1.70	1.25	2.93	1.35	1.35		
	平均值	5.25	2.35	4.40	1.87	3.28	2.47	4.68	2.22	5.04	4.65	4.24
P/%	最大值					0.168	0.129	0.111	0.129	0.436		
	最小值					0.068	0.061	0.042	0.068	0.094		
	平均值	0.110	0.136	0.065	0.047	0.126	0.082	0.081	0.095	0.203	0.275	0.154
SiO_2/%	最大值					48.85	67.80	69.81	44.59	55.66		
	最小值					39.88	52.08	38.27	19.05	8.86		
	平均值	26.25	52.20	36.97	56.50	44.40	61.61	54.44	34.24	32.72	34.63	39.96
Mn/TFe		7.23	6.13	4.77	9.17	5.86	5.37	2.91	13.82	5.27	4.98	5.48
P/Mn		0.002 9	0.009 4	0.003 1	0.002 7	0.006 5	0.006 2	0.005 9	0.003 1	0.007 6	0.011 9	0.006 6

5)提交报告及评审情况

2006年5月广西壮族自治区第四地质队提交《广西来宾地区锰矿普查报告》。2006年6月广西壮族自治区国土资源厅以桂国土资勘〔2006〕11号文(关于印发《广西来宾地区锰矿普查地质报告评审意见》的通知)批准该报告。

3. 广西木圭锰矿地质勘探

1)项目的目标任务

木圭地质队根据上级的要求,在1955年勘探工作的基础上,重新对矿区内烟灰状锰矿、松软状锰矿开展勘探工作。要求勘探烟灰状锰矿 $B+C_1$ 级原矿石储量500万t,其中B级120万t,C_2级1000万t;松软锰矿C_1级1000万t,E级储量250万t。

2)项目位置及交通

(1)项目位置。矿区位于桂平市东北42km处的西江南岸,由桂平县第一区管辖。矿区中心地理坐标为:东经110°16′49″,北纬23°30′28″。

(2)交通概况。从木圭沿西江上行至贵县水程141km,下行至广州520km,四季可通航。贵县与武汉有铁路相通,相距1319km,广州沿京广铁路北上至武汉,相距1232km,由武汉至北京1500km。西江每日有汽、拖轮一、二班往返经过。矿区西北至江口镇10km,东北至平南县15km,附近各村均有乡道相通。矿区内各矿段均可通行汽车。交通较为方便。

3)项目工作进展及取得的主要成果

(1)完成主要实物工作量。勘探工作完成的主要实物工作量有:1:5000地形测量35.5km^2;钻探28 669m;手摇钻孔166m;斜井299m;平巷218m;浅井5442m;槽探12 858m^3;采样8378件;大样6件。

(2)取得的主要成果。共完成烟灰状锰矿精矿表内B+C$_1$+C$_2$级341.7万t,表外C$_2$级105.9万t;松软状锰矿原矿表内B+C$_1$+C$_2$级2 174.2万t,表外C$_2$级198.4万t。

4)矿层特征

(1)含锰岩系特征。矿区内锰帽型锰矿床含锰岩系为上泥盆统榴江组,根据岩性不同可分为下、中、上3个部分,其中中部再详分为上、下两个含锰夹层。

①下部厚39.30m,自下而上岩性分述如下。

紫红色、灰绿色、棕黄色、灰褐色黏泥层,呈泥质与鳞片状结构,局部夹有氧化锰矿或表面被锰质所浸染,其间夹有燧石或灰岩块屑。该层厚度为3.10m。

烟灰状锰矿层,厚度为6.40m。

灰色、灰黑色薄层条带状燧石层,夹薄层矽质页岩。燧石因节理发育而极其破碎,在裂隙面常被锰质浸染,厚度为17.40m。

紫黄色、白色呈板状页状矽质页岩,夹灰白色薄层(0.005~0.10m)燧石,局部地段夹黑色页岩层,呈扁豆状。该层厚度为12.40m。

②中部厚98.60m。

下含锰夹层厚度为40.60m,该层自下而上详述如下。

紫黄色、黄白色薄层或页状矽质页岩,夹薄层锰片及薄层燧石。矽质页岩与燧石间常有小扁豆体铁锰结核或仅留下空洞。

黄白色薄层矽质页岩与黑色、棕黑色薄层锰矿互层,有时夹黄色黏泥。一般厚度为3~5m。

紫色、白色、黄白色薄层矽质页岩,含褐铁矿结核,或为紫红色、红色具弧状交错纹的泥岩含空心褐铁矿结核,常有淋滤形成的葡萄状铁锰矿及锰矿结核。

灰色致密厚薄互层含锰矽质灰岩,具线理状结构,夹有黑色燧石条带或燧石扁豆体。岩石风化后即成猪肝色偏锰酸矿,质松软,物质成分亦随之改变,厚度为6.40m。

黄白色薄层矽质页岩夹有半风化呈浅棕色薄层含锰燧石,厚度为5.0m。

层理不显的破碎燧石,常局部富集有钢灰色烟灰状锰矿,厚度为1.80m。

青灰色薄层燧石,夹灰白色矽质页岩,常破碎不成层,厚度为1.50m。

浅灰色粗砂状燧石,风化后呈疏松多孔,局部有钢灰色烟灰状锰富集,并有粒状及硬块状锰。岩层上下有黄色泥岩,厚度为0.50m。

整个下含锰夹层在矿区中南部过渡为一种灰岩相,为灰白色、灰黑色薄层泥质灰岩,夹黑色具油脂光泽的燧石层及燧石扁豆体。越向下,燧石扁豆体逐渐减少而燧石层逐渐增加。在岩层中常夹有褐铁矿结核。在底部有一层较厚的燧石层。

上含锰夹层厚度为58m,自下而上分述如下。

浅黄色、浅棕色、灰白色薄层波浪形矽质页岩,普遍含锰质,夹薄层扁豆状燧石,风化后变为一种泥质页岩。厚度为12.10m。

灰白色、灰绿色、紫红色具扁豆状结构、薄层含锰矽质灰岩,质地坚硬,偶夹黄铁矿结核及立方小晶体。风化后变为含大量高岭石、水云母、微—中量的石英、微量氧化锰矿及铁质等物质组成的含锰泥质页岩,厚度为28.90m。

浅灰色厚层状构造,条带状结构,质坚硬而细密的含锰石灰岩,具有稀疏的缝合线构造,厚度为3.30m。

黄棕黑色泥砂状锰土,夹大量燧石扁豆体,底部常有厚0.05~0.20m的黄色泥层。局部有钢灰色锰粉,厚度为1.0m。

黄色、褐黄色、棕褐黑色相间条带状泥质页岩,质软而细密,有黏性,层面间有薄膜状锰土,厚度为12.70m。

③上部厚60m以上。

上段为淡黄灰色厚薄层燧石,下段为淡黄绿、浅紫红色薄层矽质页岩,夹灰白色蛋白石质乳房状燧石结核及燧石。

(2)矿体特征。烟灰状锰矿矿体分布于矿区向斜构造的西翼蓬莲冲及东翼的潭莲塘、大排岭3个地段。矿层产于榴江组底部。

经查明,蓬莲冲地段计有矿体21个,矿体一般呈北西-南东或与此呈垂直向排列。矿体最大达123 360m^2,最小为10 000m^2。矿层有一定的部位,呈似层状产出。锰质分布不均及次生氧化过程,以及构造的作用,导致有些地段变成一种含锰黑土,或为一种夹石,使矿体不连续。矿层埋藏深度最深为112.58m,最浅为2.66m,平均46.41m。矿层厚度变化大,但也不尽如此,沿走向在100m范围内,由0.87m或2.45m变为12.02m,相差4.90~13.80倍。沿倾向,如三号窿,在80m范围内由0变为10.7m。一号窿在70多米范围内亦相差2.5倍左右。在整个地段范围内,矿层厚度最厚为12.69m,最薄为0.30m,平均为4.23m。

潭莲塘地段经查明矿体有4个,共计有矿面积73 980m^2。矿体呈西北—南东向排列,矿体最大达43 880m^2,最小为5000m^2。矿层无一定部位,呈凸透镜状、不规则形状及似层状产出。矿体由于受东岗岭组喀斯特的控制,厚度颇为不稳定,均呈一种突变形式。在勘探范围内,矿层一般埋藏较深,最深为149.58m,最浅为56.82m,平均达92.13m。矿层厚度最厚达23.93m,最薄为1.40m,平均为6.60m。

大排岭地段矿层产于冲积层之下。矿层埋藏最深达104.73m,最浅为37.24m,平均为39.19m。矿层厚度最厚为9.58m,最薄为0.52m,平均为2.46m。

含锰石灰岩及松软锰矿矿体分布于矿区南部向斜构造的东翼及轴部,北到横岭牛骨岭,南至黄帝塘,东至潭浪,西至松山肚、上河洞的广大范围内。矿层产于上泥盆统榴江组中部上含锰夹层顶部。矿层产状稳定,褶皱平缓,倾角不大,一般在5°~20°,有时直接呈水平状态产出。

长期侵蚀作用将一完整矿体分割成16个大小不等、形状不一的矿段,其中最大的一个达5km^2,最小的约2000m^2。

矿床埋藏不深，最深为60.66m，最浅为0，平均为10.34m。在一些地段矿层直接出露地表。矿层厚度为0.30～7.31m，平均为3.30m。

松软锰矿的原生矿石是一种浅灰色厚层状构造、条带状结构，质地致密的含锰石灰岩，具缝合线构造。含锰矿物可能是锰方解石与其他类质同象的碳酸盐矿物相混，黄铜矿、黄铁矿呈微小晶体分别聚集成小扁豆体或薄带状，嵌布于含锰灰岩中，大致与层理面平行分布，显然为原生沉积所成。

烟灰状锰矿以粉末为主，其次为土状、葡萄状、肾状、带壳状、胶状、树枝状、环带状、块状。全部矿石均具次生结构、构造形态。矿石含锰最高为56.09%，最低为8.90%，平均为26.79%。TFe含量最高为25.34%，最低为2.49%，平均为7.09%。P含量最高为6.24%，最低为0.152%，平均为0.741%。SiO_2含量最高为67.12%，最低为1.28%，平均为25.02%。一般情况下，矿石的块度愈大，含锰则愈高。矿石成分在水平变化上，各含量均不稳定，仅能见到锰有向南东向增高的现象，其他很难见其变化规律。在垂直变化上比水平变化大，但无规律可循。从各成分之间的关系来看，Mn高SiO_2却低，反之亦然；P与Mn、TFe及其块度都有一定的关系，正因为如此，很难见到P的变化规律。

松软锰矿中Mn含量最高为33.38%，最低为10.78%，平均为20.90%。TFe含量最高为15.41%，最低为5.86%，平均为9.34%。P含量最高为0.382%，最低为0.028%，平均为0.091%。SiO_2含量最高达63.68%，最低为25.42%，平均为36.73%。矿层中所夹的硬块矿石，均为一种优质矿石，Mn含量达39.88%，TFe含量为9.78%，P含量为0.144%，SiO_2含量为13%。矿石中局部有呈鲕状结构，分布在矿层的顶部，同心圆构造不显著，这很可能为一种次生结构。

松软锰矿的原生矿石为一种浅灰色含锰的石灰岩（含锰4.0%～4.62%），呈微粒结构，由0.01～0.02mm微粒方解石彼此嵌晶，以不规则的形体存在。

5）提交报告及评审情况

1958年8月原地质部广西地质局木圭地质队提交《广西木圭锰矿地质勘探报告书》（1957年度）。1960年5月3日广西壮族自治区矿产储量委员会以桂地储字第2号文件《广西木圭锰矿地质勘探报告（1957年度）评审意见》批准该报告。

4. 广西贺州市信都矿区锰矿预查

1）项目的目标任务

依据《广西壮族自治区国土资源厅关于编制2018年第一批广西地质矿产勘查项目设计的函》（桂国土资函〔2017〕2081号）及桂财建〔2012〕239号、桂国土资办〔2014〕329号文件要求，中国冶金地质总局广西地质勘查院组织编制《广西贺州市信都矿区锰矿预查设计》，广西壮族自治区国土资源厅于2018年3月23日以桂国土资函〔2018〕751号文批复项目设计。

目标任务：以信都向斜含锰岩系（D_3l）为重点工作目标层，原生碳酸锰矿为重点勘查对象，兼顾评价地表浅部氧化锰矿；通过1∶10 000专项地质测量及施工槽探和少量钻探工程，对已知矿体进行追索、控制，初步了解区内地层、构造、岩浆岩、锰矿体分布特征；初步了解碳酸锰矿石质量和可选性；按一般工业指标圈定矿体，预估算（334）资源量，并对该区的找矿潜力进行概略评价,为下一步普查工作提供依据。预期提交锰矿石资源量(334)300万t。

2)项目位置及交通

(1)项目位置。工作区位于广西东南部、贺州市八步区南部的信都镇,行政区划属贺州市信都镇,工作区范围地理坐标为东经111°40′58″—111°42′58″,北纬23°58′30″—24°00′15″,面积共10.96km²。

(2)交通概况。信都镇北距贺州市66km,西距梧州市苍梧县约30km,东南部与广东怀集县毗邻,与广东最近接壤处约20km。镇内公路交通运输发达,国道G207线、省道S2031线及信(都)封(广东封开)公路在此交会,形成四通八达的公路交通网络,是桂东、桂北乃至大西南通往珠江三角洲和港、澳地区的便捷陆路通道。水路200t货轮可直达梧州、广州、西江各港口,交通较为方便。

3)工作进展及取得的主要成果

(1)工作时间。2018年3月,中国冶金地质总局广西地质勘查院组建《广西贺州市信都矿区锰矿预查》项目部,项目部于2018年4月初开始对贺州市信都矿区开展锰矿预查工作,各项工作进展顺利,于2018年10月结束野外地质工作,随即进行室内资料整理及报告编写工作。2019年4月18—19日,由广西壮族自治区自然资源厅地质勘查管理处组织地质专家对该项目进行野外工作验收,并顺利通过。

(2)完成主要实物工作量。预查工作完成的主要实物工作量为1∶10 000地质简测10.96km²,探槽1 113.4m³,钻探479.37m,化学取样83件,岩矿鉴定样25件,小体重样7件,组合样5件,物相分析样5件,光谱样5件。

(3)取得的主要成果。通过2018年度预查工作,初步查明上泥盆统榴江组中段(D_3l^2)为本区锰矿体的赋矿层位;初步了解了矿区内的地层、构造、锰矿层的分布特征;通过施工深部钻探工程,初步了解了锰矿层的深部延伸情况;初步了解了锰矿体的分布、数量、赋存部位、形态、规模、产状、厚度,以及矿石的品位、物质成分、结构、构造、矿石类型等地质特征。

本次预查工作共施工探槽9条,5条探槽见矿,3条探槽揭露含锰层;施工钻孔4个,2个钻孔见矿;探矿工程施工质量好,见矿率高,见矿效果好。

本次预查工作圈定1个氧化锰矿体(编号为Ⅰ号),矿体控矿构造简单,走向规模大,已控制信都向斜锰矿层走向延伸约5.0km、倾向最大延深120m,锰矿层平均厚度为1.09m,锰矿石平均Mn品位为21.35%。探获氧化锰贫锰矿石资源量(333)+(334)37.21万t。

4)矿层特征

(1)含锰岩系特征。信都锰矿区的含锰岩系为上泥盆统榴江组(D_3l),其中榴江组中段(D_3l^2)为信都锰矿区的赋矿层位。根据岩性特征不同,可细分为3段9个分层。各分层特征及岩矿石岩性特征简述如下。

①上泥盆统榴江组下段(D_3l^1)。

上泥盆统榴江组下段为第1分层,上部主要岩性为灰黑色灰岩夹泥质灰岩与榴江组中段分界,灰岩局部夹有硅质条带;中部为灰色、灰白、灰黑色薄层状硅质岩、硅质泥岩或泥质硅质岩,局部夹泥岩;底部为灰褐色、灰红色的硅质岩与硅质泥岩互层。该分层厚度为65～187.0m。

②上泥盆统榴江组中段(D_3l^2)为含矿层,可细分7层。各分层的主要岩性具体如下。

第2分层:硅质泥岩与泥岩互层。厚度为10.0~40.0m。

第3分层:为矿层底板,岩性为含锰质泥岩。厚度为4.5~6.0m。

第4分层:氧化锰矿。厚度为0.5~2.8m。

第5分层:为矿层顶板,泥岩。厚度为15.0~20.0m。

第6分层:灰岩。厚度大于5.0m。

第7分层:硅质泥岩与泥岩互层。厚度为30.0~50.0m。

第8分层:砖红色泥岩,与榴江组上段分界标志层。厚度为0.2~2.0m。

③上泥盆统榴江组上段(D_3l^3)

上泥盆统榴江组上段为第9分层。主要岩性为硅质岩、硅质泥岩或泥质硅质岩、泥岩。厚度为5~189.0m。

(2)矿体特征。通过施工探矿工程,初步确定锰矿层与岩层产状基本一致,锰矿层走向、倾向上连续性较稳定,共圈出1个锰矿体,控制锰矿体走向延长为5.0km,倾向最大延深120m。锰矿层厚度为0.54~2.80m,平均厚度为1.09m。矿石Mn品位为18.20%~26.92%,平均Mn品位为21.35%。

信都锰矿区锰矿石还存在3个特点:一是含水率高,一般为35.20%~270.50%,7个工程平均含水率为143.17%;二是干矿锰品位提高较大,一般为18.96%~29.20%;三是干矿小体重(比水还小),一般为0.34~1.18g/cm³,7个工程平均为0.69g/cm³,干矿放入水中大多可以浮在水面上而不下沉,只有吸够一定量的水分,才又沉入水中。

5)提交报告及评审情况

2019年10月中国冶金地质总局广西地质勘查院提交《广西贺州市信都矿区锰矿预查报告》。2020年1月8日广西壮族自治区自然资源厅办公室以桂自然资办〔2020〕5号文(广西壮族自治区自然资源厅办公室关于印发广西贺州市信都矿区锰矿预查等四个项目成果报告评审意见书的通知)批准该报告。

(四)Ⅳ区

Ⅳ区主要分布于南丹、河池、东兰、天峨、环江、宜州等地,榴江组、五指山组地层呈北西向展布,并延入贵州境内(相应地层单位为代化组和响水洞组)。

五指山组岩性变化不大,一般为扁豆状灰岩、泥质条带灰岩或泥质灰岩,未见含锰层。榴江组岩性有一定变化,除硅质岩外,还有较多的灰岩、泥灰岩、硅质页岩等,局部地段夹含锰层。

总体来讲,本区晚泥盆世含锰地层的含矿性特点是地层含锰量较低。就目前而言,五指山组地层中未见到锰矿层产出。榴江组仅在局部地段有含锰层发育,主要为含锰硅质岩、含锰泥岩、含锰页岩及含锰粉砂岩。这些含锰层不仅厚度薄,含锰量也较低,一般形成锰土层,连续性也不好,工业价值不大。

目前在本区上泥盆统榴江组、五指山组中未找到成型的锰矿床(点),但却是广西最有名的锡多金属矿成矿带,含矿地层主要有中泥盆统纳标组(产有100号、105号矿体)、罗富组(产有94号、95号、96号矿体),上泥盆统榴江组(产有92号、28-2号矿体)、五指山组(产有82号、78号、91号矿体)等。

（五）Ⅴ区

Ⅴ区分布于南宁、扶绥、邕宁、武鸣、上林及平果等地。上泥盆统含锰层大致分为两种组合类型：一种为硅质岩-扁豆状灰岩（或泥质条带灰岩）组合；另一种为较单纯的硅质岩组合或单纯的扁豆状、泥质条带灰岩组合。以前者为主，后者在局部地段可见。

榴江组以深灰色硅质岩为主，夹硅质页岩、硅质泥岩及含锰硅质岩、含锰灰岩。五指山组以扁豆状灰岩为主。在南宁西南的苏圩—吴圩一带，榴江组中部夹含锰灰岩，地表常形成具工业价值的淋滤型或堆积型风化氧化锰矿床，分布范围长25km以上，并伴生Co、Ni等元素，可综合利用。

据广西壮族自治区第四地质队1972年提交的《广西邕宁苏圩—吴圩一带铁锰矿点普查报告》，产于榴江组地层中的含锰层绝大部分并未形成具工业意义的矿体，而仅局部富集，沿走向100m乃至数十米甚至数米变贫，沿倾向变化更大，锰矿石以粉状为主。

在上林以西的大明山东侧一带，榴江组中部灰黑色薄层硅质岩中，夹2~3层含锰硅质岩，经风化淋滤后，形成若干小型锰矿床。

1. 广西扶绥那标-邕宁六里钴锰铁矿区勘探

1)项目的目标任务

1971年2月广西壮族自治区第四地质队下达任务，要求查明苏圩、吴圩一带锰矿中钴镍的含量，并对铁、锰作出评价。

2)项目位置及交通

(1)项目位置。矿区位于扶绥县巴盆公社那标与邕宁县苏圩公社六里交界处。工作区范围地理坐标为：东经107°58′00″—108°03′00″，北纬22°31′00″—22°36′00″。

(2)交通概况。矿区距南宁55km，有公路相通，距扶绥县城20km，有公路、铁路相连，交通较方便。

3)项目工作进展及取得的主要成果

(1)工作时间。1971年3月，地质技术员一边利用各种形式发动群众找矿报矿；一边对矿区进行踏勘，发现这一地区的锰矿(特别是那标一带)中普遍含钴，且钴含量在工业品位以上；1971年4月底，地质人员在那标矿区开展普查勘探工作，同年10月初，对绿林至吴圩茶山进行外围普查评价，至12月底野外地质工作全部结束。

(2)完成主要实物工作量。勘探工作完成的主要实物工作量有浅井7870m，探槽250m^3，石门20m，清理采坑73个，清理老井32个，采样1169件，光谱样7件，选矿样1件。

(3)取得的主要成果。勘探共探求锰矿石资源储量C_1+C_2表内13.32万t；铁矿C_1+C_2富矿17.46万t，C_1+C_2贫矿5.82万t；钴金属量C_1+C_2表内500.71t，C_1+C_2表外105.80t。

4)矿层特征

(1)含锰岩系特征。矿区含锰岩系为上泥盆统榴江组(D_3l)，按其岩性可分为下、上两段。

下段(D_3l^1)：灰—灰黄色、黄褐色、灰黑色薄层状硅质岩、硅质页岩、部分为含泥硅质岩及粉砂硅质岩。易于分化成硅质泥岩或泥岩，岩层中夹硅质岩透镜体及铁质结核。

上段(D_3l^2)：含锰泥岩（原生岩石为含锰硅质岩及扁豆状灰岩），呈紫红色、黄褐色、褐黑色。薄层状，单层厚为5~15cm，有的呈锰丝状。褐黑色含锰泥岩与黄褐色泥岩互层，前者呈疏松粉状，经普遍取样分析，一般含锰1.30%~5.0%，含钴0.002%~0.005%，接近地表风化富集较好并硬结成含锰泥岩，锰、钴都相对富集，均达到工业要求，如马鞍岭附近。此段为含矿地层，是本区堆积锰、钴的物质来源。

(2) 矿体特征。淋滤富集型似层状钴锰矿：由近地表的上泥盆统榴江组上段(D_3l^2)含锰硅质岩，经风化淋滤富集而成。矿石呈致密块状，厚度可达2m，最薄的0.40m左右，呈层产出，产状与地层一致。锰品位达10%~18%，钴品位可达0.04%~0.32%，镍品位0.2%~0.5%，但沿走向、倾向数十米到数米变为松软含锰泥岩或含锰硅质岩，钴、锰品位变得低微。此类型仅处于马鞍山附近，工业价值不大。

断裂带型角砾状钴锰矿：主要见于马鞍岭附近的破碎带中，如QJ322、QJ323、QJ329等。由于破碎作用，含锰硅质岩中的锰质析出胶结硅质岩角砾，钴也随锰相对富集，一般达0.03%~0.200%。矿石呈块状，具角砾状构造，硅质角砾析出以后形成网格状、蜂巢状构造。矿体厚度变化大，最厚达2.60m。工业价值不大。

堆积型钴锰矿：大小矿体约50个。从西部布遵村向东至六里村沿D_3l^2含锰地层分布。一般堆积在150~250m高程的山坡上，因受地形切割影响，无一定形态，一般长轴近东西向。绝大部分矿体赋存在第四系红色、红黄色亚黏土中，部分出露地表。矿体面积一般10 000~20 000m²，最大的达56 000m²，小的仅2000~3000m²。矿层厚度变化大，薄的0.30m，最厚的达5m，一般1m左右。矿体中间部位较厚、山上较厚，向山下和四周往往变薄，少数矿体从米余到数米余变薄。矿体含矿率变化较大，一般为450~500kg/m³，高的达1000kg/m³，矿体上部含矿率高。其他规律一般与厚度的变化一致。

凡锰矿石贫锰矿石均含钴，钴含量0.02%~0.40%，个别特高品位达0.80%，一般为0.10%。锰含量一般为8%~12%，个别为15%~20%，多属贫锰矿石。锰含量高，钴的含量也增高。镍的含量为0.20%~0.40%，只有少数满足工业要求。铁质和泥质颗粒含钴量很低，只有个别样品钴含量达0.03%左右。

铁矿的分布基本与钴锰矿的分布一致，随钴锰矿自西向东呈带状分布，与下石炭统下段硅质粉砂岩有关，共有18个矿体。矿床类型主要是堆积型褐铁矿，其次是次生淋滤富集水赤铁矿。

堆积型褐铁矿：体积一般为100×数十米，最大为450m×80m，一般堆积于红土中。厚度变化大，一般厚1.50m，最厚达5.62m，但旁边数米却无矿。矿体一般含矿率为900~1000kg/m³，工程最高含矿率1800kg/m³，TFe品位一般40%，最高54.95%，低的也有32%。含磷也高，块段含磷0.085%~0.484%，一般为0.200%左右。

次生淋滤富集水赤铁矿：矿体呈似层状、囊状，矿石呈胶状、肾状、钟乳状等，暗红色、浅褐色。此类型常与锰矿共同富集，一般铁在上，锰在下，有的则相互包裹；此类型的厚度变化大，沿走向、倾向变化都很大，未见明显的顶底板。

5)提交报告及评审情况

1972年3月广西壮族自治区第四地质队提交《广西扶绥那标-邕宁六里钴锰铁矿区勘探报告》。1973年1月广西壮族自治区革命委员会地质局报告审查小组以桂地审〔73〕第3号文(《广西扶绥那标-邕宁六里钴锰铁矿区勘探报告》审查意见)批准该报告。

2. 广西邕宁苏圩-吴圩一带铁锰矿点普查

1)项目的目标任务

1971年10月初,广西壮族自治区第四地质队决定开展苏圩、吴圩一带锰、钴、铁的普查找矿工作,要求扩大那标钴锰矿区的远景,同时对堆积铁矿进行评价。

2)项目位置及交通

(1)项目位置。矿区从苏圩的绿林、谭楼到吴圩的那美、康宁、天念、平庄直至那洪的王庄。工作区范围地理坐标为:东经108°02′47″—108°10′40″,北纬22°33′40″—22°40′00″。

(2)交通概况。矿区距南宁28~43km,各个矿点距南宁至苏圩公路2~10km,大多数矿点均有运矿公路相通。交通较方便。

3)项目进展及取得的主要成果

(1)工作时间。1971年1月初开始野外地质工作,1971年11月20日结束野外地质工作。

(2)完成主要实物工作量。普查工作完成主要实物工作量有:探槽50m³,浅井2201m,采样281件。

(3)取得的主要成果。共估算锰矿石1.90万t,钴金属量32.20t,铁锰矿石6.20万t,铁矿石10.6万t。

4)矿层特征

(1)含锰岩系特征。矿区内含锰岩系为上泥盆统榴江组(D_3l),根据岩性可分为下、上段。

下段(D_3l^1):为黄夹褐色含锰泥岩及线理状黄褐相间的含锰泥页岩,往下增多,下部或底部往往富集成矿,厚1~9.80m,谭楼—那美一带为4.8~9.80m,一般富集成黑褐色含锰泥粉末状锰、块状软锰矿及块状硬锰矿,呈囊状、团窝状及似层状产出,到康宁水库一带渐变薄,为1~2.80m。

上段(D_3l^2):为猪肝色薄层风化含锰泥岩,厚6.5~35m,一般锰呈线纹状薄膜富集,在距底部数厘米至3.4m处有一层含锰较富,富集呈钢灰色锰粉夹碎屑细粒状、葡萄状硬锰矿,常呈团窝状产出,康宁水库一带则常变为铁锰矿。

含锰层直接顶板为灰白色硅质岩或硅质泥岩,底板为浅紫色、灰白色薄层硅质页岩、硅质岩,常含黄铁矿及黄铁矿结核。硅质岩常有硅质假结核,致使层面波曲。

(2)矿体特征。锰矿体:主要分布于那美村北西—那计村北一带4~5km长的范围内(那计村北的矿体因故未施工),谭楼村北东—北西及那佳村西绿峨岭,只有几个零星小矿体,绿林山是次生淋滤富集的褐铁矿-水赤铁矿及软锰矿。一般是上面富集铁矿,下面富集锰粉、含锰泥及少量块状锰矿。含锰层上、下段都变化很大,沿走向100m乃至数十米,甚至数米变贫。沿倾向变化更大。锰品位最好的如25号矿体,锰品位为42.97%,钴品位为0.026%;一般如

32-5号矿体,锰品位为31.80%,钴品位为0.028%;比较差的如31-6号、32-4号矿体,锰品位为20.0%,钴品位为0.036%~0.041%;矿层的厚度及品位依其富集程度而变化,富集好的矿层厚且富,富集差的为黑色含锰土乃至含锰泥岩。

堆积锰矿(包括堆积铁锰矿):锰矿层一般与地形及含锰层关系密切,一般是含锰层倾向、倾角同山坡一致的情况下,保存得最好,如果倾向相反或倾角陡于地形等,都因氧化深度有限而无多少残坡积矿,尤以前一种情况为最差。

矿体面积一般为 3000~8000m^2,最大的为 17 500m^2,最小的是 1000~2000m^2,矿层厚度一般为 0.3~0.9m。

锰品位为 12%~43%,一般为 30%;铁锰矿石含锰一般为 19%~25%,Mn+TFe 为 40%。钴品位为 0.02%~0.156%,一般为 0.040%,铁锰矿石含钴一般为 0.035%~0.041%,个别为 0.05%。

其次还有一种豆状堆积锰,一般含锰 6.0%~11.0%,含钴品位为 0.016%~0.028%,未估算储量。

堆积铁矿。矿石基本上可作块状和粒状两种,块状均大于3cm,最大可达20~40cm,多为孔洞状,孔洞中常常保存黄白色泥质硅质岩,有些为次圆状含铁泥质颗粒或含铁角砾胶结进一步氧化富集的产物,所以块状矿石一般含铁高,达40%~45%;但含磷赤高(0.2%~0.5%)的粒状是一种直径小于1cm的细小的含铁泥质颗粒及贫铁粒,一般都是次圆状,其次还有少数次生淋滤富集水赤铁矿-褐铁矿再次破碎而堆积的堆积铁矿。

堆积铁矿一般堆积于红土层中,厚度变化极大,薄的0~3m,较厚可达1~3m,最厚土层可达5.63m,但旁边数米即无矿。矿体(块段)平均厚度0.56~2.22m,一般为1~2m之间。含矿率一般均大于 0.5t/m^3,最大 1.8t/m^3,最小也大于 0.3t/m^3,矿体平均含矿率 0.650~1.323t/m^3。

块状 TFe 平均品位一般为 40%,最高 46.30%,最低 31.05%;磷品位在 0.087%~0.568%之间,一般为 0.035%;硫品位在 0.019%~0.055%之间,一般为 0.02%~0.04%。

次生淋滤富集水赤铁矿-褐铁矿呈似层状、囊状,矿石呈胶状、肾状、钟乳状、角砾状等。暗红色—浅褐色,有并与硬锰矿或软锰矿共同富集,一般铁在上,锰在下,也有互相包裹的。

绿林1号矿体厚度为0.3~1.50m,平均厚度为0.80m,矿体范围150m×40m。

那佳20号矿体形态复杂,多呈囊状及部分似层状(厚0.80m),沿走向、倾向变化均很大,但都未见有明显的顶板。底板有的是断层,有的是硅质泥岩,产状与岩层、断层近似,但局部见到沿红土中裂隙富集。

矿石品位富集好的 TFe 达 46%,磷品位为 0.118%;贫矿石 TFe 达 32.34%,磷品位为0.185%。

5)提交报告及评审情况

1972年8月广西壮族自治区第四地质队提交《广西邕宁苏圩—吴圩一带铁锰矿点普查报告》。

第二节 古地理概貌

泥盆纪开始,广西和滇东、黔南、粤西等地区发生广泛海侵,形成了统一的浅海,周缘被陆地或古岛围绕,见图2-3,其西及西南为康滇古陆和越北古陆,东南是云开陆地,北面为扬子古陆和江南古陆。浅海南部为钦州灵山海槽,是滇黔桂浅海与外海(大洋)连接的通道。海侵自南而北,逐渐深入。

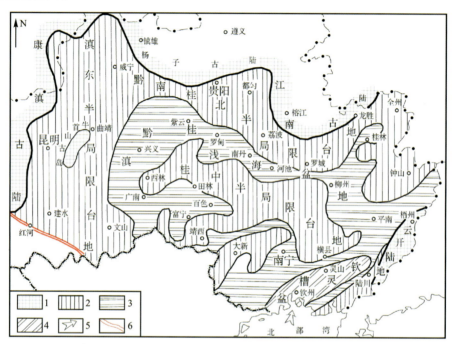

1.古剥蚀区;2.浅海台地区;3.浅海盆地区;4.深水槽盆区;5.海侵方向 6.红河大断裂。

图2-3 滇黔桂晚泥盆世古地理略图

桂北江南古陆之南,形成一片与古陆毗连的平缓环带形浅水碳酸盐台地,见图2-4,台地内以半局限环境为主,除发育泥晶灰岩和少量生物屑泥晶灰岩外,普遍有较多的白云岩。沉积环境以潮下带浅水占主要地位,水动力条件弱—中等。由于水体的循环条件各处不一,海相生物的发育程度参差不齐,除局部地段底栖生物比较繁盛外,大部分地区以广盐度的层孔虫、介形类等生物为主,腕足类、珊瑚类等狭盐度生物不甚发育。在云开陆地东南缘的滨海岸带有较多的碎屑岩分布,这与云开陆地一带的构造活动性较大有关。

上述台地之外,属浅海盆地范围,沉积底面相对较深。在盆地中发育了若干碳酸盐台地,使盆地面貌、海底地形进一步复杂化。由于台盆相间,相互交错,沉积相变化迅速。浅海盆地在岩石类型和生物面貌上,与台地截然不同。沉积物中含有大量的硅质沉积以及黄铁矿、碳质等指相标志。生物面貌为浮游型组合,而底栖生物贫乏。因此,浅海盆地的沉积底面一般应在氧化界面以下。这与盆地内锰以低价形式(Mn^{2+})构成碳酸锰矿层的地球化学行为是一致的。根据与西欧、北美某些晚泥盆世盆地相对比,预测广西晚泥盆世浅海盆地的水深不小于100m。

在台地、盆地之间的台地边缘,常出现台地边缘浅滩,其水动力条件相对较弱,形成鲕粒灰岩、生物(屑)灰岩,局部发育层孔虫礁滩,成为台地的障壁。其沉积环境一般为潮间—潮下的高能带。广西海域为一陆表浅海,水下地形复杂,因此整个海域的海水能量并不高。岩石结构表明,鲕粒灰岩和生物灰岩中,基质组分灰泥占很大的比重。亮晶鲕粒灰岩或亮晶生物灰岩仅在部分地段比较发育。因此,台地边缘浅滩仅为相对的高能带。

位于广西南部的钦灵海槽,为一深水盆地,是在海西残余地槽的背景上发育起来的,盆地中沉积了巨厚的硅质岩建造。推测其海底面深度比浅海盆地大,长期成为海水进退的通道。广西晚泥盆世岩相古地理见图 2-4。

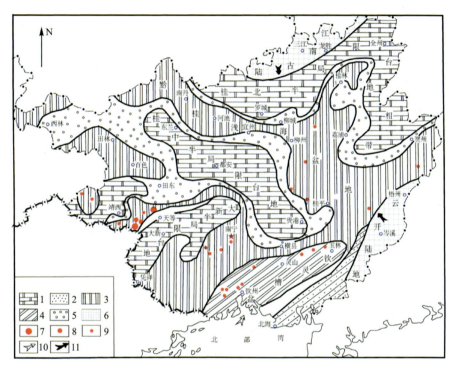

1.浅海半局限台地相带;2.滨海碎屑岩相带;3.浅海盆地相带;4.半深海槽盆相带;5.台地边缘浅滩相带;
6.古陆;7.大型锰矿床;8.中型锰矿床;9.小型锰矿床;10.海侵方向;11.陆源物质供给方向。

图 2-4 广西晚泥盆世岩相古地理略图

综上所述,广西晚泥盆世的古地理景观除北部与东南部的江南古陆和云开岛外,其他广大地区均被海水淹没。海域内的古地形大致可分为 3 级。

第一级为与北部江南古陆毗连的带状台地,即黔南-桂北半局限台地,是陆地向海域的自然延伸部分。台地上水浅,顶面起伏不大,局部有凹陷区,形成较厚的沉积物。该浅水台地沿古陆边缘向西延入贵州和云南东部,分布于上扬子古陆以南和康滇古陆以东,展布方向与古陆的岸线一致,长度达一千余千米,是滇黔桂海盆的边缘部分(图 2-3),构造上为地台上的稳定区。

第二级为浅海盆地区,即滇黔桂浅海盆地,沉积底面较前为深,其发育的构造背景大体上为华南褶皱带的西段。该地区经晚加里东运动褶皱回返,转化为准地台后,仍表现出一定的活动性,如晚古生代至三叠纪有火山活动,明显的差异升降运动以及其西部在三叠纪活化成为地槽等,说明浅海盆地区为准地台上比较活动的地区。在浅海盆地区内,由于断裂活动和差异升降运动,沉积底面高低不平。由于碳酸盐的沉积作用,相对隆起的地带发展为浅水碳酸盐台地,如桂中台地、大新台地等。相对沉降的地带形成海槽或盆地,从而使盆地地区进一步复杂化,构成台地、盆地交错的古地理格局。

第三级为钦灵海槽,即钦灵槽盆,沉积底面比浅海盆地区更深。构造背景为钦灵海西地槽(残余地槽),具有较大的活动性,沉降幅度和沉积物厚度都很大,为晚泥盆世乃至以前的整个晚古生代水体最深的地区。

上述三级海域地貌形成于不同的构造背景上,表现出不同的特点和深度,是不同的构造背景在古地理面貌上的反映。

广西晚泥盆世的海水进退过程,大体上包括了海进和海退两个阶段。晚泥盆世早期,是广泛的海侵阶段,也是广西泥盆纪最大的海侵时期。在桂北环江县龙岩—东兴一带,上泥盆统超覆于震旦系老地层之上。这一时期,浅海盆地相带广泛发育,形成一套以含锰的硅质岩系为主的沉积;晚泥盆世晚期,开始出现区域性的海退,海水变浅,浅海盆地范围缩小,台地范围相对有所扩大。在浅海盆地沉积区,由早期以硅质岩沉积为主,转变为以灰质、泥质沉积为主,形成了十分具有特征的扁豆状、条带状泥质灰质岩沉积。在台地沉积区,由于海水变浅,出现了局限的环境,白云岩广泛发育。晚泥盆世末,部分地段露出海面,并遭受剥蚀,出现了沉积间断,如桂西南龙州一带。

第三章 以往地质工作程度

第一节 以往区域地质工作

一、以往基础地质工作

1961年,广西壮族自治区地质研究所编制了1:500 000广西地质图。

1965—1968年,广西区域地质测量队在研究区开展靖西幅1:200 000区域地质矿产调查,初步查明了研究区的构造格架,初步了解了研究区的地层、岩相古地理特征及矿产分布情况。

1967年2月—1969年9月,广西区域地质测量大队完成了1:200 000大新幅区域地质矿产调查,出版了1:200 000大新幅区域地质矿产调查报告、地质图、矿产图。

1978—1982年,广西壮族自治区地质矿产局第二地质队完成了1:50 000德保幅、足表幅、马隘幅区域地质矿产调查,出版了1:50 000德保幅、足表幅、马隘幅区域地质矿产调查报告、地质图、矿产图。

2001—2003年,广西区域地质调查研究院完成了上映幅、下雷幅1:50 000区域地质调查工作,初步了解了测区地层、古生物、岩石及构造特征。

2014—2016年,广西壮族自治区地质调查院对广西靖西—大新地区进行了矿产调查工作,共计完成了1:50 000矿产地质测量1840km^2,1:50 000高磁测量1340 km^2,1:10 000地质测量30.91km^2,坑道编录5649m。圈定了碳酸锰矿找矿远景区4处(湖润-下雷找矿远景区、龙邦-龙昌找矿远景区、土湖-那利找矿远景区、通怀找矿远景区);提交了碳酸锰矿找矿靶区3处(B级2处:天等县那荷-那利碳酸锰矿找矿靶区、德保县通怀碳酸锰矿找矿靶区;C级1处:天等县美屯-焕屯碳酸锰矿找矿靶区)。

上述区域地质工作初步查明和建立了矿区地层层序及构造、岩浆演化特征,为后续矿产勘查工作部署提供了依据。

二、以往基础物探工作

1958—1959年,地质部航空物探大队902队开展了包括本矿区在内的广西1:1 000 000航磁、航放测量。

1959—1960年,石油工业部四川石油管理局广西勘探大队完成了广西1:1 000 000区域重力调查工作;1986—1987年由广西物探队按《区域重力图编制技术规定》中重力老资料的综合评价方法,对该成果进行了评价,同时对广西境内接近中越边界、桂粤、桂湘交界处测点较稀地区进行补点。

1967—1969年，核工业部中南地质勘探局三〇九队进行1：200 000大新幅的放射性测量。

1978年，广西航测队完成了百色—宁明地区1：50 000航磁测量工作。

1984年，广西物探队提交了《广西区域重磁资料初步综合研究报告》。

1986年桂林冶金地质学院、广西物探队、航空物探队完成了《广西区域岩石物性调查报告》，系统地研究了广西岩石物性特征。

1988年广西航空物探队提交了《广西北纬24°线以南地区航磁异常的地质意义专题研究报告》。

1994年广西物探队正式出版了广西1：1 000 000重力基础图件及系列异常图件，编写了《广西区域重力异常图编制及其地质意义研究报告》。

区域重力调查属于国家统一规划、统一部署的一项系统性基础项目，自1978年国家启动1：200 000区域重力调查以来，在广西已开展了近30年的扫面工作，共完成扫面面积约20万km^2，提交的桂西地区1：200 000区域重力调查报告，包含本矿区。

广西桂西地区1：200 000区域重力综合报告较为系统地探讨了桂西地区物、化、遥、地质综合研究成果。

区域航空物探调查、广西航磁工作开始于1958年，先后进行过1：1 000 000、1：200 000、1：10 000、1：50 000及1：25 000比例尺工作。1：1 000 000和1：50 000比例尺是地质系统的航测队所测。1：25 000比例尺的航磁是二机部703队飞测，目的是寻找铀矿，方法以放射性γ能谱测量为主，航磁属顺便记录。1：1 000 000属石油航磁，基本已覆盖广西全区。1：200 000和1：25 000是金属航磁，其中1：200 000和1：100 000完成面积约6万km^2，1：50 000完成面积近12万km^2，1：25 000完成面积约2.4万km^2。不同比例尺的金属航磁覆盖面积约占全区总面积的76%。

地面磁测调查、航磁异常的大量发现和检查是在1972年以后，尤其是1975—1978年间。因锰矿在过去的勘查规划中没有列入重点预测区带，地面磁测调查工作布置较少。与本次矿区勘探相关的有广西德保县钦甲地区物化探工作成果。

三、以往基础化探工作

广西1：200 000区域化探扫面起步于1978年，1991年全面完成了广西陆地全境的采样工作，全区共完成扫面238 514km^2（含图幅扩边）。

1989—1993年，广西第二地质队在矿区开展靖西幅、广西壮族自治区第四地质队开展大新幅、广西第七地质队开展田东幅等1：200 000化探扫面工作。

1996年，广西壮族自治区地球物理勘察院编制了《广西39种元素地球化学图集》（1：2 000 000）。

1997—1999年广西壮族自治区第四地质队在把荷—福新地区进行了1：50 000化探普查工作，并编制1：50 000把荷—福新地区化探普查地球化学说明书（内部资料）。通过化探工作，相继发现一批Au、Pb、Zn、Mn、As、Sb等异常点，其中Mn异常点分布广，强度高，异常点分布与锰矿及含锰层位分布大致吻合，展示出良好的找锰矿前景。

1998年广西壮族自治区第四地质队对宝屯金异常区、那沙金异常区、渠坤金异常区、巴里金异常区进行了异常查证工作,并编写了相关的异常查证简报(内部资料)。

2003年,广西壮族自治区地质调查研究院完成了广西1∶200 000区域化探数据库的建库工作。

2003年,广西壮族自治区地质勘查总院物化探院(原广西壮族自治区地球物理勘察院)编制了全广西1∶200 000区域化探42种元素的1∶500 000地球化学图,同时提交了编图技术说明书。但未对地球化学图的成果作解释和评价。

2003年,广西壮族自治区地质调查研究院和广西壮族自治区地质勘查总院物化探院共同编制广西统一的数字化地球化学专题图,主要包括区域地球化学单元素衬值异常图、区域地球化学多元素组合异常图、区域地球化学综合异常图和区域化探异常查证工作程度图,编制了广西壮族自治区成矿区带划分图。

四、以往遥感地质工作

1984年,广西地矿局遥感地质站绘制广西遥感图像解释地质构造图(1∶500 000);完善和补充了以往在广西地质构造研究和认识方面的不足。

1990—1992年,冶金部中南地质勘查局南宁地质调查所在桂西南地区开展桂西南地区锰矿1∶100 000岩相古地理及遥感地质调绘地质工作,对桂西南地区的遥感地质特征进行了较详细的研究。

1994年,广西遥感中心协作完成1∶500 000广西物探、化探、遥感综合解释工作,为全区找矿工作及构造研究提供了丰富的遥感地质信息和依据。

2001年,在广西地质调查研究院的组织下,广西遥感中心与其他单位共同承担,完成"广西国土资源遥感综合调查"项目,涵盖8个子课题,如"广西北部湾生态环境地质调查遥感综合调查""凭祥—东门地区遥感地质调查""广西靖西—平果地区锰矿资源遥感综合调查"等,对广西的各种资源进行了遥感综合调查。

2008—2010年,广西遥感中心完成了大明山至大瑶山成矿带遥感地质调查,在大明山至大瑶山展开遥感蚀变异常提取,建立了遥感蚀变异常梯度带找矿理论。

2008年,广西遥感中心参加了"广西矿产资源潜力评价"项目遥感专题调查,在全广西范围内开展了线、环、色、块、带等遥感解译和铁染、OH-基团的遥感信息提取工作,陆续为铁、锰、金、锑、钨、铅、锌、磷矿等矿产资源潜力评价提供了遥感预测因子,也为其他矿种的资源潜力评价工作积累了丰富的经验。

五、以往自然重砂工作

1956—1974年,由广西区调队(广西区调院前身)承担,少部分由广东、湖南、贵州、云南省完成,除主干大河及干沟外,对全区水系重砂作了较全面系统的取样。图幅范围覆盖广西绝大部分面积。

1967年,广西区调队完成了1∶200 000靖西幅重砂测量工作。

1984年,由广西区调队对全区自然重砂资料进行总结,承担编制完成了《广西重砂异常分布图》及说明书。

据广西资源潜力评价资料,矿区内共圈出11个异常,其中Ⅰ级异常2个,Ⅱ级异常1个,Ⅲ级异常8个,预测矿区内有锰矿点18个,其中有8个锰矿点分布有硬锰矿异常,且多集中在靖西、大新一带,该处异常范围较大,Ⅳ、Ⅴ级高含量点连续分布,异常强度高,与含矿层位吻合。其他的异常零星分布,面积也较小,以Ⅲ级异常为主,多分布于含矿层泥盆系及其附近,异常来源应与矿体或含矿层有关。其他还有10个锰矿点没有重砂异常分布,表明硬锰矿重砂异常对矿体的响应不佳,存在局限性。

第二节 以往矿产地质勘查工作

一、下雷锰矿床历年地质勘查工作

广西大新县下雷锰矿是1958年南宁专属地质局903队根据当地群众报矿检查时发现的。自此以后,先后有4个主要地质勘查单位(包括南宁专属地质局903队)在下雷锰矿区开展勘查地质工作。1962—1968年,广西第二地质队对大新下雷锰矿区进行氧化锰矿勘探和碳酸锰矿普查,提交了《广西大新下雷锰矿区地质勘探报告书》。1978—1983年,广西壮族自治区第四地质队先后对大新下雷锰矿区进行了勘探和补勘。2011—2014年中国冶金地质总局广西地质勘查院对大新县下雷矿区大新锰矿北中部矿段开展勘探工作。各个时期的主要工作及取得的成果简述如下。

1. 南宁专属地质局903队勘查工作

1958年12月—1961年5月,南宁专属地质局903队对下雷锰矿区进行了普查评价,完成的主要实物工作量见表3-1。

表3-1 1958年12月—1961年5月南宁专属地质局903队普查工作完成工作量表

序号	项目名称	单位	工作量
1	1∶5000地质测量	km²	20.53
2	机械岩芯钻孔	孔	4
3	重坑	条	34
4	槽探	条	176
5	井探	个	8
6	选矿试验	个	7
7	基本分析	个	1030
8	组合分析	个	57
9	光谱分析	个	23
10	全分析	个	8
11	物性测定	个	625

南宁专属地质局903队于1962年初提交了《广西大新下雷锰矿区地质勘察报告书》,提交氧化锰矿石C＋D级储量904.05万t(其中C级储量148.19万t),估算碳酸锰矿地质储量5 283.27万t。但由于工作程度低,所提交的储量未被批准。

2. 广西地质局424队勘查工作

1962年3月—1967年2月,广西地质局424队(后改为第二地质队)根据广西地质局的指示,对下雷锰矿区重新进行全面地质普查勘探工作。完成的主要实物工作量见表3-2。

表3-2 1962年3月—1967年2月第二地质队普查勘探工作完成工作量表

序号	项目名称	单位	工作量
1	1∶5000地质测量	km²	27.35
2	1∶2000地质测量	km²	4.31
3	机械岩芯钻孔	m	26 756
4	封孔检查	m	198
5	重坑	m	6127
6	槽探	m³	60 404
7	井探	m	5741
8	选矿试验	个	16
9	放电试验	个	134
10	锰矿基本分析	个	5189
11	磷矿基本分析	个	876
12	组合分析	个	151
13	物相分析	个	640
14	全分析	个	25
15	X光分析	个	28
16	铀矿基本分析	个	149
17	物性测定	个	779
18	岩矿鉴定	块	1070
19	化石鉴定	件	23
20	r检查	点	15 678
21	1∶5000水点调查	km²	36
22	1∶10 000矿区水文测量	km²	32
23	单孔抽水试验	孔数/层数	7/12
24	竖井、暗井抽水试验	井数/层数	8/8

续表 3-2

序号	项目名称	单位	工作量
25	溢水试验	孔数/层数	7/9
26	注水试验	孔数/层数	14/27
27	止水试验	次/层	15/15
28	水点长期观测	点	18
29	水质基本分析	个	40
30	水质全分析	个	60
31	细菌分析	个	12
32	地下水长期观测（＞1水文年）	点	20
33	地表水长期观测（＞1水文年）	点	4

本次普查勘探工作对矿区南部氧化锰矿进行了详细勘探，对深部碳酸锰矿做了初勘。对北部露头带及北部西段重新进行地质普查勘查时，采用槽、井探加密控制到 100～200m 的间距；对北部矿段西段 15～46 线用 200m、400m、800m 不等的线距，控制了稀疏的钻孔，孔距达 200m；对北部矿段西段南缘 30～36 线，用山地工程和钻孔控制到 200m×100m。

估算 C_1+C_2 级氧化锰矿石储量为 69.4 万 t，C_1+C_2 级碳酸锰矿石储量为 2 680.66 万 t，估算碳酸锰矿石地质储量为 4 028.05 万 t。

1968 年提交了《广西大新县下雷锰矿区地质勘探报告书》，1971 年 8 月 21 日，广西地质局邀请设计、冶金、矿山等部门联合审查该报告，批准氧化锰矿石储量 B+C 级 821.61 万 t，D 级 124.02 万 t，批准碳酸锰矿石储量 B+C 级 4 146.36 万 t，D 级 2 760.76 万 t。

1972 年 9 月—1973 年 5 月，广西区第二地质队二分队对下雷矿区向斜南翼 2～7a 线地段氧化锰矿，用坑探进行补勘。后又于 1976 年 3—11 月，对西南部 28～39 线及南翼 2～7a 线 340m 标高以上进行以钻探为主的补勘。完成的主要实物工作量见表 3-3。

表 3-3　1976 年地质二队补勘完成主要实物工作量表

序号	项目名称	单位	工作量
1	机械岩芯钻探	m	11 976
2	封孔检查	m	154
3	重坑	m	1317
4	槽探	m³	3759
5	井探	m	946
6	采样钻	m	53
7	选矿试验	个	10
8	锰矿基本分析	个	1215

续表 3-3

序号	项目名称	单位	工作量
9	组合分析	个	169
10	物相分析	个	169
11	群孔抽水试验	组-层/孔数	1-3/5
12	止水分层测水位	次/层	3/3
13	水质全分析	个	2

1976年12月提交《广西大新县下雷锰矿区补充地质勘探工作报告》。1978年3月,广西壮族自治区区地质局以桂地审字〔1978〕第9号文批准该勘探报告。批准B+C+D级氧化锰矿石资源储量531.44万t(其中新增5.90万t),B+C级碳酸锰矿石资源储量706.67万t(其中新增55.70万t)。

3. 广西壮族自治区第四地质队勘查工作

1978年广西区地质局以桂地矿〔1978〕96号文向广西壮族自治区第四地质队下达补充勘探任务,要求在下雷矿区向斜南翼0～28线进行加密勘探工程,为首期开采地段提交10%～20%的B级储量。

1979年广西区地质局又以桂地〔1979〕26号文向广西壮族自治区第四地质队具体规定在0～8线230m标高以上、8～24线200m标高以上、24～37线350m标高以上,按100m×50m网度控制B级储量;全区在150m标高以上按200m×(100～200)m网度控制C级储量;在150m标高以下,按400m×200m网度控制D级储量。完成的主要实物工作量见表3-4。

表3-4 1985年广西壮族自治区第四地质队勘探工作完成工作量表

序号	工作项目	单位	工作量
1	机械岩芯钻探	m	29 761
2	封孔检查	m	283
3	重坑	m	178
4	槽探	m³	3891
5	井探	m	566
6	采样钻	m	765
7	选矿试验	个	6
8	锰矿基本分析	个	1033
9	磷矿基本分析	个	689
10	组合分析	个	349
11	物相分析	个	349

续表 3-4

序号	工作项目	单位	工作量
12	光谱分析	个	42
13	全分析	个	24
14	包体测温	个	6
15	X光分析	个	1
16	硫同位素分析	个	24
17	物性测定	个	37
18	岩矿鉴定	块	270
19	化石鉴定	件	69
20	群孔抽水试验	组-层/孔数	1-1/16
21	水质全分析	个	1
22	水文物探(电法)测量	km²	0.22

1985年6月提交《广西大新县下雷锰矿区南部碳酸锰矿详细勘探地质报告》。1985年7月,广西区矿产储量委员会以桂审字〔1985〕4号审批决议书批准该详细勘探地质报告,批准碳酸锰矿石储量B+C+D级4957.73万t,其中B级储量648.11万t,D级储量1897.29万t。

《广西大新县下雷锰矿区南部碳酸锰矿详细勘探地质报告》将含锰岩系定为上泥盆统榴江组(D_3l),并按岩性组合将榴江组分为两个亚组,共18个分层。其中1~17分层为第一亚组(D_3l_1),该亚组可进一步分成四段,第1~3分层为第一段($D_3l_1^1$),第4~8分层为第二段,第9~10分层为第三段($D_3l_1^3$),第11~17分层为第四段($D_3l_1^4$),第18分层为第二亚组(D_3l_2)。具体岩性特征如下。

1)第一亚组((D_3l_1)

(1)第一段($D_3l_1^1$):分为下、上两部分,下部为第1分层,上部为第2~3分层。

a.第一段下部($D_3l_1^{1-1}$):厚108.50~147.41m。按岩性分为下、上两部分。

下部:为硅质灰岩夹少量硅质岩和生物碎屑灰岩,厚度为14.44~73.56m。深灰色不均匀夹浅灰色、灰白色、底部夹黑色,细—微细粒结构,生物碎屑结构,在底部局部为粗粒结构,条带状构造,部分为微层状、条带状构造,近上部偶有中层状构造,底部常为假结核状构造(结核由钙质、白云质组成,似豆状、椭圆形,短轴长2~10mm,长轴长4~60mm不等,基质为微粒方解石)。岩石成分不纯,部分含泥质、碳质,局部含泥质高的形成钙质硅质泥岩夹硅质灰岩或二者成互层。距上部约10m处主要为含锰硅质岩,一般厚度为2.59m,含锰量为1.60%~5.55%,平均含锰3.40%。

上部:厚10.01~74.85m,为钙质泥岩夹硅质灰岩、少量硅质岩及生物碎屑灰岩,呈深灰色、暗灰色、浅灰色等颜色,一般为细粒—微粒结构,少量含生物碎屑结构,薄层状间夹微层状构造,偶见中层状构造,近底部处为厚层—微层状构造。按成分又大致可分为4个岩石组合,每个组合自上而下由各类灰岩到泥岩组成,各组合厚度不等,较厚的岩石组合下部钙质泥岩常厚达数十米。顶界处常为薄层泥灰岩,局部含锰。在风化带则为硅质岩夹硅质泥岩,呈灰白色、灰黄色、灰红色、黄色等颜色,含锰者呈棕褐色至灰黑色,微层状、薄层状构造。近顶界处常见黄色硅质泥岩。

b. 第一段上部($D_3 l_1^{1-2}$):

第 2 分层:厚 9.20~80.52m,为钙质泥岩夹少量灰岩,部分地段为泥灰岩、泥质灰岩;南翼东段偶夹硅质岩扁豆体或条带,一般为浅灰色—灰黑色,部分为灰绿色夹灰白色或灰绿色与紫红、灰白色相间。泥岩多为薄层状构造,少量为中层状及微层状构造。灰岩多为扁豆状,部分为条带状构造。岩层自上而下钙质增加、扁豆状灰岩增加,底部则多为泥灰岩。本层风化后形成泥岩,南翼东段偶夹硅质岩。泥岩黄褐色、棕褐色,部分地段为紫红色,偶见十多厘米厚的浅灰绿色薄层凝灰岩夹于岩层中。泥岩呈微层—薄层状构造,层理发育,易成薄片状剥落。顶板、底板常含锰质。

第 3 分层:厚 1.56~7.08m,为泥质灰岩夹少量泥灰岩或钙质泥岩及硅质岩。一般为灰色—深灰色,偶见灰绿色,以薄层状构造为主,部分为条带状、扁豆状、结核状构造。南部矿段泥质灰岩含锰,局部薄层含锰可达 15.30%。北部矿段往西段本层变为薄层硅质灰岩夹微层状钙质泥岩。顶部一般有厚 0.05~0.50m 的硅质岩呈薄层条带状或不连续的扁豆体产出。本层风化后,南部矿段形成含锰泥岩夹硅质岩,呈酱紫色、棕黑色—灰黑色夹灰白、灰褐色,薄层、条带状构造,局部见粉末状氧化锰矿松软团块。北部矿段的西段则为薄层状硅质岩夹微层状泥岩。

(2) 第二段($D_3 l_1^2$):本段包括Ⅰ、Ⅱ、Ⅲ矿层及夹层一(简称"夹一",下同)、夹层二(简称"夹二",下同)。

第 4 分层:Ⅰ矿层,碳酸锰矿,厚 0~3.23m。矿层以棕红色为主,部分为灰绿、铁黑色。下部多为条带状、豆状、鲕状、结核状构造。Ⅰ矿层为本矿区质量最好的矿层,上部多为块状、豆状、部分条带状、结核状,少量为鲕状构造,矿石质量较下部差。风化后,成为氧化锰矿,黑色、钢灰色等,呈粉末状、薄片状及斑块状。

第 5 分层:夹一,硅质灰岩及少量硅质岩夹钙质泥岩,厚 0.09~29.17m。岩石呈浅灰色、灰色、深灰色,局部灰白色、灰绿色、浅灰色带粉红色。薄层夹微层状,底部常为扁豆状,并有一层厚约 0.2m 较稳定的含锰灰岩。顶部有 0.1m 左右的含锰灰岩或含锰泥岩。本层风化后成为硅质岩夹泥岩。呈灰色、灰黄色、褐色、棕褐色夹黄褐色—棕黑色,薄层状。顶板、底板常见含锰泥岩或薄层氧化锰矿。在南部矿段本层较薄处,则为含锰泥岩或氧化锰矿薄层夹硅质岩条带。

第 6 分层:Ⅱ矿层,碳酸锰矿,厚 0~5.05m。矿层以棕红色、灰绿色为主,少部分肉红色、墨绿色及铁黑色,微粒结构。按构造组合不同,可明显地分为下、中、上 3 个部分:下部一般以豆状构造为主,部分为鲕状构造;中部一般多为致密块状、薄层—条带状构造,部分为鲕状、豆状、斑杂状构造;上部一般以鲕状、条带状构造为主,部分为豆状构造。

本矿层风化后,成为氧化锰矿,以黑色及钢灰色为主,夹土黄色泥质物,致密结构,块状、斑块状及少量豆状、鲕状构造。中部含硅质斑块较多。

第 7 分层:夹二,锰质泥灰岩或锰质泥岩,厚 0~1.28m。岩石呈灰色、灰绿色夹灰白色、块状、部分条带状构造,普遍具少量鲕状、豆状构造。厚度较大的含锰较低。在南部矿段西段局部尚有夹少量含泥硅质岩条带。本层风化后,成为灰黑色、土黄色、粉红色,薄层状含锰泥岩。含锰高的部位成为薄片状、粉末状氧化锰矿。

第8分层:Ⅲ矿层,碳酸锰矿,厚0.2～3.13m。矿石呈灰色—浅灰色,部分为暗灰色和浅肉红色,微—细粒结构,以致密块状构造为主,下部常呈薄层、条带状构造,偶为鲕状及斑点状构造。矿层风化后形成氧化锰矿,以黑色、钢灰色为主,夹土黄色泥质物。斑块状及条带状构造,部分块状构造。

(3)第三段($D_3 l_1^3$):本段包括第9～10分层。

第9分层:硅质岩,厚0.05～0.92m。岩石呈灰色—深灰色,局部带绿色,薄层状构造,致密坚硬。普遍含黄铁矿,一般含钙、泥、碳质。局部地段成为泥质硅质岩夹含钙含碳泥质硅质岩、泥岩。南部矿段15线附近为硅质岩夹碳酸锰矿条带、扁豆体。本分层厚度大部分在0.05～0.30m之间,部分为0.30～0.60m,29/ⅢT71厚达0.92m。本层分化后仍为薄层状硅质岩。颜色变浅且较单一,为浅灰色。多数为致密坚硬、质地较纯的石英硅质岩,局部夹黑色含锰泥岩。

第10分层:硅质灰岩夹少量硅质岩、硅质泥岩及泥灰岩,中部矿段为硅质岩,厚9.55～60.37m。岩石呈浅灰色、深灰色,薄层—微层状构造。除南部矿段东段外,底部一般有一层厚为0.50～0.70m的黑色含碳、硅质的锰质泥灰岩。上部硅质灰岩较发育,向下钙质泥岩、泥灰岩逐渐增多;顶部硅质岩较集中,有3～5m颜色较深质地较纯的石英硅质岩。本层普遍含星点状黄铁矿,距顶部7～12m处一般有一至数层厚0.05～0.20m的锰质灰岩或碳酸锰矿薄层(24/CK745个别薄层厚度达0.27m),每层相距十几厘米到几十厘米。由南往北,本层硅质成分渐增、厚度增大。本层风化后成为硅质岩夹少量泥岩,呈灰色、灰白色、土黄色、黄褐色,少量硅质岩呈粉红色。硅质岩为薄层状,层理发育,单层厚5～10cm不等,个别可大于15cm。泥岩多为微层状夹于硅质岩间。本层底部及上部之锰质泥灰岩、硅质灰岩和碳酸锰矿薄层,风化后为泥质较多的氧化锰矿。

本分层在南部矿段的西段$Z_Ⅱ$-2背斜一带厚度均超过40m,34/CK112厚达58.07m。往北稍微变薄,北部矿段厚度多在35m左右。往南变薄较快,在南部矿段的西段$Z_Ⅲ$-7向斜轴部附近约30m左右;南部矿段西段的南半部及南部矿段中段和东段地表厚度多在15m,最薄处为4/CK74,仅厚9.55m。向斜($Z_Ⅰ$)轴部厚度多在25～30m之间。

(4)第四段($D_3 l_1^4$):本段包括第11～17分层。

第11分层:含豆状硅质结核钙质硅质泥岩,厚0～1.02m。岩石呈灰黑色,以薄层状为主,部分为中层状,局部为厚层状,含碳、锰及星点状黄铁矿。含硅高的部位成为硅质泥岩,部分地段含钙,为钙质泥岩。在南部矿段含相当密集的深灰色豆状硅质结核,结核呈椭圆形,大小一般为5cm左右,质坚硬。在南部矿段的西段及其北缘以及南部矿段中段、东段深部,结核仅稀疏分布,且颗粒变小,形状亦变得不规则。风化后泥岩变成黄褐色,质较松软,豆状硅质结核变成灰色。本分层在南部矿段5～15线及24～28线南端地表附近,厚度多在0.5～0.8m之间;0～4线地表附近厚0.2～0.4m;26/ⅢT69厚达1.02m。深部厚度一般在0.3～0.5m之间。在南部矿段西段,厚度小于10cm。在北部矿段变成5cm左右的硅质泥岩薄层,不含硅质结核。

第12分层：泥质硅质岩，厚0～5.50m。岩石呈灰黑色，薄层—微层状构造，层理较发育，含碳质、钙质和星点状黄铁矿。各地段成分不一，常为含碳硅质泥岩或硅质泥岩夹硅质灰岩。本分层分化后成为硅质页岩，浅灰色，偶夹浅黄色，微层状构造，层理发育，易呈薄片状剥落。南部矿段一般厚2～4m，南部矿段西段北缘厚1m左右，北部矿段变薄。

第13分层：含碳泥灰岩，厚0～17.90m。岩石呈灰黑色，薄层状构造，局部可见中层状构造，稍含硅质及星点状黄铁矿。下部夹少量硅质岩条带，上部偶夹硅质岩扁豆体或似椭圆形结核（个别为钙质，大小数厘米）。风化后成为土黄色、黄褐色，少部分呈浅灰色及砖红色，厚层状构造，层理不清，质地松软。下部偶夹硅质岩条带。南部矿段5～9线一带一般厚10m以上，最厚在9/ⅢT13，为17.90m。往其他方向变薄，南部矿段10～26线地表一带及10～12线深部为8m，0～4线一带变薄到5m，中部矿段已无法分辨。

第14分层：含碳硅质岩夹含钙硅质岩，厚0～8m。岩石呈灰黑色，薄层、条带夹微层状构造。微层构造的部位稍含泥质。南部矿段往北、北西方向泥质、钙质逐渐增加，硅质相应减少。该分层风化后成为硅质岩夹少量泥岩。硅质岩浅灰色、土黄色，薄层—条带状构造，层理清晰。层间常夹土黄色薄层或微层状泥岩。本分层在南部矿段及其西段的南半部一带厚2m左右，最厚在24～26线南部地表一带，达7～8m。北部矿段和中部矿段均已尖灭。

第15分层：含硅质泥灰岩或钙质泥岩，厚0～12.88m。岩石呈灰黑色，厚层状构造，含碳质和星点状黄铁矿，偶夹极稀疏的硅质岩扁豆体。该分层风化后呈土黄色、黄褐色厚层状泥岩，层理不清，质地较纯，具黏性。南部矿段及其西段的南半部一般厚5m左右，在13～26线南端地表及4线以东多为2m左右，南部矿段西段北缘、北部矿段均极薄或尖灭。

第16分层：钙质泥岩夹少量泥质灰岩，厚0.94～19.06m。岩层呈灰黑色夹深灰色，薄至中层状构造，层理不甚发育，含碳、硅质及黄铁矿。南部矿段在距顶部5m左右处为含豆状硅质结核泥岩，豆状结核形状不规则，厚0.40m；中、下部含较多钙质硅质眼球状结核，大小2～4cm。在北部矿段和南部矿段西段则变为不规则的钙质硅质扁豆体，偶尔亦呈串珠状稀疏分布。结核或扁豆体周围多被微粒黄铁矿所包裹。上、下部岩层中夹少量硅质岩薄层，底部含锰。本层分化后成为含眼球状结核泥岩偶夹硅质岩。泥岩呈浅灰色、土黄色、浅紫红色，中层状构造，层理不甚清晰。所含的眼球状结核由褐铁矿包裹硅质粉砂构成，也有全部风化流失呈空洞状。硅质岩呈浅灰色，薄层状，稀疏夹于上、下部。本分层在南部矿段厚10～15m，最厚在10/CK217，为19.06m，最薄在24/CK746，仅0.94m。南部矿段西段的南半部和0线附近厚度大多为5～10m。北部矿段、南部矿段西段北缘厚度大多为3～5m。

第17分层：本分层由于成分、颜色及构造的不同，可分为上、上两个部分，厚6.61～62.20m。

下部为钙质泥岩、泥岩或泥灰岩夹泥质灰岩，底部附近夹少量硅质岩。岩层呈浅灰色—灰色，薄层状构造，中部波状层理较发育，一般自上而下泥质增加，底部含少量锰质。上部为泥质灰岩夹泥灰岩或钙质泥岩，顶部夹少量硅质灰岩。灰岩呈浅灰色，泥岩呈深灰色，均为薄层、微层状，层理发育，顶部含少量锰质。

本分层分化后成为泥岩，以砖红色为主，部分为土黄色、棕褐色，薄层状构造，层理不清晰；一般质地较纯。顶、底部夹少量灰白色、浅灰色硅质岩薄层。

本分层在南部矿段勘探范围的深部及南部矿段西段深部，一般厚40m左右，最厚在9/CK15处，为62.20m，往南、北均变薄。南部矿段地表一般厚25m，北部矿段多在8～15m之间。

第一亚组中，第1、2、3、5、9、10等分层厚度变化正好与矿段的第4、6、7、8分层相反。前者是南边薄（特别是在8～24线南端地表一带最薄），北边厚，后者是南边厚，北边薄。第11～16分层厚度变化与含矿段相似，为南东厚，往西北薄。

2）第二亚组（$D_3 l_2$）

第二亚组（$D_3 l_2$）按不同岩性组合可大致分成下、中、上3个部分，厚141.76～204.24m。

下部：硅质泥质灰岩夹硅质灰岩或硅质钙质泥岩，少量硅质岩，厚5.48～54.40m。岩石呈深灰色、黑色，部分呈浅灰色，中—薄层状构造，少量条带状、结核状构造。成分分布不均匀，局部含生物碎屑，近底部有硅质泥岩、钙质泥岩等。

中部：含硅泥质灰岩夹硅质泥灰岩、硅质泥岩或生物碎屑灰岩，厚53.49～148.11m。岩石深灰色夹浅灰色，局部灰黑色或灰白色，中—薄层状构造，局部见微层状构造。成分以钙、泥质为主，硅质较上、下部少，分布不均匀。局部有硅质灰岩或硅质岩薄层出现。

上部：泥质灰岩夹少量硅质灰岩及硅质岩，厚42.43～82.79m。泥质灰岩为灰黑色、深灰色、浅灰色，以中层状构造为主，部分为薄层状构造，部分含硅泥质灰岩或生物碎屑灰岩。硅质灰岩、硅质岩呈深灰色，前者为薄层状构造，后者多为条带状或团块状构造，顶部为角砾状构造。

本分层风化后成为硅质泥岩夹硅质岩。硅质泥岩呈浅砖红色、浅紫红色、土黄色，中—薄层状构造，含大量粉砂状硅质，质地疏松。硅质岩呈浅灰色、灰色，薄层、条带状、结核状及角砾状构造，不均匀分布于硅质泥岩中。

1979年8月—1983年6月期间，广西壮族自治区第四地质队在以往普查工作的基础上，对北、中部矿段进行详查工作，将15线以东划为Ⅰ勘查类型，以400m×200m工程网度控制C级储量。西部地段的$Z_{Ⅱ-4}$南、北分别定为Ⅱ、Ⅲ勘查类型，以200m×100m至200m×200m工程网度控制C级储量。全矿区以800m×400m工程网度控制D级储量。完成的主要实物工作量如表3-5所示。

广西壮族自治区第四地质队于1984年5月以桂四地审字〔1984〕1号文批准C+D级储量6 543.83万t，其中Ⅰ矿层为2 150.41万t，Ⅱ矿层为1 339.40万t，Ⅲ矿层为3 054.02万t。

上述各个时期的勘查工作在矿区内圈出Ⅰ、Ⅱ、Ⅲ 3层锰矿。Ⅰ、Ⅱ、Ⅲ锰矿层展布东西长9km，南北宽2～2.5km，矿体埋深0～435m。矿层埋藏标高：西部37线为605～466m，30线为520～240m，中部15线为482～110m，东部4线为410～-20m。全区矿层埋藏标高为西高东低，与矿区向斜构造向东倾伏相一致。Ⅰ、Ⅱ、Ⅲ锰矿层特征具体如下。

Ⅰ矿层控制走向延长约15km，矿层的厚度在各地段有所不同，有一定的变化规律，以南西翼为最厚，多在2m左右，最大厚度在13线，以此为中心往各方向变薄。矿层厚为0.5～3.23m，南部平均厚度为1.77m，中、北部平均厚度为1.34m。在矿区的南东地段0～4线及南、西部的35～36线，矿层厚度小于1m，局部地段发生尖灭。

Ⅱ矿层控制走向延长约13km,厚度为0.6~5.05m,南部矿段4~24线浅部附近陡立和急陡倾斜矿层厚度较厚,多为2.5~4.0m,其余地段厚度变薄,甚至与Ⅲ矿层合并而尖灭,平均厚度为2.49m。中、北部平均厚度为1.46m。4~24线南翼浅部矿层厚度均大于2.5m。其中5~9线大多数工程矿层厚度大于3.5m。由这一带向西、向北及向东,矿层厚度变薄。

北、中部矿段详查工作完成工作量见表3-5。

表3-5 北、中部矿段详查工作完成工作量表

序号	工作项目	单位	工作量
1	机械岩芯钻探	m	24 602.28
2	重坑	m	1 147.87
3	探槽	m³	3 468.57
4	浅井	m	275.22
5	取样钻	m	149.06
6	锰矿基本分析	个	1022
7	磷矿基本分析	个	12
8	组合分析	个	102
9	物相分析	个	202
10	化学全分析	个	9
11	岩矿鉴定	块	85
12	同位素X萤光分析	点	345
13	1∶50 000水点调查	km²	36
14	1∶10 000水文地质测绘	km²	32
15	水点长期观测	个	18
16	水质基本分析	项	40
17	水质全分析	项	63
18	细菌分析	项	12
19	地下水长期观测	个	20
20	地表水长期观测	个	4

Ⅲ矿层控制走向延长约13km,厚度为0.5~3.13m,南部平均厚度为1.77m,北中部平均厚度为1.10m。该层厚度最大的地带在南部矿段1~26线,一般厚度为1.5m左右,由这一带向北、向西及向东,矿层逐渐变薄。

各锰矿层产状均与围岩一致,随围岩褶皱变化而变化,北翼矿层产状比较平缓,倾角约为 25°,南翼矿层产状陡立或倒转,倾角一般在 70°以上。

区内氧化带发育较好,氧化深度与矿层出露的地形地貌部位、赋矿山坡坡向与矿层产状的相互关系以及地下水水位高低等因素有关。各勘探线剖面矿层氧化界线均依据控矿工程直接或间接圈定。根据主线剖面统计,矿层一般氧化垂深为 10~165m,平均厚度为 78m,氧化垂深最大为 31 线处,厚度为 165m,最小为 7 线处,厚度为 10m,32a 线 K723 处冲沟见碳酸锰矿直接出露地表。

氧化锰矿石的主要化学成分平均含量及杂质指标,按地段分,以南翼矿石质量最好,西北部次之,北翼最差(表 3-6)。

表 3-6 下雷锰矿区大新锰矿不同地段氧化锰矿石化学成分平均含量表

地段	组 分					
	Mn/%	TFe/%	P/%	SiO_2/%	Mn/TFe	P/Mn
南翼及西南部	32.73	9.65	0.159	23.52	3.39	0.004 9
西北部	27.51	9.40	0.095	32.80	2.94	0.003 5
北翼	25.85	10.09	0.110	31.74	2.56	0.004 3

按单矿层统计结果,Ⅰ矿层平均 Mn 品位为 33.16%、平均 TFe 品位为 8.18%、平均 P 品位为 0.131%、平均 SiO_2 品位为 22.30%、Mn/TFe 比值为 4.05、P/Mn 比值为 0.004 0;Ⅱ矿层平均 Mn 品位为33.25%、平均 TFe 品位为 9.47%、平均 P 品位为 0.176%、平均 SiO_2 品位为 21.27%、Mn/TFe 比值为 3.51、P/Mn 比值为 0.005 3;Ⅲ矿层平均 Mn 品位为 28.51%、平均 TFe 品位为 10.60%、平均 P 品位为 0.164%、平均 SiO_2 品位为 27.94%、Mn/TFe 比值为 2.69、P/Mn 比值为 0.005 8;各矿层相比,以Ⅰ矿层矿石质量最好,Ⅱ矿层质量次之,Ⅲ矿层质量最差,详见表 3-7。

表 3-7 下雷锰矿区大新锰矿氧化锰矿石化学成分平均含量表

矿层	地段	组 分					
		Mn/%	TFe/%	P/%	SiO_2/%	Mn/TFe	P/Mn
Ⅲ	0~8 线	31.41	11.87	0.210	21.38		
	8~24 线	28.05	10.58	0.167	28.03		
	24 线以西	26.85	9.22	0.136	32.06		
	平均	28.51	10.60	0.164	27.94	2.69	0.005 8
Ⅱ	0~8 线	34.03	9.48	0.206	18.57		
	8~24 线	34.07	9.25	0.177	21.43		
	24 线以西	32.03	9.58	0.144	25.02		
	平均	33.25	9.47	0.176	21.70	3.51	0.005 3

续表 3-7

矿层	地段	组 分					
		Mn/%	TFe/%	P/%	SiO$_2$/%	Mn/TFe	P/Mn
Ⅰ	0~8 线	33.83	7.86	0.150	18.56		
	8~24 线	35.15	8.53	0.164	19.84		
	24 线以西	32.65	8.26	0.116	24.44		
	平均	33.16	8.18	0.131	22.30	4.05	0.004 0
Ⅰ+Ⅱ+Ⅲ	0~8 线	33.24	9.72	0.193	19.30		
	8~24 线	32.56	9.45	0.171	23.03		
	24 线以西	30.76	9.16	0.131	26.84		
	平均	31.92	9.40	0.159	23.61	3.40	0.005 0

碳酸锰矿石各矿层的 Mn、TFe、P 含量比较稳定，其品位变化系数均在 33% 以下。碳酸锰各矿层主要化学组分含量及其变化见表 3-8。上述各个工作时期估算的资源储量见表 3-9。

表 3-8 大新锰矿碳酸锰矿化学成分平均含量表

矿层	矿段	平均品位/%							烧失量/%	Mn/TFe	P/Mn
		Mn	TFe	P	SiO$_2$	CaO	MgO	Al$_2$O$_3$			
Ⅰ	北、中部	20.55	5.15	0.102	10.52	13.35	2.86	1.45	24.41	3.99	0.005 0
Ⅱ		23.18	7.44	0.113	28.35	4.96	2.91	1.68	16.21	3.13	0.004 9
Ⅲ		17.21	6.19	0.112	24.60	10.37	3.58	1.79	24.34	2.78	0.006 5
平均		20.95	6.26	0.108	20.42	9.41	3.02	1.61	21.12	3.35	0.005 2
Ⅰ	南部	22.80	5.31	0.109	20.59	11.25	3.01	1.35	23.42	4.30	0.004 8
Ⅱ		22.96	6.67	0.116	25.38	6.44	2.71	1.81	20.03	2.77	0.006 4
Ⅲ		18.25	6.53	0.124	23.62	10.37	3.38	1.60	25.63	2.79	0.006 8
平均		21.56	6.19	0.116	23.32	9.13	3.00	1.60	22.74	3.48	0.005 4
Ⅰ	全区	22.02	5.25	0.107	17.08	11.98	2.96	1.39	23.77	4.19	0.004 8
Ⅱ		23.03	6.89	0.115	26.30	5.59	2.77	1.77	18.86	3.34	0.005 0
Ⅲ		18.02	6.45	0.121	23.84	10.37	3.43	1.64	25.34	2.79	0.006 7
平均		21.37	6.21	0.114	22.45	9.21	3.01	1.60	22.25	3.44	0.005 3

表 3-9 下雷锰矿区各个勘查时期估算资源/储量统计表

矿石类型	工作单位及时间	工作区范围	资源储量类别	提交资源储量/万 t			
				新增资源储量	提级资源储量	减少资源储量	累计资源储量
氧化锰矿石	903 地质队 1958 年 12 月至 1961 年 5 月	全矿区	C₁	148.2			148.2
			C₁	755.9			755.9
			合计	904.1			904.1
	第二地质队 1962 年 3 月至 1967 年 2 月	全矿区	B	328.5			328.5
			C₁	493.1			493.1
			C₂	124.0			124.0
			合计	945.6			945.6
	第二地质队 1972 年 9 月至 1976 年 11 月		B	5.9	208.3		542.7
			C			178.1	315.0
			D			30.2	93.8
			合计	5.9	208.3	208.3	951.5
碳酸锰矿石	第二地质队 1962 年 3 月至 1967 年 2 月		C₁	4 146.4			4 146.4
			C₂	2 760.8			2 760.8
			合计	6 907.2			6 907.2
			B	55.7	352.2		407.9
			C₁			320.0	3 826.4
			C₂			32.2	2 728.6
			合计	55.7	352.2	352.2	6 962.9
碳酸锰矿石			C	995.96			
			D	3 400.87			
			合计	4 396.83			
氧化锰矿石及碳酸锰矿石	第二地质队及广西壮族自治区第四地质队 1962 年 3 月至 1983 年 6 月	全矿区	合计	13 215.33			

4. 中国冶金地质总局广西地质勘查院勘查工作

2011 年 1 月—2014 年 6 月,中信大锰矿业有限责任公司与中国冶金地质总局广西地质勘查院签订合同,对下雷锰矿区大新锰矿北中部矿段开展勘探工作。工作区范围见图 3-1。

勘探工作完成的各类主要实物工作量见表 3-10。

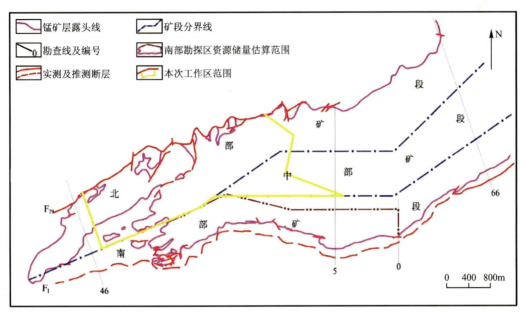

图 3-1 北、中部矿段在下雷锰矿区的位置图

表 3-10 勘探工作完成的各类主要实物工作量表

工作项目	单位	完成工作量		备注
		设计	实际完成	
1∶2000 地形图测量	km²	4.92	4.92	
1∶2000 地质填图	km²	4.92	4.92	
槽探工程	m³	2000	2 942.58/40	
水文钻孔	m/n	1035/4	1 121.50/4	
钻探工程	m/孔	22 000/98	21 158.79/99	
坑道	m		138.40/2	
采样	个	1250	1019	
矿石大体重测定	个	6	3	
组合分析	件	69	66	
物相分析	件	10	12	
光谱分析	件	12	12	
矿石湿度、小体重测定	个	270	149	
岩矿鉴定	片	50	86	
采半工业选矿试验样	个	1	1	
1∶50 000 区域水文地质测量	km²	90.0	99.00	

续表 3-10

工作项目	单位	完成工作量		备注
		设计	实际完成	
1:5000矿区水文地质测量	km²	35.0	33.543	
钻孔水工编录	m/孔	11 995/49	12 414.82/51	
抽、注水试验	孔/次	4/15	4/26	
涌水试验	孔/次	3～5/3～5	4/4	
注水试验	孔/次	2/4	3/3	
长期观测	点	18	18	
钻孔水文物探测井	m	1035	541.85	
水质分析	个	18	42	
细菌分析	个	10	14	微生物分析
物理力学样	块	360	186	
土工试验样	个		5	残坡积层

本次勘探工作是在1979—1983年广西壮族自治区第四地质队详查工作基础上开展的，工作性质相当于生产勘探。广西壮族自治区第四地质队详查工作采用边界品位Mn大于或等于12%圈矿，部分钻探工程中的"夹二"就被定成夹层，未参与资源储量估算；本次勘探工作采用《铁、锰、铬矿地质勘查规范》(DZ/T0200—2002)附录E一般工业指标中边界品位Mn大于或等于10%，夹二含锰大于10%全部确定为锰矿层，参与锰矿层"单工程平均品位"计算、资源储量估算，并将Ⅱ、Ⅲ矿层统称为Ⅱ+Ⅲ矿层。勘探工作控制北、中部矿段锰矿层特征如下。

Ⅰ矿层展布于0～38线之间，控制走向延长2975～4102m，宽129.18～1 672.75m，倾向延深0～30线为596.91～1810m，30～38线为175.36～344.60m，展布面积为2.76km²。氧化锰矿层厚度为0.50～1.25m，平均厚度为0.74m，厚度在0.50～1.0m，占统计样数的83.87%，1.0～1.50m之间的占统计样数的12.90%。氧化锰矿石Mn品位为10.19%～43.78%，平均值为27.53%，品位主要在20%～30%之间，占统计样数的63.33%；Mn≥30%的占统计样数的30.0%；10%≤Mn<30%的占统计样数的70.0%（其中低品位矿占统计样数的3.33%）。

碳酸锰矿层厚度为0.51～5.88m，平均厚度为1.50m，厚度主要集中在0.50～2.0m之间，占统计样数的84.35%，厚度大于2.0m的占统计样数的15.65%。碳酸锰矿石Mn品位为10.30%～30.16%，平均品位为18.85%，品位主要在10%～25%之间，占统计样数的93.47%（其中低品位矿占统计样数的13.82%），富锰矿只占统计样数的3.26%。

Ⅱ+Ⅲ矿层展布于0～44线之间，控制走向延长2955～4165m，宽192.07～1 506.22m，倾向延深0～30线为570.20～1 770.60m，30～38线为145.72～449.54m，展布面积为2.62km²。氧化锰矿层厚度为0.50～3.30m，平均厚度为1.23m，厚度主要在0.50～1.50m

之间,占统计样数的 71.43%,厚度大于 2.50m 的占统计样数的 10.20%;矿石 Mn 品位为 10.26%～50.30%,平均品位为 24.29%,锰品位主要集中在 10%～30%之间,占统计样数的 81.26%(其中低品位矿占统计样数的 22.92%);Mn≥30%的占统计样数的 18.75%。

碳酸锰矿层厚度为 0.54～9.13m,平均厚度为 2.40m,厚度在 0.50m 以上各区间没有一个厚度区间占明显的优势,只有 1.5～2.0m、2.0～2.5m、2.5～3.0m 这 3 个区间稍占一点优势,占统计样数的 17%～20%,超过 15%,其他厚度区间均在 10%上下。矿石 Mn 品位为 11.36%～26.37%,平均品位为 19.01%,锰品位主要集中在 10%～25%之间,占统计样数的 94.52%,Mn≥25%的锰矿只占统计样数的 2.74%。

勘探工作共探获(111b+122b+333)工业锰矿石资源储量为 3 372.94 万 t,其中探明的(可研)经济基础储量(111b)锰矿石量 2 104.49 万 t,占总资源储量的 62.39%。控制的经济基础储量(122b)锰矿石量 359.06 万 t,占总资源储量的 10.65%;(333)锰矿石储量 909.39 万 t,占总资源储量的 26.96%。

二、下雷锰矿床邻近地区开展的勘查工作

下雷锰矿区与湖润锰矿区、菠萝岗锰矿区之间的关系见图 3-2。下雷锰矿区与菠萝岗锰矿区相邻,锰矿层同受上映-下雷倒转向斜控制,而湖润锰矿区锰矿层则主要受湖润背斜控制。

1. 广西靖西县新兴锰矿区地质工作

1987 年 3 月—1990 年 7 月广西壮族自治区第四地质队对广西靖西县新兴锰矿区开展详查工作。工作区范围为东经 106°36′01″—106°41′15″,北纬 22°53′16″—22°56′38″。

新兴锰矿区位于下雷锰矿区西部,分为南、北两矿段。北矿段与下雷锰矿区 46 线以西部分重叠,经查阅下雷锰矿区详查、勘探报告证实下雷锰矿勘查期间,遗漏了这块矿。另外,下雷锰矿第 46 线到南西端之间工程控制程度低,绝大部分未计算储量(摘自《广西靖西县新兴锰矿区详查地质报告》);南矿段与下雷锰矿区长轴方向近于垂直,其中的锰矿层是下雷锰矿区锰矿层向南东延伸部分(图 3-3)。

本次详查工作完成的主要实物工作量有 1∶10 000 地质测量 27km²,1∶2000 地形测量 5.14km²,1∶2000 地质测量 4.88km²,1∶10 000 水文地质调查 30km²,钻探 5 210.88m(47 个孔),坑道 1 102.20m,浅井 2 954.35m,探槽 8 550.87m³,基本分析样 957 件。

矿区内共有 2 层矿,编号与下雷锰矿区锰矿层编号一致,分别为Ⅰ、Ⅱ+Ⅲ。受布逢倒转向斜、福利倒转向斜控制(图 3-3),产状与围岩一致,随褶皱变化而变化,走向由近南北转为北东东,倾角变化大。一般来说,岩层倒转部分倾角为 50°～65°或直立,向斜轴部产状平缓,倾角 5°～20°。控制的各个矿层特征具体如下。

Ⅰ矿层厚 0.50～3.01m,平均厚 1.08m,中部地段厚度较大,向北及北东方向变薄;矿石质量 Mn 品位为 18.34%～45.08%,平均品位为 31.94%,TFe 品位为 5.10%～14.80%,平均品位为 9.40%,P 品位为 0.032%～0.255%,平均品位为 0.128%,SiO_2 品位为 4.18%～51.63%,平均品位为 25.92%,Mn/TFe 的比值为 3.34,P/Mn 的比值为 0.004。由南向北及

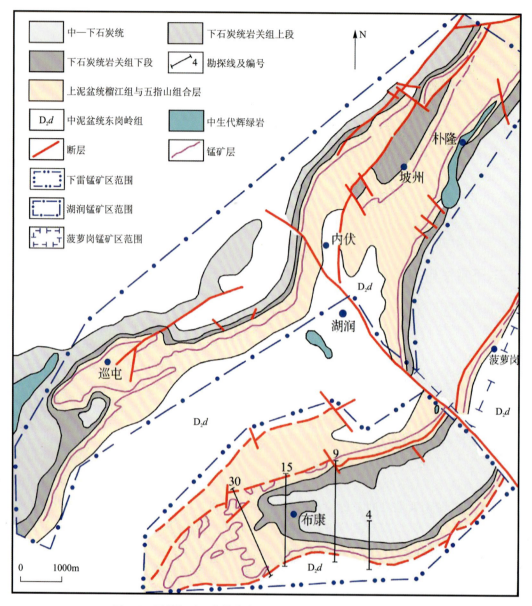

图 3-2 下雷锰矿区与湖润锰矿区、菠萝岗锰矿区位置关系图

北东方向 Mn 品位有减小的趋势,属中磷中铁锰矿石。

Ⅱ+Ⅲ矿层厚 0.50~1.83m,平均厚 0.87m,中部地段厚度较大,向北及北东方向变薄;矿石质量 Mn 品位为 18.30%~39.34%,平均品位为 25.97%,TFe 品位为 4.15%~17.70%,平均品位为 8.92%,P 品位为 0.021%~0.215%,平均品位为 0.114%,SiO_2 品位为 13.56%~56.19%,平均品位为 37.09%,Mn/TFe 的比值为 2.91,P/Mn 的比值为 0.004。由南向北及北东方向 Mn 品位有减小的趋势,属中磷高铁锰矿石。

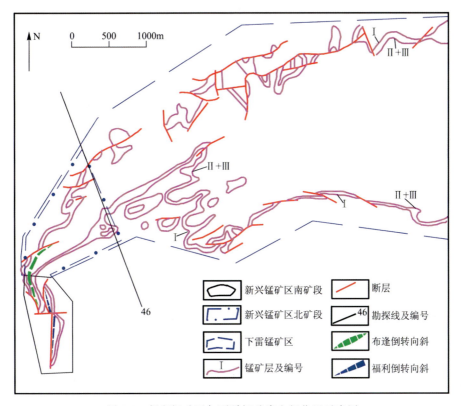

图 3-3　新兴锰矿区与下雷锰矿床空间位置示意图

2. 广西大新县菠萝岗锰矿区地质工作

菠萝岗锰矿区位于下雷锰矿区的北部，见图 3-2，同受上映-下雷倒转向斜控制。受探矿权范围的限制，矿区勘查工作的主要对象展布于上映-下雷倒转向斜西南翼，相当于下雷锰矿床南部矿段陡倾斜的那部分锰矿层。

（1）1999—2003 年，中国冶金地质勘查工程总局中南地质勘查院在桂西南优质锰矿评价的工作中，对该矿区开展过地质预查，施工了 2 条探槽，编录了 2 个剥土，施工 3 个钻探工程（只有 1 个钻孔见矿）。

在矿区内只控制到 Ⅱ＋Ⅲ 矿层，共圈出 5 个锰矿体。矿体呈层状产出，走向北东-南西，倾向 90°～165°，倾角 45°～80°。矿体走向延长 560～2500m，倾向延深为 400m。矿体厚度为 0.52～1.47m，平均厚度为 0.85m，氧化锰矿石质量 Mn 品位为 36.18%～38.08%，平均品位为 36.92%，TFe 品位为 6.30%～8.36%，P 品位为 0.107%～0.165%，SiO_2 品位为 13.0%～15.95%。碳酸锰矿石质量 Mn 品位为 18.71%，TFe 品位为 5.60%，P 品位为 0.122%，SiO_2 品位为 19.60%，CaO 品位为 2.72%，MgO 品位为 1.62%，Al_2O_3 品位为 3.16%，LEE 品位为 15.18%。共估算预测的资源量（334$_1$）锰矿石量为 241.51 万 t，其中氧化锰矿石量为 103.31 万 t，碳酸锰矿石量为 138.20 万 t。

(2)2009—2010年中国冶金地质勘查工程总局中南局南宁地质调查所提交《广西大新县菠萝岗矿区锰矿详查地质报告》。工作区地理坐标为东经106°43′15″—106°44′45″,北纬22°56′15″—22°58′15″,面积为5.17km²。详查工作完成的主要实物工作量见表3-11。

表3-11 菠萝岗锰矿详查工作完成主要实物工作量表

项目	单位	完成实物工作量
1∶2000 地形测量	km²	4.00
1∶1000 剖面测量	km	10
1∶2000 地质填图	km²	4.55
1∶2000 水文地质填图	km²	4.55
1∶25 000 区域水工环地质调查	km²	72
探槽	m³	3800
坑道	m	1 204.20
地质孔	m	656.04
水文地质孔	m	128
基本分析样	件	100
小体重及湿度测试	件	60
物理力学测试	组	6
光谱分析	件	2
物相分析	件	8
组合分析	件	2
水质全分析	件	5
水质细菌分析	件	4
岩矿鉴定	件	30

本次详查工作共圈出3个锰矿体,编号为①②③。各矿体特征具体如下。

①号锰矿体:控制走向延长1120m。矿体走向北东,倾向为104°～155°,深部倾向有所波动,局部呈假倒转的形态产出。矿体倾角较陡,30°～80°,平均大于60°。

②号锰矿体:控制走向延长810m。矿体倾向255°～340°,倾角33°～77°。

③号锰矿体:控制走向延长600m。矿体倾向90°～116°,倾角33°～54°。

①②③号锰矿体其他地质特征见表3-12。

2011年2月8日广西储伟资源咨询有限责任公司以桂储伟审〔2011〕12号文批准《广西大新县菠萝岗矿区锰矿详查地质报告》,广西壮族自治区国土资源厅2011年3月11日以桂资储备案〔2011〕20号对《广西大新县菠萝岗矿区锰矿详查地质报告》提交的资源储量进行了备案,备案的资源储量见表3-13。

表 3-12 菠萝岗锰矿区矿体特征一览表

地质特征		矿体编号		
		①	②	③
厚度/m	范围	0.51~1.60	0.49~0.70	0.80~1.41
	平均	0.78	0.58	1.30
Mn/%	范围	12.27~41.15	18.30~36.21	22.48~28.45
	平均	26.37	24.09	22.71
TFe/%	范围	5.14~13.65	4.43~13.64	4.74~11.73
	平均	7.71	9.42	6.57
P/%	范围	0.083~0.331	0.040~0.119	0.092~0.221
	平均	0.177	0.113	0.128
SiO_2/%	范围	6.61~35.47	22.04~39.65	25.59~49.83
	平均	13.86	27.68	36.08
Mn/TFe	平均	3.42	2.56	3.33
P/Mn	平均	0.007	0.005	0.006

表 3-13 菠萝岗锰矿区批准资源储量表

矿层编号	矿体编号	矿石类型	资源储量类别及编码	矿石量/万t	平均品位/%			
					Mn	TFe	P	SiO_2
Ⅱ+Ⅲ	①②③	氧化锰矿石	332	18.35	26.78	8.82	0.154	27.15
			333	11.83				
			332+333	30.18				
		碳酸锰贫锰矿石	332	18.67	19.22	6.40	0.121	26.10
			333	22.84				
			332+333	41.51				
		低品位碳酸锰矿石	332	2.88	12.88	6.50	0.127	27.60
			333	14.25				
			332+333	17.13				
		合计	332	39.90	20.57	7.24	0.134	26.74
			333	48.92				
			332+333	88.82				

详查工作是在普查工作的基础上进行的,主要是对南部地区②③号锰矿体地表、深部进行加密工作。施工的钻探工程部分控制到氧化锰矿、部分控制到碳酸锰矿。

碳酸锰矿层平均厚度0.60m,其主要化学成分Mn平均含量为21.00%,TFe平均含量为5.21%,P平均含量为0.114%,SiO_2平均含量为15.73%,CaO平均含量为18.77%,MgO平均含量为1.29%;Al_2O_3平均含量为1.10%,烧失量平均含量为24.06%,Mn/TFe的比值为

4.03，P/Mn 的比值为 0.005，$(CaO+MgO)/(SiO_2+Al_2O_3)$ 的比值为 1.19，近于碱性矿石标准。

3. 广西大新县下雷-土湖锰矿矿集区矿产地质调查

1）项目概况

矿集区项目所属二级项目名称为重要锡、锰等矿集区矿产地质调查，项目编号为 WKZB1911BJM300371，实施单位为中国地质调查局发展研究中心。子项目名称为广西大新县下雷-土湖锰矿矿集区矿产地质调查。工作起止年限为 2019 年 5 月—2021 年 9 月。经费来源于中央财政。子项目性质为 2019 年新开。

2）目标任务

（1）全面收集以往地质矿产调查、矿产勘查和矿山开发的成果资料，研究总结矿集区成矿规律及控矿条件，构建找矿预测地质模型。

（2）采用大比例尺地、物、化等手段开展矿产检查及找矿预测，圈定找矿靶位。

（3）选择有利地段开展钻探验证，初步查明矿体的形态、规模、产状、厚度、品位等特征，提交锰矿石（333）+（334）资源量。

（4）开展"矿产资源地质潜力-技术经济可行性-环境影响"综合评价。

（5）建立原始及成果资料数据库。

3）预期成果

（1）提交广西大新县下雷-土湖锰矿矿集区矿产地质调查年度成果报告、相关图件及数据库。

（2）提交锰矿石（333）+（334）资源量 1000 万～1500 万 t。

4）设计主要实物工作量

1∶10 000 专项地质测量（正测）16 km²，大地电磁测深（AMT）测量 4.2 km，探槽 1000 m³，钻探 1750 m。

5）项目完成实物工作量情况

项目自 2019 年 6 月开始实施，至 2021 年 8 月底结束野外工作，历时两年多，完成的主要实物工作量见表 3-14。

表 3-14 项目完成主要实物工作表

项目	单位	2019—2021 年工作量		
		批复	2019 年完成	完成比例/%
1∶1000 实测剖面	km	7	7.18	102.57
AMT 测量	km	4.2	4.2	100
1∶10 000 专项地质测量（正测）	km²	16	16	100
探槽	m³	1000	1 003.25	100.33
钻探	m	1750	1 654.52	94.54
基本分析样	个	200	75	37.5
小体重及湿度样	个	30	7	23.33
岩矿鉴定样	片	33	43	110

本次工作基本完成了设计批复的工作量。ZK1301钻孔受村民阻挠,难以继续施工,导致钻探工作未能按设计工作量完成。基本分析样未能完成的主要因素是探槽大部分控制的是地质界线或断层构造,取样较少,部分钻孔未达设计目的,使采样工作较少。小体重及湿度测试虽然只有7件样品,但加上前人的测试数据,实际参与资源量估算的数据已超过30个。因此,本次工作较好地完成了合同约定的工作量。

6）项目取得的主要成果

(1)根据最新《广西壮族自治区区域地质志》(2017年版)地层划分方案,通过实测地层剖面、1∶10 000地质测量工作,结合最新的1∶50 000区调成果,重新梳理了包括本次重点工作区土湖锰矿区外围在内的整个矿集区的地层。将二叠系分为了乐平统、阳新统、船山统,四大寨组划归阳新统。

(2)通过综合研究工作,对勘查程度较高的下雷锰矿床的矿床地质特征、矿床地球化学特征、岩相古地理、成矿规律、成矿地质特征等进行了分析研究,确定了锰矿沉积中心位于向斜的南东部,碳酸锰矿石品位向北东部有贫化、厚度变薄的趋势,总结建立了土湖碳酸锰矿床的成矿模式及找矿模型。

(3)探获低品位碳酸锰矿石资源量8.31万t,其中推断的内蕴经济资源量为1.30万t,潜在矿产资源7.01万t。

(4)在典型矿床研究的基础上,总结了"下雷式""土湖式"锰矿床的成矿要素;结合物探、化探等资料,圈定碳酸锰矿最小预测区8个,其中"土湖式"锰矿预测区3个,"下雷式"锰矿预测区5个,预测锰矿潜在矿产资源共42 608.62万t。

(5)通过靶区优选,共优选出4个勘查程度较高,成矿地质条件优越,资源潜力大的靶区,并划分靶区类别,其中"下雷式"锰矿靶区A类1个,B类2个,C类1个。

(6)完成了"广西大新县下雷-土湖锰矿矿集区矿产地质调查"原始资料及成果资料数据库的搭建。

(7)完成了资源潜力评价、技术经济评价、环境影响评价、综合评价。

资源潜力评价成果:根据靶区划分类别、预测潜在矿产资源、预测有价组分品位结果,建立了资源潜力评价指标,见表3-15;分别对各项指标赋值得到靶区得分的和,为后续开展矿产资源潜力评价、技术经济评价和环境影响评价"三位一体"提供依据。

表3-15 靶区预测地质资源潜力评价指标表

内容	一级指标	二级指标	评价依据及分值
资源潜力	地质资源潜力10	靶区划分类别4	A(3～4),B(1～3),C(0～1)
		预测潜在矿产资源3	超大>5000万t(2～3),大>2000万t(1～2),中等及以下<2000万t(0～1)
		预测有价组分品位3	高>15%(2～3),中10%～15%(1～2),低5%～10%(0～1)
合计总分		10	10

技术经济评价:类比已有勘查程度较高的下雷锰矿、湖润锰矿、达爱锰矿、土湖锰矿、咍所锰矿等,总结分析勘查报告资料,预测靶区技术经济条件,综合上述技术经济概率评价各项数据,建立预测靶区技术经济综合评价数据采集一览表,为后续量化综合评价技术经济条件提供依据。

综合总结上述靶区矿床开采地质条件、矿石加工条件、矿业开发外部条件以及社会经济效益等内容,建立调查区靶区技术经济综合评价指标,以百分制量化各项指标,量化评价技术经济条件,见表3-16。依据预测潜在矿产资源,类比已知矿床,参考"下雷式"锰矿经济效益评价方法,预测评价靶区经济效益。最终分析矿产资源开采的难易程度、矿石的可选性、矿产资源勘查开发的有利条件和不利因素。综合评价结果分析,矿区开采技术条件及矿石加工选冶在技术上可行,矿床开发经济上合理。

表3-16 靶区技术经济综合评价指标表

内容	一级指标及分值/分	二级指标及分值/分	评价依据及分值/分	备注
技术经济条件	开采条件(30)	开采难度(水工环类比)(21)	可采(10~21),难采(0~10)	有利
		开采成效(9)	好(6~9),中(3~6),差(0~3)	有利
	加工条件(40)	选冶难度(28)	易(20~28),中(9~20),难(0~9)	有利
		选矿回收率(8)	好(5~8),中(2~5),差(0~2)	有利
		综合利用率(4)	好(2~4),中(1~2),差(0~1)	伴生元素含量少,无利用价值
	外部条件(15)	水资源供给(4.5)	好(2~4.5),差(0~2)	有利
		电力能源(4)	好(2~4),差(0~2)	有利
		交通(4)	好(2~4),差(0~2)	有利
		人力物资(2.5)	好(0~1),差(1~2.5)	有利
	经济效益(15)	经济效益(15)	好(10~15),中(5~10),差(0~5)	有利
综合得分	100	100	100	有利
十分制得分	10	10	10	有利

环境影响评价成果:综合上述环境影响评价,已有矿产勘查开发对环境的影响评价基本一致。本次对靶区环境影响仅做概率评价,各靶区得分取一致。根据上述总结的勘查开发对环境影响的评价,类比已知矿床成矿地质背景、地质环境,建立了环境影响评价指标,包括勘

查开发对环境影响的地质灾害发生可能性大小,潜在的土壤、水的污染程度,对林地、农田等破坏后恢复的难度进行评价(表3-17)。

表 3-17　环境影响评价指标及靶区评价得分表

内容	一级指标	二级指标	评价依据及评分	所有靶区
环境影响	地质灾害(3)	滑坡概率(0.9)	低(0.6~0.9)、中(0.3~0.6)、高(0~0.3)	0.7
		泥石流概率(0.9)	低(0.6~0.9)、中(0.3~0.6)、高(0~0.3)	0.6
		地面塌陷概率(1.2)	低(0.8~1.2)、中(0.4~0.8)、高(0~0.4)	1.0
	潜在污染(4)	土壤(1.6)	小(1~1.6)、中(0.5~1)、高(0~0.5)	0.7
		水(2.4)	小(1.6~2.4)、中(0.8~1.6)、高(0~0.8)	1.0
	环境恢复难度(3)	地貌(1.2)	易(0.6~1.2)、难(0~0.6)	0.4
		水土(1.8)	易(0.9~1.8)、难(0~0.9)	0.8
合计总分	10	10	10	5.2

综合评价成果:将资源潜力评价、技术经济评价以及环境影响评价的评价体系、评价结果有机统一起来,最终形成资源环境综合评价结果,依据评价得分结果将靶区划分为优先部署区、一般部署区。梳理影响矿产资源勘查开发的相关因素,编制完善资源环境综合信息图。

综合前述对靶区的技术经济评价和环境影响评价等内容,全面分析勘查开发的各种有利条件和不利因素。

从资源潜力、技术经济以及环境影响综合评价来看,4个靶区内锰矿找矿潜力较大,矿区开采技术条件及矿石加工选冶在技术上可行,矿床开发经济上合理,靶区内及周边无文物保护区、旅游开发区、集中供水水源地、地质遗迹、各类公园以及其他生态红线区,自然景观保存较完好,矿产的勘查不涉及生态红线区域。虽然矿产开采对环境造成了一定的负面影响,但可以采取各种防治措施,将环境影响降到最低,能做到既充分利用靶区内的矿产资源,又不破坏靶区内的生态文明建设。

综合靶区资源环境评价结果,建议广西大新县菠萝岗-新群碳酸锰矿找矿靶区、广西靖西市巡屯-茶屯碳酸锰矿找矿靶区、广西大新县下雷镇仁惠碳酸锰矿找矿靶区作为"下雷式"锰矿勘查优先部署区,广西靖西市湖润锰矿区外围碳酸锰矿找矿靶区作为一般部署区。

广西大新县下雷-土湖锰矿矿集区矿产地质调查项目规划执行3年,工作区为下雷-上映整个向斜展布区。第一年度规划工作区为土湖锰矿区外围地区(即土湖锰矿区外围至上映地区),第二年度规划为菠萝岗锰矿区至新湖锰矿区,亦即下雷-上映向斜的中间区段,第三年度规划为菠萝岗锰矿区至下雷锰矿区。

项目若能执行完成,对下雷-上映向斜工作程度低的中间区段(菠萝岗锰矿区至新湖锰矿区)含锰岩系含矿性就会有个结论。但受土湖矿区地层构造复杂、溶洞及裂隙发育等因素影响,项目的野外工作进程和整个项目推进的总体进度严重滞后,导致第一轮找矿突破战略行动期满、国家地质行业五年规划更替,整个二级项目也终止执行,最终只在土湖锰矿区外围执行完2019年度的任务。

7)提交报告及评审情况

2021年9月中国冶金地质总局广西地质勘查院提交《广西大新县下雷-土湖锰矿集区矿产地质调查课题成果报告》。2021年10月14—15日中国地质调查局发展研究中心组织专家对报告进行了评审,并以中地调研发(评)〔2021〕50号文《中国地质调查局地质调查项目成果评审意见书》批准该报告。

第三节 研究区科研工作

随着勘查工作的开展,对研究区也进行了不少专题研究。1980年以前,主要以陆源海相沉积观点指导矿床研究,对锰矿床的成矿规律及赋存规律作了有益的探讨。如广西冶金地质勘探公司273队(1974)的《广西锰矿地质特征和找矿方向》、广西地矿局(1981)的《广西锰矿地质特征、成矿规律和找矿标志》等,先后对各时期锰矿的形成环境和成矿规律作了研究和分析。

20世纪80年代以来,随着各单位、各学科联合开展科学研究,研究区锰矿研究从陆源海相沉积观点进入以热水沉积为主要观点的一个崭新的阶段,研究成果也提高到一个新的水平。

1983年,广西地矿局韦仁彦等对下雷矿区含锰地层新采化石标本。鉴定研究发现,有90%的化石属于晚泥盆世标准化石,因此认为下雷锰矿含锰地层时代应由原上泥盆统榴江组重新修正为上泥盆统五指山组。对下雷锰矿床以及涉及下雷锰矿床的主要区域科研工作具体如下。

①1974年冶勘273队提交《广西锰矿地质特征和找矿方向》研究报告。

②1980年广西地质研究所提交《桂西南晚泥盆世锰矿成矿远景区划分》成果报告。

③1981年广西地矿局提交《广西锰矿地质特征、成矿规律和找矿标志》研究报告。

④1983年广西地质研究所、贵州区调所、云南地质二大队提交《滇黔桂华力西-印支期沉积锰矿成矿条件及找矿方向》。

⑤1987年广西壮族自治区第四地质队提交《广西大新下雷锰矿地质研究》。

⑥1987年,韦灵敦、树枭等编著了《广西锰矿地质》。该专著对区内晚泥盆世含锰岩系、岩相古地理及氧化锰矿的找矿远景等均进行过深入研究。

⑦1990—1992年,中南地质勘查局南宁地质调查所在桂西南地区进行《桂西南地区1∶100 000岩相古地理及遥感地质调绘》地质工作,取得了较好的研究成果。

⑧1993年,中南地质勘查局宜昌地质研究所王六明等在开展《湖南、广西优质锰矿床成因类型及成矿预测》专题研究时,对"下雷式"锰矿进行了相应的研究工作,认为"下雷式"氧化锰矿净矿石中有优质富锰矿分布。

⑨1994年,中南地质勘查局宜昌地质研究所开展《桂西南地区泥盆系、三叠系优质锰矿成矿规律及成矿预测》专题研究,对桂西南锰矿成矿规律及成矿预测进行深入研究。

现将有代表性的科研成果摘录如下。

一、1982 年勘探报告研究成果

1982 年广西壮族自治区第四地质队提交《广西大新县下雷锰矿区南部碳酸锰矿详细勘探地质报告》（以下简称"勘探报告"）。该报告从沉积环境分析、矿床成因类型探讨、成矿物质来源问题等方面对下雷锰矿床成因及找矿标志进行了讨论、研究。

（一）沉积环境分析

下雷锰矿床呈北东-南西向展布，为泥质-灰质-硅质三元混积相含矿岩系，富含浮游生物化石，发育微细水平层理。从区域上看，向南东、北西两侧相变为白云岩、灰岩等碳酸盐相地层，富含珊瑚、腕足类底栖动物化石，其中灰岩富含兰绿藻等植物化石。锰矿床中的锰矿石发育豆状、鲕状构造，这说明硅质岩相区的水体相比碳酸岩相区要深，锰矿可能为近滨海之浅海盆地或台间盆地沉积。

矿层底板为内碎屑岩、钙质泥岩，含底栖（腕足类）动物化石及浮游动物化石；顶板及"夹一"为具水平微细层理的硅质岩，仅见浮游动物化石，这表明锰矿层是在海进序列中沉积。矿层中含铁矿物为菱铁矿-赤铁矿相（中性相），锰矿层是锰质、硅质、钙质混杂。矿层顶板含颗石藻，推测锰矿是沉积在 Eh 值为 0、pH 值为 7.8 的正常盐质的介质环境中。

（二）矿床成因类型探讨

下雷锰矿床具有典型沉积特征，属沉积型矿床已无疑。但对矿床中一些蔷薇辉石、赤铁矿、阳起石等矿物的生成有所争议。有人认为它们是矿床的变质矿物，进而认为下雷锰矿床是沉积变质型。本书作者认为这些矿物形成阶段分两期：一期是与矿石中的豆状、鲕状及条带构造同时形成的；二期是成岩晚期被压溶的锰质与硅质在大裂隙中形成硅酸锰脉，并非经过变质而成。另外矿床 3 个矿层物质成分基本相似，但只在 I、II 矿层中出现上述几种矿物，而这几种矿物与区域变质、动力变质均无联系。因此，矿床类型还应属沉积型碳酸锰矿床，并非为沉积变质型矿床。

（三）成矿物质来源问题

据人工重砂样分析资料，矿区南部（I矿层）含锆石、金红石、电气石等重砂矿物比矿区北部（I矿层）高，平均含量南部为 106 粒/kg，北部为 35 粒/kg。另外，本区南方的印支地块（包括越北古陆）缺失法门期沉积地层，可以认为越北古陆风化剥蚀物向北运移，为矿区成矿提供了成矿物质。

在成矿期内，本区南方龙州县空标、科甲地区及南方的那坡县坡荷地区有中酸性火山岩活动，也可能为本区提供一定的成矿物质。但 S 同位素组成测定结果 $\delta^{34}S$ 在 $-32.60‰\sim 32.2‰$ 之间呈跳跃式分布，主要集中在 $0\sim 7‰$ 之间，具有地壳硫的特点，推测火山源物质不居主要地位。

晚泥盆世榴江组硅质-泥质-碳酸盐质地层是寻找下雷式锰矿的主要找矿标志。

二、下雷锰矿床地质研究成果

1987年广西壮族自治区第四地质队提交了主要由曾友寅、杨家谦等编写的《广西大新县下雷锰矿地质研究》报告,该专题研究主要成果如下。

(一)含锰岩系

矿区含锰岩系是指上泥盆统榴江组和五指山组。岩系共划分为17个分层,其中榴江组为第1分层,五指山组分上、中、下3段,包括第2~17分层,见图3-4。

1. 榴江组(D_3l)

以微—薄层状硅质灰岩、钙质硅质岩与硅质钙质泥岩互层为主,二者比例与上、下部不同。下部硅质灰岩、钙质硅质岩较多,硅质钙质泥岩较少;上部硅质钙质泥岩增多。下、中部分别夹一层厚层状含硅质泥灰岩;中部夹一含锰层,由微薄层状锰方解石岩、硅质灰岩及钙质泥岩组成,含锰一般为1.6%~5.6%,最高为7.14%,厚度为2.59m,不稳定。此外,岩层中尚夹有少量生物碎屑灰岩。本组厚度变化大,南部—西南部边缘地带较薄,一般小于30m,西南部最薄处仅11.6m,向北逐渐变厚,实测厚度达148.4m。

2. 五指山组(D_3w)

1)下段(D_3w^3)

第2分层:由灰岩、泥质灰岩、泥灰岩、钙质泥岩、泥岩、钙质板岩、泥板岩等组成(在氧化带中变为黄色、褐黄色、棕红色、浅紫红色泥岩)。灰岩呈灰白色、浅灰色,微粒结构,薄层状、条纹—条带状、曲肠状、扁豆状等构造。灰质-泥质组合岩石及泥板岩,多呈灰色、灰绿色、灰紫色、紫红色,薄层状或条带状构造。岩层中部夹数层薄—中厚层状角砾状泥质灰岩,偶夹生物砾屑泥质灰岩。厚度沿倾向变化较大,南部—西南部露头带一般为10~20m,最薄为7.9m,向北逐渐变厚,实测最大厚度为80.6m。

第3分层:以泥质灰岩为主,部分含泥灰岩、钙质泥岩、灰岩等,含锰较普遍(在氧化带常变为黄褐色、褐黑色的泥岩、含锰泥岩),灰色至深灰色,中下部含碳质呈灰黑色,并常见含灰白色灰岩的砾屑,中下部及顶部往往夹有薄层状、条带状或透镜状、扁豆状、结核状石英硅质岩。本分层厚度为1.5~7.1m。

2)中段(D_3w^2)

第4分层:称Ⅰ矿层,碳酸锰矿或氧化锰矿层。一般厚度为1~2m,最大厚度为3.23m。矿区南部—西南部厚度较大,向北、北东、北西方向逐渐变薄,东部局部尖灭。在南部—西南部,矿层下段以薄层状、条纹、条带状为主,靠底部常有一层含豆鲕粒的薄层,底部为石英硅质岩薄层、条带或透镜体;中段呈薄层状,具豆鲕粒结构,常夹石英硅质岩薄层、条带;上段呈中厚层至厚层状,具豆鲕状、结核团块状结构。在矿区西部及东北部,矿层变薄,仅见条带状或薄层状矿层,并常夹石英硅质岩条带或透镜体。

组	段	符号	分层	柱状图	厚度/m	岩性及化石
五指山组	上段	D_3w^1	17	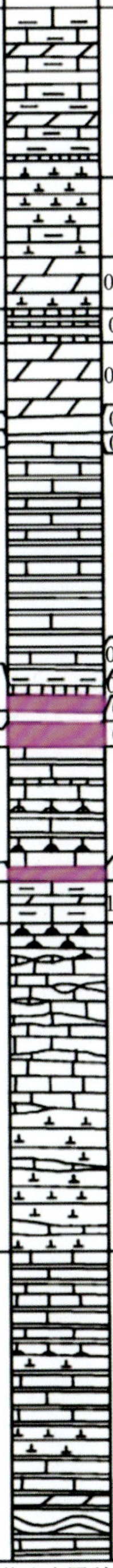	6.6~62.2	钙质泥岩、泥质灰岩。产 *Lysiopecien* sp., *Polygnathus* sp., *Spathognathodus* sp.
			16		0.9~19.1	含眼球状钙质硅质岩结核钙质泥岩。产 *Coccolithophorida*
			15		0~12.9	含硅质泥灰岩
			14		0~8.0	含碳质硅质岩。产 *Tentaculites* sp.
			13		0~17.9	含碳质泥灰岩。产 *Coccolithophorida*.
			12		0~5.5	泥质硅质岩
			11		0~1.1	含豆状硅质结核钙质硅质泥岩。产 *Protognathadus* sp.
	中段	D_3w^2	10		9.6~60.4	薄层硅质灰岩、钙质泥岩。产 *Richterina*(*Richterina*)*striatida*, *Richterina substriatula*, *R. subhemisspaerica*
						石英硅质岩
			9		0.1~0.9	碳酸锰矿层（Ⅲ）
			8		0~3.12	锰质泥岩夹碳酸锰矿薄层
			7		0~1.3	
			6		0~5.1	碳酸锰矿层（Ⅱ）
			5		0.1~29.2	微薄层硅质灰岩、钙质泥岩。产 *Palmatalepis minula minutas*, *Pa.gracilis gracilis*, *Pa. gracilis sigmoidalis*, *Polygnathusslyracus*, *Ozarkodina hamoarcuala*
			4		0~3.2	碳酸锰矿层（Ⅰ）
			3		1.5~7.1	泥质灰岩。产 *Palmatolepis gracilis*,*Perlobata perlobata*
	下段	D_3w^3	2		7.9~80.6	钙质泥岩、条带状扁豆状灰岩。产 *Ungerella carearala*, *Enlomozoe*(*Richlerta*)*serraloslriala*,E.(R.)*sarailensis*,E.(R.)*glabulus*, E. (*Nehdentornis*)*tenera*,E.(N.)*pseudorichterina*, *Richterina*(*Richterina*)*striatule*, R.(R.)aff.*costata*, R.(*Fossirichterina*) sp.,*Palmatolepis perlobata*, Pa.*gracilis* sp.
榴江组		D_3l	1		11.6~46.8	微薄层硅质灰岩、泥质灰岩、硅质岩。产 *Bertillonella erecta*, *Entomopriimiliasplendens*（?）, *Palmatolepis gigas*, *Ancyrodella nodosa*, *Tentaculites* sp.

注：微体古生物由中国科学院南京古生物研究所及广西地质研究所鉴定。

图 3-4 下雷锰矿区上泥盆统含锰岩系柱状图

第5分层:夹一。在南部—西南部地段以薄层状泥质灰岩、钙质泥岩为主(氧化带中变为泥岩),顶部、底部普遍含锰,岩层中夹1~2层泥质硅质灰岩条带。本层厚度一般为1m左右,最小9cm;向北、西逐渐变为薄层状硅质灰岩与微层状钙质泥岩互层(在氧化带中变为薄层硅质岩与泥岩互层),厚度也逐渐增大,最大厚度达29.2m。厚度变化与矿层相反,南部—西南部露头带较薄,一般为1m左右,最薄仅0.1m,向北、东、西方向逐渐变厚,西部最厚达29.2m。

第6分层:称Ⅱ矿层,碳酸锰矿或氧化锰矿层。厚度为0~5.05m,南部厚度较大,一般为1.5~3.5m;北部、东北部及西部变薄,东部局部尖灭。在南部—西南部,矿层可分为上、中、下3段。下段下部呈纹层状,中上部呈豆鲕状结构,块状构造;中段呈薄—中厚层状,部分呈条带状;上段下部为纹层—薄层状,具豆鲕粒结构,上部呈薄层—中厚层状,具豆粒结构,部分呈条带状。在西部、北部—东北部,矿层变薄,多呈条带状或薄层状,不能分段,常夹1~4层不稳定的硅质岩条带或透镜体。

第7分层:夹二。锰质泥岩夹碳酸锰矿薄层,部分含锰达工业品位被划为锰矿层。厚度为0~1.28m,其厚度变化与Ⅰ、Ⅱ矿层相似。南部—西南部较厚,一般为0.5m左右,北部、东北部和西部较薄,多在0.1m左右,东部尖灭。在南部—西南部,其岩矿石主要由碳酸锰矿及黑云母组成,下段呈纹层或条带状,中上段呈薄—中厚层状,中段夹含鲕粒的毫米纹层;在西部、北部—东北部多呈纹层或条带状。岩石主要由水云母及碳酸锰矿组成。

第8分层:称Ⅲ矿层。碳酸锰矿或氧化锰矿层。厚度为0~3.13m,南部较厚,一般为1~2m,向北、北东及北西方向逐渐变薄,东部局部变尖灭。在南部—西南部,一般可分为上、下两段。下段呈中厚层夹纹层,具豆鲕粒结构;上段呈纹层—薄层状。在西部、北部—东北部,常见条带状、薄层状,下部或顶部夹硅质岩条带或透镜体。

第9分层:石英硅质岩,浅灰色、浅绿色或浅红褐色,普遍含少量黄铁矿,部分夹含锰钙质泥岩,局部夹碳酸锰矿或含锰灰岩条带。厚度一般为0.1~0.3m,最厚为0.92m。

第10分层:灰色薄层状硅质灰岩、钙质硅质岩与泥灰岩、钙质泥岩、泥板岩互层(氧化带中变为薄层硅质岩与泥岩、泥板岩互层)。底部为一层厚0.5~0.7m的黑色含碳质泥灰岩(氧化带中变为砖红色泥岩)。中、上部夹1至数层厚5~20cm不稳定的锰质灰岩(氧化后变为贫氧化锰矿石)。本层由下往上硅质成分增高,顶部以硅质岩为主。由南往北硅质成分也逐渐增高,北部以薄层钙质硅质岩、硅质灰岩为主。本分层厚度变化较大。南部—西南部地表露头一般为15m左右,最薄9.6m,往北变厚为35m左右,西部最厚达60.4m。

3)上段(D_3w^1)

第11分层:标志层。含豆状硅质结核泥岩或泥灰岩,灰黑色,含碳质、硅质、锰质和星点状黄铁矿,风化后呈褐黄色。往南部—西南部普遍含密集的硅质豆粒。豆粒呈球形或椭球形,部分不规则状,内部为均一致密结构,边缘常有细晶黄铁矿环绕,大小为0.1~2cm,一般为0.5cm。本层厚度一般为0.3~0.8m,最厚1.02m。向北部、东部逐渐变薄且豆粒减少,局部尖灭。

第12分层:灰黑色薄—微层状含碳质泥质硅质岩或含碳质硅质泥岩夹硅质灰岩。厚度为0~5.5m,向北逐渐变薄至尖灭。

第13分层:灰黑色含碳质泥灰岩(氧化带中变为土黄色、褐黄色泥岩),含星点状黄铁矿,部分含生物碎屑。岩层多为块状，不显层理，局部呈中厚层状。下部夹少量硅质岩条带，上部偶夹硅质岩扁豆体或椭球形结核。在南部—西南部的厚度一般为 10m，最厚为 17.9m，向北逐渐变薄至尖灭。

第 14 分层：灰黑色薄—微层状含碳硅质岩夹硅质灰岩、钙质硅质泥岩。厚度为 0～8m，向北变薄至尖灭。

第 15 分层：灰黑色含硅质泥灰岩或钙质泥岩（风化后变为土黄色泥岩）。含碳质和星点状黄铁矿，块状，不显层理。岩层中夹生物碎屑灰岩和稀少的硅质岩条带或扁豆体。在南部—西南部地段的厚度一般为 5m 左右，向北逐渐变薄至尖灭。

第 16 分层：钙质泥岩、泥板岩、泥灰岩夹少量泥质灰岩（风化后变为灰色、灰白色泥岩）。深灰色—灰黑色，薄—中厚层状，含碳质、硅质、黄铁矿等。中下部岩层中含眼球状钙质硅质结核（风化后常为球形空洞，内存硅质铁质残余），结核大小为 2～4cm，边缘常有微粒黄铁矿包裹，结核体大致顺层分布，西部、北部地段减少或仅偶尔可见呈小扁豆体状。岩层上下部夹少量硅质岩薄层，底部含锰。在南部—西南部，本分层厚度一般为 10～15m，西部、北部变薄至 3～5m。

第 17 分层：下部为浅灰至灰色薄层状钙质泥岩、泥板岩或泥灰岩夹泥质灰岩、生物碎屑灰岩，底部夹少量硅质条带，上部为薄层、微层状泥灰岩夹泥灰岩或钙质泥岩，顶部夹少量硅质灰岩。在南部—西南部的厚度一般为 25～40m，最厚为 62.2m，北部变薄，一般为 8～15m。

本书作者注意到，《广西大新县下雷锰矿地质研究》中对下雷锰矿床含锰岩系特征的描述有两个明显的特点：一是将上泥盆统榴江组、五指山组同时定为了含锰岩系，榴江组只是一个小分层（第 1 分层）；二是Ⅰ矿层、夹一、Ⅱ矿层、夹二、Ⅲ矿层及Ⅰ矿层底板上的含碳钙质硅质岩未见，而Ⅲ矿层顶部却发育有多层含碳质硅质岩薄层。

《广西大新县下雷锰矿区北、中部矿段碳酸锰矿详细普查地质报告》评审结论为"使有些地方的钻孔密度过大，有的地方需打孔而又未打"，同时又指出"钻孔偏斜度较大，孔斜不合格的孔达 31 个，占钻孔总数的 35.6%"；第六章第二节中指出"但又由于钻探工程所取得的只是经换算而来的真厚度参数，而矿体深部的产状要素又无法测得，这样就给求出铅直假厚度带来困难。"这些充分说明，当时钻探工艺及取芯的技术不过关，一些地质现象可能被遗漏。

(二) 矿床成因探讨

1. 晚泥盆世区域地质构造及古地理条件

1) 区域地质构造基本构架及古地理概况

广西运动使桂西南地区由海上升为陆并遭受剥蚀，泥盆系不整合覆于寒武系之上，构造运动在西大明山、泗城岭等地，表现为东西向和北东东-南西西向的线状褶皱，在德保钦甲—靖西一带则呈窟窿或短轴背斜，地层褶皱较为平缓开阔，同时在钦甲有加里东期花岗岩岩株侵入。

泥盆纪开始，本区逐渐沉降为海，海侵由东而西。早泥盆世莲花山期—那高岭期，海侵至德保—靖西一带,其西部仍为陆地;以后继续沉降,全区才沦为浅海,见图 3-5。

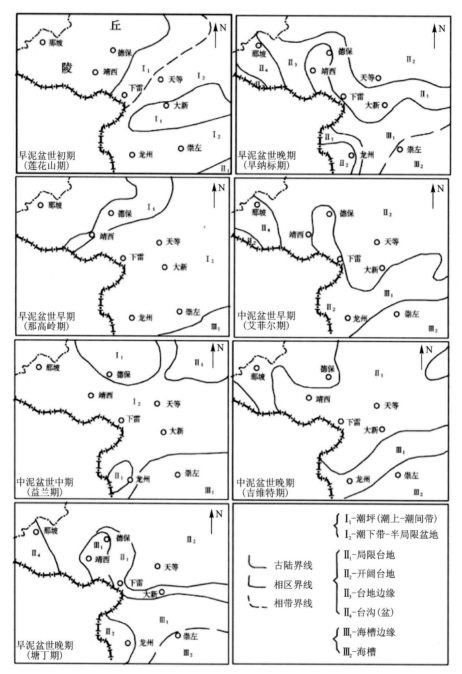

图 3-5 桂西南地区早—中泥盆世岩相古地理演变图

早—中泥盆世,大新—靖西一带由潮间带逐渐变为浅海台地。早泥盆世晚期—中泥盆世早期虽然出现局部海槽边缘,但至中泥盆世晚期已填平补齐,台地内地形相对起伏不大。向东南(崇左—龙州一带)逐渐变为海槽,西部那坡一带自早泥盆世晚期开始出现台沟,延续时间较长。早—中泥盆世时期的构造活动表现为以整体慢慢沉降为主,局部出现断裂带,如那坡、龙州北西-南东断裂带开始发育,并伴随有基性岩浆的喷出活动。

晚泥盆世开始,区内大部分地段继承了中泥盆世浅海台地环境,见图3-6。由于地壳受到剧烈的张力或扭张力的作用,中泥盆世开阔台地的基底上,出现了北东-南西走向的下雷-东平断裂带,其宽度为10~15km。由于断裂的陷落,区内形成了断陷台沟。

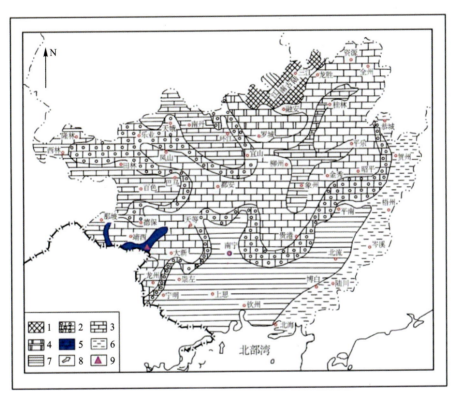

1.剥蚀区;2.台地边缘相区;3.开阔海台地相;4.局限海台地相;5.台沟相;6.浅海盆地相区;
7.次深海槽盆相区;8.海侵方向;9.矿区位置。

图3-6 广西泥盆世岩相古地理略图

在大新-靖西浅海碳酸盐岩台地中,发育北东-南西向的下雷-东平断裂带,以及龙邦、那坡、龙州的北西-南东断裂带,前者形成断陷台沟。两断裂带构成了本区晚泥盆世的基本构造格架。

晚泥盆世的海底地貌受到地质构造条件的控制,其基本特征为龙邦、下雷-东平台沟及位于台沟西侧的燕峒—靖西、天等两座海山,见图3-7、图3-8。海山呈短轴椭圆形,平行台沟分布,山顶为浅水碳酸盐岩砂屑鲕滩,往台沟方向水体逐渐加深。

下雷-东平台沟,自中泥盆世末期(断陷)至晚泥盆世早期形成,一直延续到二叠纪早期,保持着台沟深水环境,沉积了一整套与台地区岩相不同的深水沉积岩系,到二叠纪早期末台沟才基本被填平补齐。

从各个时代沉积特征分析,晚泥盆世台沟深度最大,石炭纪—二叠纪相对逐渐变浅。晚泥盆世台沟的深度,要做到准确的计算目前是不可能的,但可作如下探讨性的估算:中泥盆世

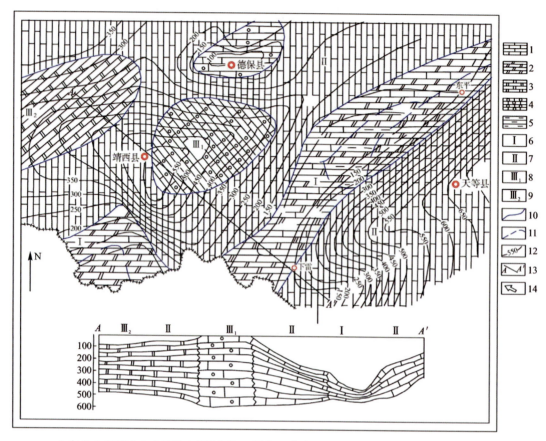

1.灰岩;2.硅质岩;3.白云岩;4.鲕粒灰岩;5.泥岩;6.台沟相;7.局限台地相;8.局限台地浅滩亚相;
9.局限台地潮坪—潟湖亚相;10.相带界线;11.岩组界线;12.厚度等值线;13.剖面号;14.海侵方向。

图 3-7 下雷锰矿床区域晚泥盆世早期岩相古地理图

末本区均为浅水台地,水深不予考虑,以此作为基准面,假定台沟为台地无差异沉降,以锰矿层作为上基准面,用上下基准面之间的上泥盆统厚度作为计算,台沟中的厚度一般为200~300m;下雷矿区西南部仅为30~40m,台地区燕峒浅滩相层位厚度为800m,二者相差一般为500~600m,最大相差700多米,即是锰矿沉积时期台沟的深度。但这个估算是很粗略的,仅供参考。

2)地质构造、古地理条件对成矿的控制

碳酸锰矿床的沉积形成及其分布严格受到同沉积期地质构造及古地理条件的控制,区内目前已发现和探明的锰矿床或矿点,包括下雷、湖润、土湖、把荷及龙邦等地的锰矿床,绝大多数分布于下雷-东平断陷台沟范围内,而在台地区的浅滩、潟湖中,至今还没有发现锰矿。台沟是由于断陷形成,沟内锰矿实际上构造起到间接控矿作用。台沟中段下雷-湖润矿区锰矿最为富集,其次为西段龙邦一带。这些地区构造活动表现得更为剧烈,特别是下雷矿区南部—西南部构造活动最强烈,陷落较深,为台沟中的凹兜,因此锰矿最为富集。

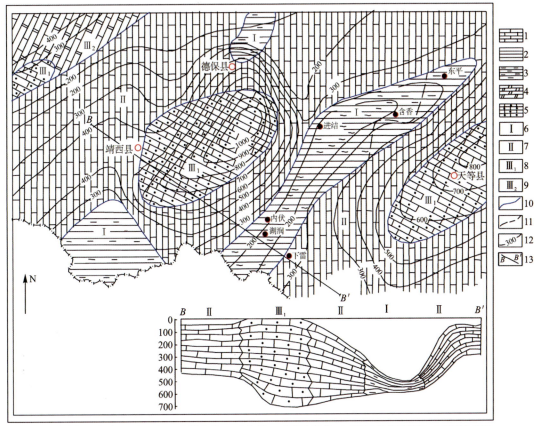

1.灰岩；2.硅质岩；3.泥岩；4.白云岩；5.鲕粒灰岩；6.台沟相；7.局限台地相；8.局限台地浅滩亚相；9.局限台地潮坪—潟湖亚相；10.相带界线；11.岩组界线；12.厚度等值线；13.剖面号。

图 3-8　下雷锰矿区区域晚泥盆世晚期岩相古地理图

2. 岩相条件

1）泥盆世沉积相特征

（1）区域晚泥盆世早期（榴江期）沉积相。晚泥盆世早期岩石类型为两大类，即碳酸盐岩类和硅质岩类。此外，局部有少量泥质岩类。根据岩石类型及其组合、沉积构造、古生物等特征，可分为局限台地相和台沟相，见图 3-7。

① 局限台地相。

局限台地相较广泛分布于靖西、天等等地，主要岩石类型有藻屑（或含藻屑）泥晶灰岩、含云藻屑粉晶灰岩、球粒灰岩、扁豆（条带）状泥晶灰岩，偶见泥岩、薄层硅质岩。岩石颜色为浅灰色—深灰色，沉积构造以厚层状为主，少量薄层、块状，具水平层理，生物化石有藻类、腕足类、珊瑚、竹节石、牙形刺等，以藻类最为发育，但大多数已破碎成碎屑，沉积厚度较大，最厚的天等龙马剖面为 736m，其次为靖西晚江剖面 550m。根据岩性组合，可进一步划分出两个亚相。

局限台地浅滩亚相：位于燕峒—头笃一带，呈椭圆形分布，岩石类型主要有泥—粉晶藻屑灰岩、亮晶藻鲕核形石灰岩、藻砂屑亮晶—泥晶灰岩、泥晶灰岩，偶夹白云岩。岩石浅灰色、少量灰或深灰色，薄层状、块状，水平层理。生物化石主要有蓝藻、绿藻、钙球及竹节石、层孔虫、珊瑚、腕足类等，种类繁多，含量大，但大多数已破碎成砂级碎屑，沉积厚度较大，最厚为588m。

局限台地潮坪—潟湖亚相：位于西部和那温—吞甲一带，主要岩石为细晶白云岩、泥晶灰岩、生物屑泥晶灰岩等。生物化石稀少，偶见有三叶虫和绿藻屑。

上述局限台地相特征，反映出台地覆水一般较浅、水能量中—强的环境，其中潮坪—潟湖亚相则为水能量较弱的环境。

②台沟相。

台沟相主要分布于龙邦、下雷—东平一带，其次在德保、那城等地有小面积分布。岩石种类较多，有硅质岩、含生物屑泥晶灰岩、泥岩和由硅质、灰质、泥质3种成分组合的混积岩，如灰质硅质岩、硅质灰岩、硅质泥岩、泥质灰岩、泥灰岩、灰质泥岩等，局部夹含锰灰岩。组成上述岩石的主要矿物为自生矿物微粒石英、粉晶—泥晶方解石，其次为陆源矿物水云母，少量为黄铁矿、碳质等。在岩石中内碎屑多为生物碎屑，分布较普遍，被方解石或石英取代，粒度小，多数小于1mm，含量在10%以下。此外，局部地段夹塌积角砾状灰岩。岩石的颜色为灰色—灰黑色。沉积构造以薄层状和微层状为主，偶夹中厚层或厚层状单层，具水平层理、正粒序层理、韵律水平层理（由石英、方解石、水云母分别组成微层状或薄层状韵律层），偶尔可见微型滑动褶曲层理。生物化石有介形虫、牙形石、钙球、颗石藻、菊石及杂乱分布在层面上的薄壳无纹饰的竹节石等，偶见腕足类、珊瑚、海百合茎、普通海绵、蓝藻、绿藻等化石及其碎屑。沉积厚度较薄，一般100多米，土湖矿区矿层较厚达245m。

上述特征表明，该沉积物是在深层静水还原环境条件下的沉积。根据岩石类型、沉积物结构、构造特征等，可大致将台沟相进一步划分出斜坡亚相和沟底亚相。

斜坡亚相：除具有上述台沟相特征外，其最显著的标志是发育有崩塌或滑塌沉积的砾屑灰岩，其规模大小不一，层数不定。湖润矿区巡屯矿段ZK17522孔塌积砾屑灰岩主要分布于榴江组中、下段，与水平微—薄层理发育的生物碎屑粉晶灰岩相间产出，其中砾屑灰岩10多个单层，每个单层厚度由数十厘米至数米不等，总厚度达50多米，占榴江组厚度的40%左右。砾屑灰岩的砾屑大小不一，从数毫米至数厘米，棱角明显，杂乱分布，无分选性，角砾成分有粉晶灰岩和硅质岩。其中硅质岩砾由下往上逐渐减少，由微晶方解石胶结；在土湖矿区，塌积砾屑灰岩则见于榴江组上段，厚度达33m，角砾成分为泥—粉晶灰岩，部分含砂屑、藻屑或其他生物屑，呈棱角—次棱角状，大小为0.2~8cm，杂乱分布。基质为泥质和粉晶方解石。以上砾屑来自台沟上斜坡带或台地边缘。这些地带由于地形坡度较陡，沉积物受重力作用而崩塌，沿斜坡至坡脚沉积而形成，所见砾屑棱角明显，说明一般搬运不远。

沟底亚相：典型剖面如湖润矿区内伏矿段CK2421孔。该亚相以化学沉积形成的微粒硅质岩及硅质灰岩为主，夹少量微粒灰岩、含碳泥岩等，含少量生物碎屑。岩层呈薄层状、微层状，由于沟底地形较平坦，水平层理极发育，重力沉积不发育，塌积角砾灰岩仅见于底部，厚约2m。砾屑成分复杂，以生物屑硅质灰岩、泥灰岩为主，少量硅质岩、灰岩。砾屑形状多呈棱角状，有些呈不规则状及长条状，大小2~25mm。沟底亚相是由地台转变为台沟早期的崩塌沉积相。榴江组沉积总厚度101m。由于控制台沟斜坡亚相的剖面资料少,且该相带分布范围窄,故在图3-7中没有单独圈出。

(2)区域晚泥盆世晚期(五指山期)沉积相。晚泥盆世晚期主要岩石类型及沉积相与早期大致相似,具有继承性的特点。主要岩石类型仍以碳酸盐岩及硅质岩类为主,其次为泥质岩。碳酸盐岩及泥质岩的数量比早期多。台地相分布范围扩大,台沟相分布范围缩小,见图3-8。

① 局限台地相。

局限台地相分布区与晚泥盆世早期基本相同。岩石类型有泥—粉晶灰岩,含生物屑泥晶灰岩,偶夹硅质岩条带,颜色呈灰白色—深灰色。沉积构造为薄层—厚层状,水平层理。生物化石种类及数量均较少,有牙形刺、有孔虫、三叶虫及蓝藻、绿藻等,可进一步分出浅滩亚相和潮坪-潟湖亚相。

局限台地浅滩亚相:分布于燕峒—晚江、天等龙马及那温等地,呈椭圆形分布。主要岩石类型有藻黏结灰岩、藻团块灰岩、砂屑生物泥晶灰岩、亮晶核形石藻鲕灰岩、泥晶砂屑藻鲕灰岩、泥晶灰岩及白云岩等。颜色呈浅灰色、灰白色,少量淡红色、深灰色。沉积构造为厚层状、块状及少量中薄层状。生物化石以蓝藻、绿藻最为繁盛,其他有腕足类、腹足类、竹节石、牙形石、海百合茎、苔藓、钙球等,多已破碎成屑。沉积厚度大,天等龙马剖面最厚为1153m。局限台地浅滩亚相为浅水、能量较强环境的沉积相。

局限台地潮坪—潟湖亚相:见于大根和饭屯两处,主要岩石类型为细晶白云岩、白云质灰岩、微晶灰岩等,生物化石罕见。沉积厚度为400m。

② 台沟相。

台沟相分布位置与榴江期台沟相位置基本相同,主要分布于龙邦、下雷—东平一带,此外,德保附近有小面积分布。沉积类型主要分为4类:胶体-化学沉积、陆源泥屑和微粒沉积、内碎屑沉积、重力沉积。它们相互组合形成各类混积岩。

胶体-化学沉积岩石主要有较纯的粉-泥晶灰岩、微晶硅质岩及灰-硅质混积系列岩石,即含硅灰岩、硅质灰岩、含硅质灰岩、灰质硅质岩等。组成岩石的主要矿物为自生矿物泥粉晶方解石、微粒石英。此外,还有碳酸锰矿石,由菱锰矿、钙菱锰矿、锰方解石、含锰方解石、石英等组成。

陆源泥屑和微粒沉积的岩石主要是指泥质岩,由陆源水云母(部分已变为绢云母或其他硅酸盐矿物)、泥屑和微量的锆石、金红石等微粒组成。

化学沉积和陆源泥屑沉积往往形成复杂的系列岩石,如灰-泥混积形成泥质灰岩、泥灰岩、灰质泥岩等,泥-硅混积形成泥质硅质岩、硅质泥岩等,以及灰-硅-泥3者混积形成泥质硅质灰岩、泥质灰质硅质岩、硅质灰质泥岩,第一种混积岩较为常见。

内碎屑沉积的岩石是台沟边缘和斜坡上碳酸盐岩砂屑、生物屑等,经海流搬运至台沟中的沉积,内碎屑多为泥-粉晶灰岩粉屑和生物屑,混杂在上述沉积岩石中。

重力沉积为台沟边缘或斜坡的沉积物(已固结的或未完全固结的),因重力作用造成崩塌,在原地附近或沿斜坡下滑、流动至下斜坡—沟底边缘地带停积形成。岩石类型为砾屑灰岩或含砾屑灰岩,其中角砾呈棱角明显或部分磨损,大小混杂,分选性差。胶结物为泥-粉晶灰质,薄层或中厚层状。重力沉积常见于五指组下段。

上述各类沉积岩石的颜色较杂,以灰色为主,一般上段颜色较深,呈深灰色—灰黑色,中、下段夹紫红色、灰绿色、灰白色等色,沉积构造以薄层状、微层状为主,部分为中厚层状,纹理发育,具有水平层理、韵律层理。生物化石主要有牙形刺、竹节石、介形虫及少量放射虫、有孔虫、蓝藻、颗石藻、钙球、腕足屑、介屑等,沉积厚度较薄,最厚(巡屯矿段)为235m,最薄(下雷矿区西南部)为96m,属深水低能环境的沉积相。根据岩石类型、沉积结构构造等又可进一步分为斜坡亚相和沟底亚相。如湖润矿区巡屯矿段和内伏矿段分别继承了榴江期斜坡亚相和沟底亚相的沉积,但其特征与榴江期比较有所不同。

巡屯斜坡亚相:经榴江期的崩塌和沉积作用,削高填低,台沟斜坡坡度已变缓,五指山早期沉积仅在岩层底部有少量塌积砾屑灰岩,其余岩石为粉晶灰岩、泥岩及灰质-泥质混积岩,薄层状、微层状,纹理发育,常见条带状、扁豆状灰岩中的滑动构造,如小型同生褶皱、肠状灰岩条带及原生滑动错断等构造。这些标志说明其仍处于斜坡带,但坡度较小,至五指山中晚期,以硅质岩、微晶灰岩及硅质-灰混积岩为主夹碳酸锰矿层,沉积构造为薄层状,纹理发育,水平层理,已没有砾屑灰岩及滑塌构造等斜坡相的标志。上述情况表明,经五指山期沉积,巡屯斜坡已被填平,沟底平原扩展,中晚期变为沟底相沉积。

内伏沟底亚相:岩石类型的特点是以硅质岩为主。五指山早期硅质岩与微晶灰岩或泥岩呈韵律层段出现,小型滑动构造仅偶尔可见。中晚期则以硅质岩为主夹少量泥岩。整个五指山期的沉积构造,以薄层状、微层状为主,纹理发育,水平层理。内伏沟底亚相属深水地形较为平坦环境的沉积相。

(3)下雷矿区晚泥盆世沉积相及演化。晚泥盆世,整个下雷矿区都处于台沟环境,其沉积相属于台沟相。根据沉积相特点大致可分为北部—中东部沟底亚相,南部—西南部下斜坡相,二者界线难严格划分。上斜坡微相应位于矿区以南,已被剥蚀而不存在。

①榴江期沉积相。矿区中部24线CK745、西南部26线CK689及南部15线采场、26采场4处系统完整揭露了榴江组(后二者为风化岩性)。此外,还有其他地段几个不完整剖面出露榴江组。矿区内沉积相厚度变化最显著,在西南部26线采场最薄,厚度仅12m,其次是15线采场厚28m,向北至CK745孔,相距约2km,厚度增至146.8m,总的趋势是南部—西南部薄,向北、北东及西逐渐变厚。

西南部CK689孔剖面,榴江组岩石类型为:下段以硅质岩、硅质灰岩为主,颜色深灰,其下部夹1.16m厚层塌积角砾岩;上段以微晶灰岩为主,夹少量灰质泥岩,颜色浅灰,沉积构造为薄层状、微层状,水平层理。

南部15线采场,风化岩性为薄层状硅质岩与微层状泥岩呈韵律层,水平层理、纹理发育,中、下部分别夹一层厚层状含硅质泥岩(原生岩石为含硅质泥灰岩),中上部产竹节石化石。

中部CK745孔剖面,岩石类型为硅质岩、泥-粉晶灰岩、泥岩及硅-灰-泥组合的混积岩。由下往上变化明显,下部以硅质岩为主,顶部夹一层厚层塌积砾屑岩。上述表明,由下往上硅质逐渐减少,而灰质逐渐增加。岩石矿物成分以自生矿物石英、方解石为主,灰质泥岩则以陆源水云母为主。岩石普遍含少量黄铁矿及碳质,颜色多为深灰色—灰黑色,部分为浅灰色,沉积构造为薄层状、微层状,水平层理、韵律层理、纹理发育。中下部岩石中较普遍含生物碎屑,碎屑粒度大于1mm,含量一般在10%以下。生物化石有牙形刺、介形虫、竹节石、有孔虫屑、介屑、腕足屑、蓝藻屑等。

以上3个不同地点剖面的沉积相特征表明，榴江期沉积属深水低能还原环境的沉积，其中南部12线至西南部26线以西一带沉积厚度最薄，为陷落较深的凹兜。

②五指山期沉积相。

五指山期是锰矿沉积成矿期，根据主要岩石类型、沉积结构、构造以及沉积厚度等，大致分为下斜坡微相、沟底亚相和斜坡底脚-沟底边缘凹槽微相。

下斜坡微相：分布于矿区东部。仅有66线CK801孔剖面以及地表槽探揭露的零星资料。下斜坡微相标志较为明显的是五指山组下段（第2、3分层），有少量砾屑灰岩层和小型滑动褶曲构造，反映沉积基底地形有一定的坡度。五指山组中段、上段沉积相与沟底沉积相则无明显的差别，微—薄层水平层理发育，反映出随着不断沉积，沟底范围扩展，台沟下斜坡逐渐转为沟底。

沟底亚相：分布于西部—北部—东北部。五指山组中段、上段为较多的工程所揭露，但其下段零星出露虽较多，但仅北部9线探槽系统揭露。沟底亚相标志与其他沉积相主要的区别是重力沉积的砾屑岩及滑动构造不发育，岩层呈微—薄层状水平层理，反映沉积基底地形较平坦开阔。此外，沟底亚相地理位置离台地边缘较远，而靠近台沟中部。

五指山早期（相当于五指山组下段，即第2、3分层）：北部9线地表所见风化岩石为泥岩，黄色，部分紫红色及灰色，薄层状或微层状，水平层理，厚度41m。第3分层被较多工程揭露，为薄层状泥质灰岩、泥灰岩，夹硅质岩薄层。

五指山中期（相当于五指山组中段，即第4～10分层）：该段被较多工程系统揭露。沉积厚度较大，一般为56～69m。主要岩石类型以硅质岩和灰质硅质岩为主，其次为硅质灰岩，夹灰质泥岩及锰矿层。岩层呈薄层状或微层状，水平层理、纹理发育，颜色灰色—深灰色，生物化石少见，含量在3%以下。第4～8分层按岩矿比分属D带，碳酸锰矿层占20%以下，厚度多在1m以下，常缺失Ⅰ矿层上段、Ⅱ矿层下段和上段、Ⅲ矿层下段，局部矿层全缺失。

五指山晚期（相当于五指山组上段，即第11～17分层）：部分地段缺失下部（第11～15分层）。岩石类型以泥质—灰质混积岩为主，其次是混杂硅质，部分含生物碎屑。灰色—浅灰色，薄层状，水平层理。生物化石有棘屑、腹足屑、钙球等。沉积厚度为30～70m。

上述沉积相特征，反映沟底距离台地边缘较远，水体较深，以化学沉积的硅质为主，从台沟边缘或斜坡搬运来的内碎屑很少。

斜坡底脚-沟底边缘凹槽微相（以下简称凹槽微相）：该相带处于台沟断陷最深的地带，形似"凹槽"，故称凹槽微相，是锰矿最富集的相带。分布于矿区南部—西南部及中部，呈北东东-南西西方向延伸，由于矿区南侧及西南侧构造翘起，该相带继续向南、西南方向延伸部分已被风化剥蚀，所以保存不完整，只残存北部及东北部，如"半边残月"。凹槽微相被大量工程揭露，与东部下斜坡微相及沟底亚相比较，凹槽微相沉积总厚度较薄。沉积类型仍以化学沉积、陆源泥屑沉积及二者混积为主，重力流沉积较发育，特别是以浊流沉积发育为显著特征。其不同时期、不同地段沉积相特征也有所区别。

五指山早期：在南部6线、12线采场、西南部28线采场及CK689孔等处揭露了完整的剖面，大量的工程揭露了上部（第3分层）地层。沉积厚度一般为20～30m，西南部28线采场剖面处最薄,厚度仅 8.30m,向北逐渐变厚。岩石类型以灰质泥岩、泥灰岩、泥质灰岩为主,泥—粉晶结构,由自生矿物方解石及陆源矿物水云母(绢云母)组成。颜色多为浅灰色,少量带浅绿色和紫灰色,夹少量灰白色(条带状、扁豆状岩石)。沉积构造以薄层状为主,夹中厚层状,个别厚层,水平层理。

在 6 线采场一带,滑动包卷层理较发育,部分被包卷岩石已角砾化。局部见虫孔构造,虫管多与岩层斜交或水平分布。在 12 线采场剖面,岩层中夹有数层砾屑泥岩,砾屑泥岩呈薄层—中厚层状,个别透镜状,与顶底岩层截然接触,界线分明,砾屑棱角明显。砾屑和基质均为泥岩,属重力崩塌沉积。在 28 线采场,岩层中夹有一薄层(不稳定)腕足碎片化石泥质灰岩。其中腕足碎片化石占 50% 左右,可能来自上斜坡或台地边缘。

五指山早期末(相当于第 3 分层),普遍发育重力沉积砾屑灰岩,其厚度一般小于 1m,由 1 个至几个薄层或中厚层组成,砾屑灰岩砾屑大小不一,含量不定,棱角状—次圆状,有的长条状,杂乱分布或大致定向排列,成分为灰白色、白色泥-粉晶灰岩。基质为浅灰色—灰色泥晶方解石及水云母,常含碳质。砾屑与基质接触界线有的较清楚,有的则模糊不清,呈逐渐过渡(未完全固结的塌积),属于重力流沉积。砾屑灰岩上覆薄层—微层状泥质灰岩,偶尔可见 Ⅰ 矿层直接覆盖于砾屑灰岩之上。生物化石有牙形刺、介形虫等。上述特征表明,五指山早期矿区南部—西南部为凹陷最深的部位,沉积基底具有一定的坡度。

五指山早期凹槽微相在矿区中偏西部被 CK745 孔和 CK72 孔系统揭露,最显著的变化是沉积物变厚,达 84.60m。主要岩石类型仍为灰质-泥质混积系列,部分为较纯的泥-粉晶灰岩(扁豆状或条带状)和泥岩(由水云母或绢云母组成),有少量塌积砾屑灰岩。颜色以灰色为主,中段夹紫红色、灰绿色、扁豆状、条带状灰岩呈白色。沉积构造以薄层状为主,纹理较发育,水平层理,少数呈小型滑动褶曲、肠状层理。生物化石有牙形刺、介形虫、竹节石、介屑、有孔虫、蓝藻屑、钙球等,含量一般为 1%~3%。

五指山中期:为锰矿沉积成矿期。锰矿层及地层被大量的勘探工程揭露。与五指山早期比较,凹槽微相沉积类型由灰-泥质沉积变为泥-硅-灰-锰沉积,以胶体-化学沉积和浊流沉积为主,可进一步分为成矿期和成矿期后沉积相。

成矿期凹槽微相(相当于第 4~8 分层),沉积类型以浊流沉积与胶体-化学沉积相间为特征,岩石类型可按岩矿比分为 A、B、C 3 带。

A 带:碳酸锰矿带,分布于南部、西南部矿层露头附近。碳酸锰矿层占 80% 以上,矿层厚度大,Ⅰ、Ⅱ、Ⅲ 矿层总厚度最大可达 9.78m。夹层占 20% 以下,主要是"夹一"的薄层状泥晶灰岩、灰质泥岩、硅质泥晶灰岩、泥岩等。生物化石稀少,岩矿层中偶尔见介形虫、竹节石、牙形刺、钙球等化石。

B 带:碳酸锰矿-硅质泥晶粉晶灰岩带。位于 A 带北侧,呈弧形带状分布。碳酸锰矿层占 50%~80%,矿层厚度一般为 6m 左右,夹硅质泥晶粉晶灰岩(50%~80%)、硅质岩(20%~50%)、钙质泥岩及泥岩(<10%)等。

C 带:硅质岩、硅质灰岩-碳酸锰矿带。分布于 B 带以北至矿区中部。碳酸锰矿层占 20%~50%,矿层总厚度一般为 4.50m 左右,夹层硅质岩(50%~80%)、硅质泥晶灰岩(20%~50%)、硅质泥岩及泥岩(<10%)等,含少量牙形刺、钙球等化石,见图 3-9。

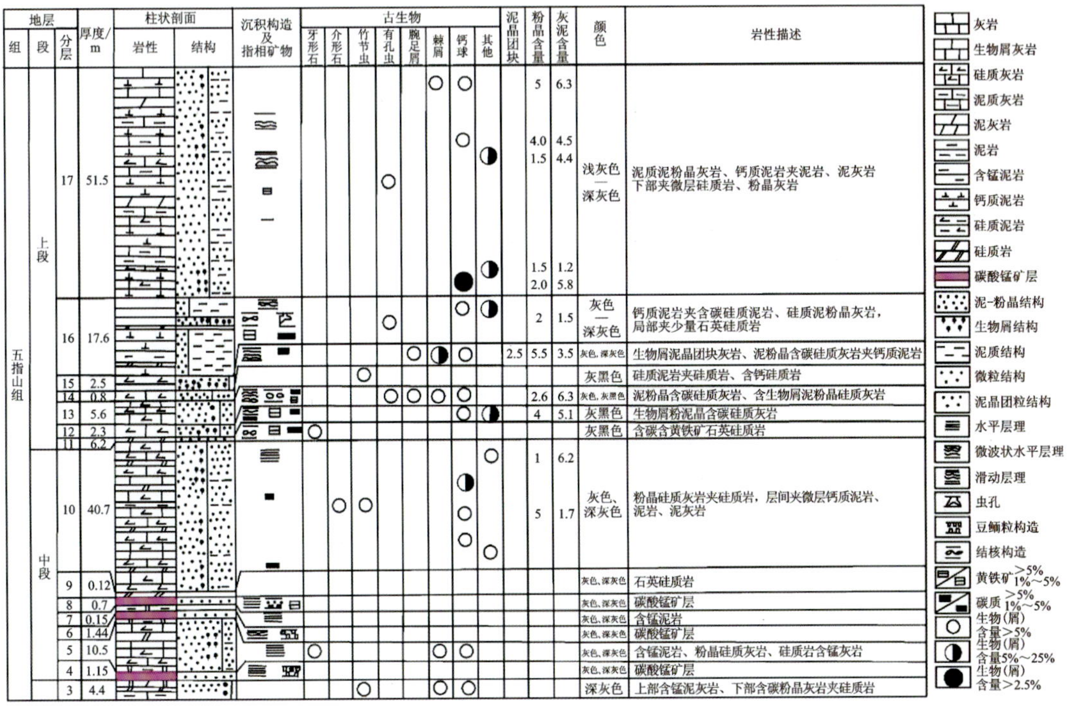

图 3-9　下雷矿区南部 CK699 上泥盆统五指山组中—上段沉积相柱状图

以上 A、B、C 这 3 带中，以 A 带锰矿富集，矿层厚度最大，矿层沉积层序及类型发育较完全，其次是 B 带，C 带矿层厚度变薄，部分单层缺失，层序不完整。现以 A、B 带中具有代表性的 16 线 CK750、14 线 CK711、11 线 CK692 等钻孔资料（矿芯采取率 95%～100%），说明成矿期沉积层序及类型。见图 3-10。

成矿期锰矿层可分为三大层 23 个小层和 2 个夹层。沉积类型有化学沉积、胶体沉积、重力流沉积等。化学沉积以碳酸锰矿为主，形成碳酸锰系列矿物；胶体沉积以二氧化硅等沉积为主，形成层状石英硅质岩和矿石中的石英、玉髓微粒等。以上两种沉积均为原地沉积，广泛分布于台沟底及斜坡。重力流沉积是在台沟斜坡带的化学沉积和胶体沉积形成的松散的和已固结的泥粉晶、团粒、豆鲕粒、团块及碳酸锰、方解石为主的砂砾内碎屑经重力搬运到斜坡脚-沟底边缘的异地再沉积。这种沉积类型具有明显的浊流沉积层序、结构和构造等特征，但受台沟环境的局限，其规模小，与大规模的、开阔海洋中形成的陆源碎屑沉积大有不同。现仍参照碎屑浊流沉积进行对比论述。

矿层底板 3 分层中下部为重力流沉积（前面已叙述），上部为泥质灰岩，呈水平纹层，属粉泥屑-化学沉积，为矿层直接底板，二者呈整合接触。

Ⅰ 矿层下段（第 1、2 小层）以胶体-化学沉积为主，锰矿层主要成分为微晶菱锰矿—钙菱锰矿，薄层、纹层状构造，水平层理。第 1 小层有的呈团粒、团块、透镜体状、条带状同生沉积构造。矿层中夹有 1 层至数层微—薄层状石英硅质岩。硅质岩由微粒石英组成，结构致密，属胶体化学沉积。

层位	层号	柱状图	厚度/m	名称	颜色	结构构造	生物化石	沉积类型	沉积环境	备注
9分层			0.25	石英硅质岩	灰白色、浅灰色带绿	微粒结构，薄层状构造		胶体沉积		
Ⅲ矿层	28	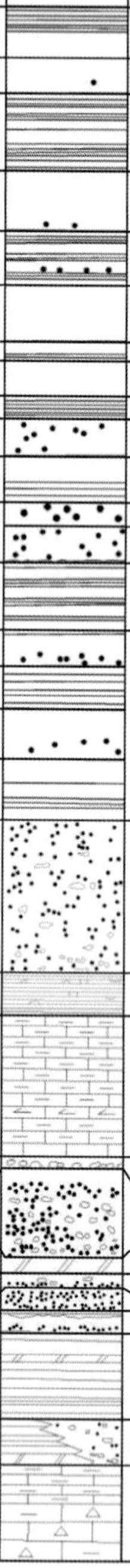	0.28	碳酸锰矿石	浅灰色—深灰色	泥晶结构，纹层—薄层状构造，水平层理，局部微型斜交层理	介形虫-生物介屑	内碎屑-化学沉积		Ⅲ矿层及夹二为CK750资料
	27		0.19			泥晶结构，部分含砂屑，薄层状构造				
	26		0.43			泥晶结构，部分含粉屑结构，纹层—薄层状构造，水平层理，微波状层理				
	25		0.34			泥晶基质支撑砾屑结构，块状构造		浊流沉积		
	24		0.30			泥晶基质支撑砂砾屑、豆鲕粒结构的薄层与泥晶结构含鲕粒的纹层相间互层		浊流沉积 化学沉积		
夹二	23		0.30	黑云母-碳酸锰矿石	暗灰色—深灰褐色	泥晶结构，显微鳞片状结构，块状构造		化学沉积	台沟斜坡脚	
	22		0.09			泥晶鲕粒结构，水平毫米纹层状构造				
	21		0.20			泥晶结构，显微鳞片状结构，块状构造				
	20		0.12			泥晶结构，显微鳞片状结构，纹层状构造				
Ⅱ矿层 上段	19		0.20	硅酸盐-碳酸锰矿石	紫红色、紫灰色、棕红色、红褐色等	泥晶基质支撑豆粒结构，块状构造		浊流沉积		Ⅱ矿层为综合CK751 合CK711 Ha25 CK750 CK692 等资料
	18		0.25			泥晶结构，薄—中厚层状或条带状构造		胶体-化学沉积		
	17		0.12			泥晶基质支撑豆粒结构				
			0.20			泥晶基质支撑豆鲕粒结构，块状构造		浊流沉积		
	16		0.41			泥晶结构，假鲕团粒结构，水平或微波状纹层构造		胶体-化学沉积		
Ⅱ矿层 中段	15		0.53～1.20	碳酸锰矿石	浅灰色—深灰色带绿色	泥晶基质支撑砂砾屑结构，块状构造		浊流沉积		
	14					泥晶结构，薄层状构造		化学沉积		
	13					泥晶基质支撑砂砾屑结构，块状构造		浊流沉积	沟底边缘凹槽深水环境	
	12					泥晶结构，部分含砂屑结构，薄层状构造，缝合线构造		化学沉积		
Ⅱ矿层 下段	11		0.12～0.85	硅酸盐碳酸锰矿石	褐红色、灰绿色等色	泥晶基质支撑豆鲕粒及少量砂砾屑结构，块状构造局部具侵蚀面		浊流沉积		
	10		0.24		暗灰绿色	泥晶结构，水平或微波状毫米纹层发育，含稀疏豆鲕粒		胶体-化学沉积		
夹一	9		1.0	泥质灰岩为主，夹灰岩及硅灰岩条带	浅灰色—灰色	泥—微晶结构，薄层状、水平层理，顶部纹层发育	牙形刺	泥晶-化学沉积		
Ⅰ矿层	8		0.05	碳酸锰矿石	暗绿色、灰白色	泥晶基质支撑砂砾屑结构，薄层状		浊流沉积		Ⅰ矿层为综合CK750、CK672、mT59、CK675等资料
	7		0.44		浅灰色、灰褐色、灰白色、红褐色	泥晶基质支撑砂砾屑(下部)，豆鲕粒及结核团块结构，块状构造				
	6		0.05	石英硅质岩	灰白色带红色	微晶结构，薄层状构造		胶体沉积		
	5		0.06	碳酸锰矿石	浅灰色、红褐色、紫红色等	泥晶基质支撑砂屑、豆鲕粒结构，薄层状构造	牙形刺	浊流沉积		
	4		0.10							
	3		0.10							
	2		0.49	碳酸锰矿石夹少量硅质岩条带	灰白色—深灰色	泥晶结构，微—薄层状、条纹条带状构造		胶体及化学沉积		
	1		0.27		灰绿色、浅灰色等	泥晶结构，含豆鲕粒或结核团块，薄层状构造				
3分层				泥质灰岩	浅灰色—深灰色	泥粉晶结构，纹层状、水平层理	牙形刺	重力流沉积		
				砾石灰岩		泥晶基质支撑砾石结构，块状构造				

图3-10 下雷矿区南部—西南部成矿期沉积层序及类型综合柱状图

Ⅰ矿层中—上段(第3～8小层)以浊流再沉积为主,夹一层(第6小层)胶体化学沉积的石英硅质岩。各浊积层层序及特征具体如下。

第 3 小层由 4 个沉积单元组成。底部与下伏矿层有一个明显的界面。下部由碳酸锰矿泥晶和显微鳞片状绿泥石、黑云母组成的基质为主,支撑少量锰方解石砂屑。砂屑由底部往上数量逐渐递减乃至消失,含有泥晶碳酸锰为主混杂少量褐铁矿微粒聚集组成的团粒、团块,相当于鲍马层序 A 段。显微鳞片状绿泥石、黑云母与碳酸锰矿泥晶分别聚集呈纹层、薄层或条带、透镜体,有的夹粉屑纹层,呈水平层理、微波状层理或透镜状层理。相当于鲍马层序 B 段。顶部由泥晶碳酸锰与显微鳞片绿泥石、黑云母分别聚集呈微波纹层或透镜状层理,相当于鲍马层序 C 段。

第 5 小层仅有一个沉积单元。底部与下伏矿层接触,有一个明显的平面或凹凸不平的侵蚀界面。CK750 孔中侵蚀作用造成 4 小层 C 段缺失,使本层底部与下伏 4 小层 B 段相接,接触处附近的团粒受牵引而产生紊乱。本层由泥晶碳酸锰矿为主组成基质支撑少量含锰方解石砂屑,由下往上砂屑数量逐渐递减至消失,中上部含泥晶碳酸锰矿及少量褐铁矿微粒组成的团块和团粒,相当于鲍马层序的 A 段。

第 7 小层大致可分为 2 个沉积单元。底部与第 6 小层或第 5 小层(缺失第 6 小层时)接触有一个明显的侵蚀界面。底部由显微鳞片状绢云母、黑云母、绿泥石、方解石泥晶及褐铁矿微粒等组成基质,支撑碳酸锰矿和方解石砂粒屑(部分生物屑)。砂粒屑多的可达 50% 左右,由底部往上粒度变小,数量逐渐递减至消失,逐渐过渡无明显界线。含泥粉晶碳酸锰矿团粒、团块,相当于鲍马层序 A 段下部。下段和上段由碳酸锰矿泥晶、显微鳞片状绿泥石、黑云母、锰铁叶蛇纹石、褐铁矿微粒等组成基质,以泥晶菱锰矿—钙菱锰矿为主的团粒团块较发育。团块居下部者比上部为大,最大直径可达数厘米,块状构造,主要见于 A 矿带中段,相当于鲍马层序 A 段上部。

第 8 小层大致可分为 2 个沉积单元。下部以泥粉晶灰岩砂砾屑为主,含泥砂砾屑支撑或以显微鳞片绿泥石和泥粉晶方解石组成基质支撑。砾石呈透镜状、长条状、颗粒状等,最大 18mm×5mm(岩芯中),次棱角至椭圆,成分简单,多为灰白色—白色泥粉晶灰岩,相当于鲍马层序 A 段。

上部由显微鳞片状绿泥石、泥晶、褐铁矿微粒等组成,顶部呈微波状条纹,相当于鲍马层序 B—C 段。

上述 Ⅰ 矿层中 5 层浊积层,集中产于矿层的中—上段,主要见于 A、B 矿带,各浊积层的规模及沉积单元有所差别,但有以下几个共同的特征。

①各浊积岩层底部与下伏岩矿层接触都有一个明显的界面,下段块状构造,上段呈水平纹层,微波状纹层或微透镜状层理。

②各浊积层基质及砂砾屑成分基本相同,基质有泥晶碳酸锰矿、显微鳞片状绿泥石及黑云母,少量褐铁矿等;砂砾屑为泥晶碳酸锰、泥粉晶灰岩,少量生物屑,均为内碎屑。

③呈正粒序递变层理,由下往上颗粒由粗变细。底部和下部为砂砾屑,粉砂级—砾级,棱角状至次圆状,与泥屑混杂;中、上部为泥晶泥屑。

④团粒、团块较发育,特别是在 A 段中上部。这些团粒和团块大小悬殊,从小于 1mm 至数厘米;形态多样,有圆形、椭圆形、透镜体状、蠕虫状、扭曲状、不规则状等,具有塑性形变特征,为同生期或成岩早期的形变。内部结构简单,大多数为均一的泥粉晶结构,无核心,环带

不发育,少数团块中包含有团粒加"葡萄石",A段下部的团粒包含有砂屑,有的与基质呈逐渐过渡无明显的环边;在剖面上杂乱分布,无序,与砂砾屑略有反消光关系。团粒、团块成分与周围基质成分基本相同,一般团块中锰较富集,有的以较纯的菱锰矿为主,矿物含量达 38.0%～43.1%(电子探针分析),有的凝块比周围基质含锰高出近一倍。以上特征表明,浊积层中的砂砾屑和基质成分是浊流搬运的物质,而团粒和团块主要是浊流沉积过程中富含锰的微粒或质点从悬浮状态至成岩早期阶段进行凝集作用形成的。

Ⅱ矿层可分为 10 个小层(第 10～19 层),由下往上各层沉积特征及类型如下。

第 10 小层为毫米纹层—薄层状泥晶碳酸锰矿,水平或微波状层理,含稀疏菱锰矿—钙菱锰矿豆粒、透镜体或条带,常见显微鳞片状黑云母混入碳酸锰矿微薄层中,有的是以黑云母为主的微薄层,或夹有蔷薇辉石-石英薄层。第 10 小层为弱水流-静水条件胶体-化学原地沉积。

第 11 小层由下、中、上 3 层浊积层组成,规模较大,分布于 A、B、C 3 个矿带。

下层底部与下伏矿层有一个明显的侵蚀面。在 CK750 孔中,侵蚀面之上为厚 1cm 的含砂砾屑层,其基质为泥晶钙菱锰矿—菱锰矿,砂砾屑为显微鳞片状黑云母岩,大小 0.8～3.2mm,不规则状—次棱角状,占 30% 左右。本层普遍为碳酸锰矿泥晶基质支撑豆鲕粒,豆鲕粒塑性形变不明显。块状构造,不显层理。豆鲕粒混杂分布,下部豆粒占多,鲕粒少,往上以鲕粒逐渐占多,略呈正粒序递变。常见豆鲕粒多期成因结构,鲕粒 1～2 期,豆粒 4～5 期。如豆粒成核期为微晶菱锰矿,内环带由微晶菱锰矿—钙菱锰矿与显微鳞片状黑云母或绿泥石混杂组成。晚期以显微鳞片状绿泥石组成外环带,由显微鳞片状绿泥石组成的假鲕粒,是与豆粒外环带同期形成的。在 CK711 孔,本层中部除豆鲕粒外还夹有不规则透镜状、长条状碳酸锰矿砾石,砾石达 1cm×2cm,具纹理,含生物屑。可能为高密度浊流沉积,相当于鲍马层序 A 段。

中层与下层主要是成分的差别。在 CK692 孔中混杂有砂屑;在 CK751 孔,豆鲕粒由碳酸锰矿组成,多呈浅褐色,与下层由绿泥石-碳酸锰组成暗绿色豆鲕粒明显不同,而基质则含有较高的黑云母、绿泥石。下层与中层之间没有明显的分界面,呈混合过渡带,过渡带中下层鲕粒与上层豆鲕粒混杂分布,有的因拖曳作用使鲕豆粒受压扭变形、变位,同时基质中形成与层理方向成锐角相交的变形纹,相当于鲍马层序中 A 段。

上层与中层之间有一个不明显的界面,豆鲕粒成分与中层有所不同。豆鲕粒分布于中下部,往上减少至消失,块状构造,相当于鲍马层序中 A 段。

Ⅱ矿层中段在 B 带 11 线 CK692 中所见厚度较小,只有 0.35m,其分层标志明显,可分为 4 个小层(第 12～15 层)。在 A 带中的厚度较大,一般 1～1.20m,不只 4 个小分层。

第 12、14 小层为化学沉积。矿物成分以锰方解石和钙菱锰矿为主,部分薄层由黑云母-钙菱锰矿组成,泥晶结构,纹层—薄层状构造,水平或微波状层理,沿层理或垂直层理方向的缝合线构造发育。其中夹有若干薄层呈泥晶基质支撑砂屑结构,可能属于规模较小或者是浊积扇边缘的沉积。

第 13、15 小层为浊流沉积。锰方解石和钙菱锰矿泥晶基质支撑方解石或含锰方解石、石英砂砾屑。基质呈灰色,砂砾屑灰白色,多为砂屑,少数为砾屑,呈圆粒或不规则状,数量多者占40%～50%，具正粒序递变。有的中上部不含砂砾屑，块状构造。底部与下伏矿层有一个明显的界面。

第16小层为胶体-化学沉积。以菱锰矿、钙菱锰矿为主，泥晶结构，毫米纹层—薄层状构造，水平层理，微波状层理，层间有大量的假鲕团粒和豆粒顺层分布。一个单层内的团粒大小、形态、成分基本相同。不同单层的团粒大小、形态、成分均有变化。本小层上部和下部的微薄层中为细小的团粒，小于2mm至微粒状。中部各单层以豆粒居多，呈韵律变化。

第17、19小层为浊流沉积。2小层特征大致相似，以钙菱锰—菱锰矿微晶常混杂微晶蔷薇辉石、赤铁矿等组成基质支撑豆鲕粒，块状构造。不同期、不同成分的豆鲕粒混杂不均匀定向或不定向分布，无序或略呈正粒序、反粒序递变。底界面明显，底部含砂屑，偶见破碎豆粒。

第18小层为胶体-化学沉积。微层、薄层或条带状，有的中厚层状。以泥晶碳酸锰矿为主，有的薄层、微层，条带以微晶蔷薇辉石或显微鳞片黑云母为主，水平或微波状层理。

夹二（第20～23小层）：以化学沉积为主。主要成分为微晶碳酸锰矿和显微鳞片状黑云母。微层、薄层状，其中第22小层呈毫米纹层，水平层理，含小于1mm的细小鲕粒，顺层分布。

Ⅲ矿层可分上、下段共5小层。下段（第24、25小层）以浊流沉积为主，泥晶锰方解石-钙菱锰矿基质支撑石英砾屑、灰岩角砾，块状构造，中、上部（第25小层）具"气孔"构造，微波状条纹。下部（第24小层）夹化学沉积的含鲕豆粒微薄层，缝合线构造发育。上段以化学沉积为主，微层、薄层状，水平层理或微波状层理，顶部具微型斜交层理，下部（第24小层）含较多粉屑，少数生物屑，含黄铁矿及碳质。

上述两类沉积矿石和岩石中生物化石较少，仅有介形虫、牙形刺、竹节石、钙球、介屑、有孔虫屑、棘屑及其他生物屑等。此外，在Ⅰ矿层中下段，Ⅱ矿层中段，夹二及Ⅲ矿层中，常见小型原生滑动褶曲构造或微型包卷层理，有的因岩性差异受重力作用而形成叠瓦状原生断裂构造、原生裂纹构造等，表明沉积成矿期基底地形已变得较为平坦，但仍存在较小的坡度。

成矿期后凹槽微相（相当于第9～10分层）：沉积类型以胶体-化学沉积为主，其次为陆源泥屑沉积。岩性以硅质灰岩和灰质泥岩为主，浅灰色—深灰色，薄层状或微层状，水平层理、韵律层理及纹理发育。生物化石少见，有介形虫、牙形刺、竹节石及钙球等。

五指山晚期：沉积厚度一般为50～60m。下部（第11～15分层）以含碳质硅质泥灰岩与泥-粉晶硅质灰岩为主，普遍含少量碳质及黄铁矿，呈灰黑色—黑色。前者厚层块状，后者薄层状，水平层理，分别聚集相间组成韵律，含较多生物碎屑，有的含量达50%以上。颗粒为生物碎屑和泥晶灰岩团粒，大小在0.06～0.30cm之间，呈圆形、椭圆形或碎屑状；基质为泥晶方解石，为重力流沉积。其厚度变化与浊积碳酸锰矿层相似，以南部—西南部较厚，向北逐渐变薄甚至尖灭。生物化石有钙球、棘屑、腕足屑、牙形刺及颗石藻等。中上部（第16～17分层）以泥质泥-粉晶灰岩、灰质泥岩为主，薄—中厚层状，水平层理，部分具纹理，含钙球、棘屑、颗石藻等化石。

2）碳酸锰矿沉积环境分析

上述晚泥盆世古地理及沉积相特征表明，区内主要分为局限台地及台沟两大区，并分别形成台地相和台沟相两类不同的沉积相，锰矿只分布于台沟范围内，而且主要集中分布于台沟西南段（即下雷矿区和湖润矿区），受台沟泥-硅-灰混积岩相控制。

根据沉积相特征分析,台地区属浅水中高能环境,物质来源丰富,沉积速度较快,晚泥盆世沉积厚度最大大于1700m;台沟区属深水低能或静水环境,以胶体-化学沉积为主,其次是少量内碎屑,物质来源贫乏,沉积速度缓慢,晚泥盆世沉积厚度一般仅为200～400m。锰矿在台沟范围广泛沉积,台沟环境是锰矿沉积成矿的有利条件之一。

在台沟中沉积厚度变化也是较大的,如台沟的西北部湖润矿区和下雷矿区北部一带厚度较大,上泥盆统一般300多米,而下雷矿区南部-西南部厚度最薄,一般只有100余米,局部小于100m,表明台沟两侧的不对称性,可能是基底断裂控制,造成下雷矿区南部—西南部一带凹陷较深,形成台沟斜坡脚-沟底边缘凹槽,成为锰矿富集的场所。

锰矿的沉积富集成矿,与沉积类型关系密切。台沟内以胶体-化学沉积的锰矿,广泛分布于湖润矿区、下雷矿区西部至东北部及龙邦矿区。这种单一以胶体-化学方式沉积的锰矿层,一般厚度较小。多数在1m以下,含锰也不高,以贫锰为主,只在局部地段个别层位中富集,受沉积方式和缓慢的沉积速度的制约。

浊流沉积碳酸锰矿层,主要见于下雷矿区南部—西南部及中部。在矿区南—西南隅台沟斜坡带,以胶体-化学沉积形成的未固结的或未完全固结的大量碳酸锰矿沉积物以及内碎屑,由于受到重力作用和突然事件的诱发,而顺斜坡下滑,到达斜坡脚-沟底边缘凹槽地带沉积,并叠加于原地沉积或上一次浊流沉积的碳酸锰矿层之上。这样多次原地沉积和浊流沉积的相互叠加,形成厚大的具有韵律的碳酸锰矿层。浊流矿体的形态及空间上的展布与其顶底板岩层不一致,也反映了沉积类型及物质来源方向的不同。

本书作者注意到,《广西大新县下雷锰矿地质研究》对矿层、近矿围岩及其沉积相特征的描述可以说是详细之极,既有野外收集到的宏观资料,又有室内借用显微技术观察到的微观内容。要做到如此,既要有地质方面的素养,又要有岩矿鉴定等方面的专项技能。这两种技能如不能被一人掌控,室内工作人员又无法接触到野外的资料,野外技术人员不能有针对性地通过显微技术描述微观的内容,都不可能取得上述效果。

(三)热水沉积-成岩-变质作用探讨

在下雷-湖润矿区百余平方千米范围内,碳酸锰矿床广泛分布。其矿石矿物以碳酸锰矿为主,其次是石英、水云母等。唯有在下雷矿区南部—西南部矿段(约$6km^2$)和湖润矿区巡屯矿段(约$1km^2$)两处较特殊,其矿石矿物除碳酸锰矿外,还出现了较多黑云母、蔷薇辉石、锰铁叶蛇纹石、阳起石、绿帘石、赤铁矿及少量的褐锰矿、黑镁铁锰矿、重晶石等一系列硅酸盐矿物、氧化矿物和硫酸盐矿物。传统地质理论认为,这些矿物只在变质作用或较高温度条件下才能形成。近年来,有关沉积层物质组成的研究认为这些矿物在成岩作用的热力学条件下也可形成。以上两种成因在下雷矿床中均能见到。值得进一步探讨的是,从目前对下雷矿床的研究程度和所取得的一些资料来看,可能有一部分是沉积形成的。初步认为上述一系列矿物同碳酸锰矿物是在沉积、成岩至岩石固结后一段较长的过程中分多期次形成的,温度升高是主导因素,是热水沉积作用-热成岩作用-热变质作用的产物。这些作用是连贯的,相互关系密切,它们之间具体界线又难以严格划分。因此,本节暂以"热水沉积-成岩-变质作用"为题。

1. 热水沉积的特征

(1)在层状锰矿层中，出现一系列所谓变质-热液成因的矿物。在矿层中，除碳酸锰矿物外，黑云母、蔷薇辉石含量较多，分布较普遍，常见少量的或局部富集的矿物还有锰铁叶蛇纹石、阳起石、绿帘石、石榴石、褐锰矿、黑镁铁锰矿、重晶石、钾长石、钠长石等。

(2)上述矿物分布在一定的层位中，独自形成单层或与碳酸锰矿物、其他氧化矿物混杂形成微层、薄层、条带等。

黑云母在各矿层中均有分布。以Ⅱ矿层下段、中段和夹二中最富集，在Ⅲ矿层中含量较少，其余矿物集中分布于Ⅱ矿层上段和下段，其次为Ⅰ矿层中。

在Ⅰ矿层，显微鳞片状黑云母、锰铁叶蛇纹石常与钙菱锰矿—菱锰矿微晶混杂组成薄层、微层或条带条纹。有的薄层、微层或条带条纹以黑云母或锰铁叶蛇纹石为主；有的黑云母岩薄层中有较多的磁铁矿散布和少量阳起石混杂。微细晶蔷薇辉石薄层、微层与微晶钙菱锰矿-菱锰矿薄层、微层相间互层；有的蔷薇辉石与钙菱锰矿、赤铁矿、锰铁叶蛇纹石、绿泥石混杂组成条带；有的以石英为主，其次为蔷薇辉石组成薄层，偶尔可见锰帘石呈微细粒状聚集成条带。

在Ⅱ矿层下段，常见显微鳞片状黑云母与微晶钙菱锰矿—菱锰矿混杂组成，薄层、微层，水平或微波状层理清渐，局部以黑云母为主组成黑云母岩薄层，或以黑云母为主混杂少量阳起石、蔷薇辉石、夹有蔷薇辉石和石英组成的薄层，偶尔可见锰帘石与蔷薇辉石、赤铁矿等组成棕红色条带，他形粒状—半自形板柱状钾长石富集成蓝灰色条带。在浊积层底部可见黑云母岩砂砾屑。

在Ⅱ矿层中段，常见显微鳞片状黑云母、锰铁叶蛇纹石、阳起石等与微层钙菱锰矿混杂组成中厚层、薄层、微层或条带条纹，局部可见锰帘石聚集成条带。

在Ⅱ矿层上段，常见蔷薇辉石和碳酸锰矿组成薄层、条带，或与蔷薇辉石为主混杂碳酸锰矿、锰铁叶蛇纹石、阳起石、锰帘石、赤铁矿等组成薄层、条带，也有黑云母与钙菱锰矿组成的条带。

夹二中最显著的是黑云母特别富集，常以显微鳞片状黑云母为主与微细粒碳酸锰矿物混杂组成薄层、微层。其中由黑云母与碳酸锰矿物分别聚集形成的毫米纹层，水平层理清渐。

(3)以黑云母、蔷薇辉石等矿物为主组成的豆鲕粒具有沉积特征，二者的发育程度呈同步消长关系。在各矿层中，常见以黑云母、蔷薇辉石等矿物为主组成的豆鲕粒表面光滑，呈球形或椭球形、扁椭球形等，与基质界线分明；有的具环带状结构，在纹层、薄层中者，顺层排列分布与层理平行。豆鲕粒核部往往结晶较粗大，有的由自形—半自形板柱状蔷薇辉石粗大晶体组成，而环带则由微晶菱锰矿组成，二者之间有一明显的分界面；有的豆鲕粒由结晶较粗的蔷薇辉石、石榴石及锰铁叶蛇纹石、菱锰矿等组成，其边缘则呈微晶结构，或在豆粒内形成放射状裂隙等。这些现象表明豆粒开始在高温条件下生长形成，可能是在热水出口或其附近。热源温度变低或豆鲕粒被搬运至温度较低的水体中，使豆鲕粒形成"冷却边"或冷却收缩性裂隙，豆鲕粒在较低温的热水环境生长，则形成以菱锰矿微晶组成的外环带。

黑云母、蔷薇辉石等矿物与豆鲕粒的发育有明显的同步消长关系。不论是在矿层剖面上，还是在不同的矿段中，黑云母、蔷薇辉石等矿物含量较多的层位及地段，豆鲕粒也较发育。以碳酸锰矿为主的矿层或矿段，没有出现黑云母、蔷薇辉石等矿物者，豆鲕粒极稀少或没有。说明豆鲕粒生长形成与热水沉积环境有关。

(4) 层状的黑云母、蔷薇辉石和成岩期脉状的黑云母、蔷薇辉石明显不同，后者切穿前者。在矿层中，普遍发育有成岩-变质期形成的、常垂直矿层分布的黑云母、蔷薇辉石等微脉、细脉，它们与层状的黑云母、蔷薇辉石明显不同。

层状的黑云母、蔷薇辉石等，结晶细小，常呈显微鳞片状和细微粒状，多为半自形—他形晶，均匀或不均匀混杂分布，有的顺层定向排列；脉状黑云母、蔷薇辉石等，结晶粗大，常呈自形—半自形晶，在脉体中呈梳状结构、条带状结构、镶边状结构等。

在矿层中，常见黑云母组成的微脉、细脉切穿由黑云母组成的纹层、薄层；蔷薇辉石等矿物组成的微脉、细脉，切穿由蔷薇辉石等矿物组成的纹层、薄层。有的成岩作用形成的变形纹由黑云母组成，有的成岩裂纹或缝合线被黑云母充填，泄水裂隙（方解石及石英充填，被后期黑云母微脉切穿）切穿黑云母纹层等。上述表明层状黑云母、蔷薇辉石等是在沉积-成岩早期形成的。

2. 地球化学条件

根据岩矿石的 pH 测定值和 Eh 换算值，结合矿物相及沉积环境作以下分析。

上泥盆统榴江组—五指山组各类岩石和锰矿石的 pH 值在 $7.8 \sim 10.1$ 范围内，其中矿层以下榴江组和五指山组下段的岩石 pH 值为 $8.42 \sim 9.9$，锰矿石 pH 值为 $9.08 \sim 10.1$，矿层以上五指山组中上段的岩石 pH 值为 $7.8 \sim 8.9$，都属于碱性条件，锰矿层略有加强，而矿层上部五指山组上段则有所减弱。这与榴江组、五指山组的岩石主要成分是自生矿物方解石、石英，陆源水云母、微量至少量黄铁矿、碳质和锰矿石主要矿物为菱锰矿、钙菱锰矿、锰方解石等是一致的。

根据测定岩矿石的 pH 值换算的 Eh 值为 $190 \sim 353 mV$，单从数值上看属较强的氧化条件，但与矿物相及沉积环境相矛盾，因榴江组及五指山组沉积相应属以还原条件为主的沉积相。

锰和铁是矿层的主要成分。根据这两个变价元素在矿层中形成的自生矿物是判断 Eh 值的最好标志。在不同矿层、不同地段中锰和铁的自生矿物有所不同。

在西部、东北部各矿层以及南部—西南部Ⅱ矿层中段、Ⅲ矿层和部分Ⅰ矿层中，以碳酸锰矿物为主，铁以类质同象赋存于碳酸锰矿物中，部分形成黄铁矿。矿石多呈灰色—灰黑色，部分矿层中含微量至少量碳质，属于还原相。

在南部-西南部及中部地段的Ⅱ矿层下段、上段和部分Ⅰ矿层中，主要有碳酸锰矿物、硅酸盐矿物、硫化矿物（含硫量比其他矿层低，Ⅱ矿层硫含量小于 0.21%、Ⅲ矿层硫含量小于 0.68%），铁主要是高价氧化矿物赤铁矿、褐铁矿、磁铁矿等。氧化铁矿物一般占矿物总量的百分之几，最高达 16%，氧化铁矿物呈现出氧化相特征。从氧化铁矿物常伴随蔷薇辉石等热液成因的矿物来看，矿层可能形成于地下热水出口及其附近，为氧化环境。因而在相同层位中氧化铁矿物含量变化较大,甚至在短距离内发生很大的变化,如南部 15/CK145 与 14a/ⅢT78 二工程间相距 300m,同是Ⅱ矿层上段,铁含量相差不大,前者由碳酸锰矿、蔷薇辉石等及赤铁矿组成。赤铁矿占矿石矿物总量的 12%~16%;后者以碳酸锰矿为主,其次为黄铁矿及石英,黄铁矿占矿石矿物总量的 18%。氧化-还原条件的迅速变化,明显与成矿温度有关。

3. 成岩-变质作用

这里所指"成岩-变质作用"包括沉积物沉积后至变成固结岩矿石的成岩作用和岩石固结后至表生作用之前的变质作用。成岩-变质作用在不同地段的锰矿床和含锰岩系中表现不同。

(1)含锰岩系的成岩-变质作用。下雷矿区及桂西南地区榴江组和五指山组的泥质或灰泥质组成的岩石,如泥岩、钙质泥岩,经成岩-变质作用后部分变为绢云母板岩、绢云母泥页岩、钙质泥板岩等。在榴江组及五指山组上段者呈灰色至深灰色,在五指山组下段(第 2 分层)往往呈紫红色、灰紫色、灰绿色及灰色。岩石组成矿物以绢云母为主,板状构造或页片状构造,绢云母呈显微鳞片状集晶体定向排列,有的可见两组排列方向,一组平行层理,另一组与层理大致呈 45°斜交。后者是受应力作用后重新排列形成的。在灰岩、硅质灰岩中,常见方解石重结晶,有的石英交代方解石。硅化、方解石脉、石英-方解石细脉较发育。在湖润矿区巡屯矿段矿层底板的岩石中,偶尔可见到石棉、蚀变灰岩,蚀变灰岩呈粉晶方解石微层与钠铁闪石、石英、黑云母、绢云母、钾长石、钠长石、方解石等组成微层相间,构成微层状蚀变灰岩。

(2)锰矿床的成岩-变质作用。在矿区东北部、西部地段的碳酸锰矿床中,成岩-变质作用主要表现是少量含锰方解石重结晶,以及少量方解石-含锰方解石和石英微脉、细脉的形成。

在矿区南部—西南部及中部地段的锰矿床中,成岩作用使矿床从松散含水的沉积物逐渐压实固结,有的沉积物中的埋藏水向上释放形成泄水构造。矿床压实干固过程中形成裂纹裂隙,这是因为压溶作用在碳酸锰矿层中形成平行层面或垂直层面的缝合线构造。由于基底有一定的坡度,未完全固结的沉积物在重力作用下向下滑动,形成褶曲或包卷层理。同时,在成岩过程中,矿物重结晶和物质成分的再分配重新组合形成新生矿物。重结晶矿物主要是方解石、含锰方解石、石英等,新生矿物有蔷薇辉石、黑云母、绿泥石、石英、含锰方解石等。常见黑云母沿着缝合线、成岩裂纹和裂隙充填,也有黑云母、绿泥石等聚集成不规则状斑点。有的略具"流动构造"是在矿石未固结形成的。石英、含锰方解石沿成岩裂隙、泄水裂隙充填。

变质作用导源于地质构造运动。已固结的岩矿石在构造应力的作用下,产生大量的剪切节理及裂隙,随着温度的升高,矿床中部分物质被分解,沿热水溶液进入节理裂隙中,并在裂隙中重新组合形成分布于微细脉中的一系列新生矿物。

矿床的变质作用,没有使矿层形态、产状发生变化,层理保存完好,没有外来物质的加入,矿石的化学元素组成及含量没有改变。细微脉中的矿物成分与其所在矿层中的矿物成分是一致的,如在Ⅰ矿层、Ⅱ矿层下段和中段、夹二等以碳酸锰矿和黑云母为主组成的矿层中,其微细脉的成分也是以碳酸锰矿和黑云母为主。Ⅰ矿层、Ⅱ矿层下段和上段以碳酸锰矿和蔷薇辉石等矿物为主,其细微脉成分也是以碳酸锰矿和蔷薇辉石为主。最典型的是同一细脉或微脉矿物分段聚集,如穿过基质和豆粒的同一微脉,基质由黑云母和碳酸锰矿组成,在基质中的一段黑云母富集呈暗绿色;豆粒成分由钙菱锰矿、菱锰矿组成,在豆粒中的一段微脉因钙菱锰矿、菱锰矿富集呈浅色,说明脉中的成分来自旁侧矿石的"侧分泌",没有发生流动迁移。矿层中的细微脉分布只限于矿层中,不进入顶底板围岩,细微脉的矿物成分,与其所处的矿层的成分一致,表明矿床的变质作用是自身部分物质溶解进入裂隙,由于没有外来物质的加入,在裂隙中重新组合形成的新生矿物与脉周围矿石矿物成分相同,仅结晶较粗和结构不同。

变质作用与古构造活动有关。矿床中的细微脉多属于构造裂隙转变而成。由各种变质矿物组成的微细脉大多数脉壁平直,不管矿层产状如何,脉的产状总是保持与矿层层理面垂直或高角度斜交,这种特殊现象说明矿层成岩固结后仍处于水平状态时期,受构造运动的影响,矿层遭受侧向挤压力而产生一组与层理面垂直的 X 节理。在温度升高的条件下,矿床中形成的含矿热水溶液沿裂隙充填沉淀形成微细脉。而此种现象与矿区内后期规模较大的断层和各种褶皱、倒转构造无关,组成后者构造的地层从中泥盆统—三叠系,属于印支-燕山期的产物,同时这些构造切割破坏或改造了微细脉,表明变质矿物组成的微细脉是在成岩固结后、印支期之前形成的。

温度的升高是变质作用的必要条件。小脉中的蔷薇辉石及石英用爆裂法测定结果,其温度为 216~364℃,见表 3-18。

表 3-18 矿物爆裂温度

样号	矿层	采样地点	矿物名称	爆裂温度/℃	测试单位
1	Ⅱ	7 线露头	石英	244	中国科学院地球化学研究所
2		15b/CK706		246	
3	Ⅱ	7 线露头	蔷薇辉石	216	
4		14/CK711		235	
5	Ⅱ	CK660		323	广西地质矿产局测试研究中心
6	Ⅱ	CK660		364	
7	Ⅱ	CK711		336	
8	Ⅰ	CK762		337	

4. 成矿阶段

根据矿石矿物特征、共生组合、交代关系及细微脉穿插关系等,将成矿阶段按顺序划分为沉积前阶段、沉积阶段、成岩阶段、后生-变质阶段及表生阶段 5 个阶段。

沉积前阶段形成的矿物数量少,主要是内碎屑方解石和含锰方解石,其次为微量的陆源碎屑,即呈滚圆—半滚圆卵状、圆粒状的锆石、电气石、金红石、石英,还有水云母等。

沉积阶段是主要成矿阶段,热水沉积形成的矿物种类繁多,数量大,成岩-变质阶段形成的矿物种类与沉积阶段基本相同,但数量减少。

菱锰矿、钙菱锰矿、锰方解石等碳酸锰矿物,主要在沉积阶段形成,在成岩-变质阶段的细微脉中也常见有分布。

褐锰矿、黑镁铁锰矿、黑锰矿等，常呈微细脉晶粒浸染状，分布于碳酸锰矿物中，或聚集成条带、小的透镜体，或与碳酸锰矿混合组成条带，有的分布于豆鲕粒中，在微细脉中亦有分布。因此认为褐锰矿、黑镁铁锰矿、黑锰矿等是热水沉积-变质阶段形成的。

赤铁矿、褐铁矿、磁铁矿等矿物，数量较少，但分布较普遍，赤铁矿、褐铁矿常呈碳酸锰矿物、硅酸盐矿物组成薄层，均匀或不均匀地渲染矿石，有的呈微细脉产出。磁铁矿常呈浸染状或聚集成条带。上述矿物是沉积-变质阶段形成的矿物。

硫化矿物中，黄铁矿为少量矿物，分布普遍。其余矿物微量，常见互相交代现象，或分布于微脉中。硫化矿物是沉积-变质阶段形成的矿物。

黑云母、蔷薇辉石、蛇纹石类、帘石类、阳起石、石榴石等矿物，是热水沉积-变质作用形成的矿物。

表生阶段形成的矿物，主要是以上各阶段形成的矿石矿物处于地表及浅部遭受风化作用形成一系列锰、铁矿及黏土类矿物，主要有恩苏塔矿、钠水锰矿、钾硬锰矿、褐铁矿、水云母、高岭石等。

5. 矿床中豆鲕粒成因探讨

锰矿层中普遍含有较多的鲕粒、豆粒和"结核团块"，是下雷锰矿床最显著的特征之一。关于豆鲕粒的成因，以往研究者有不同的看法：一种观点认为不是真正的豆鲕粒，而是成岩阶段形成的团粒，并称之为"假豆""假鲕"，其主要依据是未发现豆鲕粒中有碎屑核心，某些豆鲕粒与纹层相交等；另一种观点认为，虽然"豆""鲕"粒中未发现任何碎屑核心，但是有的被层理包围，这种"豆""鲕"粒形成于静水条件下，是锰的胶体凝聚方式沉积形成的一种同心圆构造，并非沉积同生期高能条件下的产物。

研究矿床中的豆鲕粒，首先应注意将矿石中的"斑点"与豆鲕粒区别开来。二者的主要区别是豆鲕粒是沉积阶段形成的，具有较规则的球形或椭圆形的形态、表面光滑、与基质界线分明而且可以分离，内部常具同心环结构；"斑点"是成岩或变质阶段，由碳酸锰矿物、黑云母、绿泥石、赤铁矿等分别聚集形成，多呈不规则状或近椭圆形、椭圆形，与周围基质的接触界线往往不甚明显，呈逐渐过渡现象，内部无同心环状结构。在矿石中以豆鲕粒居多，"斑点"一般较少。

下雷锰矿层中豆鲕粒的形态、内部结构与浅海碳酸钙鲕粒有许多相似之处，但明显不同的是形成于浅海滩高能环境的碳酸钙鲕状岩，以鲕粒为主，颗粒支撑，亮晶结构，鲕粒大小多在 2mm 以下，大小较均一，以碎屑为核心，同心纹圈多。这些特征都是下雷锰矿床中的豆鲕粒所没有的。

众所周知，在自然界各种沉积环境中形成的碳酸钙质或铁锰质的豆粒、鲕粒或结核等，往往是以某种碎屑作为核心，然后环绕碎屑核心不断生长形成。核心是形成鲕粒、豆粒或结核的必要条件。但作为核心的物质是多种多样的，可以是陆源碎屑，也可以是内碎屑、生物屑或其他颗粒、碎屑等。在室内静水条件下人工合成碳酸钙鲕粒的实验，并不需要任何碎屑做核心，而是溶液中析出固相物逐渐生长形成鲕核。大洋底许多锰结核未见有核心，被认为是胶体沉淀本身，或是微细颗粒的沉积物也可当作核心。

下雷矿区锰矿层中的豆鲕粒没有发现其核心由陆源碎屑或内碎屑物质组成,常见组成豆鲕粒核心的成分有钙菱锰矿—菱锰矿或锰方解石、蔷薇辉石、黑云母等热液硅酸盐矿物,或以上两类矿物共同混杂组成核心,有少数豆鲕粒核心以微晶石英为主,或以黄铁矿为主,偶见粒状重晶石聚集于核心等。由此认为,下雷矿区锰矿层中的豆鲕粒是以化学结晶或胶体沉淀聚集形成的团粒本身为核心。在矿层中,常见有以微细晶钙菱锰矿—菱锰矿或蔷薇辉石组成细小的团粒,其成分、结构与一些豆鲕粒的核心相似,是成核期形成的团粒迅速埋藏成为只有"核心"没有环带的"假鲕"。组成豆鲕粒核心的物质结晶程度往往比环带、基质的要高,表明成核物质早期结晶具有较稳定的、适合矿物结晶的温度条件、物质供给和自由空间条件等。可能在地下热水出口及其附近地带具有这种条件。豆鲕粒环带物质结晶程度常见比核心的低,可能与环境及温度转变有关。核心和环带的成分多数是变化不定的,有些豆鲕粒可以对比,如同一标本中的豆鲕粒,核心由钙菱锰矿—菱锰矿组成,外环带由绿泥石组成。没有环带的细小"假鲕"由绿泥石组成,"假鲕"可与豆粒外环带对比,有的豆鲕粒核心与环带、环带与环带之间有一明显的环形分界面,核心和各环带的矿物成分及结晶程度都有所不同。这些现象表明,豆鲕粒成长过程中物理、化学环境、物质来源等是不断变化的。

同一矿层中的豆鲕粒及基质的物质来源是相同的,二者矿物成分基本相同,但含量却有差别,氧、碳同位素组成相同。如Ⅱ矿层底部豆粒$\delta^{18}O$值为$-5.41‰$,$\delta^{13}C$值为$-7.78‰$,基质的$\delta^{18}O$值为$-5.61‰$,$\delta^{13}C$值为$-7.97‰$。不同层位的豆粒则略有差别,如Ⅱ矿层上段豆粒$\delta^{18}O$值为$-10.48‰$,$\delta^{13}C$值为$-6.23‰$。

地下热水往海底喷出、流动及热水环境是形成豆鲕粒的重要条件。晚泥盆世沉积碳酸锰矿床在下雷-湖润矿区广泛分布,大部分地段没有形成豆鲕粒,只有在下雷矿区南部—西南部及湖润矿区巡屯矿段形成豆鲕粒,与蔷薇辉石、黑云母等热液矿物同时出现在矿层中。在下雷矿区南部—西南部的不同地段、不同矿层中形成豆鲕粒的数量也有很大的差别。以蔷薇辉石、黑云母等热液矿物较高的含量带内形成豆鲕粒的数量较大,而不含蔷薇辉石、黑云母等热液矿物的地带形成豆鲕粒的数量很少,甚至没有,如南部14/ⅢT78中各矿层均以碳酸锰矿物为主,其次为黄铁矿、石英,没有蔷薇辉石、黑云母等热液矿物出现。Ⅱ矿层中含豆鲕粒0～5%,局部也只有10%。由图3-11可以看出,下雷矿区内有3条东西走向或北东东走向的蔷薇辉石、黑云母等热液矿物高含量带,也是豆鲕粒分布较多的地带。这些带的展布与构造线的方向是一致的,可能是断裂带即为地下热水活动的主要地带。据此分析认为,豆鲕粒大量形成于地下热水出口及其附近地带。

在各矿层中,豆鲕粒发育程度差别也很大,与蔷薇辉石、黑云母等热液矿物发育程度是一致的。如Ⅱ矿层下段和上段二者同时发育;而Ⅱ矿层中段及Ⅲ矿层中,以碳酸锰矿为主,只含少量黑云母,豆鲕粒则很少。这种现象表明,地下热泉间歇性活动和温度升高-降低有周期性变化。

根据沉积条件,按成因将豆鲕粒分为两类,分别为台沟斜坡-沟底深水静水-弱水流热水环境形成的豆鲕粒、浊流沉积的豆鲕粒。

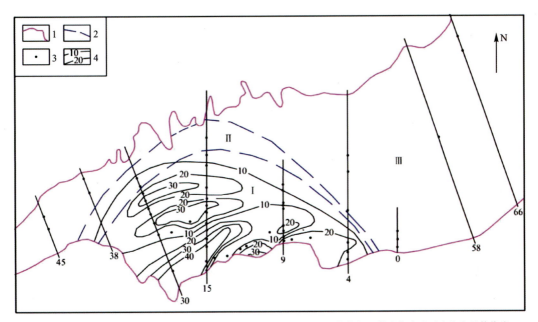

1.锰矿层露头带;2.成矿带分界线;3.采样点(钻孔或巷道);4.黑云母、蔷薇辉石等矿物占矿石矿物含量等值线;Ⅲ.含水云母、绿泥石-碳酸锰矿带;Ⅱ.含黑云母-碳酸锰矿带;Ⅰ.锰铁叶蛇纹石、黑云母、蔷薇辉石-碳酸锰矿带。

图 3-11 下雷矿区碳酸锰矿床成矿带分布图

(1)台沟斜坡-沟底深水弱水流-静水热水环境形成的豆鲕粒。这类豆鲕粒又可分为原地沉积和异地再沉积两亚类。

原地沉积的豆鲕粒是在台沟斜坡脚-沟底地形较平坦的环境原地生长形成的,最显著的特点是豆鲕粒分布于毫米纹层—薄层中,水平层理—微波状层理,反映静水-弱水流环境。豆鲕粒含量 5%～30%不等,顺层分布,与层理一般互不交切,常见有的豆鲕粒压弯其底下纹层,豆鲕粒之上的纹层因豆鲕粒凸起而向上弯曲,二者协调一致。豆鲕粒种类繁多,常见球形、椭球形、同心、连生、偏心等豆鲕粒及假豆鲕团粒,偶尔可见溶蚀残余豆粒、螺旋体状豆粒和具有"示底构造"的豆粒。有单一成分的碳酸锰豆鲕粒、硅酸盐豆鲕粒、硫化物豆鲕粒,也有复杂成分的硅酸盐-碳酸锰矿豆鲕粒。不同层位中的豆鲕粒类型有区别,如Ⅱ矿层底部以较大的豆粒为主,稀疏分布,往往含较高的黑云母或黄铁矿;Ⅱ矿层上段下部的豆鲕粒数量较多,常见较多的假豆鲕团粒,含较多的蔷薇辉石、黑云母等矿物;夹二多为小于 1mm 的鲕粒产于毫米纹层中。

异地再沉积的豆鲕粒是在下斜坡深水弱水流环境形成后,由重力流搬运到斜坡脚-沟底边缘再沉积的。主要分布于Ⅱ矿层下段和上段,具有原地沉积豆鲕粒的各种类型和特征,但以球形、椭球形、长扁椭球形的豆鲕粒见多。有的豆鲕粒核心呈球形,环带呈椭球形、长扁椭球形;有的豆鲕粒核心偏旁,环带只有半环;有的豆鲕粒椭球形内环呈垂直状态、椭球形外环则呈水平状态,内外环相互垂直。这些形态、结构奇特的豆鲕粒,反映豆鲕粒生长过程中要适应斜坡弱水流环境,由球形逐渐向长扁椭球形转变,少数豆鲕粒发生沿坡滚动,改变了原来的生长方向,以至于形成内核和环带或环带与环带互不协调。此外,在重力流搬运过程中,少数豆鲕粒因互相碰撞而破碎,变为残缺不全的破碎豆鲕粒。

(2)浊流沉积的豆鲕粒。这类豆鲕粒主要分布于Ⅰ矿层上段的浊积层中,其特征及成因是在浊流沉积过程中形成的,塑性变形最为显著。这里要进一步阐明的是,在Ⅰ矿层上段浊积层中有相当数量的细砂—粉砂级灰岩内碎屑,但豆鲕粒和结核团块的形成也没有以碎屑作为核心,其主要是由浊流沉积的重力分选作用造成的。在浊流沉积过程中,较重的砂屑先沉积至底部深深埋藏,碳酸锰、二氧化硅、氧化铁的微粒质点等则较长时间处于悬浮状态,在浊流沉积的中晚期依靠其自身的凝聚力形成团粒或结核团块。因此,在浊积层中形成了底部碎屑—中上部团块、团粒性层序。

豆鲕粒在成岩-变质阶段,外部形态、内部结构及矿物成分等都发生了较大的变化。外部形态由于受到压实作用普遍发生了形变,如球形、椭球形的豆鲕粒分别变为扁球形、扁椭球形,同时一些豆鲕粒外侧出现压力影;一些豆鲕粒受到扭曲呈蠕虫状或不规则状,少数豆鲕粒被压破裂,出现不规则状或放射状裂隙构造;内部结构的改变主要表现为重结晶,豆鲕粒重结晶比基质的重结晶要粗大且更为普遍。变质阶段大量的细微脉切穿了豆鲕粒并互相交代。

6. 关于热力和成矿物质来源的探讨

(1)关于热力来源的探讨。热水沉积作用必须有热的来源。变质作用的温度按变质期正常的地温增温率达不到测定矿物的成矿温度,还需要一个外加的热源。根据区域地质构造及矿床变质作用特征的分析,这种热源与深部基性岩浆活动及古构造活动有关。海西期—印支期—燕山期的基性岩浆活动沿着东平-湖润-地州弧形构造带分布,特别是中段—西段,即湖润矿区、龙邦矿区,基性岩浆活动往往侵入于榴江组—五指山组分布的断陷台沟地段,在龙邦矿区,基性岩直接与五指山组含锰岩系接触,湖润矿区的基性岩—超基性岩出露多处,巡屯矿段的基性岩侵入至含锰岩系,下雷矿区东部、西南部也有多处印支期—燕山期基性岩脉出露。这些基性岩多呈规模不大的岩枝、岩脉局部产出,受断裂构造控制。从这些成矿期后的基性侵入岩的分布规律以及岩浆活动具有多期次和延续时间长的特点分析,沉积成矿期和变质期的热力来源于深部基性岩浆间歇性侵入活动是可能的。

(2)关于成矿物质来源的探讨。有充足的成矿物质来源是矿床形成的根本条件之一。对于下雷锰矿床成矿物质来源问题,有两种看法:一种认为来自陆源,即越北古陆;另一种认为来自海底火山作用。

下雷矿区锰矿石的矿物成分及化学成分均较复杂,其中微量锆石、电气石、金红石等呈滚圆或半滚圆微粒状,属陆源碎屑物质。矿石的主要化学成分为 Mn、Fe、SiO_2、CaO,其次为 Al_2O_3、MgO,还有微量的 Co、Ni 等。这些成分以胶体-化学方式沉积形成各种矿石矿物或以类质同象混入其他矿物中。它们是同源或异源,值得进一步研究。

广西地质研究所在编写《桂西南锰矿成矿区远景区划》的过程中,对矿石中陆源重矿物锆石等的含量及分布进行了研究,根据下雷矿区南部—西南部陆源重矿物含量比东北部及湖润矿区多,本书作者认为陆源重矿物来自越北古陆,并推测锰质与重矿物是同一陆源不同的方式搬运来的。

锆石等重矿物是榴江组及五指山组岩层中普遍分布的微量矿物，不受锰矿层所制约，同时，锆石等重矿物也是本区晚泥盆世海底火山喷发岩常见的少至微量矿物。因此，对矿石中重矿物分布的研究，在某种程度上能说明其自身有可能属陆源外生的性质，并以此推断矿层中其他主要成分也来自越北古陆，但依据还不充分。由于对与晚泥盆世时期"越北古陆"有关的地质资料了解极少，在目前的客观条件下，要进一步研究证明成矿期有大量的锰质自越北古陆搬运到下雷矿区，这是做不到的。

对晚泥盆世的火山岩，选择位于下雷矿区北西约100km那坡附近的海底喷发枕状基性岩体进行了初步研究。该岩体底板为中泥盆统，顶板为下石炭统，岩体厚度大于150m，属细碧岩类，枕状构造极发育，岩石主要化学成分为SiO_2、Al_2O_3、Fe、CaO、MgO。Mn的含量为0.11%～0.16%。虽然未能完全确定该岩体形成时期与下雷矿区沉积时期完全相当，但与区内其他已知基性岩成分比较，基本上反映了桂西南一带目前已发现的晚泥盆世海底火山喷发细碧岩类的一般特征。若在此基础上进行分析，这一类海底火山喷发岩（应包括火山喷出的热水溶液），含有较高的Fe、SiO_2、Al_2O_3、CaO等成分，可以作为锰矿层组分的充足来源。但Mn的含量较低，要成为锰矿层组分的主要来源，必须要有较大规模的火山作用。可是，目前发现的晚泥盆世火山规模较小。当然，从区域地质构造及基性岩浆活动来看，那坡-越南谅山大规模断裂带及其两侧（包括靖西—龙州、那坡西部等地），海西期至印支期基性岩浆活动剧烈，基性岩及基性火山岩分布较普遍，在那坡西部形成较大规模的岩体，在龙临一带早石炭世海底基性喷发岩分布面积达400km^2，因此，不能否定在石炭系—三叠系大面积覆盖地区有较大规模的、隐伏的、与成矿期相当的海底基性喷发岩存在的可能。

在锰矿床中除Mn和Fe外，主要成分还有SiO_2、CaO，次要成分还有Al_2O_3、MgO等。SiO_2、CaO、Al_2O_3、MgO等成分在榴江组及五指山组中大量存在并普遍分布，不受Mn和Fe来源的制约，因此，对矿床中这些成分来源的研究不是至关重要的。

Mn是矿床中最主要的成分，其次是Fe。二者在榴江组和五指山组中一般含量都很低，分布不普遍，除富集于Ⅰ、Ⅱ、Ⅲ矿层外，仅在局部薄层中含少量的Mn和Fe。这种Mn和Fe密切共生并仅富集在Ⅰ、Ⅱ、Ⅲ矿层的分布特点，表明Mn和Fe可能同源而且是在晚泥盆世相对较短的沉积成矿时期提供的，时间性强。此外，Co、Ni元素也随着Mn、Fe的富集而富集，局部还含微量的Pt、Pb、Cu、Zn、As等，这些元素的组合通常与基性岩浆活动有关。

矿床中没有发现火山碎屑物质，在下雷矿区及其附近也没有发现与矿层同期的海底火山喷发岩，因此，矿床不可能是火山喷出的固体物质直接的沉积。

那坡和龙州等晚泥盆世海底喷发基性岩中含Mn较低，这些岩石经海解作用进入海水中的锰质是很有限的，不可能成为矿床锰质的主要来源。但是，从本区地质构造及基性岩分布进行分析，西部地区深部应有较大规模的基性—超基性岩浆源，这些岩浆不断活动分异，一部分侵入至中深部—浅部，形成辉长岩-辉绿岩类；另一部分喷出海底，形成细碧岩类；此外，岩浆期后大量的热液，以喷泉或溢流流入海水，后者往往含有大量的金属物质，有可能成为成矿物质来源。

按热水沉积成矿观点，Mn、Fe、C等组成碳酸锰矿的主要物质来自深部岩浆热液、气体及地壳等。由于深部基性岩浆侵入，含有Mn、Fe、C等成分的岩浆热液、气体上升进入海底，同时受到高温热源的驱动,形成地下水的对流运动,地下水渗滤溶解将地壳中的 Mn、Fe 等物质带入海底,成为矿床沉积的主要物质成分。

同位素组成表明,矿层底板及夹层中的泥质灰岩的 $\delta^{13}C$ 值(+0.12‰、+0.03‰)与海相碳酸盐岩的 $\delta^{13}C$ 值(约等于0)是相同的,其方解石中的碳来自海水。矿层中的锰方解石-菱锰矿的 $\delta^{13}C$ 值(-14.29‰~-2.83‰,平均为-7.06‰)与岩浆源碳酸盐中的碳酸盐矿物的 $\delta^{13}C$ 值(-8.0‰~-2.0‰,平均为-7.06‰~-5.1‰)非常接近。结合岩相古地理分析,排除淡水、有机碳等来源的可能性,认为碳酸锰矿中的碳主要来自深部基性岩浆源,同时伴随而来的应还有 Mn、Fe 及其他各种成分。

(四)成矿模式

根据成矿条件,建立下雷锰矿床的成矿模式,见图 3-12。晚泥盆世的构造运动形成了下雷断陷深水台沟,五指山中期基性岩浆侵入至台沟之下的深部,含有成矿物质的高温气液沿破碎带上升并驱动加热地下水直至进入台沟底层海水,周围的地下水向热源区补给,同时海水下渗补给地下水,形成以热源上方为中心的周围海水→下降地下水→加热上升地下水→台沟底热海水的对流循环,地下水运移过程中淋滤溶解地壳中的 Mn、Fe 等金属及其他易溶物质并被带至台沟底部,在台沟底部凹陷深处,形成含矿热水层。同时有海、陆源 Ca、Mg、Si、Al 物质的加入,在碱性、氧化-还原的热水条件下,形成碳酸锰矿、蔷薇辉石、黑云母的沉积,其中在下斜坡带的沉积因重力作用,形成浊流并混杂少量内碎屑搬运至坡脚-沟底再沉积,多次作用互相叠加。总之"下雷式"锰矿床属基性岩浆源喷气热液-浅海深水台沟沉积类型。

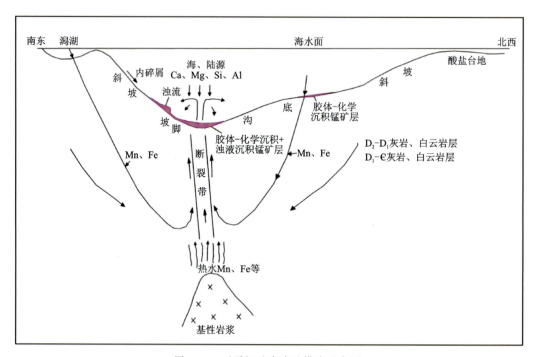

图 3-12 下雷锰矿床成矿模式示意图

本书作者认为,上述成矿模式总体上还是认为下雷锰矿床主要成矿物质 Mn 是("地下水运移过程中淋滤溶解地壳中的 Mn")陆源。这里就有一个问题,那就是地壳中 Mn 的含量极低(丰度值为 1300×10^{-6}),要想通过"淋滤溶解"的方式提供那么庞大的锰质而形成下雷那样超大型的锰矿床,要么被"淋滤溶解"地壳的厚度巨大,要么被"淋滤溶解"地壳的面积巨大。倘若地壳厚度巨大,即便深部有岩浆岩活动,热液经过巨厚的地壳,温度会逐渐降低,淋滤溶解的成矿物质又还给了地壳,喷入海底的量绝对会少得可怜;倘若地壳面积巨大,那深部必须有与地壳面积相当的大面积的岩浆岩活动,否则就不可能有那么多的热液去"淋滤溶解"地壳中的主要成矿物质 Mn;即使有那么大量的热液,淋滤溶解地壳中的 Mn 质往下雷锰矿区汇集,过程同样也会很漫长,成矿热液会降温、结晶、消耗,堵塞运移通道,可能大部分无法运移到下雷锰矿区海底地壳。下雷锰矿区海底地壳无法得到 Mn 元素的补给,Mn 的含量会变得比丰度值还低。因此,即使有足够的热液,下雷锰矿区海底地壳中也没有足够的 Mn 被萃取而形成超大型锰矿床。

三、桂西南地区 1∶100 000 岩相古地理及遥感地质调绘报告研究成果

(一)完成主要实物工作量

1992 年中南地质勘查局南宁地质调查所在桂西南地区开展 1∶100 000 岩相古地理及遥感地质调绘工作,主要目的是通过工作要求查明岩相对锰矿富集的控制规律,初步确定成矿的有利相带和富集部位,为锰矿的找矿提供理论依据及找锰矿有利地段。

工作区范围包括南宁地区的西北部及百色地区的西南部,东起平果县果化镇—崇左县的那艺一线,西至那坡县—德隆一线,北界为那坡县的平华至果化镇,西南东段为大新县的堪圩—硕龙,西段一隅与越南接壤,见图 3-13。工作区面积约为 12 000 km²。

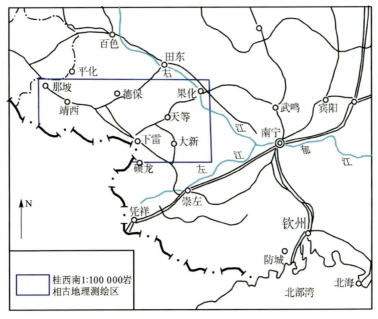

图 3-13 桂西南 1∶100 000 岩相古地理及遥感地质调绘交通位置示意图

项目完成的主要实物工作量见表 3-19。

表 3-19　完成主要实物工作量表

工作项目		单位	工作量	备注
收集的相、地层剖面	主干	条	1	每条剖面含2个层位
	1∶2 000 000 相剖面	条	2	
	可利用的地层剖面	条	28	
实测的相剖面	主干	km/条	6.73	
	辅助	km/条	49.79	
	踏勘	km/条	22.61	
岩矿石化学样		个	557	样品中均未有包裹体，无成果利用
岩矿鉴定样		件	467	
矿点踏勘		个	13	
稳定同位素		个	39	
X衍射分析样		个	30	
古生物鉴定样		条	55	
直读光谱样		个	303	
物相分析样		个	17	
包裹体测温样		个	20	

1992年1月提交了《桂西南地区锰矿1∶100 000岩相古地理及遥感地质调绘报告》（岩相古地理部分）（以下简称《调绘报告》），1992年5月冶金部地勘总局和冶金部中南地质勘查局聘请专家对该报告进行评审，得到了对《桂西南锰矿1∶100 000岩相古地理及遥感地质调绘》报告岩相古地理部分的评审意见和对《桂西南锰矿1∶100 000岩相古地理及遥感地质调绘》报告遥感地质部分的评审意见。1992年6月冶金部中南地质勘查局以局地发〔1992〕5号文批准《桂西南锰矿1∶100 000岩相古地理及遥感地质调绘》报告。

（二）取得的主要成果

《调绘报告》取材丰富，自行测制和收集的地层和岩相剖面共63条，剖面分布比较合理，每一亚相有2条，每一微相有1条以上剖面控制。在主要成矿期（五指山期）和重点预测地区剖面分布相对较密。相应地进行了岩矿薄片鉴定、化学分析和稳定同位素等多项测试，基本上达到岩相古地理分析的精度要求。

《调绘报告》对工作区上泥盆统进行了较深入的古生物研究和地层对比。在下雷等地上泥盆统的剖面上部发现库珀管刺、等列管刺（Cl标准化石）和安息香多鄂刺等牙形刺，从而较有依据地把原称上泥盆统上部的部分地层划归下石炭统，使C/D层位间有了较可靠的界线，同时依据化石、岩性和岩相对工作区上泥盆统进行分组对比，为岩相研究提供了良好的基础。

《调绘报告》岩相划分基本正确,将工作区晚泥盆世沉积划分为1个相区、2个相带、8种亚相和27种微相类型,并详细描述了每种微相的岩石类型、生物组成和结构、构造以及它们的形成环境,分析了各种亚相单元结构。重点研究了与成矿相关的台沟相带,对重力流和斜坡类沉积讨论有独到之处。分析了晚泥盆世沉积盆地中台沟相带演化规律,即由于晚期海退,海水变浅,台地扩大,台沟变窄,斜坡变缓的整个过程,这对研究锰矿成矿作用有一定意义。

《调绘报告》讨论了本区晚泥盆世特有的台、沟相间,多沟围台,多台隔沟的古地理景观和形成机理,运用一系列现代沉积学理论和研究方法,包括元素地球化学数据的图式化处理,碳、氧稳定同位素数据讨论,用氧同位素作古温度计算和稀土元素的分布模式等,较充分地阐明了台地与台沟沉积环境的差异。台沟沉积物具有典型富矿热水特征。来自深源的基性岩浆所含锰质沿古断裂上升形成的热水是提供锰质的主要来源。其论证比前人的更深入,这对于今后集中找矿目标起到了积极作用。

《调绘报告》论证了半封闭局部相对低洼的微环境、有利的物理化学条件、藻类的地球化学作用和热水运动等是锰质聚居成矿的必要条件,讨论了"下雷式"锰矿床的成矿模式。

《调绘报告》充分运用基础研究获得的成果进行了成矿预测,提出了9个预测区,其中Ⅰ级3个,Ⅱ级2个,Ⅲ级4个,这对在该区进一步开展锰矿勘查工作具有指导意义。

本书作者认为,"来自深源的基性岩浆所含锰质沿古断裂上升形成的热水是提供锰质的主要来源"也存在一个关键问题,那就是岩浆是由上地幔提供的,而上地幔中所含的Mn元素也是很低的,与地壳中Mn元素的丰度值很接近(Mn在上地幔的丰度值为1600×10^{-6}),要想提供形成下雷锰矿床那么庞大的锰质,则需要大规模的岩浆源形成大规模的岩浆岩。而在下雷锰矿区深部及周边未发现规模较大的岩浆岩体。

(三)下雷锰矿床元素地球化学特征

1. 常量元素及微量元素地球化学特征

在榴江组、五指山组纯硅质岩系常量元素共分析了24件样品,其中榴江组10件,五指山组14件,分析结果见表3-20、表3-21。平均化学成分:榴江组SiO_2含量为91.89%、Al_2O_3含量为2.67%、Fe_2O_3含量为1.57%、CaO含量为0.41%、MgO含量为0.42%,五指山组SiO_2含量为93.05%、Al_2O_3含量为1.84%、Fe_2O_3含量为1.08%、CaO含量为0.36%、MgO含量为0.50%,K_2O/Na_2O均远大于1,热源物质Ba的含量较高。但在榴江组和五指山组整个硅质岩系中,纯硅质岩只占一小部分,绝大部分为泥质硅质岩和灰质硅质岩。随着泥质和灰质含量的增加,SiO_2含量显著降低,这一特征在五指山期表现得更为明显。这可能是由于晚泥盆世晚期华南大面积海退,使原来处于地球化学平衡状态的环境遭到破坏,一方面台地上灰质补给台沟的量增加,另一方面陆源供给得到加强。表明台沟的沉积物在一定程度上受陆源供给的影响。图3-14、图3-15分别是榴江组含锰岩系、五指山组含锰岩系及矿层的SiO_2-Al_2O_3的相关关系图。由此可以看出,SiO_2与Al_2O_3均呈负相关关系或无相关关系,说明SiO_2与Al_2O_3不是同一来源,SiO_2不是陆源供给的物质。另外,从图3-16中也可明显看出SiO_2受热源影响,无论是榴江期,还是五指山期,台沟硅质岩的形成都直接与热水沉积作用有关。

表 3-20 桂西南地区晚泥盆世榴江期纯硅质岩系化学分析结果表

单位：%

样品号	样品名称	CaO	MgO	Al_2O_3	SiO_2	Fe_2O_3	FeO	P	S	MnO	K	Na	Zn	Cu	Sr	Pb	Ba	Co	Ni	Cr	V	B	Ga
II_{5-2}	硅质岩	0.3	0.77	3.79	89.50	1.90	0.02	0.015	0.007	0.48	0.73	0.015	25	19	13	12	202	50.5	26	20	22	27	3.7
II_{6-1}	硅质岩	0.55	0.82	3.13	88.70	2.43	0.22	0.257	0.013	0.04	1.14	0.044	43	21	77	13	220	16.3	35	32	50	20	6.8
II_{7-1}	硅质岩	0.42	0.26	1.29	95.04	0.98	0.26	0.059	0.063	0.06	0.23	0.006	40	28	11	11	596	28.1	14	23	34	23	3.8
II_{9-1}	硅质岩	0.24	0.28	3.70	93.06	1.36	0.04	0.044	0.016	0.15	0.51	0.010	38	8	10	13	150	9.6	14	20	110	24	3.6
II_{10-1}	硅质岩	0.36	0.17	2.28	93.04	1.53	0.11	0.046	0.010	0.05	0.38	0.043	204	19	15	42	146	20.0	21	24	172	25	3.6
II_{10-2}	硅质岩	0.93	0.30	2.91	91.66	1.38	0.07	0.081	0.005	0.03	0.41	0.010	108	20	11	13	150	5.5	20	24	177	24	3.7
II_{13-1}	含泥质硅质岩	0.24	0.34	4.56	87.97	2.35	0.08	0.123	0.019	0.02	0.33	0.014	267	55	26	13	1000	11.4	45	47	539	33	3.8
下$II(2)11-2H_2$	含泥质硅质岩	0.66		1.64	93.66	0.89	0.24	0.108	0.057		0.36	0.022	68	20	19	11	1000	19.6	15	27	52	26	3.7
$II(2)2-3H_1$	含泥质硅质岩	0.22		2.46	91.92	1.98	0.08	0.048	0.007	0.50	0.55	0.011	51	28	12	14	848	46.6	38	29	39	23	3.7
$II(2)2-3H_3$	含泥质硅质岩	0.18		2.07	94.36	1.11	0.10	0.024	0.008		0.35	0.007	96	27	12	10	281	39.2	14	21	48	20	3.8
榴江组平均值		0.41	0.42	2.67	91.89	1.57	0.12	0.075	0.021	0.17	0.49	0.018	94	25	21	15	400	24.8	24	27	123	25	4.0

表 3-21 桂西南地区晚泥盆世五指山期纯硅质岩系化学分析结果表

单位：%

样品号	样品名称	CaO	MgO	Al$_2$O$_3$	SiO$_2$	Fe$_2$O$_3$	FeO	P	S	MnO	K	Na	Zn	Cu	Sr	Pb	Ba	Co	Ni	Cr	V	B	Ga
下I2-3H$_2$	硅质岩	0.2		2.85	88.76	2.03	0.08	0.014	0.002		0.56	0.012	52	26	27	14	340	19.6	20	21	34	23	3.7
下I2-3H$_7$	硅质岩	0.3		2.07	92.24	0.97	0.08	0.009	0.002		0.39	0.010	40	26	11	14	900	20.2	36	20	28	20	3.7
下I2-3H$_9$	硅质岩	0.2		2.58	93.55	0.65	0.30	0.007	0.004		0.45	0.009	22	15	12	14	160	16.1	15	23	25	20	3.7
下I2-3H$_{11}$	硅质岩	0.26		2.03	95.98	0.47	0.28	0.007	0.003		0.36	0.010	45	8	11	14	150	68.3	19	24	22	21	3.6
I(2)2-3H$_2$	硅质岩	0.26		1.81	93.24	1.26	0.05	0.014	0.004	1.73	0.40	0.021	275	38	12	15	1000	33.4	332	20	71	34	3.8
下I(3)3-4H$_2$	硅质岩	0.26		2.73	93.12	1.08	0.13	0.006	0.002		3.55	0.046	61	47	10	14	1000	20.0	28	65	100	168	19.3
下I(3)3-4H$_4$	硅质岩	1.50		1.13	93.84	0.51	0.24	0.005	0.015		0.19	0.006	110	27	15	10	356	20	20	26	148	23	3.6
下I(3)3-4H$_6$	硅质岩	0.48		0.97	95.94	0.23	0.30	0.011	0.027		0.15	0.010	94	27	10	12	191	59.7	9	24	150	22	3.8
下I3-4H$_1$	硅质岩	0.33		1.22	92.07	1.69	0.12	0.018	0.008		0.18	0.004	52	28	29	11	751	64.4	39	26	21	23	3.7
下I4-5H$_3$	硅质岩	0.26		2.65	93.80	1.46	0.10	0.032	0.001		0.20	0.005	16	21	14	10	108	41.2	15	23	156	21	3.6
下I4-5H$_5$	硅质岩	0.16		2.56	93.04	0.93	0.06	0.019	0.004		0.32	0.006	17	14	15	10	400	7.80	20	27	281	25	3.6
下I1-7H$_1$	硅质岩	0.20		0.20	96.50	1.22	0.25	0.013	0.027		0.03	0.004	9	20	13	11	69	42.3	14	24	23	20	3.6
坑8		0.31	0.32	2.38	95.44	0.93	0.08	0.016	0.005	5.97	0.73	0.014	23	122	45	17	1000	120	95	20	292	21	3.0
坑18		0.35	0.35	0.43	95.20	1.06	0.36	0.008	0.496		0.03	0.004	10	3	12	15	66	24.0	15	23	27	22	2.7
五指山组平均值		0.36	0.50	1.84	93.05	1.08	0.17	0.013	0.043	3.85	0.33	0.012	83	30	17	13	464	40.4	48	26	98	33	4.7

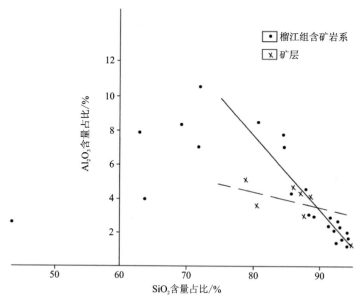

图 3-14 榴江组含锰岩系（硅质岩）SiO_2-Al_2O_3 的相关关系图

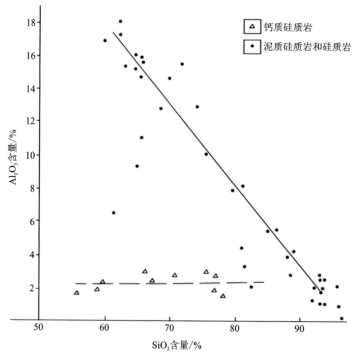

图 3-15 五指山组含锰矿岩系（硅质岩、钙质硅质岩、泥质硅质岩及灰质硅质岩）SiO_2-Al_2O_3 的相关关系图

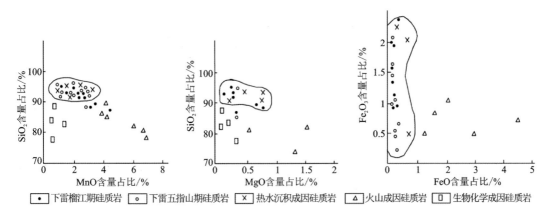

图 3-16 SiO_2-MnO 相关关系图、SiO_2-MgO 相关关系图、Fe_2O_3-FeO 相关关系图

泥岩系分析了 5 件样品,未见有纯的泥岩,仅见有灰质泥岩、硅质泥岩,其分析结果为,灰质泥岩平均化学成分:SiO_2 含量为 49.70%、Al_2O_3 含量为 2.01%、Fe_2O_3 含量为 0.67%、CaO 含量为 23.55%、MgO 含量为 0.55%、K_2O/Na_2O 均远大于 1,热源物质 Ba、B、Cr 的含量均较高,平均都大于 $562×10^{-6}$、$117×10^{-6}$ 和 $46×10^{-6}$;硅质泥岩平均化学成分为:SiO_2 含量为 57.69%、Al_2O_3 含量为 12.66%、Fe_2O_3 含量为 3.19%、CaO 含量为 0.81%、MgO 含量为 2.76%、K_2O/Na_2O 均远大于 1,热源物质 Ba、B、Cr 的含量也较高,平均值分别达到 $700×10^{-6}$、$306×10^{-6}$ 和 $76.3×10^{-6}$。由此可见,泥岩的沉积也受到热源的影响。

锰矿层共分析了 19 件样品,其平均化学成分:SiO_2 含量为 27.93%、Al_2O_3 含量为 3.03%、Fe_2O_3 含量为 7.80%、CaO 含量为 3.44%、MgO 含量为 1.66%、Mn 含量为 25.88%、P 含量为 0.065%、S 含量为 0.056%,Mn 品位较高,但 SiO_2、P 等也较高。热源物质 Ba、Zn 的含量均较高,分别为 $600.9×10^{-6}$ 和 $168.05×10^{-6}$,Al/(Al+Fe+Mn) 比值特别低,仅为 0.044,十分接近热液喷口处的金属软泥值。从 Mn-Al_2O_3 的相关关系图上可以看出 Mn 和 Al_2O_3 无任何相关关系,说明二者非同一来源。从 Mn-Fe 相关关系图(图 3-17)来看,二者呈正相关,表明 Fe、Mn 为同一来源。另外,从 Al-Fe-Mn 三角相图(图 3-18)可以看出,矿层的投点除个别外均落在热液沉积区。综合上述特征,说明矿物质来源和成矿作用主要受热液控制。

灰岩系共分析了 63 件样品,纯灰岩少见,其平均化学成分:SiO_2 含量为 0.94%、Al_2O_3 含量为 0.33%、Fe_2O_3 含量为 0.14%、CaO 含量为 53.76%、MgO 含量为 0.97%、Mn 含量为 0.03%、K_2O/Na_2O 小于 1,Ba 的含量很低,只有 $17.78×10^{-6}$。这些特征表明碳酸盐台地受热源作用的影响很小。

表 3-22 是下雷、茶屯、陇勒、壬庄、上硐等主干剖面采样测试分析的若干微量元素结果。

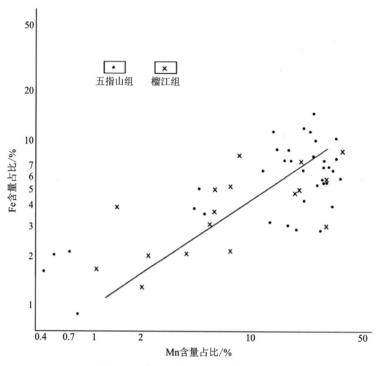

图 3-17 锰矿层 Mn-Fe 相关关系图

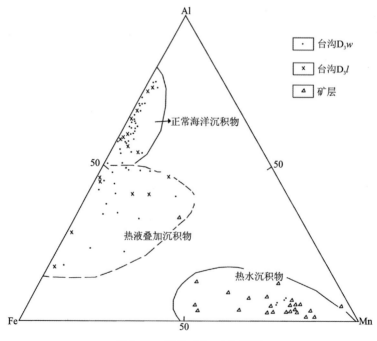

图 3-18 Al-Fe-Mn 三角相图

表 3-22 桂西南地区晚泥盆世不同相带和剖面微量元素变化特征表

沉积环境	样品名称	元素平均含量/($\times 10^{-6}$)										
		Zn	Cu	Sp	Pb	Ba	Co	Ni	Cr	V	B	Ga
台沟	茶屯-10	61.80	22.40	221.60	12.90	298.10	15.14	27.50	27.80	78.80	26.20	5.40
	下雷-11	67.18	36.09	191.00	32.56	404.64	46.69	119.64	39.09	164.00	68.91	17.35
	下雷坑道-10	46.90	28.40	91.40	30.00	145.30	56.22	165.00	24.60	33.00	54.20	7.75
台地	陇勒-10	12.00	13.00	136.80	13.10	18.00	8.53	38.10	22.20	28.60	13.50	4.89
	上硐-10	18.80	10.80	164.00	14.20	40.60	8.89	33.20	23.70	23.90	13.90	4.45
	壬庄-10	20.20	9.30	154.50	13.30	67.70	7.97	23.10	25.60	27.10	11.70	3.43

根据表 3-22 的微量元素结果绘制不同沉积环境微量元素变化情况图(图 3-19、图 3-20),由图可以看出,Zn、Cu、Pb、Ba、Co、Ni、V、B 等元素在台沟相中含量较高,而在碳酸盐台地中急剧降低,分界十分明显,说明这些元素主要分布在台沟相。另外,在(Co+Ni+Cu)×10-Fe-Mn 三角图相(图 3-21、图 3-22)中可看出,无论是榴江期还是五指山期,台地上的灰岩均落在正常海水沉积区域,基本上没有投点落在热水沉积作用的区域;在台沟中(图 3-23、图 3-24),榴江期和五指山期含矿岩系及矿层的投点除少数点外,绝大部分落在热水沉积作用区域内。

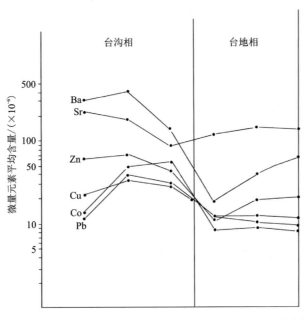

图 3-19 不同沉积环境微量元素(Pb、Co、Cn、Zn、Sr、Ba)的变化情况

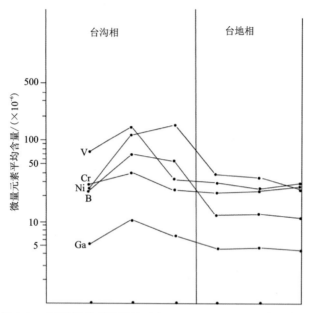

图 3-20　不同沉积环境微量元素(Cu、B、Ni、Cr、V)的变化情况

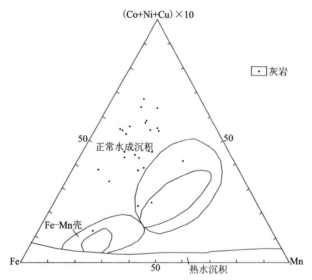

图 3-21　榴江期台地灰岩(Co+Ni+Cu)×10-Fe-Mn 三角相图

综合以上各方面的资料可知,台沟相沉积物,尤其是锰矿的物质来源和沉积作用主要受热源的控制,陆源物质有少量供给,而台地相沉积物受热源的影响不大。

2. 稀土元素地球化学特征

由于稀土元素在沉积作用过程中具有独特的地球化学行为,利用稀土元素探索矿床成因和物质来源也有着重要意义。

下雷矿区Ⅰ、Ⅱ、Ⅲ矿层轻稀土总量ΣCe为 0.018 5%～0.027 3%,重稀土总量ΣY为

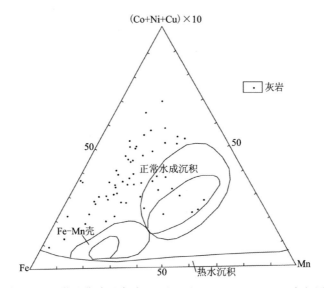

图 3-22 五指山期台地灰岩(Co+Ni+Cu)×10-Fe-Mn 三角相图

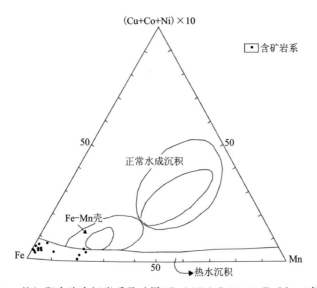

图 3-23 榴江期台沟含锰岩系及矿层(Co+Ni+Cu)×10-Fe-Mn 三角相图

0.005 98%～0.007 32%。通过编制下雷锰矿床稀土元素的球粒陨石标准模式曲线图(图3-25),并与以火山岩有直接成因联系的大型宁明膨润土矿床相比较,二者模式曲线图完全一样,均具有热水沉积的特点,即轻稀土富集,重稀土相对亏损,并且具明显的 $\sum Eu$ 正异常。至于 Ce 正异常,可能是因为锰质能特别吸附 Ce,而造成 Ce 富集。

下雷矿区两个硅质岩样品的稀土总量十分低,平均 $\sum REE$ 为 47.9×10^{-6},仍表现为轻稀土富集,重稀土亏损的特点。$\sum Ce/\sum Y$ 为 3.75,La/Yb 为 21.9,Eu/Eu$^{\cdot}$ 为 0.59～0.75,Ce/Ce$^{\cdot}$ 为 0.82,可与丹池地区泥盆系热水硅质岩对比(陈洪德等,1989),见图3-26。

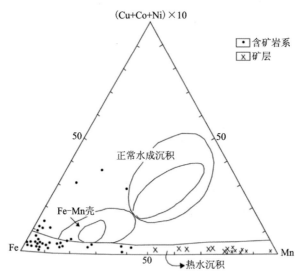

图 3-24　五指山期台沟含锰岩系及矿层(Co＋Ni＋Cu)×10-Fe-Mn 三角相图

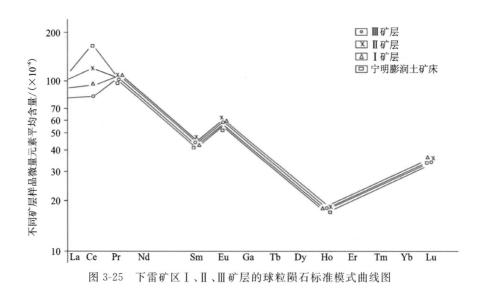

图 3-25　下雷矿区Ⅰ、Ⅱ、Ⅲ矿层的球粒陨石标准模式曲线图

3. 稳定同位素地球化学特征

稳定同位素在判别沉积环境和成矿条件方面有着广泛的应用,本次调研共测得碳、氧同位素 26 件,其中榴江组只有 4 件,且均位于台地,其他 22 件均为五指山组,大部分分布在台地上。在研究过程中,利用了部分前人的资料与本次测试结果一起分析。同时,由于榴江期稳定同位素资料不足,在分析时,将榴江期与五指山期一并讨论。碳、氧同位素的部分测试结果见表 3-23。

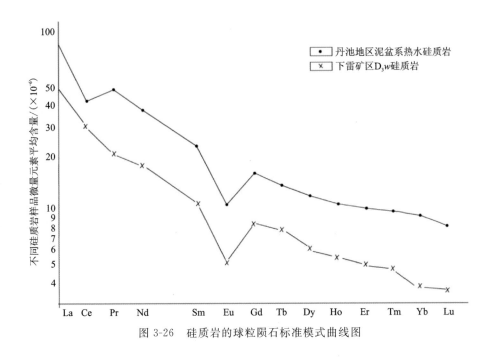

图 3-26 硅质岩的球粒陨石标准模式曲线图

表 3-23 桂西南地区晚泥盆世岩矿石碳、氧同位素分析结果表

序号	采样地点	地层	岩石类型	沉积环境	测定结果/‰		古地温/℃
					$\delta^{13}C$	$\delta^{18}O$	
1	下雷	D_3w	碳酸锰矿石	台沟	−6.06	−6.98	68.40
2	下雷	D_3w	碳酸锰矿石	台沟	−6.23	−10.48	93.32
3	下雷	D_3w	碳酸锰矿石	台沟	−3.87	−9.31	84.63
4	下雷	D_3w	碳酸锰矿石	台沟	−3.41	−10.81	95.83
5	下雷	D_3w	碳酸锰矿石	台沟	−1.71	−8.18	76.58
6	下雷	D_3w	碳酸锰矿石	台沟	−9.50	−7.72	73.40
7	下雷	D_3w	碳酸锰矿石	台沟	−8.32	−7.20	69.87
8	下雷	D_3w	碳酸锰矿石	台沟	−7.37	−7.45	71.56
9	下雷	D_3w	碳酸锰矿石	台沟	−2.83	−8.82	81.10
10	茶屯	D_3w	含锰硅质岩	台沟	−2.57	−7.73	73.47
11	茶屯	D_3w	碳酸锰矿石	台沟	−6.90	−6.71	66.61
12	茶屯	D_3w	硅质岩	台沟		−9.28	84.05
13	陇勒	D_3w	灰岩	台地	0.36	−5.64	59.70
14	陇勒	D_3w	灰岩	台地	0.77	−7.02	68.67
15	陇勒	D_3w	灰岩	台地	1.71	−6.98	68.40
16	陇勒	D_3w	灰岩	台地	1.85	−5.36	57.94
17	陇勒	D_3w	灰岩	台地	1.88	−6.11	62.70

续表 3-23

序号	采样地点	地层	岩石类型	沉积环境	测定结果/‰ δ¹³C	测定结果/‰ δ¹⁸O	古地温/℃
18	罗山	D_3w	灰岩	台地	1.78	−5.11	56.30
19	罗山	Dr_3	灰岩	台地	−0.71	−6.01	62.06
20	罗山	Dr_3	灰岩	台地	1.68	−3.17	44.89
21	罗山	D_3w	灰岩	台地	0.51	−5.99	61.93
22	罗山	D_3w	灰岩	台地	0.17	−4.30	61.47

由表 3-23 可以看出，在台沟相带中 $\delta^{13}C$ 介于 −9.50‰～−1.71‰ 之间，全部为负值。而在台地相带中，$\delta^{13}C$ 介于 −0.71‰～1.88‰ 之间，除个别样外均为正值。$\delta^{18}O$ 在台沟相介于 −10.81‰～−6.71‰ 之间，在台地相带介于 −7.02‰～−3.17‰ 之间，二者均为负值。从 $\delta^{13}C$-$\delta^{18}O$ 关系图（图 3-27）上可看出如下规律：台地上 $\delta^{13}C$、$\delta^{18}O$ 均从重碳、重氧向轻碳、轻氧的方向转化，$\delta^{13}C$ 的变化范围主要介于 +1‰～+3‰ 之间，变化不大。说明台地碳酸盐沉积基本上处于一种封闭系统中，属正常海洋碳酸盐沉积，受热液影响小。在台沟相中，$\delta^{13}C$、$\delta^{18}O$ 呈一反向演化趋势，即碳同位素向重碳方向演化，而氧同位素则向轻氧方向演化。矿层中 $\delta^{13}C$、$\delta^{18}O$ 的变化途径与台沟沉积物是一致的，差别在于后者分布范围更加轻氧和轻碳。这二者的演化趋势说明在沉积成矿作用过程中有地下无机碳的加入。

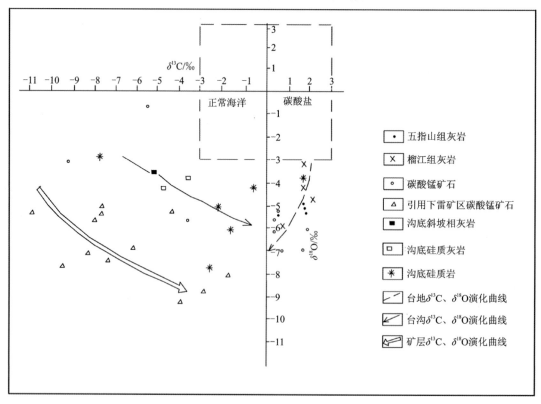

图 3-27　$\delta^{13}C$-$\delta^{18}O$ 关系图

氧同位素随着埋藏深度、古地温而变化，因此，它是成岩古地温计，可以据氧同位素计算埋藏古地温，其结果见表3-23。

从表3-23可以看出，台沟相沉积物古地温介于68.34～95.83℃之间，平均为78.24℃，而台地相沉积物古地温介于44.89～68.67℃之间，平均为59.42℃，表明在成岩过程中，台沟相受热源的影响比台地相要大得多。

硫同位素共利用了前人研究下雷矿床的24件黄铁矿硫同位素样，其结果见表3-24。其中矿层14件样，顶板4件样，底板3件样，夹层3件样。据表3-24编制下雷锰矿床硫同位素频率分布图（图3-28）。

表3-24　下雷锰矿中伴生黄铁矿的硫同位素结果表

采样部位	样号	$\delta^{34}S/‰$	采样部位	样号	$\delta^{34}S/‰$
16分层	T16	+6.42	Ⅱ矿层	T23	+20.91
11分层	6	+7.94	Ⅱ矿层	26	+21.615
10分层	5	+19.28	Ⅱ矿层	28	+23.75
10分层	19	+6.42	Ⅱ矿层	32	+24.51
Ⅲ矿层	1	+1.73	夹一	13	+6.96
Ⅲ矿层	2	+2.28	Ⅰ矿层	10	+7.94
Ⅲ矿层	16	+9.58	Ⅰ矿层	12	+4.24
Ⅲ矿层	18	+3.48	Ⅰ矿层	22	+31.60
"夹二"	4	+0.64	Ⅰ矿层	31	−32.60
"夹二"	9	+16.45	3分层	11	+4.78
Ⅱ矿层	3	−7.10	3分层	30	−5.68
Ⅱ矿层	8	+32.195	2分层	29	−24.21

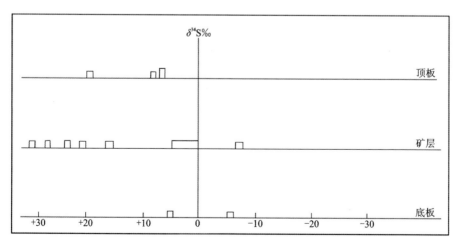

图3-28　下雷锰矿床硫同位素频率分布图

从表 3-24 中看出 $\delta^{34}S$ 频率大致在 3 个区间内：第一区间为 $-7.10‰\sim+9.58‰$，共 14 件样，占总样数的 58%，这部分的 $\delta^{34}S$ 主要来自火山作用；第二区间为 $+16.45‰\sim32.195‰$，共 8 件样，这一部分 $\delta^{34}S$ 的来源主要与硫酸盐细菌还原作用有关；第三区间为 $-32.60‰\sim-24.21‰$，只有 2 件样。以上 $\delta^{34}S$ 的分布规律可以说明，下雷锰矿床硫的来源主要是受热液的控制，部分与海洋硫酸盐细菌及其他生物有关。

(四) 成矿物质来源分析

锰矿成矿物质来源，以前研究者认为来自越北古陆，近年来一些研究者认为来自深部基性岩浆岩源。本次工作认为两者均有，但以海底隐伏基性岩浆活动带来大量锰质并沿断裂上升带入台沟底形成海相热水沉积成矿作用为主，越北古陆只供给很少一部分，并叠加在热水沉积锰矿中。

泥盆纪早期由于古特提斯洋的打开，在江南古陆南缘形成龙州-富宁北西向深大断裂，另一方面由于受大洋扩张作用影响，形成次级北东向下雷-东平走滑断裂，两者交会于越南广和县境。该交会处构造薄弱，引起较大规模隐伏的、与成矿期相当的岩浆侵入到海底地壳深部一定位置，岩浆期后大量含有锰、铁、碳等成分的热气溶液（即热卤水）沿断裂破碎带进入海底，同时受到高强热源的驱动，形成深层海水、地下水的对流循环运动。地下水渗滤溶解地壳中的锰铁等物质，并随上升的热水带入海底，为工作区锰矿的形成提供了丰富的物质来源。

深部基性岩浆活动带来大量锰质并沿断裂带上升引起海相热水沉积成矿作用，其证据如下。

(1) 在下雷等锰矿层中，11 个样碳酸锰矿 $\delta^{13}C$ 值变化范围 $-9.50‰\sim-1.71‰$，大多数在 $-8.32‰\sim-3.41‰$ 之间，平均值 $-5.34‰$，与岩浆源碳酸盐矿物或热液矿床中碳酸盐矿物中的 $\delta^{13}C$ 值非常相似，同时伴随而来的还有锰、铁及其他各种成分。

(2) 锰和铁在上泥盆统各类岩石中的含量一般都很低：锰含量 0.6% 左右、铁含量 2%~3%，矿层中大量的锰伴随较富集的铂、钴、镍等，局部还含有微量的铂、铜、铅、锌、砷等。这些元素组合与深源碳紧密结合同时出现，从沉积开始至终都是突变的，矿层与顶底板界线分明，因此认为锰与碳同源，主要来自深部基性岩浆源。

(3) 从沉积锰矿矿物组合也可看出锰质来源于深源热液。组成锰矿层的矿物成分极为复杂，除菱锰矿、钙菱锰矿、锰方解石、含锰方解石等碳酸锰系列矿物之外，还有蔷薇辉石、黑云母、锰帘石、阳起石、绿泥石、锰铁叶蛇纹石以及少量或局部较富集的钾长石、柘榴石、重晶石、赤铁矿、磁铁矿、褐锰矿、黑锰矿、黑镁铁锰矿、黄铁矿等。这些矿物大多数通常被认为属于热液矿物。虽然碳酸锰矿在外生常温条件下也可生成，但在泥岩-微晶灰岩、硅质岩-微晶灰岩微相中的碳酸锰矿物与蔷薇辉石等一系列热液矿物紧密相嵌，混杂组成薄层、微层和条纹状分布，二者应同为热液条件下的产物，锰质来源于深源。

(4) 下雷矿区、巡屯矿区（段）有大量豆鲕粒碳酸锰矿分布，豆鲕粒与蔷薇辉石等系列热液矿物在平面和剖面上分布均呈同步发育的特殊现象，表明锰矿豆鲕粒的成因与热液活动紧密相关。分析认为：热气液喷出口及其附近具有丰富的物质来源和较高温度的热水流动地带最有利锰矿豆鲕粒生成，低温滞水带不易形成豆鲕粒锰矿，也说明锰质来源于深部热卤水。

(5)对比根据汪金榜(1987)的资料编制的锰矿层和宁明膨润土矿床稀土元素的球粒陨石标准模式曲线(图3-25)来看,下雷矿区Ⅰ、Ⅱ、Ⅲ矿层和火山成因的宁明膨润土矿床的球粒陨石标准模式曲线图完全一样,具有热水沉积的特点,即轻稀土富集、重稀土亏损,并具明显的Eu正异常。至于Ce的异常,是由锰质特别吸附Ce而造成的局部富集所致。

(6)在锰矿层及围岩$(Cu+Ni+Co)\times10$-Fe-Mn三角图上(图3-23、图3-24),锰矿层全部投点落在热水沉积区域,围岩大部分投点都落在热水沉积区域,说明下雷矿区锰矿层形成过程中,明显受热水作用影响,围岩大部分亦受热水沉积作用影响。这部分受热水沉积作用影响的围岩,可能是矿层顶底板围岩。而台地上碳酸盐岩在三角图中,投点均落在正常海洋水沉积区域,说明锰矿层与台地沉积环境明显不同。根据下雷、茶屯碳酸锰矿石11件样品的氧同位素计算古地温为66.61~95.88℃,说明碳酸锰矿沉积时,古地温高,且距热源较近。

(7)从上述的锰矿层地球化学特征分析可看出,锰矿层及其顶底板围岩沉积时,明显受热水沉积作用影响。锰矿层矿石品位较高,平均值为25.88%,但SiO_2、P等含量也较高,分别为27.93%、0.065%,微量元素Ba、Sr含量也较高,分别为600.9×10^{-6}和228.3×10^{-6},另外热液元素Zn含量也较高,一般大于100×10^{-6},最高达1173×10^{-6}。$Al/(Al+Fe+Mn)$比值低,五指山期仅为0.044,十分接近热液喷口处的金属软泥值,说明锰矿沉积时,明显受到热水作用影响。矿层顶底板及所夹硅质岩,SiO_2含量达92.48%,Fe_2O_3等含量较低,K_2O/Na_2O远大于1,热液元素Ba含量较高,具有热水沉积硅质岩的特点。在矿层顶底板钙质泥岩和硅质岩中,热源物质Ba、B、Cr的含量较高,平均含量分别达663.07×10^{-6}、225.18×10^{-6}、63.33×10^{-6},K_2O/Na_2O远大于1,可见它们沉积时,也受热水作用影响。

(8)从Fe-Mn-Al三角图上(图3-18),可以看出锰矿石绝大部分投点落在热水沉积物区域,个别落在热液叠加沉积物区域,说明区域内沉积锰矿主要受热水沉积作用而形成,也受到一定程度的陆源供给的影响,这一陆源供给的影响来自越北古陆。

正因为海流从越北古陆带来了锰质,与大量岩浆期后含矿热卤水叠加,所以在喇叭状沟底前缘的下雷锰矿区南部、茶屯锰矿区(段)南部形成了较多的富锰矿和优质富锰矿。这从下雷锰矿区南部Ⅰ矿层平均含锆石、金红石、电气石等重砂矿物为106粒/kg,比矿区北部Ⅰ矿层平均含量35粒/kg高,同时区域南部的印支板块(包括越北古陆)缺失法门期沉积地层,可认为越北古陆当时正接受剥蚀作用,其风化剥蚀物向北运移,为矿区成矿提供了部分锰质来源。再从广西区域地球化学原生晕电脑处理结果也可看出锰元素一次趋势值呈北东—南西走向,与下雷-东平走滑断裂沟底亚相成矿带走向一致,三次趋势值的形态也和古构造线展布相吻合。矿床(体)的分布有从南西向北东、从富集到一般至矿点的规律,与从越北沿下雷-东平方向沿途成矿物质浓度递减相一致,也间接说明部分成矿物质来自越古陆。

从上述分析可知,区域锰质主要来源于地壳深部基性岩浆源,越北古陆只提供了很少一部分。

(五)聚集机制

有了丰富的锰质来源,还要有利于锰质聚集沉积的环境和场所,下面探讨有利于锰质聚集的沉积机制。

1. 半封闭的古地理环境

从古地理对成矿控制作用的分析可知,下雷—湖润地区位于下雷-东平台沟喇叭收敛的南部,为天等-上峒两海山所夹持,连接两海山的山垇在湖润东北部塘必一带,山垇狭窄,海底地形高、坡度大,从而水道狭窄,使得南部水流不畅,在下雷—湖润一带形成喇叭状、半封闭的较深海水环境,成为有利于碳酸锰矿的聚集场所。经对矿层、夹层及顶底板岩石中同生黄铁矿的硫同位素测定可知,含锰岩系自下而上有重硫增大的趋势(图 3-29),表明锰矿沉积时水体逐步趋向更加封闭的环境。

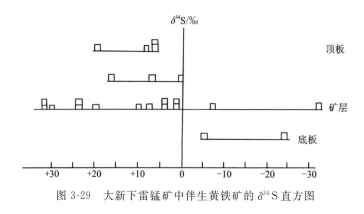

图 3-29 大新下雷锰矿中伴生黄铁矿的 $\delta^{34}S$ 直方图

2. 上升、循环的热卤水

由于断裂的作用,深部基性岩浆侵入至海底地壳深部一定位置,成为隐伏岩体,岩浆期后含有锰、铁、碳等成分的热卤水沿断裂破碎带上升进入海底,同时受到高温热液的驱动,形成深层海水、地下水的循环对流运动,地下水萃取地壳中的锰铁等物质并随上升的热水带入海底,由于温度骤降,氧逸度增大,CO_2 压力降低,在碱性和弱还原环境条件下,形成碳酸锰矿沉积下来。

3. 有利的物理化学条件

(1)根据下雷矿区 63 件样品的 pH 值测定结果分析(引自曾友寅等 1988 年《广西大新县下雷矿床地质研究》):锰矿层的 pH 值为 9.08~10.1,矿层底板的 pH 值为 8.42~9.9,矿层顶板 pH 值为 7.8~8.9,可以看出,当时碳酸锰矿沉积条件为碱性,只是碳酸锰矿形成时,碱性略有加强。有关资料分析,碳酸锰矿是在弱还原环境形成的,从而推断当时碳酸锰矿的沉积环境为中碱性弱还原环境。

(2)含矿岩系及矿层中普遍含有机质和碳质,它们的存在对锰质的浓集以至创造适宜锰矿沉积还原条件起到不可低估的作用。

(3)在含锰岩段,黏土质与锰矿相间呈毫米级纹层,块状矿石中也见水平带微层出现,而且矿层厚度大,说明沉积介质的物理化学条件和物源供给具有长期、相对稳定的条件。

4. 古生物

晚泥盆世区域海域古生物群有兰绿藻、有孔虫、放射虫、珊瑚、腕足类、牙形刺等,浅层海水蓝藻、颗石藻繁盛,藻类对低浓度金属水溶液中金属元素有很大的富集能力。研究者认为,蓝(绿)藻对锰最高可富集数千倍至2.6万倍,这样的富集能力足可以形成工业锰矿床。

兰藻对锰矿的富集表现在藻类生长繁殖过程中,一方面藻体本身捕捉、吸附锰质,另一方面在其进行光合作用的同时,宏观上改变了生长环境的物理化学条件,使其微环境的pH、Eh值升高,形成碱性弱还原环境,促使碳酸锰无机沉淀,形成菱锰矿、钙菱锰矿等。

(六)成矿模式探讨

五指山期(下雷式)是区域最重要的成矿期,据其成矿条件建立"下雷式"锰矿床成矿模式(图3-30)。由于晚泥盆世同沉积走滑断裂的作用,形成下雷-东平断陷深水台沟,五指山期基性岩浆侵入沟底地壳深部适当位置,含成矿物质的岩浆期后高温热气溶液,即热卤水沿断裂破碎带上升,在热力的驱动下,形成以热源上方为中心的深层海水、地下水的对流循环并淋滤萃取地壳中的易溶物质进入海底,在热液条件下,沉积大量碳酸锰矿。同时由越北古陆风化剥蚀带来的少量锰质在中碱性弱还原条件下沉积碳酸锰矿,与附近台地迁移的蓝藻等所捕捉吸附锰质,一起促成碳酸锰矿无机沉淀叠加在热水沉积碳酸锰矿上,形成区域沉积碳酸锰矿床。

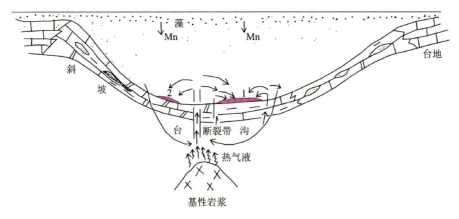

1. 下雷矿床;2. 湖润(茶屯)矿床。

图3-30 五指山期(下雷式)成矿模式图

在成矿作用过程中,由于沟底局部受次级断裂作用,再次塌陷,形成凹兜,进一步沟通隐伏岩浆源,更利于岩浆期后热卤水上升喷出、流动和深层海水、地下水循环。同时凹兜部位相对更加封闭,物理化学条件更有利于碳酸锰矿沉积,所以形成富而厚大的碳酸锰矿——"下雷式"锰矿。这些锰矿床主要属基性岩浆源热卤水-台沟深水、热水沉积叠加沉积锰矿床。

晚泥盆世早期即榴江期(土湖式)成矿较差,分析其成矿条件,由于处于下雷-东平同沉积走滑断裂形成早期,隐伏基性岩浆侵入之初,沿断裂破碎带上升的热卤水含锰质较少,与含硅质的热卤水呈间歇性反复上升喷发（土湖锰矿床Ⅱ+Ⅲ矿层的组成：微层状含锰生物碎屑硅质灰岩厚 2~50cm 与钙质硅质岩及硅质泥灰岩厚 2~10cm 互层，可以说明这个问题），由于含硅质高，溶液呈酸性，增加了锰质溶解。虽然有少量越北古陆来的锰质和藻类捕捉吸附锰质沉积叠加，在热水作用下，由于沟底局部凹陷处，沉积含锰生物碎屑硅质灰岩，原始含锰品位较低，只有经次生氧化后才具有工业意义。

四、桂西-滇东南大型锰矿勘查技术与评价课题研究成果

"桂西-滇东南大型锰矿勘查技术与评价"项目为国家"十一五"科技支撑计划课题（课题编号：2006BAB01A12），组织单位为国土资源部，负责单位为中国冶金地质总局，参加单位有中国冶金地质总局中南地质勘查院、四川省冶金地质勘查院、中南冶金研究所、成都理工大学、中南大学、浙江农林大学等。该课题从下列几个方面对大型锰矿勘查技术进行研究与归纳。

（一）地质学方法

1. 岩相古地理方法

（1）下雷锰矿带沉积环境分析。根据中国古海域沉积环境综合模式（关士聪，1980），结合区内特点，考虑海底地形、海水深度、潮汐作用、波浪作用、水动力能量、微相组合、沉积结构构造特征、生物组合与生态，以及古地理位置、古构造等因素，区内晚泥盆世可划分为碳酸盐台地相区（ⅠP）、陆间海槽区（ⅡT）2个相区，半局限台地相带（Ⅰ$_1$SR）、台沟相带（Ⅰ$_2$PT）、陆间海槽相带（ⅡT）3个相带，以及潮坪（Ⅰ$_1$-1TF）、潟湖（Ⅰ$_1$-2L）、台凹（Ⅰ$_1$-3PH）、边缘滩（Ⅰ$_1$-4MB）、斜坡（Ⅰ$_2$-1S）、沟底（Ⅰ$_2$-2TB）、海槽边缘（Ⅱ$_1$T$_1$MS）7个亚相，21个微相（表3-25）。

潮坪（局限台地）：位于紧邻陆地的小台地内侧，与陆地毗连，处于台地潮间至潮上环境，岩性为泥晶灰岩，双孔层孔虫泥晶灰岩、含砂屑泥晶灰岩、白云岩及少量细砂岩、泥岩，局部地区为纹层状含粉砂白云岩、碳质页岩、泥晶泥质白云岩、含膏白云岩夹石膏薄层。具有水平层理、透镜状层理、小型斜层理、纹层构造、鸟眼构造及示底构造。含少量层孔虫、介形类、腕足类等碎屑。

潟湖：为台地潮坪上的滩后凹地，海水流通不畅，环境较闭塞，处于潮下浅水低能带。岩性为泥晶灰岩、纹层状白云岩、双孔层孔虫屑灰岩及薄层泥岩。具有水平层理及块状层理，生物组合同潮坪。

台凹：位于小台地的中心平台部位，处于台地平均低潮面上下，潮汐及波浪的往返簸洗作用频繁，属潮间下部至潮下浅水高能带（相对高能）。岩性为核形石、藻鲕、砂屑、藻屑等组成的各种类型的颗粒岩，多数亮晶胶结，部分泥晶基质。具有水平层理、粒序层理、斜层理及交错层，生物稀少，偶尔见腕足类、藻屑类、介形类等碎屑。

台斜坡：下雷锰矿带中晚泥盆世五指山期锰矿就产于台沟相带中。台沟呈狭长槽沟状（图 3-31），分布于各个台地之间，与台地前缘一般呈裁切突变关系，局部有狭窄的过渡带。处于台地浪基面以下，属潮下较深水低能带。岩性为条带状泥晶灰岩、粉屑泥晶灰岩、花斑状泥晶灰岩、扁豆状灰岩、泥质灰岩、逢合线泥晶灰岩、硅质岩、硅质泥岩夹凝灰岩、凝灰质碎屑岩。水平层理、波状水平层理发育，局部具滑脱包卷层理。生物以浮游介形类、竹节石、牙形类为主，并有少量腕足类。

表 3-25 桂西南地区晚泥盆世晚期沉积相一览表

沉积期	相区	相带	亚相	微相类型及微相类型组合
五指山期	ⅠP 碳酸盐台地相区	Ⅰ₁SR 半局限台地相带	Ⅰ₁-1TF 潮坪	TF-1 含生物屑微晶灰岩微相
				TF-2 含生物屑微晶灰岩微相-白云岩微相
				TF-3 微晶球粒灰岩-白云质灰岩微相
			Ⅰ₁-2L 潟湖	L-1 微晶-亮晶粒屑灰岩-含鲕、球粒灰岩微相
				L-2 微晶-亮晶粒屑灰岩-白云岩微相
				L-3 微晶灰岩-白云质灰岩微相
			Ⅰ₁-3PH 台凹	PH-1 扁豆状微晶灰岩微相
				PH-2 条带状微晶灰岩-硅（泥）质岩微相
			Ⅰ₁-4MB 边缘滩	MB-1 亮晶砂屑灰岩-亮晶鲕粒灰岩微相
				MB-2 亮晶粒屑灰岩-肾形藻灰岩微相
				MB-3 生物屑微晶灰岩-亮晶粒屑灰岩微相
				MB-4 亮晶粒屑灰岩-鲕粒灰岩微相
				MB-5 生物屑微晶灰岩-亮晶鲕粒灰岩微相
		Ⅰ₂PT 台沟相带	Ⅰ₂-1S 斜坡	S-1 砂（砾）屑灰岩-微晶灰岩-硅质（泥）岩微相
			Ⅰ₂-2TB 沟底	TB-1 泥岩-微晶灰岩微相
				TB-2 硅质岩-微晶灰岩微相
				TB-3 硅质岩-泥岩微相
				TB-4 硅质岩微相
				TB-5 泥岩-硅质岩微相
	ⅡT 陆间海槽区	Ⅱ₁T₁MS 海槽边缘		TMS-1 条带状灰岩-扁豆状灰岩微相
				TMS-2 条带状灰岩-微晶灰岩微相

续表 3-25

沉积期	相区	相带	亚相	微相类型及微相类型组合
榴江期	ⅠP 碳酸盐台地相区	Ⅰ₁SR 半局限台地相带	Ⅰ₁-1TF 潮坪	TF-4 含生物屑球粒微晶灰岩-微晶灰岩微相
				TF-2 含生物屑微晶灰岩-白云岩微相
			Ⅰ₁-2L 潟湖	L-3 微晶灰岩-白云质灰岩微相
				L-4 含鲕粒、球粒灰岩-枝状双层孔虫灰岩微相
			Ⅰ₁-3MB 边缘滩	MB-1 亮晶砂屑灰岩-亮晶鲕粒灰岩微相
				MB-3 生物屑微晶灰岩-亮晶粒灰岩微相
		Ⅰ₂PT 台沟相带	Ⅰ₂-1S 斜坡	S-1 砂（砾）屑灰岩-微晶灰岩-硅质（泥）岩微相
			Ⅰ₂-2TB 沟底	TB-1 泥岩-微晶灰岩微相
				TB-2 硅质岩-微晶灰岩微相
				TB-3 硅质岩-泥岩微相
				TB-4 硅质岩微相
				TB-5 泥岩-硅质岩微相
	ⅡT 陆间海槽区	Ⅱ₁T₁MS 海槽边缘	斜坡	TMS-1 条带状（扁豆状）灰岩微相
				TMS-2 条带状（扁豆状）微晶灰岩微相
				TMS-3 微晶灰岩-泥岩微相
		Ⅱ₂T 海槽		T-1 硅质岩-泥岩微相
				T-2 泥岩-硅质岩微相

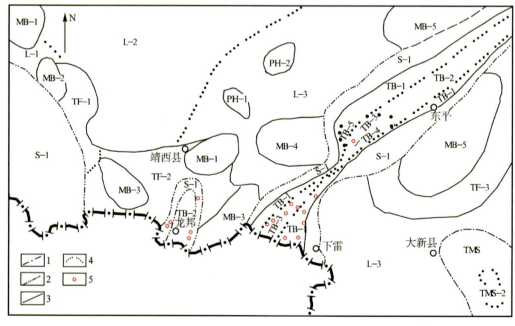

1. 相区界线；2. 相带界线及推断相带界线；3. 亚相带界线；4. 微相带界线；5. 矿床（点）。

图 3-31 泥盆世五指山期沉积相带及锰矿床（点）分布图

本书作者通过研究总结中国冶金地质总局广西地质勘查院提交的《广西大新县下雷矿区大新锰矿北、中部矿段勘探报告》《广西天等县东平锰矿区外围普查报告》,认为在下雷-东平台沟中产出的下雷、东平(矿石规模比下雷锰矿床还大)2个超大型锰矿床,含锰岩系中锰矿层产出的岩性段下雷锰矿床的岩性为钙质硅质岩、含碳钙质硅质岩,东平锰矿床岩性为硅质泥灰岩、含锰硅质泥灰岩,岩性纯度较高,并没有前文介绍的那么杂的岩性;至于泥岩类、硅质岩类,则是因为风化、淋滤作用使原岩中的钙质、碳质、黄铁矿等成分流失后在浅表形成的,原岩中的一些构造(如角砾状构造)很少见到,或是已模糊不清,无法辨认。

(2)南盘江盆地斗南锰矿带沉积环境分析。斗南锰矿带的含锰岩系为中三叠统法郎组(T_2f)。在法郎组沉积期,滇东南地区是一个南北两侧为康滇古陆和马关古陆环绕、南西侧以哀牢山古陆为屏障、北东与桂西南海盆相接的海湾环境(图3-32)。在白显—芦寨剖面,法郎组厚895m;在建水—甸房剖面,法郎组厚851m;根据实测甸房剖面资料,含锰岩系法郎组岩性如下。

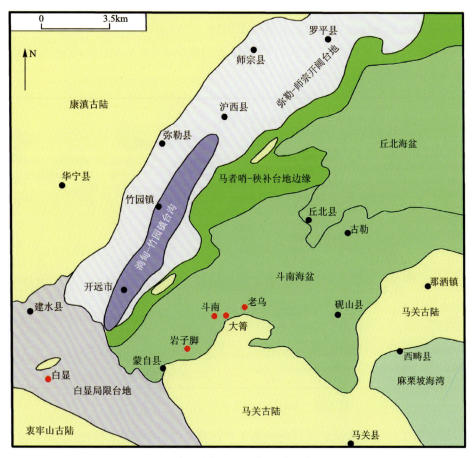

图 3-32 滇东南拉丁阶法郎组岩相古地理图

第六段(T_2f^6):微纹层泥岩、粉砂岩段,上部为深灰色薄层状粉砂质泥岩,层理发育。下部为深灰色薄层状钙质粉砂岩夹泥质粉砂岩。厚110m。

第五段(T_2f^5):上含矿段,顶部薄层状、透镜状砂质灰岩,上部为深灰色薄层状泥质粉砂岩、粉砂质泥岩夹不纯灰岩。中部以泥质粉砂岩为主夹砂质灰岩、含锰灰岩和锰矿层。下部为深灰色中厚层状粉砂岩。厚220m。

第四段(T_2f^4):下含矿段,深灰色薄—中厚层状泥质粉砂岩、粉砂质泥岩、粉砂岩、钙质粉砂岩夹锰碎屑灰岩及锰矿层。厚134m。

第三段(T_2f^3):紫色岩段,上部为紫红色疙瘩状(同生角砾状)灰岩夹泥岩,下部为紫红色中厚层状泥岩夹泥质粉砂岩。厚54m。

第二段(T_2f^2):灰绿色泥岩段,灰色、深灰色、灰绿色厚层状泥岩。厚132m。

第一段(T_2f^1):砂石黏土层。厚小于1m。

本书作者认为,斗南锰矿带中岩子脚锰矿、斗南锰矿、大菁锰矿、老乌锰矿等为滇东南最大的4个锰矿床,其规模只达到中型(图3-32,图3-33)。这几个锰矿床不是产于滇东南地区开远(淌甸-竹园镇台沟)台沟中,而是产于斗南海盆与马关古陆接壤处。法郎组(T_3f)与上三叠统鸟格组(T_3n)、中三叠统个旧组(T_2g)均为平行不整合接触,说明含锰岩系法郎组沉积之前的地层和沉积之后的地层均出露地表接受了剥蚀。含锰岩系岩石颗粒是较大的,一般为粉砂级到砂级(图3-34)。只是到了龙潭、土基冲岩石的粒级减小,为泥岩级,锰矿层数却也相应增多。

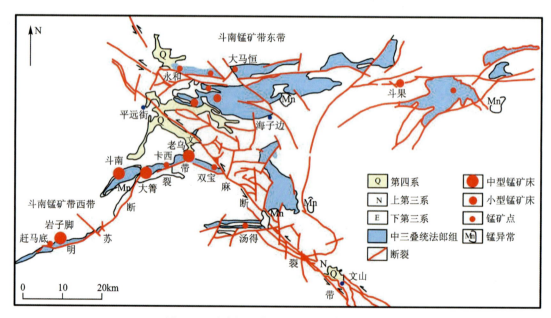

图3-33 斗南锰矿带锰矿床(点)分布示意图

这些都说明斗南锰矿带锰矿沉积时的地壳不是很稳定,海水深度较浅,水动力较大,锰质来源可能主要是马关古陆,数量有限。这些均不是锰矿形成时最有利的沉积环境和条件,因此也就不能形成大型乃至超大型锰矿床。而最有利的成矿岩相古地理,也是找矿最有希望取得重大突破的区域应是滇东南地区开远台沟(图3-32)。

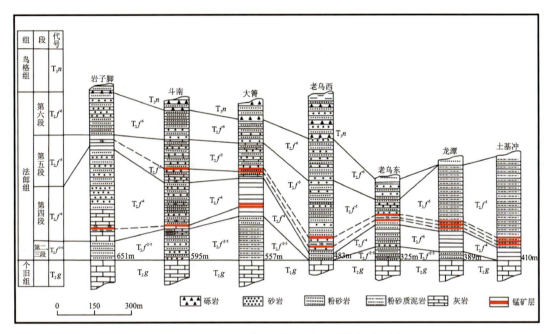

图 3-34　斗南锰矿带不同锰矿含矿层柱状对比图

2. 层序地层学方法

(1) 地层层序的构成。20 世纪 70 年代,P. R. Vail 等提出的层序地层学理论在沉积矿产,特别是油气资源勘探领域得到了广泛应用,同时勘探实践又进一步促进了层序地层学理论的发展,成为三维沉积体构型解析、地层等时对比和盆地沉积演化分析的有效手段。

层序是层序地层分析中的基本单位,是一套相对整一的、成因上有联系的地层,其顶和底以不整合和可以与之对比的整合界面为界。这里不整合是一个分开新老地层的界面,沿着这个面存在陆上和海底侵蚀削截的证据,或者存在陆上暴露的证据,并具明确的沉积间断。沉积盆地不整合面的出现,代表了沉积作用的中断,地层记录出现不连续。

根据层序底部的不整合界面类型,层序可分为两种类型:Ⅰ型层序和Ⅱ型层序。

Ⅰ型层序是指那些海平面相对下降超过退覆坡折点后形成的层序,其相对海平面下降幅度较大,使层序的早期顶积层上超在早先层序的坡积层上。

Ⅱ型层序是指那些海平面相对下降没有超过退覆坡折点后形成的层序,最低部位体系域称为陆架边缘体系域,其底界为Ⅱ型层序边界,而顶界是陆架的首次大的泛滥面,见图 3-35。

Ⅰ型不整合发育于快速的海平面下降、更迅速的构造沉降期。海岸线可能移至陆架边缘,沉积相迅速向盆地方向迁移,伴随着陆架下切谷的发育和海底峡谷的深切作用,陆表遭受广泛的侵蚀作用。碎屑岩块沿着峡谷体系被搬运至陆架斜坡的底部,形成广泛的低水位体系域。不整合面之下的高水位体系域遭受广泛的侵蚀作用。在碳酸盐体系中,由于台地边缘遭受严重的侵蚀及碳酸盐角砾岩和浊积岩向盆地迁移,暴露的台地可能导致发育广泛的喀斯特体系和内部溶蚀作用。

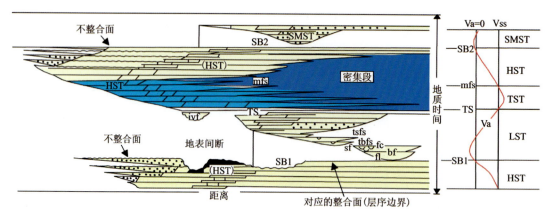

图 3-35 层序地层模式示意图

Ⅱ型不整合发育于相对海平面缓慢下降时期,其结果导致相域逐渐向海迁移,并伴随少量的陆上暴露和侵蚀作用。根据 P. R. Vail 等人(1987,1991)的观点,陆架边缘体系域形成Ⅱ型不整合。由于Ⅱ型不整合没有发育明显的侵蚀或大的相带迁移,因此在地震资料和露头中极难识别。

层序可进一步划分为体系域,它是同一时期具成因联系的沉积体系组合,是由副层序或副层序组形成的同期沉积体系的联合体,一般包括低(水)位体系域(LST)、陆棚边缘体系域(SMST)、海进体系域(TST)、高(水)位体系域(HST),见图 3-36。

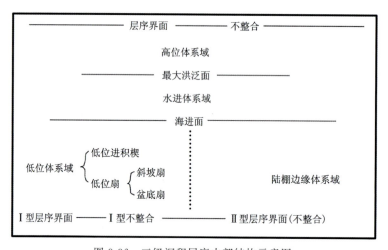

图 3-36 三级沉积层序内部结构示意图

低位体系域:下部由层序界面限定,上部由第一次海侵面限定,由盆底扇、斜坡扇和低位楔组成。它是在以相对海平面下降和随后的相对海平面缓慢上升为特点的阶段中沉积的。

海侵体系域:由初始海泛面和最大海泛面所限定的准层序组。这个体系域向上水逐渐变深,导致年轻的准层序向陆地方向推进。海进体系域沉积在相对海面上升、可容纳空间体积增加较沉积物供应快得多的时期。海进体系域的底面是位于低位体系域或者陆架边缘体系域顶面处的海进面。海进体系域内部的准层序在朝陆地方向上超到层序边界之上,在朝盆地方向下超到海进面之上。海进体系域的顶面是下超面。这个下超面也是个海泛面,上覆高位体系域内前积斜层的趾部下超其上。下超面以从退积式准层序组变为加积式准层序组为特征,并且是个最大海泛面。

密集段(凝缩段):是指在极缓慢速度下沉积的地层段,它出现在高水位期沉积与海进及低水位期沉积间的下超面上。密集段可以以丰富的、多种多样的浮游和底栖微生物组合、自生矿物(如海绿石、磷灰石和菱铁矿)、有机物质为特征。密集段代表大陆边缘饥饿性沉积时期内的缓慢沉积和作用,并且能够与下超面相对应。密集段分布范围很大,可以由盆地延伸到陆棚,薄层状稳定的沉积单元将滨海沉积与较深水的远海沉积联系起来,从而成为地层划分对比以及恢复古环境的一个关键沉积层段。密集段尽管沉积厚度很薄,但却占有相当大的时间变化范围。在区域性或全球性地层对比以及层序地层学研究中,密集段起着重要作用。

高位体系域:下部由下超面限制,上部由下一个层序界面限制的体系域。早期的高位系统域通常由加积准层序组成,晚期的高位系统域由一个或更多的前积准积层序组成。

层序地层学研究的关键是有关界面的识别,包括层序顶底界面、初始海泛面和最大海泛面。确定了这些界面,才能进行等时地层单元的侧向对比和层序内部体系域的划分。识别层序界面的最直接和最客观的手段,是对野外露头及钻井岩芯、电测曲线和地震反射标志进行研究。

在露头层序地层学研究中,层序界面类型的识别主要通过对重点地层剖面的野外精细的观察,综合分析区域岩石地层、生物地层时空分布状况来确定。通过对建水白显、砚山斗南矿区剖面的详细研究,根据层序界面对法郎组的三级沉积层序进行了划分,并根据收集的滇东南地区个旧组和法郎组剖面中的岩相类型、组合样式、垂向沉积序列、岩相突变关系的研究,进行区域对比。

(2)滇东南法郎组锰质富集的层序地层模式。锰矿的形成与磷块岩一样,常见于凝缩段和饥饿段。滇东南法郎组可作为这一沉积锰矿床的典型代表。区内含锰岩系的剖面结构特点是以粉砂质泥岩、泥质粉砂岩为主,夹数层层状锰矿及透镜状泥灰岩、泥屑灰岩、少量陆源碎屑岩类,局部矿层中还夹有数层薄层状含锰页岩、含锰灰岩,这表明沉积盆地的水介质条件出现了周期性的变化。其原因可能是高频海平面振荡引起的氧化还原界面的波动,扩大了锰矿沉积区域。这为形成富厚矿层创造了有利条件和充足的时间。但在中国南方海相地层中,锰矿聚集层位出现在层序地层格架内的不同体系域。这类型锰矿以石炭纪钦防海槽深水相中含锰硅质岩及含锰质结核层为代表,在这里锰质结核中含有镍和钴,具极薄层理。早震旦世的大塘坡、民乐、湘潭锰矿是在高水位体系域下部形成大型锰矿床,它的形成机理与磷块岩相似,是由于洋流上升,深部盆内饱和锰的海水上涌进入上杨子克拉通边缘或内部沉淀形成锰矿。产于古暴露面形成的锰矿可以以贵州二叠纪遵义锰矿为例,该锰矿周围的黔北、黔中广大地区,茅口组顶部常发育10m左右的硅质风化壳层,呈灰黑色,多喀斯特溶洞,质地松散。遵义锰矿可能是这套硅质岩风化过程中析出的锰在相对低洼地区沉淀形成的。

综合目前对不同时代不同沉积背景锰矿床的研究成果,普遍认为大型锰矿床的形成必须具备以下条件:①海平面迅速上升、微生物空前繁盛、海底缺氧还原及沉积物供应不足的沉积环境;②有障壁地形的局限碳酸盐台地、浅海陆架盆地作为锰矿沉积和聚集的场所;③陆源来源或海底洋流上升带来的多源锰质,同沉积断裂活动并发的热水也可能为盆地水介质提供了部分锰质;④海平面持续上升沉积的含有机质黏土、粉砂质黏土层保护了初始锰质软泥沉积不再溶解于海水之中发生迁移;⑤早期成岩作用过程中矿层与围岩的调整改造及锰质的迁移富集。

根据滇东南地区法郎组层序地层分析,目前这一地区最有利的找矿方向应该以凝缩段为主要方向(图3-37),这是因为:①凝缩段形成时期是海平面上升最大的时期,也是海水深度最大的时期,这时海底存在贫氧环境有利于锰质沉淀;②最大海泛期海岸线向陆地方向迁移,陆源碎屑物质供应相应减少,沉积速率降低,生物繁盛,有利于锰质化学沉积或被菌藻类吸附聚集,有利于优质厚矿层的形成;③凝缩段位于海侵和海退期之间,垂向剖面上往往是岩相转换界面,这也是海底沉积环境中海水化学状态变动最剧烈的时期,金属元素由于原有化学平衡改变而沉淀富集。

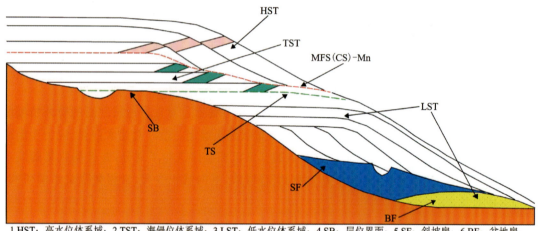

1.HST:高水位体系域;2.TST:海侵位体系域;3.LST:低水位体系域;4.SB:层位界面;5.SF:斜坡扇;6.BF:盆地扇;7.MFS:最大海泛面;8.CS:凝缩段;9.Mn:锰矿层。

图3-37 滇东南地区法郎组锰矿床沉积的层序地层模式

(3)关于地层层序在找锰矿中应用的讨论。本书作者认为,层序地层学理论虽然在沉积矿产特别是油气资源勘探中得到很大的应用,但其理论的基石是通过研究各类界面,特别是沉积间断界面,也就是说这一理论的基石是研究地壳在振荡过程中会形成什么矿产。而锰矿的形成,特别是大型、超大型锰矿的形成最重要的基础条件就是地壳要在较长时间内保持静止。也就是说,一个是研究地壳在振荡时期能形成什么样的矿床,一个则是研究地壳在较长静止时期能形成什么样的矿床。因此,应用层序地层学理论来研究锰矿形成原理,其研究的对象和区域似乎不在同一个频道上。如果不将方法的适用性放在首位,就可能会与大型、超大型锰矿床失之交臂。

3.构造地质学方法

锰矿床在沉积过程及形成以后均受到构造作用的影响,沉积过程中同生断裂的存在对成锰盆地的发育和成矿物质来源产生重要的影响;后期的构造抬升、褶皱、断裂会引起含锰地层的产状改变,有的含锰地层被掩埋,有的暴露地表;暴露地表的部分有的被侵蚀而消失,有的可能受到侵蚀作用较弱,表生化学风化促使锰质发生了富集,提高矿石的工业价值。

1)断裂构造

根据形成的时间不同,锰矿区的断裂构造可分为两类,一类断裂形成于沉积盆地发育阶段即同生断裂,另一类断裂形成于锰矿沉积之后即后期断裂构造。

(1)同生断裂。同生断裂不仅造成其两侧沉积盆地水深的不同,而且是热水作用、岩浆作用的重要通道,因此,同生断裂往往是不同沉积建造分界线和成矿的有利部位。同生断裂对锰矿形成具有明显的控制作用,如下雷-灵马断裂分布于靖西县地州、大新县下雷、上映以及天等县巴荷至武鸣区灵马一带,由一系列倾向东南、倾角40°~65°的逆冲断层组成,见图3-38。

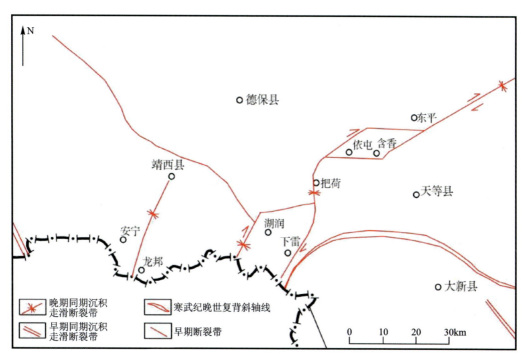

图3-38 桂西地区控相构造图

该同生断裂从海西期开始活动,在早泥盆世开始至早三叠世控制沉积相分布,断裂带内主要是较薄的深水台沟相硅质岩、燧石灰岩、灰岩、泥质岩沉积,断裂带外为较厚的台地相碳酸盐岩沉积。同生断裂也是热水活动和岩浆活动的通道,靖西县龙邦—岳圩一带有大量早石炭世中基性火山岩分布,天等—东平一带出露早二叠世中基性火山岩,平果—武鸣一带早、中三叠世火山岩厚度远大于周围地区。断裂对锰矿床的形成有重要影响,下雷、湖润、土湖、巴荷、上映、武鸣、龙怀、东平等一系列锰矿均沿该同生断裂带分布。

斗南锰矿带明湖-苏租、文山麻栗坡断裂是斗南锰矿带主要的断裂,该断裂在拉丁期属于同生断裂。成锰盆地位于下降盘一侧的斜坡外缘,锰矿在同生断裂带下降盘边缘呈带状展布。明湖-苏租断裂还是斗南锰矿带成矿物质的主要通道,海底热液沿断裂上升喷流至海底,由于物理、化学条件巨变,在适宜的聚锰盆地中沉积成矿。

(2)后期断裂。后期断裂构造对锰矿的影响主要有以下几个方面。

①断裂破坏了锰矿层的连续性,增加了找矿的难度,同时正断层拉大上下盘的距离,减少

一个地段的锰矿资源量,而逆断层则使得锰矿层发生重叠,增加一个地区锰矿资源量。

文山-麻栗坡断裂在新生代发展为左行平移断层,将斗南锰矿带切割成东西两个亚带。东亚带沿断裂向北西方向错移20余千米。明湖-苏租断裂由南向北大规模逆掩-推覆作用,南盘的中生代推覆在法郎组含矿层和锰矿体之上。因此,在明湖-苏租逆掩断层之下具有锰矿找矿前景。北盘与主断裂平行发育了一系列"入"字形逆冲断层切割含矿岩层及矿体,破坏其连续性,同时断裂重复在大箐锰矿远景区形成了五凤、独田矿段,见图3-39,扩大了找矿远景。

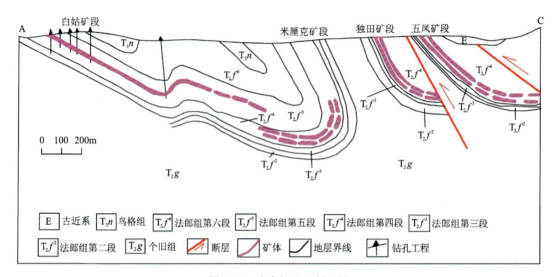

图 3-39　斗南锰矿区剖面图

②断层抬升一部分含锰地层,使其受强烈的风化剥蚀,锰矿层消失。如果剥蚀作用不强,沉积锰矿层在化学风化作用下,锰矿层发生进一步富集,形成次生氧化锰矿石。建水白显锰矿床,矿区内断层构造十分发育,除受到区域上北东向(弥勒-师宗)大断裂和北西向大断裂(红河大断裂)构造体系的控制外,还受到花岗岩体侵入的影响。矿区内已知断层有30多条,因此在地表水的作用下,锰矿表生风化作用十分强烈,整个锰矿床基本都是由次生氧化锰矿石组成,形成品位较富的放电锰矿石。

2) 褶皱构造

褶皱是许多锰矿床的重要控矿构造类型,其中向斜构造比背斜构造能更好地保存沉积锰矿层。向斜构造使锰矿深埋地下,从而锰矿床能较好地保存下来形成多数锰矿床,特别是大型的工业锰矿床都产于向斜构造中,如斗南锰矿带中的老乌、斗南、岩子脚等锰矿床都受斗南向斜构造控制(图3-40),岳圩-地州锰矿带中的龙邦锰矿、地州锰矿都受地州弧形向斜控制;下雷锰矿带中下雷锰矿、土湖锰矿、东平锰矿主要受上映-下雷向斜控制。

背斜构造使地形相对提升,加上转折端裂隙发育,容易遭受风化剥蚀,使得锰矿体遭受破坏,如果背斜的抬升不足以使原生锰矿层暴露于大气,从而使锰矿层免遭机械风化,则这种背斜构造可能有利于锰质表生富集和矿体顶部覆盖层的减薄,提高矿床的经济价值。

勘查中应当加强以向斜构造为重点的褶皱构造研究,查清形态、规模、产状,进而推测锰矿体形态、产状,结合两翼地表含矿层岩性组合、矿(化)层的分布,预测潜在的资源远景。

本书作者认为,背斜、向斜从其形成原理上讲本是两个相对的概念。一般来讲,背斜、向斜总是同时存在的,缺一不可;但是,自然界中还有单独存在的"伪向斜"。"伪向斜"是指在古老基底上天然存在的沟谷经后期沉积而形成的向形构造,是一种同生褶皱。"伪向斜"比较开阔,"核部"岩矿层的产状比较平缓,而在向斜两侧产状各有一个突变点,经此点后岩矿层的产状会大幅变陡,甚至倒转,具有这类特征的控矿构造再也不能将其定为向斜褶皱构造。

"伪向斜"这一构造类型也应引起足够的重视。否则,有些地质现象就会如同下雷锰矿床控矿构造一样无法得到解释。

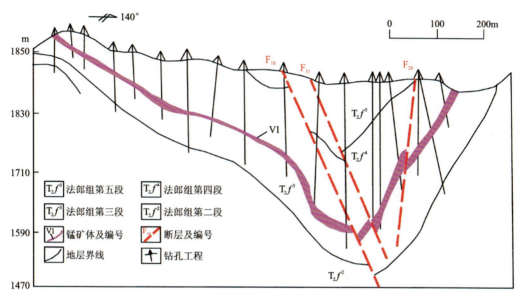

图 3-40　斗南锰矿戛科矿段 56 线剖面图

(二)地球物理方法

1. 地面高精度磁测

(1)磁性特征。对研究区已有地球物理资料分析可知,杨子地台主要锰矿区岩矿石磁性参数变化甚大。区域上优质锰矿石及与其有关的围岩的磁性特征见表 3-26。

表 3-26 显示,与优质锰矿有关的各个地质年代的沉积岩磁性微弱,其磁化率在 $n\times 10^{-3} \sim n\times 10^{-1}$($4\pi \times 10^{-6}$SI),剩余磁化强度为 $n\times 10^{-3} \sim n\times 10^{-1}$(A/m);各类优质锰矿石磁性一般较弱,但也有一定磁性。原生碳酸锰矿石磁性比氧化锰矿石强,其强度相差一个数量级,磁化率一般为 $n\times 10^{2}$($4\pi \times 10^{-6}$SI),剩磁一般小于感磁,氧化锰磁化率一般为 $n\times 10$($4\pi \times 10^{-6}$SI),剩余磁化强度一般亦为 $n\times 10^{3}$(A/m)。这种原生碳酸锰矿磁性大于氧化锰矿磁性、大于沉积岩磁性的明显变化规律为应用磁法寻找锰矿提供了物理前提,特别是在微磁性的沉积地层中寻找中弱磁性的优质碳酸锰矿提供了物探依据。

表 3-26 杨子地台主要岩型优质锰矿区岩矿石物性参数表

地区	岩矿石名称	磁性		电性	
		磁化率 $\kappa/(4\pi \times 10^{-6} SI)$	剩余磁化强度$/(A \cdot m^{-1})$	激化率 $\eta/(\%)$ 或充电率$(M)/10(mv \cdot v^{-1})$	电阻率 $\rho/\Omega \cdot m$
鹤庆	氧化锰矿	275.1	78.8	21.2	93
巴夜	氧化锰矿	8		11	4907
大新山	氧化锰矿	81.5	6.2	15.1	192
斗南	氧化锰矿	22	0.7	12.5	130
勐宋	氧化锰矿	60	24	5.3	2685
庙前	氧化锰矿	230	31	25	7500
下雷	氧化锰矿	185.1		6.1(M)	61.9
鹤庆	氧化锰矿	299.7	9.3	3.2	6060
大新山	氧化锰矿	1976.4	632.6	6	82
下雷	氧化锰矿	362.9		0.9	5330
桃江	氧化锰矿	195		2.8	3496
鹤庆	三叠系硅铝灰岩层			0.7	65 194
鹤庆	三叠系灰岩			3.3	19 873
鹤庆	三叠系灰岩			1.1	622
下雷	下石炭统灰岩	0.9		0.4(M)	348
下雷	泥盆系东岗岭灰岩	−1.1		0.1(M)	31 543
桃江	奥陶系石灰岩	35		1.6(M)	1099
勐宋	震旦系硅质板岩	13	0.1		
勐宋	震旦系泥砂岩板岩	3		3.7	1527
勐宋	震旦系黑色黏土			1.2	
勐宋	震旦系泥质千枚岩			2.7	1587
石屏	前震旦系泥质板岩	51	1	1.7	134
石屏	前震旦系白云质灰岩	1.2	3.9		3128
石屏	前震旦系砂质板岩			2.5	4287

本书作者认为,表 3-26 中的电磁性参数局限性太强。一是只列出、讨论优质锰矿石的磁性参数,未列碳酸锰矿石的磁性参数,却又与氧化锰矿的磁性进行对比讨论;二是只列出了氧化锰矿石的磁性参数,而不知道氧化锰矿石在一个锰矿床中所占的比例是多少。以下雷锰矿床为例,下雷锰矿床氧化锰矿石资源量仅占总资源量的 7.20%。

如果仅在氧化带中采取岩矿石标本测试物性,物性的代表性肯定是欠缺的,最终只能导致解译结论的不伦不类。

(2)地、磁资料对比。通过一系列的地质、磁法断面对比发现,不同的锰矿区、不同的剖面中含锰矿带的磁异常显示有一定的差异。

云南省砚山县斗南锰矿带斗南 1 号线地质剖面含锰矿带处于 $-20\sim10\mathrm{nT}$ 相对低磁异常显示,2 号地质剖面中的锰矿带处于 $0\sim40\mathrm{nT}$ 相对中磁异常显示。

云南省砚山县斗南锰矿带大箐 1 号地质剖面含锰矿带 V_1^3、V_2^3 在磁性剖面上处于 $-10\sim0\mathrm{nT}$ 相对低磁异常显示,含锰矿带 V_1^4、V_2^4 在磁性剖面上处于 $0\sim10\mathrm{nT}$ 相对平稳的磁性特征;大箐 2 号地质剖面含锰矿带 V_4、V_5 在磁性剖面上处于 $-40\sim10\mathrm{nT}$ 相对低磁异常显示,V_1^5、V_2^5 在磁性剖面上处于 $-60\sim-10\mathrm{nT}$ 相对低磁异常显示;大箐 3 号地质剖面 V_8、V_9 号含锰矿带处于 $-20\sim10\mathrm{nT}$ 相对低磁异常显示。

云南省砚山县斗南锰矿带龙潭 1 号线地质剖面含矿带处于 $-180\sim-30\mathrm{nT}$ 相对很弱的磁异常显示,龙潭 2 号线地质剖面含矿带 V_6^3、V_7^3、V_8^3 处于 $-30\sim-5\mathrm{nT}$ 相对较弱磁异常显示。

云南省砚山县斗南锰矿带岩子脚 1 号线地质剖面含矿带 V_1、V_2、V_3 处于 $-100\sim-5\mathrm{nT}$ 相对较弱磁异常显示。

本书作者认为,这些剖面中含锰矿带磁异常,一般较低,在很弱到低磁异常,中强度的磁异常很少,这就可能为找矿带来一定的干扰,因为在未知或是缺乏资料的前提下,这么低的异常很少会引起重视,而对锰矿不是很了解的地质技术人员、商业投资者就更不会注意,也丝毫提不起投资的兴趣。

2. 大功率激电测深

大功率激电测深是指在人工电流场-次场或激发场的作用下,具有不同化学性质的岩石或矿石,由于电化学作用将产生随时间变化的二次电场(激发激化场)。它包括电子导体的激发极化效应和离子导体的激发极化效应。影响激发极化效应的因素:一是岩矿石物质成分,一般电子导电矿物的激发极化强度较大,激化率(η)在 10% 以上;二是金属矿物的含量和结构,一般在同结构条件下金属矿物含量越多,激化率(η)越大;在金属矿物含量相等的情况下,浸染状结构矿石比致密状结构矿石的激化率(η)大;三是供电电流,电流密度在几十微安/平方厘米范围内,二次场电位差 ΔU_2 与供电电流 I 成正比,激化场电位差 ΔU 也同倍增大;此外,与供电时间还有密切关系。

总体上讲,锰矿层及其含锰岩系在充电率剖面上大多数表现为低充电率,在电阻率断面上大多也呈现低阻；少部分锰矿层与围岩在充电率剖面、电阻率断面上并无明显区别；极少部分在充电断面上呈现高充电率显示。

3. 瞬变电磁法

瞬变电磁法属于时间域电磁感应法，它利用不接地回线或接地线源向地下发送一次脉冲场，在一次脉冲场间歇期间利用回线或电偶极接收感应二次场，该二次场是由地下良导地质体受激励引起的涡流所产生的非稳电磁场。就基础理论而言，频率域电磁法和时间域电磁法是相同的，两者都是研究电磁感应二次场。但是，由于时间域方法在一次场不存在的情况下观测二次场，主要的噪音源不同于频率域电磁法，就此而言，两者不等价，时间域电磁法显示出更多的优点，比较突出的优点有：①由于观测纯二次场，自动消除了频率域电磁法中的主要噪声源-装置耦合噪声，噪声主要来自天电及人文电磁干扰；②时间域电磁法对于导电围岩和导电覆盖层的分辨能力优于频率域电磁法，并且测量既快又简单，更适合勘探工作的需要；③在高阻围岩条件下，没有地形引起的假异常。有限导电地质体瞬变电磁响应可以有一个具有电阻和电感的回线上的响应相等效，回线中的感应电压正比于二次磁场的时间导数。

总体来讲，锰矿层在TEM电阻率断面中均表现为相对低阻。很显然，这种解译很勉强。因为，整个断面上浅表均表现为相对低阻，若是由锰矿层引起，则锰矿层的厚度有几十米，甚至上百米，这在我国显然是不可能的。

4. 物探方法适用性评估

在云南砚山斗南锰矿带，由于锰矿带与其围岩在体效应中物性差异较小，电、磁断面上反应不是很明显，从而增强了利用电磁法勘探沉积型锰矿的难度。

地面高精度磁测由于受锰矿带（体）与围岩磁性差异小的原因，虽然在磁性断面上呈现出相对低的异常反应，但是异常反应并不是很明显，从而增加了判断异常是否是锰矿引起的异常的难度，故单独使用该方法勘查沉积型锰矿适用性较小。大功率激电测深具有抗干扰能力强、分辨率高、采集参数多等诸多优点，但在沉积型锰矿勘查中地球物理前提——锰矿带（体）与不同岩性围岩电阻率和充电率一致性较差的情况下，很难归纳为较为典型的找矿普遍的标志性特征，并且由于该方法勘探深度有限，单独使用该方法勘查沉积型锰矿适用性有限。瞬变电磁法存在垂向分辨较小的缺点，对于达不到其分辨率规模的锰矿带（体），其适用性很小。

在以上物探方法地质资料齐全的前提下，以及大功率激电的电阻率断面、充电率断面与地面高精度磁法的磁异常断面相互印证的情况下，有望在沉积型锰矿勘查中取得较好的效果。

5. 物探方法适用性探讨

本书作者认为，物探方法对寻找锰矿之类沉积型矿床效果不明显，甚至拿到物探成果解译图纸后地质技术人员一头雾水，与相应的地质剖面一一对应，地质剖面中若是圈定了锰矿层位置的还能勉强解译,但这类物探解译总让人感觉与地质现象之间是在拼凑;若是工作程度低,甚至属研究空白区,未圈定锰矿层的剖面就有些困难了,不知锰矿层的位置究竟应该圈在哪里。究其原因,主要有下列几个原因。

一是工作做得不细。受费用、时间、工作经验等因素的制约,物探的野外工作基本能按要求(设计)完成工作量,但物性标本往往采得不够,缺乏代表性。有的甚至不采物性标本,而是用邻近的,甚至是远距离相似、相近的矿区资料代替。解译的时候又往往与地质认识相脱节,最后拿出的图纸、成果也就必然是差强人意。

二是受工作程度的限制。对于工作程度低的区域或是空白区,采取岩性标本代表性必然差。虽然可以采到一些浅表的标本测试岩矿石物性,但浅表的岩矿石毕竟是氧化、风化后的产物,其岩矿石特征与深部原生岩矿石特征差异很大。如下雷锰矿床含锰岩系深部原生岩石主要为钙质硅质岩、含碳钙质硅质岩,但在氧化带内,经过氧化、风化后,钙质、碳质、黄铁矿等流失,浅表变为一套泥岩、硅质泥岩、泥质硅质岩、硅质岩等。这虽然是由同一套岩石演化而来,但由于碳质、钙质、黄铁矿等关键物质的流失,其物性特征应相差较大。因此,用根据浅表岩矿石的物性所圈定的异常,去判定、对比,甚至代替深部岩矿石所引起的异常,并试图解译,圈定深部锰矿层的位置、形态,显然这种解译容易出现较大的偏差,圈矿的准确性自然而然也会大打折扣,最终引起物探成果在找锰矿上应用的消极性。

由于大型、超大型锰矿床展布面积一般较大,施工1~2个钻孔采取深部岩矿石标本测试物性,代表性仍不是很好。多施工一些钻孔采取深部岩矿石标本测试物性,代表性是够了,但由于沉积型的锰矿床具有连续性好、矿石品位、厚度相对较稳定等特点,若是大面积、分布均匀地施工4~5个钻孔均见到锰矿层,已基本能确定锰矿床的存在,直接可以开展下一步较高程度的勘查工作,物探工作成果指导找矿的意义也就降低了很多,甚至会弃之不用。

三是受成因的限制。现代矿床学研究表明,大型锰矿床,或是超大型锰矿床形成的水深一般较大,水动力较弱,需经过漫长的化学沉积、生物及生物化学沉积,或是火山沉积作用才形成。这常常使得一套含锰岩系的沉积环境很接近,岩性也相同,或相近,如下雷锰矿床含锰岩系中第二、第三含矿段,岩性均为钙质硅质岩、含碳钙质硅质岩,厚35.92~151.92m。这么厚的岩矿石的物性相同,或是相近,这就为物探的解译工作带来极大的困惑,因为就目前的找矿成果来看,我国还未发现如此厚大的锰矿层。即便含矿段与其他围岩的物性差异较大,能引起明显的异常,也难以判断这些异常中是否会有锰矿层产出。

因此,要想物探工作成果真正能成为找矿的有效手段之一,就必须单独给时间、给经费,不要总是将其列为某个项目的附属内容,要在短时间内提交成果。

(三)地球化学方法

研究报告通过分析、研究桂西南龙昌、龙邦锰矿床水系沉积物地球化学特征、土壤地球化学特征、岩石地球化学特征,最后建立了地球化学找矿模型,并对地球化学方法在找锰矿方面的适用性进行了评价。

1. 地球化学找矿模型

（1）水系沉积物地球化学元素异常标志。水系沉积物的 Mn 元素异常面积一般大于 $5km^2$，Mn 元素异常比伴生元素 Ag、Mo、Cu、As、Zn、Ba、Ni 等元素异常范围大，Mn 元素异常高达 $n×100\,000×10^{-6}$，异常清晰，衬度大。

Ⅰ级水系沉积物 Mn 元素异常中心距赋锰地层 0～400m，并有 Ag、Mo、Cu、As、Zn、Ba、Ni、Sr 等元素异常；Ⅱ级水系沉积物 Mn 元素异常中心距赋锰地层一般为 100～500m，并伴随有 Ag、Zn、Cu、Ni、Ba、Sr 元素异常；Ⅲ级水系沉积物 Mn 元素异常中心距赋锰地层 2.2～3.2km，Mn 元素异常最高含量可达 $3000×10^{-6}$，并伴有 Cu、As、Zn、Ba、Ni 等元素异常。

水系沉积物异常其规模、强度一般与锰矿床的规模、含锰程度及其剥离程度有关，并受景观地球化学影响，受地形、地貌的影响也大。

鉴于上述水系沉积物元素地球化学特征及地质槽、井、钻探验证异常效果，建立了龙昌、龙邦锰矿赋锰地层水系沉积物元素异常找矿模型，见图3-41。

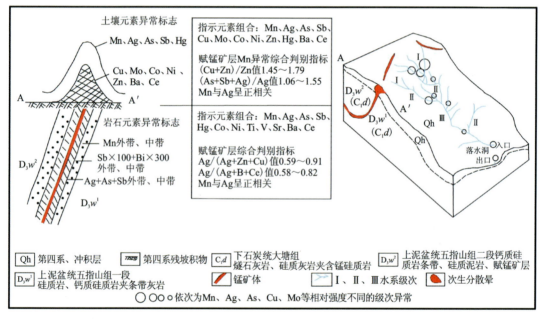

图 3-41 赋锰地层水系沉积物、土壤、岩石化学异常找矿模型图

（2）土壤元素地球化学异常特征。通过龙昌、龙邦优质锰矿床土壤化学测量研究，本区疏松层发育，覆盖较厚，在残坡沉积层中均形成了清晰、明显的异常。在赋锰地层上有 Mn、Ag、Hg、As、Sb、Cu、Mo、Co、Ni、Zn、Ba、Ce 元素异常，异常明显、清晰。其中，Mn、Ag、Hg、As、Sb 元素异常值高，范围较大，而 Cu、Mo、Co、Ni、Zn、Ba、Ce 等元素异常值低，异常范围略小。

在龙昌、龙邦锰矿区，含矿地层上覆土壤元素异常具有元素相关性，Mn 与 Ag 关系密切，呈正相关，其次 Mn 与 Ni、Zn、Ba、Cu、Pb、Bi、Sb、Ce 等元素呈正相关，As 与 Bi、Sb 呈正相关，Mn 与 V、Ti、Cr、Fe 等元素呈负相关。其土壤元素异常指示元素组合为 Mn、Ag、Hg、As、Sb、Cu、Mo、Co、Ni、Zn、Ba、Ce 等元素组合。

含矿地层上覆土壤元素异常存在元素对比值特征,(Cu+Zn)/Zn 值为 1.45~1.79,(As+Sb+Ag)/Ag 值为 1.06~1.56。

综合本区赋锰地层土壤元素异常特征,建立了综合评价找矿指标:本区找矿指示元素组合为 Mn、Ag、As、Sb、Hg、Cu、Mo、Co、Ni、Zn、Ba、Ce;Mn 与 Ag 呈正相关;(Cu+Zn)/Zn 值为 1.45~1.79,(As+Sb+Ag)/Ag 值为 1.06~1.56。

(3)岩石地球化学元素异常特征及找矿标志模型。区内含锰岩系五指山组第二段岩性中钙质泥岩锰的浓集克拉克值及富集系数分别为 5.84、13.98,而硅质岩浓集克拉克值及富集系数分别为 1.69、7.52,钙质泥岩、硅质灰岩的含锰量分别为本区第一、二位。

赋锰地层与围岩(顶底板)Mn 元素及其伴生元素具相关特征,在 95%置信度范围内,Mn 元素与 Ag、As、Sb、Hg、Co、B、Ba、Sr、Fe、P、Ce 等元素呈正相关,而与 Sb、Ag、Sr 等元素密切正相关,Mn 与 Ti、Cr、V 呈负相关。

在岩石地球化学于赋锰地层上、下盘形成 Mn 的中、外等异常,Ag+As+Sb 元素组合异常中包裹于锰矿层,与 Mn 元素中带异常宽度相当,Sb×100+Bi×300 元素组合异常与锰矿层上、下盘有中、外带异常,中带紧与矿体形态大小完全一致,异常宽度比 Ag+As+Sb 异常范围窄。

上述岩石地球化学异常表明,在赋锰地层部位有 Mn 元素的中、外带异常,Ag+As+Sb 组合异常的外、中带异常及 Sb×100+Bi×300 组合异常的外、中带异常。

在已知锰矿层上研究了元素对比值及其元素相关性。其中赋锰地层 Ag/(Ag+Zn+Cu) 值为 0.59~0.91,Ag/(Ag+B+Ce)值为 0.58~0.82,Mn 元素与 Ag 呈正相关,这 3 项指标是赋锰地层岩石地球化学异常综合评价指标,模型见图 3-41。

含锰岩系元素组合主要为 Mn、Ag、As、Sb、Ba 元素,但伴生有 Zn、Cu、P 等元素,其原因是含锰岩系并非由单一岩石组成。因此,评价含锰矿层最好采用岩石地球化学异常评价标志评价。其元素组合 R 型聚类分析见图 3-42。

Mn、Ag、Hg 等元素的密切相关隐含着热水活动对锰矿成矿的影响。

(4)异常工程验证。本区水系沉积物地球化学测量完成 280km^2,获得异常 15 处。土壤地球化学剖面测量 2025m,获得异常 7 处。从已获得的水系沉积物地球化学异常及土壤地球化学异常,分别参照相关找矿标志模型,并对标志模型进行综合分析研究,在判别化探异常时紧密结合地质情况,并注重分析异常源的地质构造特征。

水系沉积物异常以 Mn 元素异常为主,一般伴生有 Ag、Mo、Cu、Zn、As、Ni、Ba 等元素异常,研究异常元素的强度、规模。异常受景观地球化学的影响较大,受地形、地貌的影响也大。

土壤地球化学异常主要表现在含矿地层上的残坡积土壤中,元素组合为 Mn、Ag、Hg、As、Sb、Cu、Mo、Co、Zn、Ba,Mn 与 Ag 正相关,(Cu+Zn)/Zn 值为 1.45~1.79,(As+Sb+Ag)/Ag 值为 1.06~1.56。Mn 与 Ag 正相关及(Cu+Zn)/Zn、(As+Sb+Ag)/Ag 的值,作为判别含锰地层的综合指标。

利用上述综合研究方法对已获得的水系沉积物、土壤中的锰元素地球化学异常进行研究,判别与含锰矿层密切相关的化探异常,进一步完善了找矿模型,经过对龙邦、龙昌两个锰矿区的化探异常进行槽探、浅井和钻探工程验证,取得了较好的找矿效果。施工 Tc1、Tc2、

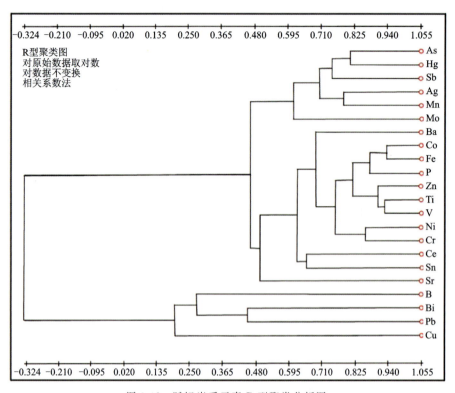

图 3-42 赋锰岩系元素 R 型聚类分析图

Tc3 探槽,分别对 Hs-7、Hs-10、Hs-6 这 3 个异常的浓集中心进行查证,证实 3 个异常浓集中心位于下石炭统大塘组中。该地层岩性以灰岩为主,夹 1~20m 的硅质泥岩、泥灰岩、泥岩,矿化较弱,局部可见锰泥。

施工 QJ4 浅井对 Hs-11 异常的浓集中心进行查证,见到含角砾状的锰矿层,锰矿层厚 0.52m,锰品位为 15%~20%,为上泥盆统榴江组地层中的锰矿层。施工 Tc5、Tc6、Tc7、Tc8、QJ48、QJ9、QJ10、QJ11、QJ12、QJ13、QJ14 等山地工程,分别对展布于上泥盆统五指山组地层的化探异常 Hs-7(Tc5)、Hs-8(Tc6、Tc7)、Hs-9(Tc8)、Hs-10(QJ9、QJ10)、Hs-6(QJ11、QJ12)、Hs-12(QJ13、QJ14)进行查证,均见矿。锰矿层厚 0.31~0.73m,锰品位 18%~49%。

施工 ZK1 钻孔对 Hs-10 异常浓集中心进行查证,在 124.15m 处见锰矿层,矿层厚 0.35m,锰品位为 32.77%;施工 ZK2 钻孔对 Hs-6 异常浓集中心进行查证,在 244.0m 处见锰矿层,矿层厚 0.75m,锰品位为 32.24%。

具体异常查证见矿情况见表 3-27。

2. 地球化学方法适用性评价

在龙邦、龙昌锰矿示范区开展的 1:50 000 水系沉积物化探扫面,获得土壤元素组合异常 7 处。由于地质工作与地球化学方法紧密结合,地球化学异常模型与地质构造特征相结合,经槽、井、钻探工程揭露,取得了较好的找矿效果。

表 3-27 桂西南龙邦、龙昌锰矿区化探异常查证情况一览表

矿区名称	水系沉积物异常编号	查证工程	见矿情况	备注
龙邦	Hs-7	Tc2501	见矿 0.30m,Mn 品位 38.92%	
		Tc5	见矿 0.46m,Mn 品位 39.04%	
		Tc0301	见矿 0.46m,Mn 品位 51.11%	
		Tc7	见矿 0.54m,Mn 品位 31.39%	
	Hs-8	YJ0601	见矿 0.35m,Mn 品位 47.40%	
		Tc6	见矿 3 层,1 层贫氧化锰 0.43m,Mn 品位 15.44%,1 层 0.43m,Mn 品位 15.82%,1 层堆积氧化锰,Mn 品位 19.04%	
	Hs-9	Tc11201	见矿 0.33m,Mn 品位 32.23%	
	Hs-10	Zk5201	47.84m 见矿 0.39m,Mn 品位 35.92%	
		Tc5601	见矿 3 层,1 层 0.37m,Mn 品位 30.52%,1 层 0.39m,Mn 品位 17.15%,1 层 0.53m,Mn 品位 15.89%	
		YJ5001	见矿 0.40m,Mn 品位 44.12%	
		Tc5001	见矿 2 层,1 层 0.34m,Mn 品位 45.14%,1 层 0.49m,Mn 品位 34.45%	
		Zk8003	127.50m 见矿 0.36m,Mn 品位 32.77%	
	92-2 线	Zk9401	见矿 7 层,累计见矿厚 2.39m,Mn 平均品位 31.33%,	土壤
	86-2 线	Zk8601	183.86m 见矿 0.82m,Mn 品位 28.79%	土壤
龙昌	Hs-6	Tc1003	见矿 0.56m,Mn 品位 37.12%	
		Tc1201	见矿 2 层,1 层 0.45m,Mn 品位 34.13%,1 层 0.50m,Mn 品位 30.80%	
		YJ0801	见矿 0.61m,Mn 品位 37.11%	
		YJ0802	见矿 0.51m,Mn 品位 39.25%	
		Zk2401	247.74m 见矿 0.75m,Mn 品位 32.24%	
	Hs-12	YJ3201	见矿 0.50m,Mn 品位 31.52%	
		Tc3201	见矿 0.70m,Mn 品位 36.78%	
		Tc3202	见矿 0.48m,Mn 品位 39.59%	
	北侧 03 线	Zk0302	39.92m 见碳酸锰矿 0.61m	土壤

异常见矿效果表明,该方法在锰矿示范区找矿效果明显,说明水系沉积物地球化学异常模型找矿是有效的。需要注意的是要继续研究异常源和异常与锰矿床的规模、含锰程度、剥露程度、景观地球化学、地形、地貌的关系。

在方法适当和利用多元素组合异常的基础上,化学方法也可以应用于锰矿的找矿勘查。

3. 地球化学方法适用性探讨

本书作者认为,地球化学方法在南方地区找沉积型锰矿床也会受到很大的制约,其成果一般只能作为参考,主要原因有下列几个方面。

一是由锰矿石的成分和锰矿层顶底板围岩的岩性决定的。南方沉积型锰矿床矿石的主要矿物成分为碳酸锰,碳酸盐类岩石在酸性环境中极易被化学分解。南方茂盛的植被腐烂、分化后刚好能提供大量的酸性物质,使丰富的雨水变成微弱酸水,形成酸性环境,碳酸锰矿很容易被分解。而锰矿层的顶底板围岩大多是硅质(或含硅质)岩类,相对碳酸盐岩类不容易被化学分化,这样就在锰矿层的顶底板形成两堵"墙",使分解后的锰质不易流失,就地堆积,或沿锰矿层的裂隙顺层堆积。因此,一般情况下,氧化带中的氧化锰矿石的品位要高于原生碳酸锰矿石品位8%～12%。也正是有两堵"墙"的作用,使锰矿层附近围岩及土壤中锰质含量的增加极其甚微。

二是由分化的方式决定的。南方一年四季、昼夜温差均较小。即使在夏季,白天阳光强烈,温度较高,茂密的植被也能挡住大部分阳光,使岩石不被阳光直照,吸收的热量有限,温度升高较小。夜晚气温降低,岩石的温度与气温相差不大,无法使岩石产生热胀冷缩,很难发生物理分化作用,锰矿层也不会崩塌,锰矿层围岩中的锰质也不会增加。这也是南方地区大型、超大型锰矿床展布区域极少发现堆积型锰矿床的重要原因。如下雷、湖润、龙邦地区虽然展布有超大型、大型锰矿床,但只在湖润锰矿展布区找到硐岜堆积型锰矿床,资源量规模也仅有20.64万 t。

在一些地区能发现一类堆积型锰矿床,这类堆积型锰矿一般有以下特点:锰矿颗粒小,大多呈圆状、次圆状,很少见到次棱角状,往往具有豆鲕粒状或类豆鲕粒状结构。品位低,含矿率也较低,一般为8%～18%,展布面积小,矿床规模也较小。很多时候,往往将这类堆积型锰矿床的成因设定为原生锰矿层经物理分化后锰矿块长途搬运、磨圆而形成。根据这一设定,往往会在周边地区寻找原生锰矿层,或锰帽型锰矿层,但效果一般不理想,常常让人百思不得其解。如果施工探矿工程揭露,也只能见到含锰一般为5%～8%的泥岩类(习惯上称为锰泥)。

这类锰泥硬度一般较小,在氧化带中以物理风化为主,以较弱的化学风化为次,低含量的锰质随地表水流动,以颗粒大的锰矿或是亲和的岩石细小颗粒为核,在流动过程中遵循"同质相吸、异质相斥"的规则,形成鲕粒,越滚越大,在低凹处堆积,大多形成堆积型锰矿床(点)。

三是由地球化学方法的特定技术要求决定的。如水系沉积物测量方法,要求在一级水系展布区采样,地势一般较低,而锰矿层一般展布于半山坡。采样物质以淤泥为主,粉砂为次。也就是说,采样物质中的锰有两个来源:①土壤中本身含的锰,即锰元素在土壤中的丰度;②由锰矿层,或是矿胚层(如锰泥)分化带来。正如第一点所述,由于锰矿层顶底板两堵"墙"的作用,锰矿层附近锰质的增加甚微,而在远离锰矿层露头的区域自然就很难圈出像样的异常。

四是由地球化学方法的精度(比例尺大小)、锰矿层的厚度决定的。比如地球化学详查常用比例尺为1:5000～1:10 000,采样密度点线距为100m×20m～500m×20m。地球化详查应是目前规范中规定的工作精度最高的地球化学工作,而其点距达到 20m。我国单个锰矿层的厚度大于 5m 就已经不多见了,20m 采一个样品,碰到锰矿层的概率就很低了。同样如第一点所述,偏离锰矿层的围岩中锰的含量就很低,接近丰度值,这样在锰矿层展布区也就圈不出什么像样的异常。

综上所述,要想地球化学方法在找沉积型锰矿之类的矿床能发挥作用,下列几点是应该值得注意的。

一是比较有效的地球化学方法毫无疑问是岩石土壤地球化学剖面测量。采样深度要足够,因为岩石表层锰的含量还是偏低。而根据大比例尺水系沉积物测量方法圈定的异常是否能以此找到原生锰矿床,或锰帽型锰矿床,有下列两种可能:若异常展布区地势较低,矿石呈次圆状、圆状,一般具有豆鲕粒,或类豆鲕粒结构。在此种情况下,以找堆积型锰矿床(点)为主,即使想追索锰质来源,一般也只能找到矿胚层,如锰泥层等;若异常展布区地势偏高,矿石呈次菱角状、菱角状,极少见到豆鲕粒,或类豆鲕粒结构。在此种情况下,应重点放在找原生锰矿床或锰帽型锰矿床。

二是地球化学方法的比例尺要尽量大,比如 1∶500,甚至 1∶200、1∶100,特别是要根据掌握的区域基础资料,根据区域含矿层特征,制定适当的点距。

三是若在半山坡上有锰的高值(一般会大于或等于锰矿的边界品位)异常点,就应沿着工作区内岩层的走向按照"V"字形法则进行追索,这时线距尽可以放大一些,点距则应根据追索的效果,作适当的调整;若是在低凹地区(如一级水系展布区)有锰的高值(同样一般大于或等于锰矿的边界品位)异常点,要根据低凹地区的形态来布置线距、点距。

总之,采用地球化学方法在南方找沉积型锰矿之类的矿床,要根据实验所取得的实际地质环境、不同的成矿背景等资料采用灵活的线距和点距,不要生硬地搬套规范中的内容。如果生硬地搬套规范中的数字,很可能会与大型,甚至超大型沉积型矿床失之交臂。

五、"广西大新—云南广南一带优质锰矿评价"项目综合研究成果

(一)项目取得的主要成果

(1)项目矿点检查的范围北至广西西林新街,南至广西那坡,东至云南富宁的洞波,西至云南麻栗坡,共完成矿点 18 个。对上述范围内的含锰岩系的种类及其锰矿层进行概略评价,根据含锰岩系的展布规模等,在全区初步圈定了云南富宁县花甲-归朝、广南县杨柳井、广南县扣来、富宁南部、麻栗坡、广西那坡等多个评价区,对锰矿层的赋存规律有了初步了解,并为评价工作打下基础。

(2)通过矿点检查,对上泥盆统、中泥盆统、下泥盆统、下石炭统及下三叠统等成矿有利地层进行初步评价。其中,在上泥盆统检查的矿点有广西西林的新街矿点,云南广南底圩矿点、那凹矿点、龙榔矿点、岜岭矿点,麻栗坡的八步矿点,富宁的至周矿点、大宝山矿点、毛风胜山矿点、平沙矿点、木都矿点及广西那坡的果腊矿点;在中泥盆统检查的矿点有云南广南的老龙矿点;在下泥盆统检查的矿点有云南广南的平邑矿点、董堡矿点;在下石炭统检查的矿点有云南富宁的安索矿点、睦伦多矿点;在下三叠统检查的矿点有广西那坡的百都矿点。除下石炭

统的矿点外,其他矿点均具有一定的工业价值。以上矿点中的底圩矿点、那凹矿点、龙榔矿点、岜岭矿点、新街矿点、八步矿点、百都矿点等均为本次工作新发现的矿点,并首次将下泥盆统芭蕉菁组定为本区的含锰岩系之一,可能会为以后的找锰地质工作提供新的找矿靶区和方向。

(3)通过地质草测及地表工程的施工,初步了解云南富宁花甲-归朝优质锰矿评价区的含锰岩系上泥盆统五指山组及其锰矿层展布规模大,其中含锰岩系走向延长大于80km,经地表工程控制矿体走向延长为37.77km,并大致了解锰矿层数量、赋存规律及矿石质量等。

(4)对湖润锰矿区、花甲-归朝优质锰矿评价区矿体的氧化深度、延深及矿石类型、质量有了初步了解,其中花甲-归朝优质锰矿评价区的锰矿体在各个矿段中氧化深度垂深在60～140m不等,在潜水面之上为氧化锰矿,潜水面之下为碳酸锰矿。锰矿资源量潜力大。

(5)通过钻探、浅井、探槽、剥土及民采坑道等采样工程,在湖润锰矿区圈定矿体2个、龙棒矿段圈定矿体8个、木都矿段圈定矿体5个、怀宁矿段圈定矿体3个、大宝山矿段圈定矿体3个、弄三盘矿段圈定矿体3个。

经估算共探获锰矿石资源量1 421.45万t,其中推断的内蕴经济资源量(333)优质氧化锰富矿石量19.77万t、推断的内蕴经济资源量(333)氧化锰贫矿石量24.01万t、推断的内蕴经济资源量(333)碳酸锰贫矿石量34.68万t、预测的资源量(334_1)优质氧化锰富矿石量389.98万t、预测的资源量(334_1)优质氧化锰贫矿石量20.31万t、预测的资源量(334_1)氧化锰富矿石量23.45万t、预测的资源量(334_1)氧化锰贫矿石量603.48万t、预测的资源量(334_1)碳酸锰贫矿石量305.77万t。

(二)评价区地质特征

1. 地层

广西大新—云南广南一带优质锰矿评价区内出露地层有寒武系、奥陶系、泥盆系、石炭系、二叠系、三叠系、古近系、新近系及第四系。由于郁南运动,本区缺失下古生界志留系,大部分地区还缺失奥陶系;广西运动(加里东运动)使本区下古生界褶皱形成上下古生界之间的角度不整合接触。龙州运动(柳江运动)使地壳缓慢上升,造成区域性的海退,使局部地区露出海面并遭受风化剥蚀,形成泥盆系与石炭系之间的平行不整合,同时,海盆地内某些低洼的水下盆地逐渐形成闭塞环境,这对沉积锰矿的形成具有重要意义。黔桂运动造成下二叠统栖霞组与上石炭统马平组之间的平行不整合。东吴运动形成上、下二叠统之间的平行不整合,并在二叠系底部沉积铁铝岩和铝土矿。苏皖运动形成早、中三叠世地层与晚二叠世地层之间的假整合,中三叠统上部地层超覆于上二叠统生物礁灰岩之上。印支运动结束了右江再生地槽的历史,并使上古生界和下、中三叠统全面褶皱,基本形成了目前所见的盖层构造形式。

2. 构造

评价区位于南华准地台右江再生地槽中,其三级构造单元有下雷-灵马坳陷、靖西-田东隆起及桂西坳陷,四级构造单元有那坡褶断带,构造线以北西向为主,次为东西向、北东向和南北向。

评价区褶皱的轴向以东西向或北北东向为主,主要有泗城岭背斜、上映倒转向斜、湖润-巴荷背斜(含九十九岭背斜)、摩天岭向斜、南劳坝背斜(花甲背斜)、锅厂山背斜、睦伦街向斜、扣来背斜、杨柳井背斜、阿用向斜、老英山向斜、小木米向斜、瓦厂向斜、芭岭等轴向斜等。其中,湖润锰矿区控矿构造为湖润-巴荷背斜、花甲-归朝评价区控矿构造为南劳坝背斜(花甲背斜);广南杨柳井评价区控矿构造为芭岭等轴向斜、杨柳井背斜;广南扣来评价区控矿构造为扣来背斜。

评价区的断裂以北西向和北东向为主,其中北西向断裂多为早期同期沉积走滑断裂,是深部含矿热液的导矿构造,如广南-大新断裂(F_1)。北东向断裂多为晚期同期沉积顺层走滑拉张断裂,是含矿热液的配矿构造,易形成优质富锰矿或富锰矿,在这两组断裂的共同作用下形成的拉张走滑盆地易形成大型锰矿床。

3. 岩浆岩

区域内岩浆岩主要为中生代基性至酸性侵入岩,面积小,分布零星。

(1)加里东期花岗岩:分布于德保县红泥坡背斜北翼,呈小岩枝产出,面积 0.1km²,为中细粒黑云母花岗岩,属铝过饱和中碱性—弱碱性岩石。

(2)印支期花岗岩:有钦甲岩体和老群岩体,呈近圆形的岩株产出,面积 43km²,侵入寒武系及中、下泥盆统,岩石矿物成分主要为斜长石、钾长石、石英岩,属 SiO_2 过饱和中碱性岩石。

(3)印支期辉绿岩:分布于靖西龙邦、地州-湖润、那坡坡荷、富宁阿用、花甲、洞坡等地,呈不规则脉状、环带状、岩株状产出,侵入下泥盆统—上二叠统灰岩夹硅质岩中,可分为辉长辉绿岩和辉绿岩。辉长辉绿岩常呈岩墙、岩株状产出,属 SiO_2 饱和弱过碱性岩石。辉绿岩呈极不规则的岩株状产出。

4. 区域矿产概况

区域上主要矿种有锰矿、铝土矿、煤矿、锑矿,次要矿种有金、铜、锌、锡、水晶、磷、萤石等矿产。

金矿主要产于那坡褶断带、西林-百色褶断带及不同时代侵蚀沉积间断面,主要为微细粒浸染型金矿床。目前该地区已发现该类型金矿床(点)50 处,是广西主要的采金地区。

铝土矿主要分布在右江断裂带的西南盘,集中产于平果县—田东县—田阳县—德保县—靖西县一带,产于碳酸盐岩构造的岩溶洼地中,有原生矿和堆积矿两种类型。该区有铝土矿床(点)20 多处,保有储量达 5.34 亿 t。

锑矿主要分布于区内木利、革当、理达等地,均为中低温热液交代型矿床,其中以木利锑矿较为有名。木利锑矿产于广南-大新断裂带北东侧的下泥盆统坡脚组中。广南-大新断裂为主要导矿构造,配矿构造为次一级的横张断裂。

煤矿以普阳煤矿、富宁煤矿为主,产于断陷盆地中,赋存在新近系上段浅黄色泥岩、泥质粉砂岩中。

锰矿广泛分布于大新、靖西、那坡、德保、田东、百色、田林、富宁、广南、西林一带,赋矿层位多,矿床类型多。

(三)评价区矿床地质特征

1. 含锰岩系特征概况

评价区内含锰岩系种类较多,主要有下泥盆统芭蕉菁组(D_1b)、中泥盆统东岗岭组(D_2d)、上泥盆统榴江组(D_3l)、上泥盆统五指山组(D_3w)、下石炭统大塘组(C_1d)、下三叠统北泗组(T_1b)。这些含锰岩系原岩均为浅海盆地相的硅质-泥质-碳酸盐岩建造。其特征简介如下。

(1)下泥盆统芭蕉菁组(D_1b):分布在广南杨柳井、平邑一带,见1层锰矿层,呈层状与围岩整合产出,矿层厚0.5~0.7m,地表为氧化锰矿,Mn品位为27%左右,深部矿层形态、矿石类型及质量有待进一步了解。

(2)中泥盆统东岗岭组(D_2d):分布在云南广南老龙一带,锰矿层分两层呈似层状、透镜状产出,其顶底板均为薄至中厚状硅质岩,矿石以优质氧化锰富矿为主,结构以微晶结构、胶状结构为主,构造有块状、薄层状、条带状、角砾状、碎块状等构造。

(3)上泥盆统榴江组(D_3l):主要分布于广西大新土湖及云南广南扣来一带,为浅海盆地相碳酸盐岩-硅质岩建造。含锰岩段位于该组上部,岩性为硅质岩、硅质灰岩夹多层锰质层-含锰灰岩、含锰硅质岩、含锰泥岩,品位较低,经表生富集形成多类型的次生氧化锰矿。

(4)上泥盆统五指山组(D_3w):广泛分布于广西大新下雷、靖西湖润、靖西龙邦、那坡果腊、田林洞弄、西林新街及云南富宁花甲-归朝、广南底圩、麻栗坡八步一带,典型矿床为下雷锰矿。

(5)下石炭统大塘组(C_1d):广泛分布于整个桂西南地区,为浅海陆棚凹槽相硅质岩、泥质碳酸盐岩建造,中上部夹数层含锰硅质岩和含锰灰岩,浅部形成淋漓型、锰帽型氧化锰矿床。典型矿床为宁干锰矿。

(6)下三叠统北泗组(T_1b):主要分布于广西天等、田东、德保三县交界部位。为近碳酸盐台地的浅海盆地相陆源碳酸盐岩建造。下部夹4~13层碳酸锰矿层,浅部形成锰帽型氧化锰矿。典型矿床为东平锰矿。

2. 矿体地质特征

评价项目选定的重点评价区有6个。其中花甲-归朝评价区在地质勘查、综合研究方面均取得了较好的成果。花甲-归朝评价区锰矿层主要富集在龙棒矿段、木都矿段、怀宁矿段、大宝山矿段及弄三盘矿段。各个矿段的相对位置见图3-43。因此,评价区内矿体地质特征以介绍花甲-归朝评价区的矿体特征为主。

花甲-归朝评价区含锰岩系为上泥盆统五指山组(D_3w),分布在南劳坝背斜、大宝山向斜、大板山背斜、木都背斜、安娜向斜、洞坡向斜等褶皱翼部、转折端,含锰岩系沿走向大于72km。共圈出22个锰矿体。各个矿体特征见表3-28。

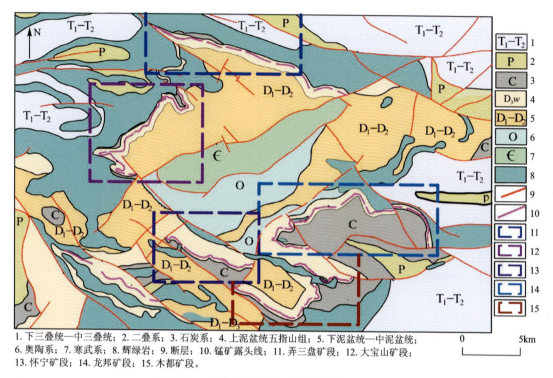

1. 下三叠统—中三叠统；2. 二叠系；3. 石炭系；4. 上泥盆统五指山组；5. 下泥盆统—中泥盆统；6. 奥陶系；7. 寒武系；8. 辉绿岩；9. 断层；10. 锰矿露头线；11. 弄三盘矿段；12. 大宝山矿段；13. 怀宁矿段；14. 龙邦矿段；15. 木都矿段。

图 3-43 花甲-归朝评价区各个矿段相对位置图

表 3-28 花甲-归朝评价区锰矿体特征一览表

矿段名称	矿层号	矿体号	长度/m	矿体厚度/m 极值	矿体厚度/m 平均	控制垂深/m	品位/% Mn	品位/% Fe	品位/% P	品位/% SiO$_2$	Mn/Fe	P/Mn
龙棒矿段	II	①	600	0.61	0.61	140	50.20	2.21	0.248	7.90	22.71	0.005
		②	600	0.89	0.89	140	47.66	2.34	0.084	7.71	20.37	0.002
		③	1555	0.39~0.51	0.47	140	44.51	5.29	0.357	11.87	8.41	0.008
		④	600	0.71	0.71	140	52.17	1.85	0.252	7.25	28.250	0.005
		⑤	2415	0.43~1.50	1.33	140	36.89	5.89	0.359	23.24	6.27	0.010
		⑥	600	0.95	0.95	140	41.73	6.33	0.342	15.00	6.59	0.008
		⑦	1860	0.54~0.78	0.69	140	30.71	3.17	0.132	36.14	9.67	0.004
		⑧	600	0.31	0.31	140	49.08	2.13	0.160	10.78	23.04	0.003
		合计	8830	0.39~1.50	0.91		40.39	4.42	0.270	19.53	9.14	0.007

续表 3-28

矿段名称	矿层号	矿体号	长度/m	矿体厚度/m 极值	矿体厚度/m 平均	控制垂深/m	品位/% Mn	品位/% Fe	品位/% P	品位/% SiO$_2$	Mn/Fe	P/Mn
木都矿段	Ⅱ	①	1355	0.53~0.78	0.58	85	35.28	7.67	0.257	24.62	4.60	0.007
		②	1875	0.55~0.63	0.56	85	31.79	4.18	0.182	34.23	7.60	0.006
		③	1295	0.50~0.63	0.56	85	41.26	2.25	0.229	25.33	18.32	0.006
		④	1360	0.56~0.57	0.69	85	32.80	4.12	0.284	34.47	7.96	0.009
		⑤	1765	0.41~0.66	0.67	85	35.84	6.37	0.321	24.42	5.63	0.009
	合计		7650	0.41—0.78	0.62	85	35.08	5.02	0.258	28.86	6.98	0.007
怀宁矿段	Ⅱ	①	4085	0.35~0.92	0.67	125	33.11	2.45	0.196	35.78	13.54	0.006
	Ⅲ	②	1680	0.55~0.63	0.61	125	28.98	1.65	0.157	47.20	17.52	0.005
	Ⅱ	③	530	0.50~0.63	0.55	125	25.30	5.90	0.192	38.11	4.29	0.005
	合计		6295	0.35~0.92	0.60	125	31.50	2.60	0.187	38.42	12.13	0.006
大宝山矿段	Ⅱ	①	8680	0.43~1.95	1.10	60	25.45	8.46	0.272	30.37	3.01	0.011
	Ⅲ	②	1325	0.51~0.71	0.62	60	28.59	7.25	0.211	31.49	3.94	0.007
	Ⅱ	③	2670	0.53~0.65	0.58	60	35.18	4.74	0.116	25.21	7.43	0.003
	合计		12675	0.43~1.95	1.01	60	26.83	7.93	0.249	29.81	3.38	0.009
弄三盘矿段	Ⅱ	①	1120	0.51	0.51	60	34.63	4.93	0.266	30.16	7.02	0.008
	Ⅲ	②	600	0.68	0.68	60	21.44	1.62	0.030	55.97	13.23	0.001
	Ⅱ	③	600	0.73	0.73	60	37.58	0.93	0.065	30.64	40.41	0.002
	合计		2320	0.51~0.73	0.61	60	31.67	3.01	0.150	37.50	10.52	0.005

(四)综合研究成果

1. 花甲-归朝评价区含锰岩系特征

"广西大新—云南广南一带优质锰矿资源评价"项目对花甲-归朝评价区含锰岩系特征进行了初步研究,收集到的富宁龙三盘至龙歪山剖面中划分有上泥盆统五指山组,其岩性特征又能与桂西南"下雷式"锰矿床上泥盆统五指山组含锰岩系特征进行对比,故将花甲-归朝评价区含锰岩系确定为上泥盆统五指山组。根据含锰岩系岩性特征,建立含锰岩系柱状图,见图 3-44。

花甲-归朝评价区含锰岩系特征如下。

(1)第一段(D_3w^1)。该段由第 1 分层组成,岩性为深灰色、灰黑色薄层状硅质岩,局部夹钙质硅质岩。

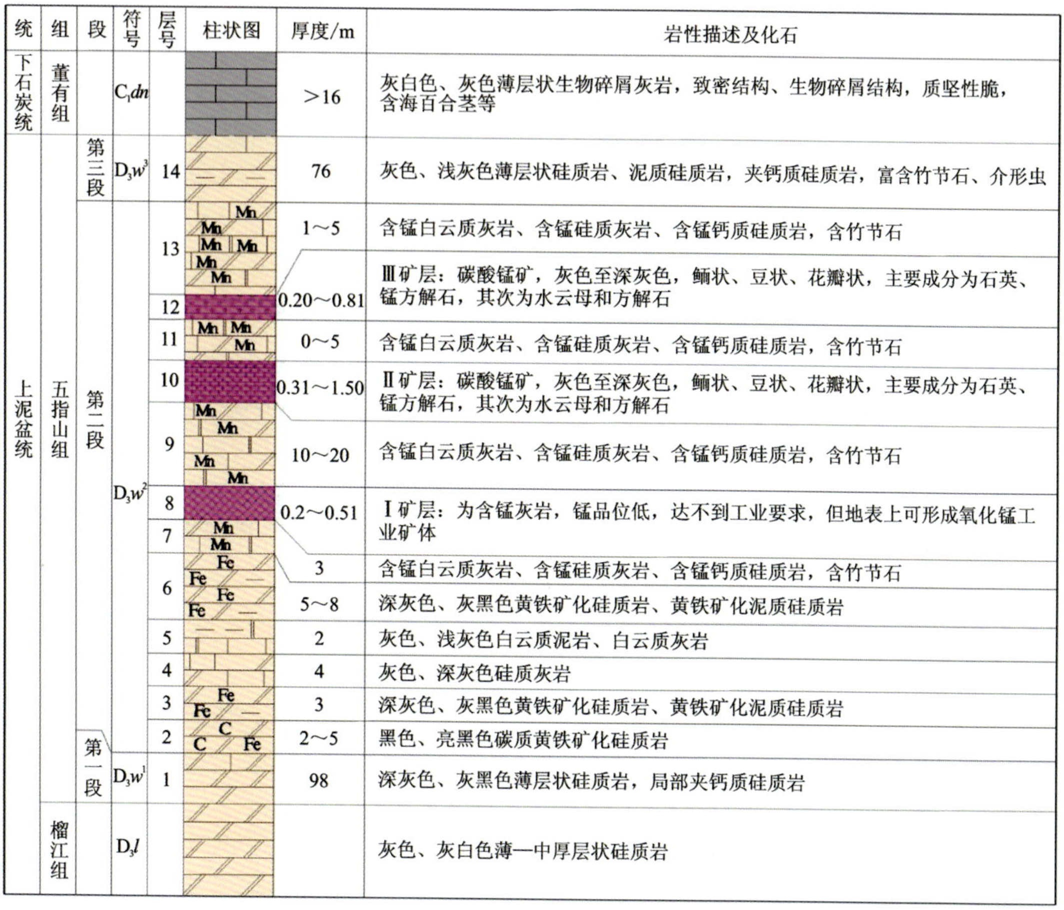

统	组	段	符号	层号	柱状图	厚度/m	岩性描述及化石
下石炭统	董有组		C_1dn			>16	灰白色、灰色薄层状生物碎屑灰岩,致密结构、生物碎屑结构,质坚性脆,含海百合茎等
上泥盆统	五指山组	第三段	D_3w^3	14		76	灰色、浅灰色薄层状硅质岩、泥质硅质岩,夹钙质硅质岩,富含竹节石、介形虫
		第二段	D_3w^2	13		1~5	含锰白云质灰岩、含锰硅质灰岩、含锰钙质硅质岩,含竹节石
				12		0.20~0.81	Ⅲ矿层:碳酸锰矿,灰色至深灰色,鲕状、豆状、花瓣状,主要成分为石英、锰方解石,其次为水云母和方解石
				11		0~5	含锰白云质灰岩、含锰硅质灰岩、含锰钙质硅质岩,含竹节石
				10		0.31~1.50	Ⅱ矿层:碳酸锰矿,灰色至深灰色,鲕状、豆状、花瓣状,主要成分为石英、锰方解石,其次为水云母和方解石
				9		10~20	含锰白云质灰岩、含锰硅质灰岩、含锰钙质硅质岩,含竹节石
				8		0.2~0.51	Ⅰ矿层:为含锰灰岩,锰品位低,达不到工业要求,但地表上可形成氧化锰工业矿体
				7		3	含锰白云质灰岩、含锰硅质灰岩、含锰钙质硅质岩,含竹节石
				6		5~8	深灰色、灰黑色黄铁矿化硅质岩、黄铁矿化泥质硅质岩
				5		2	灰色、浅灰色白云质泥岩、白云质灰岩
				4		4	灰色、深灰色硅质灰岩
				3		3	深灰色、灰黑色黄铁矿化硅质岩、黄铁矿化泥质硅质岩
		第一段	D_3w^1	2		2~5	黑色、亮黑色碳质黄铁矿化硅质岩
				1		98	深灰色、灰黑色薄层状硅质岩,局部夹钙质硅质岩
	榴江组		D_3l				灰色、灰白色薄—中厚层状硅质岩

图 3-44 花甲-归朝锰矿区上泥盆统含锰岩系柱状图

(2)第二段(D_3w^2)。该段为含锰岩段,由第 2~13 分层组成,锰矿层分 3 层赋存在该段的中上部。

第 2 分层:岩性为黑色、亮黑色碳质黄铁矿化硅质岩。该分层厚 2~5m。在地表局部地段见有出露,深部普遍存在。13 个钻孔中有 2 个钻孔未见到该层位,有 2 个钻孔该层位被辉绿岩破坏,其他均见到该层。该分层中富含碳、硫成分,硫主要以黄铁矿的形态产出,并且具有含碳越高,黄铁矿含量越高的总体特点。同时,该分层距Ⅱ矿层的距离稳定,分层厚 20~30m,可作为一个近矿找矿标志。

第 3 分层:岩性为深灰色、灰黑色硅质岩、硅质泥岩。黄铁矿化较强。

第 4 分层:岩性以浅灰色、灰色硅质灰岩、泥质灰岩、白云质灰岩、白云质泥岩为主。其中白云质泥岩在局部地段白云石含量相对较高,如 ZK10 钻孔所采集的编号为 BZK10-2 标本白云石含量为 27%。

第 5 分层:岩性为深灰色、灰黑色硅质岩、硅质泥岩。黄铁矿化较强。

第 6 分层:岩性主要为硅质灰岩或钙质硅质岩,含锰和白云石。

第 7 分层:为矿层底板。主要岩性为含锰白云质灰岩、含锰硅质灰岩、含锰钙质硅质岩。

第 8 分层：为 I 矿层，含锰灰岩，品位低，地表或浅部可形成氧化锰矿层。氧化锰矿层厚 0.28～0.51m，平均 0.41m，单样 Mn 品位为 7.66%～42.21%，平均为 24.05%。

第 9 分层：为夹一层。岩性主要为深灰色、灰黑色含锰钙质硅质岩。厚 10～20m。地层普遍含锰，含锰最高为 14.71%，大多数在 2%～3% 之间。

第 10 分层：为 II 矿层，以碳酸锰矿为主。碳酸锰矿层可分为两段，上段为铁紫色，下段为深灰色。两段碳酸锰结构、构造及成分均相同。矿层厚 0.3～1.50m，平均为 0.72m。锰品位在 19.24%～52.62% 之间，平均为 35.01%。

第 11 分层：为夹二层。岩性为深灰色、灰黑色含锰钙质硅质岩。厚 0～5m。地层普遍含锰，含锰最高为 4.65%。

第 12 分层：为 III 矿层。矿层厚 0.30～0.81m，平均为 0.53m，锰品位在 19.11%～33.64% 之间，平均为 25.59%。

第 13 分层：为矿层顶板。岩性主要为硅质灰岩或钙质硅质岩，含锰和白云石。

(3) 第三段（D_3w^3）。该段由第 14 分层组成。岩性为灰、灰白色硅质岩、泥质硅质岩夹钙质硅质岩。

2. 富宁龙三盘至龙歪山剖面地质特征

富宁龙三盘至龙歪山剖面由云南省石油队测制，被 1∶200 000 富宁幅（G-48-IV）区域地质调查报告（云南省地质局第二区域地质调查队，1978 年 2 月）所引用。剖面的具体内容如下。

上覆地层：下石炭统大塘组深灰色燧石团块灰岩。

～～～～～～～假整合～～～～～～～

上泥盆统五指山组：

20. 紫红色、浅黄色泥岩、页岩略等厚互层，夹粉砂岩薄层。含竹节石：*Vnicunus* sp.，*Striatostyliolina* sp.，介形虫：*Bertillonella* sp.，*Richiterina substriatula* Hou。层厚 74.0m。

19. 灰色中—薄层状灰岩夹黄、紫红色页岩。层厚 7.0m。

—————整合—————

上泥盆统榴江组：

18. 基性侵入岩。

17. 黄色页岩夹硅质条带，中部尚夹薄层泥岩。泥岩单层厚 5～8cm，含少量粉砂。硅质条带延伸不远而尖灭。层厚 40.6m。

16. 基性侵入岩。厚 8.2m。

15. 黄色中厚层状泥岩夹灰色硅质岩。泥岩单层厚 15～20cm，硅质岩单层厚 5～10cm。层厚 11.7m。

—————整合—————

中泥盆统东岗岭组：

14. 灰色薄层硅质岩，夹泥质薄层（厚 1～15cm）。层厚 16.9m。

13. 灰色、浅灰色中—薄层状硅质岩。层厚 38.7m。

12. 泥岩及页岩，层理、页理均不清晰。层厚 109.5m。

———————— 整合 ————————

中泥盆统坡折落组：

11. 深灰色硅质岩，底部与泥岩互层。层厚22.1m。

10. 掩盖。零星见浅黄色薄层泥岩。含竹节石：*Styliolina* cf. *fissurella*（Holl）.。层厚124.8m。

9. 深灰色灰岩，层理发育，局部含燧石团块。含竹节石：*Nowakia helynensis Boucek*；珊瑚：*Favosites* sp.。层厚54.3m。

———————— 整合 ————————

下泥盆统芭蕉菁组：

8. 灰色薄层状泥岩夹页岩，顶部含钙质砂岩透镜体。含腕足类：*Acrospirifer to-nkinensis*（Mansuy）和珊瑚：*Favosites* sp.。层厚131.8m。

7. 深灰、黑灰色中—厚层状细晶（局部含中晶）灰岩，层理发育，含燧石团块。沿层面见较多黑色干沥青粉末。含珊瑚：*Favosites* sp.，*Heliolites* sp.及层孔虫。层厚6.5m。

———————— 整合 ————————

坡脚组：

6. 黄色及浅红色泥岩，中—薄层状，夹少量页岩。含腕足类：*Dicoelostrophia* sp.，*Acrospirifer tonkinensis*（Mansuy）；珊瑚：*Calceola* sp.及苔藓虫、三叶虫。层厚33.0m。

5. 灰色、深灰色中—厚层状灰岩，含少量燧石团块。含珊瑚：*Favosites* sp.及层孔虫。层厚31.2m。

4. 浅黄色中—薄层状泥岩。含腕足类：*Dicoelostrophia* sp.。层厚112.4m。

3. 深灰色厚层、块状灰岩，含燧石团块及条带。含珊瑚：*Thamnopora* sp.，*Favosites* sp.及层孔虫。层厚43.9m。

2. 浅红色、浅紫红色泥岩，顶部为黄色及浅黄色，普遍含少量粉砂质。富含腕足类：*Dicoelostrophia* sp.，*Acorspirifer tonkinensis*（Mansuy）；珊瑚 *Calceola* sp.及三叶虫等。层厚272.9m。

———————— 整合 ————————

下泥盆统"翠峰山组"：

1. 黄色、浅黄色、褐色泥岩夹少量浅黄色页岩。泥岩风化后显薄层状，局部含钙质及铁质结核。层厚95.3m。

———————— 不整合 ————————

下伏地层：奥陶系浅黄色、青灰色长石石英砂岩，细—中粒，中—厚层状，风化面呈灰黑色。

3. 结论

综上所述，根据龙三盘至龙歪山剖面及花甲-归朝锰矿区含锰岩系特征与桂西南"下雷式"锰矿床含锰岩系特征有可比性，并在花甲-归朝锰矿区探获一中型锰矿床，如果后期加强对深部的控制，有望探求一个大型，甚至超大型锰矿床。因此，可将桂西南上泥盆统台沟相由滇桂省界向西扩展至富宁断层,形成统一的成锰盆地,即桂西-滇东南成锰盆地,见图3-45。这将大大扩展桂西晚泥盆世台沟相的展布面积,使桂西、滇东南的广大地区成为最有利的找锰基地,在中泥盆统,上泥盆统榴江组、五指山组,下石炭统大塘组,下三叠统北泗组,中三叠统法郎组等地层中可寻找到沉积型、锰帽型、淋积型、堆积型、洞积型锰矿床。

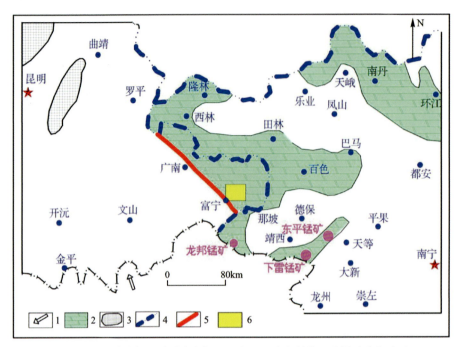

1.海侵方向;2.台沟相;3.古陆或隆起区;4.省界;5.富宁断裂;6.花甲-归朝锰矿区。

图3-45 桂西-滇东南成锰盆地略图

后续2个国家财政项目在桂西-滇东南台沟内找矿也取得了初步成果。

2007—2010年由中国冶金地质总局中南地质勘查院广西分院具体执行的"广西那坡-云南麻栗坡锰多金属矿资源评价"项目通过矿点检查,在台沟内发现一定数量的锰矿点。在上泥盆统发现的锰矿点有云南富宁发达寨矿点、彪卜矿点及那坡坡荷大果腊矿点;在下泥盆统发现的矿点有富宁的坡油矿点;在中石炭统发现的矿点有富宁的安索矿点;在上二叠统发现的矿点有富宁鸡咀山矿点、龙洋矿点、团保矿点、理达矿点等。

2017—2018年由中国冶金地质总局广西地质勘查院提交的"云南广南地区矿产地质调查"项目成果报告在云南省广南县那凹锰矿区下三叠统石炮组(T_1s)圈出一中型锰矿床。

云南省广南县那凹锰矿区:锰矿区位于广南县城以北木底大坡—那凹—木桶井—板宜水库一带,矿区范围东西长约4.2km,南北宽0.9~1.6km。地理坐标为东经105°01′15″—105°05′38″,北纬24°04′53″—24°06′18″,面积9.055km²。

矿区含锰岩系为下三叠统石炮组(T_1s),按其岩性组合特征划分为3段。总体岩性为钙质硅质泥岩、泥灰岩、硅质泥灰岩、砂质泥岩、砂质泥灰岩夹数层锰矿层。共控制4层锰矿,Ⅰ矿层厚0.5~1.66m,含Mn品位为4.68%~15.69%(单样),Ⅱ+Ⅲ矿层厚0.57~1.69m,含Mn品位为2.67%~15.53%(单样),Ⅳ矿层厚0.50~2.52m,含Mn品位为9.92%~

15.15%（单样）。

那凹锰矿区共圈定 8 个氧化锰矿体。矿体展布长 150～4000m，矿体厚 0.5～2.52m，平均厚度为 1.11m。初步估算预测的资源量（334$_1$）氧化锰矿原矿矿石量 241.80 万 t，原矿平均 Mn 品位为 11.40%。具中型—大型锰矿床的资源潜力。

第四节 矿石利用情况

下雷锰矿区大新锰矿是矿区内上泥盆统五指山组锰矿石采选技术最成熟的。大新锰矿隶属于中信大锰矿业有限责任公司大新分公司，现改名为南方锰业集团有限责任公司大新锰矿分公司。

大新锰矿设计生产规模为年采选原矿 30 万 t。氧化锰矿设计产品有 4 种，即三级冶金锰块矿、二级冶金锰粉矿、二级电池锰子砂、三级电池锰子砂。碳酸锰矿设计产品有硫酸锰、电解金属锰、电解二氧化锰（EMD）。

一、氧化锰矿石利用情况

（一）加工技术性能

矿山在 1963—1983 年先后采取了多个实验室规模的选冶试验样及两个工业规模的选冶试验样。试验结果表明，各试验样品均能选出富锰净矿石，但以 1983 年广西冶金研究院等单位所做的两个工业试验的选别效果最好，详见表 3-29。试验报告于 1984 年由锰矿技术委员会组织审查鉴定，认为试验结果可做设计依据。

表 3-29 大新锰矿氧化锰矿流程方案工业试验结果表

产品名称	产率/%	品位/%			Mn 回收率/%	产率/%	品位/%			Mn 回收率/%
		Mn	TFe	P			Mn	TFe	P	
二级电池锰子砂	/	/	/	/	/	9.13	51.08			15.04
三级电池锰子砂	8.62	46	11.52	0.19	15.03	11.76	43.02			18.11
二级冶金锰粉矿	13.36	37.23	11.67	0.20	18.85	19.69	37.12			24.93
三级冶金锰块矿	/	/	/	/	/	17.27	34.18			20.13
三级冶金锰粉矿	13.31	31.23	11.82	0.19	15.75	5.47	34.45			6.43
四级冶金锰块矿	30.15	32.68	9.96	0.18	37.34	/	/	/	/	/
产品合计	65.44				86.97	63.32				84.64
废石	/	/	/	/	/	1.26	8.69			0.37
尾矿	34.56	9.95			13.03	35.42	12.40			14.99
原矿	100	26.39			100	100	29.32			100

1985年11月,冶金部长沙黑色冶金矿山设计研究院根据上述两个工业试验样的选矿工艺流程与试验结果,以及矿山之后10年供矿(原矿含Mn品位28.95%)的实际情况,重新设计了年处理30万t原矿的洗选厂,其产品方案及选别指标见表3-30。矿山生产实际与选矿工业试验数据基本相符。

表3-30 洗选厂选矿主要指标

产品名称	产率/%	产量/(万吨/年)	品位/%				Mn/TFe	P/Mn	锰回收率/%
			Mn	MnO_2	TFe	P			
二级电池锰子砂	5.7	1.70	49.91	72.87	7.02	0.155	7.10	0.003 0	9.83
三级电池锰子砂	9.41	2.80	44.52	65	11.52	0.100	3.87	0.004 0	14.48
三级冶金锰块矿	18.53	5.559	33.45		10.82	0.198	3.09	0.005 9	21.41
二级冶金锰粉矿	32.11	9.666	35.13		10.82	0.198	3.24	0.005 6	38.94
产品合计	65.75	19.725							84.66
尾矿	34.25	10.275	12.97						15.34
原矿	100	30	28.95		8.52	0.211	3.52	0.007 3	100

(二)放电性能

下雷锰矿区内氧化锰矿主要含锰矿物为软锰矿、硬锰矿、隐钾锰矿、恩苏塔矿、拉锰矿和偏锰酸矿,主要为天然二氧化锰,具良好的放电性能。123个放电样试验结果表明:区内Ⅰ矿层的矿石放电性能最好(间歇放电时间平均为1001min),次为Ⅲ矿层(间歇放电时间平均为967min),Ⅱ矿层最差(间歇放电时间平均为916min)。

氧化锰矿石制成电池后立即放电的平均间歇放电时间与矿石含锰高低成正比。据试验:MnO_2含量为48%~55%的矿石,放电时间为800min;MnO_2含量为55%~63%的矿石,放电时间为870min;MnO_2含量为63%~71%的矿石,放电时间为970min;MnO_2含量为71%~79%的矿石,放电时间为1035min。

二、碳酸锰矿石利用情况

(一)加工技术性能

下雷锰矿区在1963—1985年间,先后采集实验室规模试验的样品28件。运用原矿破碎湿式强磁选、原矿化学加工处理(水冶法)、富锰渣试验、分级磁选、浮选、重选等13种方法试验。矿石矿物和脉石矿物呈显微细粒(一般为0.005~0.001mm)相互嵌布,属难选矿石。

根据上述各样品的试验结果,初步认为采用原矿破碎湿式强磁选的选别效果较好。在矿石混入有20%的夹层和顶底板围岩的情况下,精矿锰含量可以达到或略为超过矿层地质品位的目的。强磁精矿经烧结后,可获得含锰30%以上的三级冶金锰产品。含锰22%左右的强磁精矿还可以制成碳酸锰粉,用作化工锰制品原料。其代表性试验成果是:1976—1979年冶金部马鞍山矿山研究院对下雷锰矿碳酸锰矿石所进行的湿式强磁选试验成果,详见表3-31。

表3-31 马鞍山矿山研究院碳酸锰矿石选矿试验结果

矿样	产品名称	产率/%	品位/%			Mn/TFe	P/Mn	锰回收率/%	试验流程	磁场强度/MT
			Mn	TFe	P					
东区Ⅰ、Ⅱ、Ⅲ矿层混合样	精矿	70.67	23.30	7.29	0.09	3.20	0.003 9	89.46	一次粗选一次平扫	11 000
	尾矿	29.33	6.62	3.60				10.54		12 000
	原矿	100.00	18.41	6.21	0.115	2.96	0.006 2	100.00		
西区岩芯混合样	精矿	63.30	23.62	6.16	0.12	3.83	0.005 1	84.85	同上	同上
	尾矿	36.70	7.27	4.80				15.15		
	原矿	100.00	17.62	5.66	0.095	3.11	0.005 4	100.00		

注:1.矿样配比为原矿占80%,夹石及顶底板围岩占20%;2.矿石入选粒度为0~5mm;3.该试验结果可作为矿山选矿厂设计的依据。

近年来,大新锰矿为适应市场需要,反复进行选冶试验研究,利用区内丰富的碳酸锰矿石资源,生产出了满足市场质量要求的硫酸锰、电解金属锰、电解二氧化锰(EMD)等产品,取得了较好的经济效益。并据此认为该区含锰大于15%~20%(原暂定表内矿)的矿石,当前是可以开采利用的。

1. 硫酸锰生产工艺流程

硫酸锰是重要的基础锰,早在1954年我国就有工业生产。经过几十年的研究开发和生产实践,目前硫酸锰的工业生产方法有多种,而使用较多的为还原焙烧法。

(1)工艺流程图。具体的工艺流程见图3-46。

(2)主要生产工艺流程简述。①将锰矿石磨细至120目;②锰矿粉与煤粉混合,进入炉内焙烧还原,控制还原度;③焙烧还原粉冷却后,用一定浓度的硫酸加热浸出;④浸出浆料泵入回滤机进行固液分离并洗涤;⑤硫酸锰溶液净化除杂;⑥合格硫酸锰溶液泵入蒸发器蒸发、结晶;⑦用离心机脱水,硫酸锰母液返回浸出用;⑧固体硫酸锰烘干、粉碎、包装,即得商品硫酸锰产品。

(3)主要工艺指标。①锰矿粉:MnO_2含量≥55%,1.1t/t;MnO_2含量≥50%,1.2t/t;MnO_2含量≥45%,1.35t/t;②硫酸:质量分数为98%的H_2SO_4,0.68t/t;③燃煤:1.25t/t,还原煤0.20t/t;④电:135kW·h/t。

2. 电解金属锰生产工艺流程及其技术经济指标

电解金属锰是生产特殊钢和有色金属合金的重要原料,也广泛用于化工机械、电焊条材料、高纯度锰盐、高纯度氧化锰、医药、食品及感振合金和永磁合金等领域。目前,国际和国内

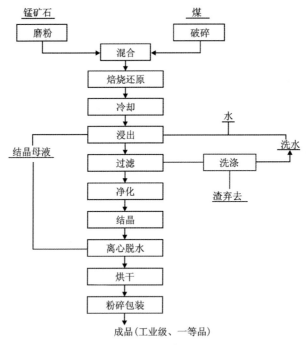

图 3-46 硫酸锰矿生产工艺流程图

电解金属锰市场空间大、前景好。中信大锰矿业有限责任公司自2001年生产电解金属锰,之后逐年扩大产能,至2010年底,大新锰矿生产电解金属锰能力为6万t/年。

(1)电解金属锰工艺流程图。具体流程见图3-47。

(2)工艺流程简述。碳酸锰矿粉用硫酸浸取硫酸锰溶液,加氯化锰氯化,氨水中和除铁,加净化剂除重金属,经精滤净化,加电解添加剂后送入电解槽电解,对阳极板上的单质金属锰进行钝化、漂洗、烘干、剥片、检验、包装,即得电解金属锰产品。

(3)主要原材料。表3-32为生产1t电解金属锰所需各类材料消耗量。

表3-32　生产1吨电解金属锰所需各类材料消耗量表

材料名称	碳酸锰矿粉 (Mn含量18%~20%)	硫酸 (质量分数为98%)	液氨 (536-65标准)	SDD	SeO$_2$	重铬酸钾
用量	8.0	1.6	0.10	0.01	0.002	0.0013
材料名称	磷酸	电/kW·h	水			
用量	0.005	6480	0.72			

3. 电解二氧化锰(EMD)(碱性无汞电池用)生产工艺流程及技术经济指标

(1)电解二氧化锰(EMD)生产工艺流程。选用碳酸锰矿粉和电解尾液(或浓硫酸)混合制浆,通入蒸汽加温浸出,加入二氧化锰除铁,经沉降、过滤得到粗硫酸锰溶液,滤渣送入尾渣库。用几种除杂剂除去溶液中的重金属和钾等杂质,将粗硫酸锰深度净化,除去钼等杂质,制

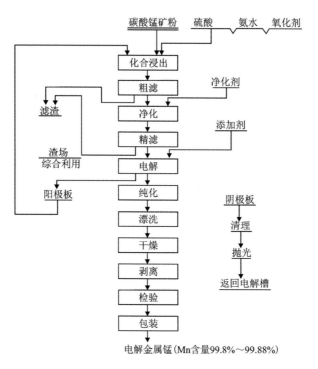

图 3-47 电解金属锰工艺流程图

成精制的纯净硫酸锰溶液。将纯净硫酸锰溶液加入悬浮粒等药剂,加热电解,在电解阳极得到二氧化锰产品。将电解二氧化锰产品进行破碎、粉磨、漂洗、干燥、检测、计量、包装等工艺后即生成电解二氧化锰成品。

(2)电解二氧化锰工艺流程图。具体工艺流程见图 3-48。

(3)主要原材料单位用量(1tEMD 用量)。主要原材料单位用量见表 3-33。

表 3-33 电解二氧化锰主要原材料单位用量表

材料名称	电/(kW·h·t^{-1})	煤/t	碳酸锰矿粉 Mn含量≥23%/t	氧化锰矿粉 MnO_2含量≥50%/t	硫酸（工业级）/t	石灰石粉/t
用量	3 486.20	4.0	4.5	0.25	1.3	0.25
材料名称	硫酸钡 $BaSO_4$≥55%	絮凝剂/t	发泡剂/t	中和剂/t	水	
用量	0.05	0.03	0.04	0.02	120.0	

(二)矿山矿石回收利用情况

矿区的地质勘探经过对矿石进行选矿试验和近 50 年的生产实践,目前已基本解决氧化锰、碳酸锰矿石的选治问题。表 3-34 为 2009 年度矿山年报汇总的选矿回收资料。

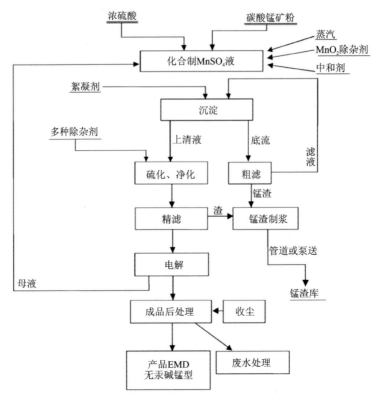

图 3-48 电解二氧化锰工艺流程图

表 3-34 2009 年度矿山年报汇总的选矿回收率统计表

进厂原矿量/t	原矿 Mn 品位/%	精矿量/t		精矿 Mn 品位/%	选矿回收率/%
氧化锰矿石 163 435.4	30.26	二级锰砂	4 989.85	41.97	83.73
		冶金块矿	79 072.09	30.49	
		冶金粉矿	23 933.97	31.02	
		化工锰砂	21 818.61	35.05	
碳酸锰矿石 647 453.8	20.22	碳酸锰砂	538 788.4	21.01	

据 2004 年 7 月广西大锰锰业集团有限公司提交的《广西大新县下雷锰矿区矿产资源储量核实地质报告》,大新锰矿尾矿锰平均品位达 20% 左右,尾矿量约 100 万 t,达到氧化锰贫矿石的质量要求。近年来,矿山为充分利用资源,减少资源浪费,用强磁选方法开始在尾矿库中回收化工锰矿,年产量约 5000t,经济效益相当好。

随着氧化锰矿选冶技术的不断调整、改进,氧化锰矿的选冶技术虽有所进步,但大新锰矿尾矿的含锰仍达到 12%。现行行业标准《矿产地质勘查规范铁、锰、铬》(DZ/T 0200—2020)中冶金用锰矿石一般工业指标为 Mn 的边界品位为大于 10%。自 1959 年矿山开始投产开采氧化锰矿至 2009 年,近 1000 万 t 的氧化锰矿开采接近采空,尾矿的资源量规模相当可观。

第四章　区域成矿地质背景

第一节　区域地层

一、沉积岩建造

矿区地层区划属于羌塘-扬子-华南地层大区中的扬子地层区,三级地层分区为右江地层分区(Ⅰ-1),见图4-1。区内沉积岩极其发育,除第四系外,出露的下古生界寒武系,上古生界泥盆系、石炭系、二叠系、三叠系属海相沉积,其中泥盆系以碳酸盐岩为主大面积出露,其他为碎屑岩,整体出露较全。矿区沉积类型多样,岩相复杂,区内出露的沉积基底为寒武系,滨岸相沉积的下泥盆统莲花山组呈角度不整合覆盖在寒武系之上,从早泥盆世晚期—早三叠世地层出现岩相的分异,可以划分为台地内部相、台地边缘相及斜坡-盆地相3个岩石地层系列,中三叠世演变为泥质陆棚相沉积区、盆地陆源碎屑岩相沉积区。

沉积建造类型主要有盆地相砂、泥岩复理石建造,滨岸砂泥坪相泥岩、砂岩建造,台地相碳酸盐岩建造,盆地-斜坡相硅质岩夹碳酸盐岩建造,河流冲积砾石-亚砂土建造。

二、地层建造与岩性组合特征

区域内出露地层由老至新有寒武系、泥盆系、石炭系、二叠系、三叠系、第四系等,各地层关系见表4-1。地层岩性等特征如下。

1. 寒武系(∈)

本区主要为页岩、砂岩、局部夹薄层状灰岩或泥质灰岩。产少量三叶虫、介形类、海百合等化石。出露的主要为上寒武统边溪组($\in_4 b$)、三都组($\in_4 s$),属陆棚边缘盆地相砂岩-泥岩建造。

2. 泥盆系(D)

早泥盆世海水侵入本区,至晚泥盆世晚期海水退出。其中早泥盆世的沉积环境为潮间相沉积,下统郁江组岩性以碎屑岩为主;中泥盆世的沉积环境为开阔台地相沉积,中统东岗岭组为碳酸盐岩;晚泥盆世早期海水进一步加深,晚期海水渐退出本区,在本区形成了两个沉积相区:中部大面积出露的为台地相的碳酸盐岩,南部下雷—湖润—土湖—把荷和岳圩—地州—龙昌—龙邦一带则为斜坡至海槽相的碳酸盐岩-泥岩-硅质岩组合,为广西最重要的锰矿赋存

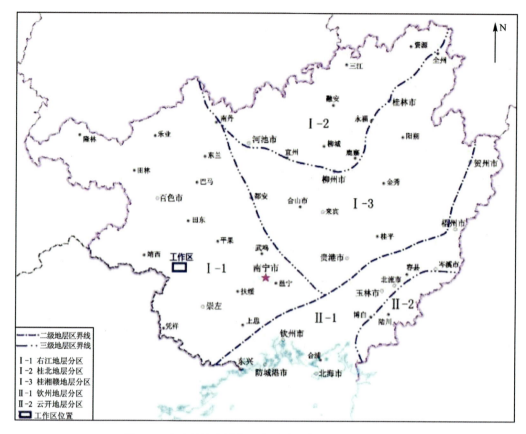

图 4-1 矿区所处地层分区略图(据《广西地质志》,2017)

层位。

其中莲花山组(D_1l)、那高岭组(D_1n)、郁江组(D_1y)、塘丁组($D_{1-2}t$)属滨岸相沉积;黄猄山组(D_1hj)、北流组($D_{1-2}b$)、唐家湾组(D_2t)、东岗岭组(D_2d)、融县组(D_3r)属台地相序列;平恩组(D_1p)、巴漆组($D_{2-3}b$)、榴江组(D_3l)、五指山组(D_3w)属斜坡-盆地相序列。

3. 石炭系(C)

早石炭世早期,本区继承了晚泥盆世海退特征,至早石炭世晚期海水又重新侵入。石炭纪沉积环境为地台至斜坡相沉积,其中区内下石炭统大塘组、岩关组大部分以碳酸盐岩为主;而龙昌、湖润、下雷及上映一带的大塘组地层,其下部为薄层硅质岩夹硅质页岩、泥岩,含一至数层锰矿,上部为灰色厚层灰岩、假鲕粒灰岩,含少量燧石结核。

其中隆安组(C_1la)、英塘组(C_1yt)、都安组($C_{1-2}d$)、黄龙组(C_2h)、马平组(C_2P_1m)属台地相沉积序列;鹿寨组(C_1lz)、巴平组($C_{1-2}b$)、南丹组(C_2P_1n)属斜坡-盆地相沉积序列。

4. 二叠系(P)

二叠系总体出露厚度不大,因岩石地层单位划分将下二叠统(P_1)已划分至上石炭统(C_2)各组中,岩性不再重述。具有台地内部相、台地边缘相、盆地相3个沉积相序列。

表 4-1 区域综合地层表

界	系	统	组	段	代号		厚度/m	
新生界	第四系				Q		0~30	
中生界	三叠系	下统	马岭脚组		T_1m		>307	
上古生界	二叠系	平乐统	领好组		P_3lh		73~162	
			二叠系海绵藻礁灰岩	二段	Psr^2		123~320	
				一段	Psr^1		124~638	
		阳新统	茅口组	四大寨组	P_2m	P_2s	72~932	59~>408
			栖霞组		P_2q		15~688	
	石炭系	船山统	马平组	南丹组 二段	C_2P_1m	$C_2P_1n^2$	267	32~77
		上统	黄龙组	一段	C_2h	$C_2P_1n^1$	139	11~100
		下统	都安组	巴平组	$C_{1-2}d$	$C_{1-2}b$	>34	348
			英塘组	鹿寨组 二段	C_1yt	C_1lz^2	150~1006	289 107~443
			隆安组	未分段 一段	C_1la	C_1lz^1	<334	25~56
	泥盆系	上统	融县组	五指山组 四段 三段 二段 一段	D_3r	D_3w^4 D_3w^3 D_3w^2 D_3w^1	138~263	187~615
			巴漆组	榴江组 三段 二段 一段	$D_{2-3}b$	D_3l^3 D_3l^2 D_3l^1	149	18~233
		中统	东岗岭组	唐家湾组	D_2d	D_2t	270~575	不明
			北流组		$D_{1-2}b$		1217	
			塘丁组	平恩组	D_1t	D_1p	不明	197
		下统	黄猄山组		D_1hj		1~76	
			郁江组		D_1y		133~241	
			那高岭组		D_1n		379.5	
			莲花山组		D_1l		83	
晚古生界	寒武系	芙蓉统	未分组		ϵ_4		768~1862	
		第三统	边溪组	第五段	ϵ_4b^5		>830	
				第四段	ϵ_4b^4		335~464	
				第三段	ϵ_4b^3		852~1268	
				第二段	ϵ_4b^2		468.7	
				第一段	ϵ_4b^1		384.6	

其中栖霞组(P_2q)、茅口组(P_2m)属台地内部相沉积序列;二叠系海绵藻礁灰岩(Psr^2)属台地边缘相沉积序列;四大寨组(P_2s)、领好组(P_3lh)属斜坡—斜坡底相沉积序列。

5. 三叠系(T)

下统主要岩性为薄层硅质泥灰岩、鲕粒灰岩夹 3 层至数层贫碳酸锰矿层,局部夹酸性熔岩、凝灰岩等,其中石炮组是本区重要的含锰层位。中统为一套以复理石韵律层为主的陆源碎屑岩沉积,由泥岩、粉砂岩、细砂岩(杂砂岩)组成的多种类型的浊积岩系,局部夹泥质碳酸盐岩、凝灰岩、凝灰质砂岩或中酸性火山岩。鲍马层序发育,沉积厚度可达900m。中统是红土型金矿主要的赋矿层位。

6. 第四系(Q)

第四系分布在岩溶盆地中。主要由黄色—黄褐色残积砂质黏土、黏土及碎屑黏土、岩石碎屑组成,顶部为腐殖土层,局部含铁锰质结核。碎屑主要为硅质岩及少量灰岩碎屑、碎块。局部(河流及两岸)见少许砾石层和砂质层。本组直接露于地表,并覆于凹凸不平的岩溶化基底之上,属河流冲积砾石-黏土建造。厚度变化较大,厚0~30m。

第二节 区域构造

一、大地构造位置概述

桂西南地区大地构造位置一级大地构造单元为羌塘-扬子-华南构造域,二级大地构造单元属于扬子克拉通(Ⅳ-4)西南缘,三级构造单元为滇黔桂被动陆缘带(Ⅳ-4-3),四级构造单元属于富宁-那坡陆缘沉降带(Ⅳ-4-3-2),五级构造单元属于下雷坳拉谷(Ⅳ-4-3-2-3),见图4-2、表4-2。从加里东运动时期至早—中三叠世,区域共经历地槽(加里东)—地台(海西)—再生地槽(印支)的发展演化过程。

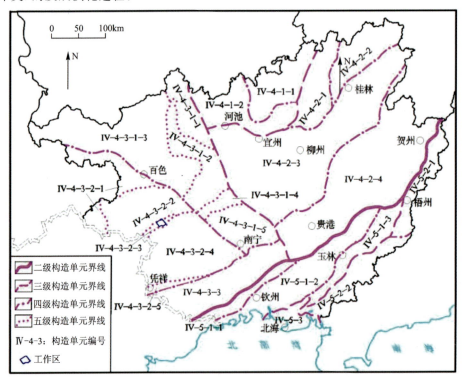

图4-2 大地构造位置图

表 4-2 区域构造单元划分表

级别	一级	二级	三级	四级	五级
构造单元	羌塘-扬子-华南	扬子克拉通（Ⅳ-4）	滇黔桂被动陆缘带（Ⅳ-4-3）	富宁-那坡陆缘沉降带（Ⅳ-4-3-2）	下雷坳拉谷（Ⅳ-4-3-2-3）

二、区域褶皱构造和断裂构造

矿区位于下雷-灵马坳陷的南西部、向东至地州弧形构造带内。弧形构造带由一系列走向大致平行的向斜、背斜构造与相伴生的断裂构造组成，弧顶向南（图4-3）。

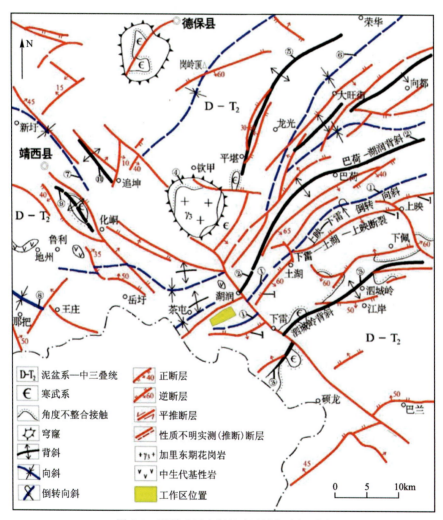

图 4-3 下雷矿区大新锰矿区域构造纲要图

(一)区域褶皱构造

区域的主要褶皱有上映-下雷倒转向斜、把荷-湖润背斜、泗城岭背斜、钦甲穹窿、平堪背斜、那样-下谜向斜、新圩向斜、壬庄向斜、化峒背斜、追坤背斜。

(1)上映-下雷倒转向斜(图4-3中编号①)。该向斜位于巴荷-湖润背斜东侧,走向北东—北北东—北东,长度大于40km,宽大于8km,长轴斜歪水平褶皱,核部由三叠系、二叠系、石炭系组成,翼部地层有上二叠统、D_3、D_2、D_1,西北—西北北翼产状125°～180°∠30°～50°,东南翼产状180°∠50°,局部受断层影响,产状回返,为260°∠50°,轴向北东40°～70°,枢纽波状起伏,总体近水平,向两端仰起。因受东南部逆断层影响,东南翼的产状往往直立、倒转,见图4-4。在中—薄层状灰岩或是硅质条带灰岩中发育与向斜相协调的次级褶皱。此外,相对软弱层(D_3w、D_3l、C_2lz)普遍发育与该褶皱不协调的平卧褶皱、顺层剪切褶皱,其被协调的次级褶皱叠加——可能为顺层掩卧褶皱,与早期形成的伸展构造有关。该向斜两翼完整地保存着。

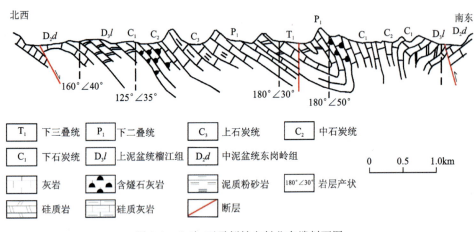

图4-4 上映-下雷倒转向斜北东端剖面图

(2)把荷-湖润背斜(图4-3中编号②)。该向斜位于那样-下谜向斜东侧,走向北东—北北东—北东,长度大于30km,宽约6km,长轴直立水平,背斜核部地层为D_1l,翼部地层为D_1n—T_1m,西北—西北北翼产状325°～360°∠25°～70°,东南—东东南翼产状120°～185°∠35°～75°,轴面近直立,枢纽波状起伏,总体近水平,被断层破坏。在中—薄层状灰岩或是硅质条带灰岩中发育与背斜相协调的次级褶皱。此外,在相对软弱层中(D_3w、D_3l、C_2lz)普遍发育与该褶皱不协调的平卧褶皱、顺层剪切褶皱,其被协调的次级褶皱叠加——可能为顺层掩卧褶皱,与早期形成的伸展构造有关。

(3)泗城岭背斜(图4-3中编号③)。该背斜位于区域东南角,走向北东东—北东,长度大于30km,宽大于20km,长轴直立水平,核部由寒武系组成,翼部地层由泥盆系—三叠系组成。西北—西北北翼产状325°～15°∠15°～75°,东南翼产状300°～345°∠10°～47°,轴面近直立,枢纽波状起伏,总体近水平,被断层破坏。

(4) 钦甲穹窿(图 4-3 中编号④)。钦甲穹窿位于区域中西部钦甲以南一带。由寒武系砂、页岩地层及花岗岩组成,长 14km,宽 14km,呈等轴状。被断层破坏严重,接触带东陡西缓。有铜、锡矿产。

(5) 平堪背斜(图 4-3 中编号⑤)。该背斜位于钦甲穹窿北东侧,走向北北东,与穹窿连接,核部由寒武系、泥盆系组成。

(6) 那样-下谜向斜(图 4-3 中编号⑥)。该向斜位于平堪背斜东侧,走向北北东,规模较大,核部由三叠系、二叠系、石炭系组成。

(7) 新圩向斜(图 4-3 中编号⑧)。该向斜位于追坤背斜西侧,走向北西,核部由上石炭统组成。

(8) 壬庄向斜(图 4-3 中编号⑩)。该向斜位于区域西南部,走向北西西,核部为三叠系、二叠系。

(9) 化峒背斜(图 4-3 中编号⑨)。该背斜位于新圩向斜南西侧,走向北西,核部由寒武系组成。

(10) 追坤背斜(图 4-3 中编号⑦)。该背斜位于区域西北部,钦甲穹窿北西侧,走向北西,核部由中—下泥盆统组成。

(二)区域断裂构造

区域断裂较发育,从其走向上大体分为北东向和北西向两组,其与弧形褶皱带相伴生。

1. 北东向断层组

该断层组主要分布于弧形带东部,与褶皱大致平行,属走向断层,以正断层为主,逆断层次之。其规模一般较大,延伸长,倾角大(一般大于 50°)。北东向断层组在弧形带西部出现较少,走向与褶皱走向垂直,其规模较小,延伸不大。规模大、典型的断裂构造为下雷-土湖-上映断裂。

下雷-土湖-上映断裂(图 4-3 中编号①)展布于下雷-上映向斜的东南翼,往北东东经上映延出图外,由下雷往西南可能延入越南境内,区域内长约 42km,断层走向 40°～90°,弯曲状,断层总体倾向北西,倾角 50°～80°。切割最老地层为中泥盆统东岗岭组,最新地层为下石炭统大塘组,被 4 条北西向横断层在上映、土湖、下雷切割、错动。

断裂带宽一般为 5～40m。断层表现为脆性变形,断层岩主要是断层角砾岩、碎裂岩。断层角砾岩中断层角砾无定向,尖棱角状—棱角状。碎裂岩多发育在断裂带的中部,具明显碎裂结构。断裂带及围岩具有硅化、大理岩化、褐铁矿化特征,方解石脉发育。

在断层东部一带,断层产状 330°∠75°,断层岩在垂向上有分带性,靠近断层上盘为断层角砾岩,往下变为碎裂岩。断层下盘为相对刚性的东岗岭组,发育稀疏破劈理,产状为 330°～355°∠73°～85°,与断层面产状相协调。

在中西一带,断层产状为 325°～355°∠35°～65°,断层上盘为相对软弱的榴江组—五指山组,普遍发育平卧褶皱及倒转褶皱,其轴面多近水平,枢纽北东—北东东,与断层相协调,可能与断层的形成有关；断层下盘为东岗岭组，变形较弱，仅发育稀疏破劈理，劈理产状与断层面产状相协调。

在断裂带见有多期擦痕和阶步，如在土湖一带产状为330∠75°的次级断面上，可见两期擦痕，早期擦痕侧伏向北东，侧伏角为75°，表现为右行正断性质；晚期擦痕侧伏向南东，侧伏角为10°，表现为右行直滑性质。

根据该断裂地层上盘岩层新于下盘岩层的特征，表明其为正向错位性质。

综上所述，该断裂至少经历两期构造运动，早期主要表现为正断性质，后期表现为右行走滑性质，具有多期次活动性。

2. 北西向断层组

该断层组主要分布于弧形褶皱带中部及西部，与褶皱走向大致平行或小角度斜交，其倾角多大于40°，北西向断层在弧形带西部多被北东向断层错开。

北西向断层在弧形带东部也较少，与褶皱走向大致垂直，一般将北西向褶皱错开，多数为南西盘向南东方向移动，如湖润-黑水河断层，将上映-下雷向斜南段向南东方向错开1~3km。

三、区域应力场简析

根据对区域性劈理、韧性剪切带特征的分析，通过计算付林指数，研究应变椭球体主轴方位及伸展构造等，认为矿区内的构造应力场共有8个期次。其中，第六期的南南东-北北西向的挤压是矿区上北东-南西向主构造形成的主要应力场。

第三节　区域岩浆岩

区域岩浆活动较为频繁，从侵入岩到火山岩均有，不同时期具有不同的岩性特征。

一、侵入岩

1. 酸性岩体

酸性岩体主要为钦甲岩体，分布于钦甲穹窿核部，呈近圆形的岩株状产出，面积约45km^2，内部相为粗—中粒花岗结构，边缘相为细—中粒花岗结构。主要矿物有钾长石、斜长石、石英，其次为黑云母。属铝过饱和类、二氧化硅过饱和类中性碱科，其接触带具铜、铁、锡矿化作用，并伴生金。侵入时代为加里东期，侵入地层为寒武系，属深成相重熔型。

2. 超基性—基性岩体

超基性—基性岩体主要有下扑、湖润、茶屯、布透、那托、地州、龙邦等岩体。多分布于断层附近或向斜仰起端部位，多数呈岩床状顺层侵入，具有不显著的内部相和边缘相，内部相含1%~53%的橄榄石，边缘相不含。主要矿物有钠长石、单斜辉石、绿泥石、斜黝帘石、绿帘石等，具辉绿结构，其化学特征是具有富铁、高碱、铝质、低钙特点。此类岩石含铝钛矿较高，并伴有铜、铅、锌等金属矿化,但尚未构成矿床。侵入时代为海西期—印支期,侵入地层为 D_3w、C_1lz 等。

二、火山岩

火山岩主要有鲁利东岩体,喷发于早石炭世地层中,为细碧岩或熔岩角砾岩、凝灰熔岩及玄武玢岩。区域主要岩体特征见表4-3。

表4-3 主要岩浆岩体特征简表

时代	岩类	岩体(群)名称及编号	出露面积/km²	主要岩石类型	产状	围岩时代及接触关系
加里东期	酸性侵入岩	(1)钦甲岩体	45	黑云母花岗岩	岩株	与寒武系呈侵入接触
海西期	基性喷出岩	(2)龙州科甲-板孟岩体	5	细碧岩、角斑岩,具枕状构造	层状(两层,分别厚6~26m、0.5~50m)	与中泥盆统东岗岭组整合接触
		(2)龙州科甲-板孟岩体	5	细碧岩、角斑岩,具枕状构造	层状(两层,分别厚6~20m、4.5~20m)	与上泥盆统灰岩整合接触
		(3)那坡东南中山-马浪岩体	6.7	细碧岩、角斑岩,具枕状、杏仁状构造	层状(厚度>150m)	与上泥盆统榴江组灰岩整合接触
		(4)靖西龙临一带岩体	40(总面积)	细碧岩、熔岩凝灰岩、熔岩角砾岩、凝灰熔岩、凝灰岩	层状(厚4~58m)	与下石炭统岩关组灰岩整合接触
	基性侵入岩	(5)那坡那池岩群	4.9(3个岩体)	辉绿岩	小岩体	与榴江组基性喷发岩呈侵入接触

续表 4-3

时代	岩类	岩体(群)名称及编号	出露面积/km²	主要岩石类型	产状	围岩时代及接触关系
印支—燕山期	基性喷出岩	(6)靖西鲁利岩体	2.5	玄武岩、熔岩角砾岩、凝灰熔岩	岩筒	与下石炭统接触
		(7)靖西孟麻岩体	3.2（长23km）	凝灰岩、熔岩凝灰岩	岩流	与中泥盆统至下石炭统接触
		(8)那坡清华-坡芽-那布岩体	39.7	细碧岩、熔岩角砾岩，具枕状构造	层状（厚196.7~752.2m）	与下三叠统整合接触
	超基性—基性侵入岩	(9)靖西湖润岩体	0.4	黑云母二辉橄榄岩、辉长辉绿岩	岩墙	与下石炭统呈侵入接触
		(10)靖西龙邦-地州岩群	43（其中含6个较大岩体）	辉长辉绿岩、辉绿岩	岩株、岩床、岩脉	与上泥盆统至中石炭统呈侵入接触
		(11)那坡-百都-那布岩群	0.01~10（27个岩体）	辉绿岩、石英辉绿岩、橄榄辉绿岩	岩体、岩墙	与上泥盆统至中三叠统呈侵入接触

第四节　区域地层建造、构造及岩浆岩建造的关系

如前所述，区域及周边出露地层主要为早古生界寒武系，以砂、泥岩复理石建造为主。晚古生界主要出露有泥盆系、石炭系、二叠系，晚古生界在工作区出露面积最大，出露较全，主要为台地相碳酸盐岩建造及台盆-斜坡相硅质岩夹碳酸盐岩建造。中生界主要出露三叠系，出露较少，主要出露于钦甲水库附近。新生界主要为第四系。区域主要经历了加里东、海口、柳江、黔桂、东吴、桂西、苏皖、印支、燕山及喜马拉雅构造运动，以加里东和印支运动最强烈，属造山运动，其余均具造陆性质。加里东运动关闭了早古生代华南洋盆，奠定了区域褶皱基底，印支运动彻底终结了华南地区海相沉积的历史。褶皱、断裂十分发育。地层建造、构造及岩浆岩建造的关系特征见表4-4。

表 4-4 区域沉积建造、构造旋回及岩浆岩建造的关系

地层代号	沉积建造	岩浆岩建造	构造运动	构造旋回	地质发展阶段
Q	河流冲积		喜马拉雅运动+燕山运动	喜马拉雅-燕山旋回	滨太平洋活动阶段
T_1m	碳酸盐岩建造	燕山期中酸性侵入岩			
P_3h	铁铝岩-碳酸盐岩建造	三叠世基性火山岩	桂西运动	印支旋回	
P_3lh	沉凝灰岩-泥岩建造		东吴运动		
$Prls$	碳酸盐岩-泥岩建造	二叠纪基性侵入岩	黔桂运动		
P_2m	碳酸盐岩-泥岩建造				
P_2q	碳酸盐岩-硅质岩建造				
P_2s	碳酸盐岩建造				
C_2P_1m	碳酸盐岩建造				
C_2P_1n	碳酸盐岩建造				
C_2h	硅质岩夹泥岩建造				
C_2d					
$C_{1-2}b$	硅质岩夹泥岩、碳酸盐岩建造		柳江运动	海西旋回	南华大陆成形成大阶段
C_1lz	碳酸盐岩建造				
C_1la	碳酸盐岩夹硅质岩建造				
D_3w	碳酸盐岩夹硅质岩建造				
D_3l	碳酸盐岩建造				
D_2t, $D_{2-3}b$	碎屑岩夹泥岩、碳酸盐岩建造				
D_2d	碳酸盐岩建造				
$D_{1-2}t$, $D_{1-2}b$, $D_{1-2}p$	碎屑岩建造 / 碳酸盐岩建造				
D_1hj	碎屑岩建造				
D_1y					
D_1n					
D_1l					
C_4s	碎屑岩建造	加里东期酸性侵入岩	广西运动	加里东旋回	扬子陆块增生大阶段
C_4b					

第五章 矿区地质特征

第一节 矿区地层

矿区地层自老至新有中泥盆统东岗岭组（D_2d）、上泥盆统榴江组（D_3l）、上泥盆统五指山组（D_3w），下石炭统岩关组（C_1y）和大塘组（C_1d）、上石炭统黄龙组（C_2h），第四系（图5-1）。

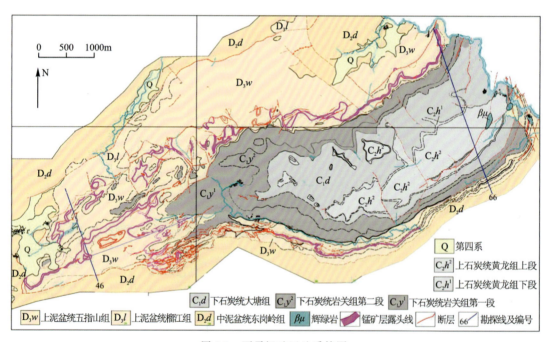

图5-1 下雷锰矿区地质简图

一、泥盆系（D）

（一）中泥盆统东岗岭组（D_2d）

该组分布在矿区周围附近，出露不全，与上泥盆统榴江组多为断层接触，据少数工程（如原详查工作施工的2/CK745、矿区北翼9线附近探槽等）揭露，二者为整合接触关系。

在地表，地层中部为浅灰色厚层状白云质灰岩，上部为深灰色、灰黑色薄—厚层状灰岩，偶夹深灰色硅质岩条带，顶部为厚约10m的含硅质泥灰岩（已风化成疏松的硅质泥岩）夹条带状、透镜状、团块状至灰黑色硅质岩,有时二者呈互层产出。在深部、顶部为浅灰色中粒中—厚层状含生物碎屑灰岩夹深灰色薄层条带状含生物碎屑泥灰岩,微粒结构,泥质结构。最顶部有一薄层角砾状灰岩(角砾质较纯)。产 Stringo cephalus sp.(鹗头贝)化石。厚28~320m。

(二)上泥盆统(D_3)

1. 榴江组(D_3l)

按不同岩性组合可分成下、中、上3部分。厚141.76~204.24m。

1)下部

硅质泥质灰岩夹硅质灰岩或硅质钙质泥岩,少量硅质岩。厚5.48~54.40m。岩石呈深灰色、黑色,部分为浅灰色;中—薄层状构造,少量条带状、结核状构造;成分分布不均匀,局部含生物碎屑,近底部有时为硅质泥岩、钙质泥岩等。

2)中部

含硅泥质灰岩夹硅质泥灰岩、硅质泥岩或生物碎屑灰岩。厚53.49~148.11m。岩石深灰色间夹浅灰色,局部灰黑色或灰白色;中—薄层状构造,局部见微层状构造;成分以钙质、泥质为主,硅质较上、下部少,分布不均匀。局部有硅质灰岩或硅质岩薄层出现。

3)上部

泥质灰岩夹少量硅质灰岩及硅质岩。厚42.43~82.79m。泥质灰岩灰黑色、深灰色、浅灰色;以中层状构造为主,局部见薄层状构造。部分含硅泥质灰岩或生物碎屑灰岩。硅质灰岩、硅质岩深灰色;前者为薄层状构造,后者多为条带状或团块状构造,顶部为角砾状构造。化石有 Elictognathus sp.(高低颚刺)、Siphonodella cooperi.(库珀管刺)、S. lobata.(齿叶管刺)、polygnathus communis carina、Siphonodella obsoleta、Siphonodella sp.(管刺)等。

本层风化后成为硅质泥岩夹硅质岩。硅质泥岩呈浅砖红色、浅紫红色、土黄色;中、薄层状构造,含大量粉砂状硅质。质疏松。硅质岩呈浅灰色、灰色;薄层、条带状、结核状及角砾状构造,不均匀地夹于硅质泥岩中。

2. 五指山组(D_3w)

五指山组为本区含锰岩系。总的岩性特征如下:下部为紫红色、灰绿色、青灰色或深灰色灰质泥岩夹硅质灰岩,或泥质灰岩;中部为浅灰色—灰黑色薄层灰质硅质岩夹硅质泥岩及硅质灰岩条带,夹Ⅰ、Ⅱ+Ⅲ矿层;上部深灰色—灰色、黑色薄层、条带泥岩、灰质硅质岩夹碳质硅质泥岩及硅质灰岩条带。

含锰岩系可进一步细分成4段18层夹3层锰矿。具体描述见第七章"含锰岩系研究新进展"。

二、石炭系(C)

(一)下石炭统(C_1)

1. 岩关组(C_1y)

岩关组按岩性可分成两段。

1)第一段(C_1y^1)

本段为硅质灰岩夹生物碎屑灰岩及少量灰岩、泥岩、泥灰岩。岩石呈灰黑色、深灰色、灰色、灰白色;以中厚层状构造为主,少量薄层状构造,偶见块状构造。硅泥质分布不均匀:下部以泥灰岩为主,中部以硅质灰岩为主,上部则以生物碎屑灰岩为主。岩层含磷质。

本段风化后以灰岩为主,硅质灰岩为次,局部夹生物碎屑灰岩。岩石以灰白色、深灰色、灰色为主,黄褐色为次,少量灰黑色;以中厚层状构造为主,薄层状构造为次,局部见厚层状、块状构造,偶尔见碎裂状构造。硅质岩自上而下减少。局部产次生磷矿。本段厚35.23~55.02m。

2)第二段(C_1y^2)

岩石由钙质硅质岩、硅质泥岩夹硅质灰岩组成,偶见生物碎屑灰岩,呈灰黑色,其次为灰白色、黄褐色、灰色,偶见浅灰色、土黄色。以薄层状构造为主,偶见微层状;钙质硅质岩为胶状结构,薄层状构造。硅质泥岩为细粒—泥质结构,薄层状构造;含泥质不均匀,含量高者成为硅质泥灰岩。矿区东部本段夹浅灰色生物碎屑灰岩。

本段风化后以硅质岩为主,以硅质泥岩、泥质硅质岩为次,偶见泥岩。岩石呈浅黄色、土黄色、灰色、深灰色、浅灰、黄褐色,偶见紫红色;薄层状构造,少量中厚层状、碎裂状构造。硅质岩层面凹凸不平,易成碎块状剥落。本段厚31.50~47.90m。

2. 大塘组(C_1d)

大塘组为硅质灰岩与硅质岩互层夹少量等粒碎屑灰岩,偶见细晶灰岩,灰黑色,灰色,深灰色、灰白色;一般为细—中粒不等粒结构,少量生物碎屑结构;薄—中层状构造。底部岩层以灰岩为主,并夹较多的硅质岩;上部硅质岩较少,顶部的硅质岩多呈团块状或条带状。本层上部含 *Brachythyris peculiaris*(Shumard)(特殊晚孔贝)化石,顶部含 *Chonetes* sp.(戟贝)、*Cancrinella* sp.(蟹形贝)、*Chonetes*(*Megachonetes*)、*Papilianacea*(*Phillips*)、*Linoproductus* cf.、*Kokdscharensis*(Grobor)、*Dictyoclostus* cf.、*Chitlchunensis* 化石。

风化后为硅质岩夹泥岩、泥灰岩,灰色、灰白色、深灰色,薄层状构造夹中厚层状构造。硅质岩易碎成粉砂状,硅质自上而下增多。厚137.50~142.30m。

(二)上石炭统黄龙组

根据岩性等的不同可分为两段。

1. 第一段（C_2h^1）

本段含锰含铁灰岩夹硅质岩。含锰含铁灰岩呈深灰色—灰黑色；异粒或生物碎屑结构；条带状、薄层夹中层状构造。硅质岩，深灰色，细粒—微粒结构；薄层、条带状构造。含大量海绵骨针。

风化后为泥岩夹硅质岩。泥岩黄褐色—棕褐色，质疏松；硅质岩浅灰色，薄层、条带状，不均匀夹于泥岩中。与下石炭统大塘组为整合接触。厚30.00～40.00m。

2. 第二段（C_2h^2）

本段为灰岩，部分夹硅质灰岩。灰岩呈灰色、深灰夹暗红色；细粒结构；厚层夹中层状构造，质较纯。硅质灰岩深灰色，团块或条带状，稀疏夹于灰岩中。

岩层风化后成为泥岩夹硅质岩。泥岩棕褐色，松散土状。硅质岩浅灰色，团块状或条带状，稀疏夹于泥岩中。

三、第四系（Q）

第四系为坡积的亚黏土、亚砂土夹岩石碎块，无分选性，未经固结。在沟谷中有冲积的砂砾层。厚0～20m。

第二节 矿区构造

一、矿区褶皱

矿区的褶皱构造很发育，特别是南部矿段，形成极为复杂的复式褶皱构造。但它们排列有序，级次分明，具有一定的变化规律。根据它们相互间的关系和规模大小，矿区褶皱主要可分为4级（图5-2）。现分别叙述如下。

1. Ⅰ级褶皱

Ⅰ级褶皱为矿区内的向斜构造（Z_1-褶皱编号，下同），呈北东东-南西西展布，似反"S"形。长9km，宽2～2.50km（以Ⅱ矿层底界为准，下同）。褶曲枢纽，西南高北东低，向北东东倾斜，倾角6°～14°。在38线附近标高400m左右，30线附近标高310m左右，12线附近标高50m左右，0线附近标高－360m左右，至褶曲枢纽东端附近标高－700m左右。0线以东，南翼倒转，为倒转向斜，轴面倾向130°左右，倾角70°～80°。0～26线之间，南翼倾角较陡，局部倒转或有Ⅱ级褶皱，为斜歪向斜褶曲，轴面倾向150°～210°，倾角70°左右。26线以西为多级复杂的复式向斜构造，其轴向70°～250°。

次级褶皱主要分布在Ⅰ级向斜构造的西段，Ⅱ级褶皱呈雁行排列；Ⅲ、Ⅳ级褶皱在南部矿段特别发育且复杂，呈帚状分支。现将矿区范围内的次级褶皱分述如下。

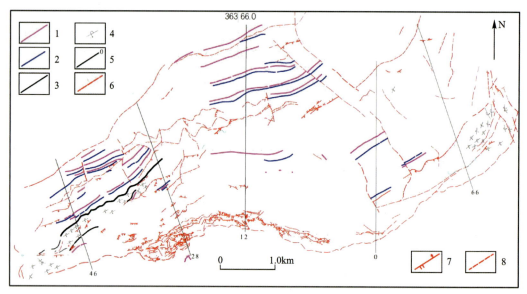

1.向斜轴;2.背斜轴;3.倒转褶皱轴;4.倒转褶皱;5.勘查线及编号;6.正断层;7.逆断层;8.推断断层。

图 5-2 下雷锰矿区构造纲要图

2. Ⅱ级褶皱

Ⅱ级褶皱分布于Ⅰ级褶皱的西南部9线以西,由7个背向斜组成,呈雁行排列。各个褶皱延伸长度为1700～3200m,褶皱走向225°～245°,倾向南南东,倾角45°～70°,矿床范围内有 $Z_{Ⅱ}$-1、$Z_{Ⅱ}$-2、$Z_{Ⅱ}$-3、$Z_{Ⅱ}$-4、$Z_{Ⅱ}$-5 共5个褶皱,其中 $Z_{Ⅱ}$-1、$Z_{Ⅱ}$-2 以及Ⅲ级褶皱,主要分布在南部矿段。Ⅱ级褶皱自南向北分述而下。

(1)$Z_{Ⅱ}$-1 褶皱。$Z_{Ⅱ}$-1 褶皱展布于9线以西,9～15线间多为倒转向斜。褶皱幅度:宽度为490～780m,高为147～394m,轴面倾向南南东,倾角45°～70°,枢纽标高在0～100m之间,以12～13线附近最低;15线以西为复杂的复式向斜构造,发育许多更次级的褶皱。

(2)$Z_{Ⅱ}$-2 褶皱。$Z_{Ⅱ}$-2 褶皱在24线以西,为歪斜背斜;其北翼陡南翼缓。褶皱幅度:宽度为650～780m,高为85～172m(向西增高);轴面倾向南东,倾角70°左右;枢纽标高24线300m左右,向西抬起,到32线为500m左右,32线以西,轴部附近的矿层已被剥蚀。

(3)$Z_{Ⅱ}$-3 褶皱。$Z_{Ⅱ}$-3 褶皱为斜歪向斜构造,展布于17～37线,延长800m。褶皱幅度:宽度为180～1400m,高为76～140m,轴面倾向南南东,倾角62°～77°,枢纽标高在200～400m之间,以24线附近最低。两翼不对称,北翼长度在200～1102m之间,倾角较平缓,为20°～30°,稍有波状起伏。南翼长度为40～243m,倾角较陡,多在40°～60°之间,局部达68°以上,常发育一些小褶皱。$Z_{Ⅱ}$-3 两翼有时被一些走向断层所切割,尤以北翼为多。在平面上,枢纽呈舒缓波状弯曲而向北东东倾没。其北为与之相邻的 $Z_{Ⅱ}$-4 褶皱。

(4)$Z_{Ⅱ}$-4 褶皱。$Z_{Ⅱ}$-4 褶皱主要为直立背斜,局部为微斜歪的箱状背斜,展布于28～48线之间,延长约2010m。褶皱幅度:宽度为642～770m,高为58～90m,轴迹走向约50°。轴面倾角近直立,局部倾向南东,倾角68°。枢纽标高在410～480m。两翼一般较平缓,北翼 $Z_{Ⅱ}$-4 褶皱轴部稍陡,且时常发育一些小挠曲,局部倒转。本褶皱延伸至28线附近时,近轴部的北翼被断层(F_{83})破坏,使构造形态不明显。在平面上,枢纽微呈"S"形向北东倾伏。

(5)Z_{II}-5褶皱。Z_{II}-5褶皱在38线及其以西为复式斜歪向斜,以东为斜歪向斜。本向斜展布于28线至54线西,延长3150m,宽度为510～900m,高40～150m,轴面倾向南南东,倾角一般为62°～72°,局部为37°。已知枢纽标高380～437m。两翼不对称,在38线以西,北翼倾角较缓,但褶皱较强烈,一般均发育成3个次级背斜及3～4个次级向斜,局部还发育成更次一级的小向斜及小背斜。38线以东,北翼则较平缓。整个Z_{II}-5向斜的南翼均较陡立,局部地方南端尚产生倒转。在平面上,46线以西,枢纽微呈"S"形弯曲,46线以东则较平直,向北东逐渐倾没。

3. III级褶皱

矿区范围内的III级褶皱有分布Z_1南翼3a～8b线的Z_{III-1}～Z_{III-3},分布于9～13线Z_{II-1}南翼的Z_{III-11}、Z_{III-12},分布于15线以西Z_{II-1}西段的Z_{III-5}、Z_{III-6}、Z_{III-7}、Z_{III-9}、Z_{III-10}等10个褶曲。均为斜歪—倒转或斜歪褶曲。褶曲长600～1600m;宽13～620m(一般北边的褶曲比南边的宽);褶曲高度,背斜为6～131m,向斜为13～163m(一般位于北边的高度较小);轴面倾向139°～171°,倾角41°～86°(一般是东缓西陡);除Z_{III-11}、Z_{III-13}的枢纽基本上在200～250m标高范围呈近水平状外,其余枢纽均东低西高,其倾伏角2°～30°,一般10°～15°,Z_{III-3}枢纽在3线附近的标高为0m左右,到8线附近标高抬高到250m左右。Z_{III-5}、Z_{III-9}、Z_{III-10}、Z_{III-6}、Z_{III-7}的枢纽标高在15线为100～150m,往西到32线处标高抬高到330～530m。向斜南翼窄北翼宽,背斜为南翼宽北翼窄。褶皱强度表现为南边的比北边的紧密,背斜比向斜紧密。

4. IV级褶皱

矿区范围内的IV级褶皱全部分布在26线以西,是由Z_{III-10}和Z_{III-7}向斜往西分支组成。其编号为Z_{IV-1}～Z_{IV-3}及Z_{IV-7}～Z_{IV-9}共6个。这6个褶曲的长度为350～980m;宽度一般为30～130m;向斜高度为6～104m,背斜高度为12～78m。褶曲轴面倾向144°～172°,倾角2°～88°(一般50°～85°)。枢纽呈波状、西高东低,36线处的标高介于500～610m之间,28线为220～270m。褶曲的形态明显地继承了III级褶曲的形态,即在III级褶曲南翼者均属倒转褶曲,位于III级褶曲轴部者,东段是斜歪褶曲,西段是倒转褶曲,在III级褶曲北翼均是斜歪褶曲。褶曲强度南边比北边强,背斜比向斜强。向斜的南翼陡而窄、北翼缓而宽,背斜则相反。

综上所述,矿区的各级次级向斜褶皱的共同特征是北翼缓南翼陡,说明矿区褶皱的总面貌是南强北弱。

二、矿区断层

矿区内断层甚多,对矿体形态起了程度不同的破坏作用,尤其是在南部矿段勘探范围的西段更为明显(图5-2)。根据断层的性质、产状及相互关系等,矿区范围内主要的断层可分为5个期9个组(表5-1)。各期、组断层特征概述如下。

表 5-1 下雷锰矿区断层分期分组一览表

分期编号	分组编号	断层性质	倾向	断层编号
Ⅰ	1	正	北西	F_{66}、F_{63}、F_{51}、F_{55}、F_{54}
			南西	F_{82}、F_{39}、F_{54}
			南东	F_{32}、F_{79}、F_{77}、F_{76}、F_{72}
	2	逆	南东	F_5、F_{29}、F_{31}、F_{62}、F_{91}、F_{78}
			南南西	F_{11}
Ⅱ	3	正	北西	F_{26}、F_{33}、F_{37}
	4	正	南西	F_2、F_3、F_4、F_8、F_{12}、F_{18}、F_{22}、F_{24}、F_{75}
			南东	F_{23}、F_{24}、F_{28}、F_{30}、F_{34}、F_{35}、F_{15}、F_{88}、F_{83}、F_{81}、F_{52}、F_{56}
Ⅲ	5	逆	南东	F_{25}、F_{38}、F_{43}、F_{46}、F_{48}、F_{70}、F_{69}
			南西	F_{17}、F_{40}、F_{49}
	6	逆	北西	F_{36}
Ⅳ	7	正	北(±)	F_7、F_9、F_{10}、F_{19}、F_{21}、F_{87}、F_{93}、F_{85}、F_{89}、F_{59}、F_{86}、F_{80}、F_{73}、F_{58}、F_{68}、F_{67}、F_{65}、F_{64}、F_{60}、F_{90}
			北东东	F_6
	8	正	南(±)	F_{20}、F_{42}、F_{92}
			南西	F_{13}、F_{16}
			南东	F_{27}、F_{41}、F_{45}
Ⅴ	9	正	北北西	F_{47}
未定		未定		F_1

1. 第一期

(1)第一组断层。该断层是最早产生的正断层。倾向南南东至北北西。其延伸方向与褶皱枢纽大致平行,偶以低角度斜交。断层延长 300~5800m,破碎带宽度小于 1m,由硅质岩、泥岩角砾及黏土组成,部分有锰染或锰矿碎块,时见石英脉。被其后形成的各断层切割。属于这一组的断层有 F_{79}、F_{77}、F_{76}、F_{72}、F_{71}、F_{66}、F_{63}、F_{51}、F_{55}、F_{54} 等,还有 F_{53}、F_{57}、F_{61} 等性质不明断层。F_{74}、F_{84}、F_{50} 等则属该组断裂所派生,其生成时代应与该组同期,但其产出特征与地层及褶皱的关系又不尽相同,故未予划分期组。

该组断层中 F_{77}、F_{76}、F_{72} 常以低角度切割矿层,而使正常翼 8 线以西的矿层露头支离破碎。同样 F_{55}、F_{54} 也以低角度与矿层走向相交,而使转折端东端矿层沿走向发生错动以至断失。

(2)第二组断层。该断层是最早产生的逆断层。倾向南南东到南东。延伸方向与褶皱枢纽大致平行,长度 400~750m。破碎带宽度小于 1m,主要由硅质岩、泥岩角砾及岩屑组成,并有泥质充填或锰质渲染。属于这一组的断层有 F_{78} 和 F_{91} 两条。

2. 第二期

(1)第三组断层。第三组断层属于第Ⅱ期(次早)生成的正断层,主要有 F_{26}、F_{33}、F_{37} 等。延长 230～450m,破碎带由不明显到较宽(20.72m),角砾成分复杂,泥质胶结。断层面波状或近于平直,倾向北西,与褶皱走向斜交。这组断层基本上均在氧化矿中。

(2)第四组断层。第四组断层为本区次早期生成的正断层。其走向多与褶皱枢纽作 10°～20°的角度斜交(F_{52} 北东端及 F_{56} 例外),延伸 200～2500m,倾向东南,破碎带较发育,宽一般 1m 左右,局部可达 7m。断层角砾主要以硅质岩及泥岩碎块或岩屑为主,并有黏土充填。属于这一组的断层有 F_{88}、F_{83}、F_{81}、F_{52}、F_{56} 等。该组断层偶尔切断矿层。

3. 第三期

(1)第五组断层。第五组断层为中期生成的逆断层。断层面倾向南东,倾角一般较陡。长度为 400～550m,大致与矿层走向成 10°～30°斜交,使矿层在平面上出露位置错开,而在剖面上,则矿层重复出现。破碎带不发育,仅使两盘岩石受挤压而发生弯曲。属于这一组的断层有 F_{69} 和 F_{70} 两条。

(2)第六组断层。第六组断层亦为逆断层,主要有 F_{36} 等断层,倾向北西,延长 200m,断面弯曲呈波状,斜切褶曲。破碎带不发育,由石英和少量泥质、铁质胶结泥岩角砾组成,该组断层不发育。

4. 第四期

(1)第七组断层。第七组断层为晚期生成的断层,是一系列横切地层及褶皱枢纽的正(或平推)断层,它明显切割第一、第二期断层。该组断层发育,但一般规模不大,延长 300～700m,个别达 2300m,倾向北东或北西,倾角一般较陡,破碎带不发育。属于这一组的断层有 F_{58}、F_{59}、F_{60}、F_{64}、F_{65}、F_{67}、F_{68}、F_{73}、F_{80}、F_{85}、F_{89}、F_{90} 等。该组断层仅偶尔把矿层错开,对矿层影响不大。

(2)第八组断层。第八组断层为倾向南东—南西的正断层,主要有 F_{13}、F_{20}、F_{27} 等 8 条,比较发育,规模不等,延长 200～1010m,断层面略带波状弯曲,大多数倾角较缓。破碎带宽度绝大多数在 3m 以下,但 F_{27} 宽达 28m。断层角砾以硅质岩、泥岩为主,胶结物主要为泥质,局部为方解石。

5. 第五期

第五期只有第九组断层。该断层为最晚期产生的北倾正断层。本组断层不发育(仅有 F_{47}),规模不大,破碎带宽度小于 1m,由断层泥夹硅质岩、泥岩角砾组成。

上述断层,第二期第 3 组断层、第三期第 6 组断层、第四期第 8 组断层及第五期第 9 组断层仅分布在矿区南部矿段。

各期各组断层对矿层切割较严重的主要是发育在北翼露头带附近的走向断层,重要的有 F_{77}、F_{76}、F_{83}(Z_{II}-4 轴迹处)、F_{88}、F_{81}、F_{84}、F_{74} 等。其一般倾向南南东,倾角 38°~60° 不等,多为正断层,延长不一,从 500~4000m 不等,往往被北北西向平推断层所切割,垂直落差 16~120m,大多数为 30~70m,水平断距 10~200m,一般 20~70m。它们对氧化带附近的矿体切割程度大,但对深部矿体影响并不大。

第三节 矿区岩浆岩

矿区内岩浆活动不强,目前只在矿区北部东段及南部西段 28~29 线南端发现一些基性岩小岩株、岩脉。主要岩石为钠长石化辉绿岩、蚀变辉绿岩、蚀变辉绿玢岩、蚀变多孔状玄武玢岩等浅成侵入—喷出岩。在北东部,这些岩体侵入中泥盆统东岗岭组至中石炭统黄龙组等地层底层,多沿断层侵入到远离矿层的顶、底板地层中。在西南部则成为岩脉侵入东岗岭组地层中。

第四节 矿区地球物理特征

一、磁性特征

矿区内沉积岩以碳酸盐岩和碎屑岩为主,无岩浆岩、变质岩出露,所涉及的主要岩石类型有砂岩、硅质岩、灰岩、白云质灰岩、白云岩等,据广西重磁化资料,各类岩石物性参数见表 5-2。

表 5-2 广西北纬 24°线以南地区以往物性岩矿石物性参数统计表

岩类		岩石名称	密度 σ/(g·cm^{-3})		标本块数	磁化率 K/($4\pi \times 10^{-6}$SI)		天然剩磁 $J\gamma$/($\times 10^{-3}$A·m^{-1})	
			变化范围	平均值		变化范围	平均值	变化范围	平均值
沉积岩	碎屑岩	砂岩	2.00~2.83	2.40	938	0~1177	435	0~5846	1480
		硅质岩	2.40~2.74	2.57	39	0~183	75	0~503	206
	碳酸盐岩	灰岩	2.68~2.70	2.69	651	0~800	148	0~2524	728
		白云质灰岩	2.64~2.82	2.74					
		白云岩	2.72~2.84	2.77					
岩浆岩	基性岩	辉长岩	2.70~3.06	2.90	537	3747~5384	3854	315~1422	1342
		辉绿岩			584	1116~12 000	1416	117~28 000	1416
	酸性岩	花岗岩	2.38~2.98	2.61	2169	1~1924	12	0~737	5
		凝灰岩	2.44~2.73	2.50		3~151	33	3~345	141

注:数据引自《广西区域岩石物性调查报告》,1986。

从表 5-2 可以看出,区域内的沉积岩为微磁性—无磁性,其磁性与岩石中的铁镁矿物含量密切相关，铁镁矿物含量低的磁性相对较低。而岩浆岩主要为基性岩、酸性岩，基性岩呈弱磁性—中等磁性，其磁性与岩石中的铁镁矿物含量密切相关，铁镁矿物含量高的磁性相对较强。基性岩中磁性变化较大，其中，以辉绿岩磁性最强。酸性岩呈弱磁性，花岗岩较凝灰岩磁性强。

二、电性特征

区内主要分布岩性有钙质硅质岩、含锰钙质硅质岩、灰岩、泥质灰岩、硅质灰岩、含碳硅质灰岩、碳质灰岩等，据《广西地质矿产志》中区域地球物理特征可知：碳质灰岩、泥质灰岩的电阻率数百欧姆米属相对低阻的岩石；含碳钙质硅质岩的电阻率从数百欧姆米到数千欧姆米属相对中高阻的岩石；硅质灰岩、钙质硅质岩、泥质条带状灰岩、灰岩、含碳硅质灰岩的电阻率从数千欧姆米到数万欧姆米为相对高阻的岩石。整体来看，矿区内各类岩石的电阻率差异比较明显。

在矿区开展音频大地电磁（AMT）测深工作，共采集泥盆系、石炭系钻孔岩芯物性标本233件。标本主要采自2014年施工的钻孔ZK0403、ZK1901、ZK2801的岩芯。测试结果见表5-3。

表5-3 下雷-土湖锰矿集区电性参数测定统计一览表

岩性	地层	标本数/件	变化范围 $\rho/(\Omega \cdot m)$	算数平均值 $\rho/(\Omega \cdot m)$	几何平均值 $\rho/(\Omega \cdot m)$	备注
硅质灰岩	$D_3 l^1$	27	6434～68 802	30 032	23 307	岩芯
含锰钙质硅质岩	$D_3 l^2$	11	1641～7035	3585	3294	岩芯
碳酸锰矿	$D_3 l^2$	22	8.7～1345	418	150	岩芯
钙质硅质岩	$D_3 l^3$	25	10 243～87 515	41 918	35 312	岩芯
泥质条带灰岩	$D_3 w^1$	25	3130～87 770	31 276	18 247	岩芯
微晶灰岩	$D_3 w^2$	17	2395～116 530	32 368	18 647	岩芯
含碳硅质灰岩	$D_3 w^3$	28	640～93 281	32 658	17 515	岩芯
碳质灰岩	$C_1 y$	23	10.47～1303	173	56	岩芯
灰岩	$C_1 y$	18	2069～54 677	18 640	10 968	岩芯
泥质灰岩	$C_1 d$	13	7.21～435.37	80.32	35.16	岩芯
灰岩	$C_1 d$	7	17 460～25 510	18 002	17 750	岩芯
灰岩	$C_1 P_1 n$	17	956～52 222	20 351	10 776	岩芯

由表5-3可知，硅质灰岩、钙质硅质岩、泥质条带灰岩、微晶灰岩、含碳硅质灰岩、灰岩电阻率 ρ 表现最高，算术平均值为 18 002～32 658$\Omega \cdot m$，明显表现为高阻电性特征；含锰钙质硅质岩电阻率 ρ 也相对较高，算术平均值及几何平均值分别为 3585$\Omega \cdot m$ 及 3294$\Omega \cdot m$，表现为中—高阻电性特征；碳酸锰矿、碳质灰岩、泥质灰岩电阻率 ρ 表现相对低，算术平均值为 80.32～418$\Omega \cdot m$，明显表现为低阻电性特征。

总体来看,灰岩的电阻率变化范围大,变化范围大主要和锰质、碳质、泥质含量有关。锰质、碳质、泥质含量越大,灰岩电阻率就越小,电性差异就越明显。同时,岩石受地质构造作用,岩石破碎、裂隙发育,充水或充泥时将导致破碎带内的电阻率进一步降低。所有这些电性差异为采用音频大地电磁(AMT)测深来探测地下的地质结构和构造提供了地球物理应用前提。

第五节　矿区地球化学特征

一、地球化学场特征

(一)区域地球化学景观区的划分及特征

按岩性组合及表生地球化学特征,矿区主要为中低山岩溶(A_1)地球化学景观区。

从区域上来看,岩溶区 Au、As、Sb、Hg、Cd、Cu、Pb、Zn、Be、B、Cr、Ni、Co、V、Ti、Zr、La、Y、U、Th、Li、Nb、Mn、F、P、Al_2O_3、MgO、Fe_2O_3、CaO 元素为高背景值区,Ag、W、Sn、Mo、Bi、Sr 元素为中背景值区,Ba、SiO_2、Na_2O、K_2O 元素为低背景值区(表5-4)。

表 5-4　地球化学景观区元素异常特征

景观区名称及编号		元素组合特征		
		高背景值区	中背景值区	低背景值区
A_1 中低山岩溶区	A_1-5 中低山岩溶区	Au、As、Sb、Hg、Cd、Cu、Pb、Zn、Be、B、Cr、Ni、Co、V、Ti、Zr、La、Y、U、Th、Li、Nb、Mn、F、P、Al_2O_3、MgO、Fe_2O_3、CaO	Ag、W、Sn、Mo、Bi、Sr	Ba、SiO_2、Na_2O、K_2O

(二)区域 Mn 元素地球化学背景特征

1. Mn 元素地球化学特征

据《广西壮族自治区锰矿资源潜力评价成果报告》,矿区及周边化探样品性质为水系沉积物,根据样品分析数据生成等值线和等值区,见图5-3。

从图5-3来看,矿区及周边 Mn 元素地球化学场的高背景区与低背景区存在一定的差别,总体由南西向北东递减。高背景区主要集中在矿区南部的下雷地区及周边一带,其出露地层主要为上泥盆统榴江组、五指山组;沿着北东向矿区 Mn 元素含量逐渐减少,其低背景区主要在矿区北东向的上映一带,主要出露地层为石炭系、二叠系。

2. Mn 元素富集特征

采用分布于矿区及周边的 1∶200 000 区域化探扫面原始数据,对 Mn 元素在二叠系、石

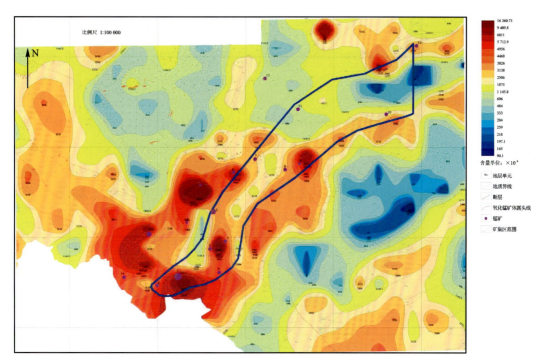

图 5-3　下雷-东平台沟 Mn 元素地球化学图

炭系、泥盆系地层单元及全区范围的算术平均值(X)、标准离差(S)、变异系数(C_V)等地球化学特征参数进行统计分析,并计算了各地层单元含量相对全区范围内的平均含量和全区范围相对于广西全区平均含量(X)的富集系数(FJ),结果见表 5-5。

表 5-5　水系沉积物(土壤)测量锰元素特征参数表　　　　单位:10^{-6}

参数 \ 地质单元	二叠系	石炭系	泥盆系	全区	全广西
N	148	191	635	974	
X	1 264.75	2 161.029	1 952.107	1 810.247	728.47
S	1 071.619	1 679.186	1 535.883	1 552.247	
变异系数(C_V)	0.87	0.776	0.787	0.857	
富集系数(FJ)	0.699	1.194	1.078	2.48	

注:N 表示样品数。

从表 5-5 来看,矿区 Mn 元素相对于全广西的富集系数为 2.48,说明矿区及周边范围内 Mn 元素呈明显富集的状态。各地层单元相对全区范围(调查区及周边)对比,泥盆系、石炭系的富集系数大于1,说明 Mn 元素在该两个地质单元呈相对富集状态,其中石炭系尤为显著,二叠系富集系数为 0.699, Mn 元素相对含量较低。

就变异系数而言,石炭系(0.776)、泥盆系(0.787)的变异系数小于1,说明 Mn 元素含量在地层单元中分布较不均匀,出现局部富集现象。

(三)区域元素组合特征

根据上述地球化学景观分区划分来看,矿区内及周围岩溶区属 Au、As、Sb、Hg、Cd、Cu、Pb、Zn、Be、B、Cr、Ni、Co、V、Ti、Zr、La、Y、U、Th、Li、Nb、Mn、F、P、Al_2O_3、MgO、Fe_2O_3、CaO 元素高背景值区。

对广西全区 1∶200 000 水系沉积物(土壤)测量样品 42 种元素的原始数据进行普通聚类分析,Mn、P、Co、Ni、V、Ag、Fe_2O_3、SiO_2 等元素及氧化物的共生组合特征为:在 0.84 相似水平,Co 与 Fe_2O_3 归为一组;在 0.77 相似水平,Co、Fe_2O_3 与 Ni 归为一组;在 0.74 相似水平,Co、Fe_2O_3、Ni 与 V 归为一组;在 0.67 相似水平,Co、Fe_2O_3、Ni、V 与 P 归为一组;在 0.65 相似水平,Co、Fe_2O_3、Ni、V、P 与 Mn 归为一组(图 5-4)。

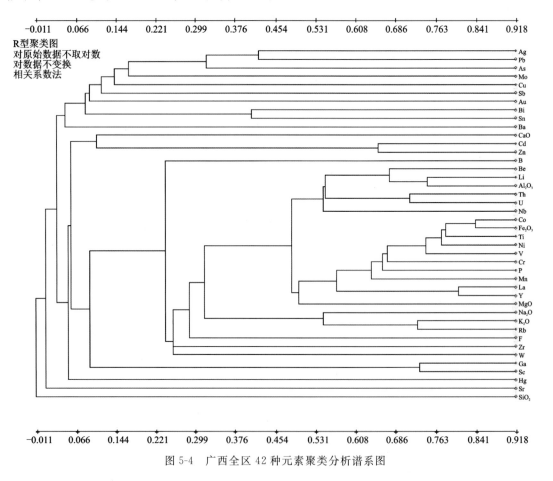

图 5-4　广西全区 42 种元素聚类分析谱系图

结合地球化学景观分区元素特征及广西全区 1∶200 000 水系沉积物(土壤)测量聚类分析结果,矿区亦选取 Mn、P、Co、Ni、V、Ag、Fe_2O_3 元素为组合圈定组合异常。从组合异常图来看,Mn、P、Co、Ni、V、Ag、Fe_2O_3 元素套合较好,相关性好,选取 Mn、P、Co、Ni、V、Fe_2O_3 作为主成矿、伴生或共生元素是合理的,见图 5-5。

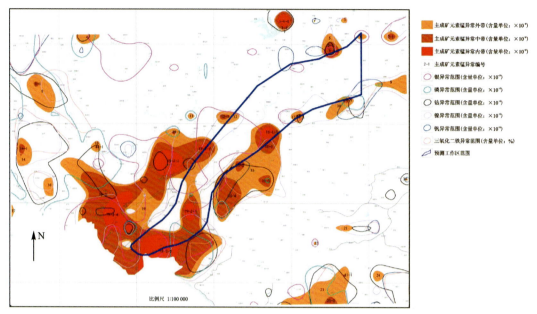

图 5-5 下雷-东平台沟 Mn、Ag、P、Co、Ni、V、Fe_2O_3 地球化学组合异常图

二、化探异常特征

矿区内的综合异常主要分布于矿区内下雷—湖润一带,其他综合异常均分布于矿区周围碳酸盐岩区域,异常主要分布于泥盆系中。

利用落在大新县下雷锰矿区的广西德保-大新测区 1∶50 000 分散流普查分析数据(广西冶金地质局 272 队,1992),进行 $0.25km^2$(500m×500m)网格化,以累计频率的 85%、92%、98%(相应含量见表 5-6)作为异常外、中、内带下限值,分别编制 Mn、Co、Ni、V、Ag 单元素异常图,以单元素异常图为基础编制的大新县下雷锰矿典型矿床矿区化探异常剖析图,见图 5-6。

表 5-6 大新县下雷锰矿床(区)单元素异常外中内带含量下限表

元素	Mn	Co	Ni	V	Ag
异常外带	1 823.3	34.3	113.9	230.4	472
异常中带	2 065.9	36.6	116.6	280.9	531.1
异常内带	2 159.2	37.8	120.5	295.3	700.9

注:Mn、Co、Ni、V 含量单位为 10^{-6};Ag 含量单位为 10^{-9}。

从图 5-6 可以看出,大新县下雷锰矿矿区 Mn、Co、Ni、V、Ag 异常较为发育,其中 Mn 异常规模较大、连续性好、浓度分带较为显著,且与 Co、Ni 异常较为吻合。Mn、Co、Ni 异常主要分布于矿区的南部锰矿层上部及其南北两侧,并具明显的组分水平分带特征,自北往南,表现为 Mn-Co-Ni 的水平分带特点。V、Ag 异常规模则较为弱小,分布于矿区的北部,距锰矿层较远,V、Ag 异常自东往西呈现为 V-Ag 的水平分带特点。Mn、Co、Ni 元素组异常与 V、Ag 元素组异常的差异性反映了两元素组物质来源的不同,Mn、Co、Ni 主要来源于沉积作用过程,

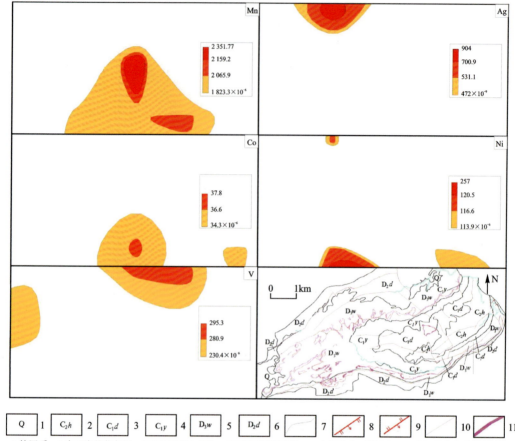

图 5-6 大新县下雷锰矿典型矿床矿区化探异常剖析图

表现为共生的特点;而 V、Ag 可能主要是与沉积期后次生富集作用密切相关。

总体而言,Mn 异常的空间分布特征基本反映了区内主要锰矿层的空间分布特征,Mn 异常浓集中心部位一般为矿层厚且富的部位。

本书作者认识到,如图 5-6 所示,在下雷锰矿区范围内化探异常最高值也只有 2351.77×10^{-6},还不到锰在地壳的丰度值 1300.0×10^{-6} 的两倍。这一异常结果充分显示,在以化学风化为主、物理风化为辅的南方地区,锰在矿层围岩中的富集是微乎其微的。这一异常若是放在一个工作程度较低的新区,完全无法引起地质工作者、投资者的注意和兴趣。

第六章　典型锰矿床地质特征

在整个广西,下雷锰矿床是泥盆系中锰矿床的工作程度最高的,地质资料、科研资料也最丰富,矿床特征也有其特殊性和代表性,也是本次研究的主要对象。

正如本书第三章所述,下雷锰矿床前后有多家勘查单位在矿区内开展过不同程度的勘查工作,其中工作程度最高的分别为1982年广西壮族自治区第四地质队在南部矿段开展的"广西大新县下雷锰矿区南部碳酸锰矿详细勘探"(以下简称"南部勘探")和2014年中国冶金地质总局广西地质勘查院在北中部开展的"广西大新县下雷矿区大新锰矿北、中部矿段勘探"(以下简称"北中部勘探")。

南部勘探提交的《广西大新县下雷锰矿区南部碳酸锰矿详细勘探地质报告》偏重于介绍下雷锰矿床南部锰矿体(04线以西)的地质特征(以下简称"南部矿段矿床地质特征")。而《广西大新县下雷锰矿区北、中部矿段碳酸锰矿详细普查地质报告》工作程度虽相对较低,但对全矿区(包括04~66线)锰矿层的厚度、矿石品位总结较全面、到位(以下简称"北中部矿段详细普查矿床地质特征")。北中部勘探提交的《广西大新县下雷矿区大新锰矿北、中部矿段勘探地质报告》除了对北中部矿段的矿床地质特征(以下简称"北中部矿段矿床地质特征")进行了更详细的描述外,还对下雷锰矿床含锰岩系、控矿构造、矿床成因等方面提出了一些新的认识。由于工作程度高、提交了一个大型锰矿床、在综合研究方面取得7个方面的成果,该报告被中国地质学会评为2015年度"十大找矿成果奖"。

因此,本章典型锰矿床地质特征主要是摘录上述3部报告的主要内容,以期更完整地了解典型锰矿床下雷锰矿的特征。

第一节　下雷锰矿床勘查、开发简史

自1958年群众报矿发现下雷锰矿床后,在后续的60多年里,前后有南宁专署地质局903队、广西地质局424队(后改为第二地质队)、广西壮族自治区第四地质队、中国冶金地质总局广西地质勘查院等单位在本区开展普查、详查、勘探、科研等工作,先后提交了《广西大新下雷锰矿区地质勘察报告书》《广西大新县下雷锰矿区补充地质勘探工作报告》《广西大新县下雷锰矿区南部碳酸锰矿详细勘探地质报告》《广西大新县下雷锰矿区北、中部矿段碳酸锰矿详细普查地质报告》《广西大新县下雷锰矿床地质研究》《广西大新县下雷矿区大新锰矿北、中部矿段勘探地质报告》等地质、科研报告,将下雷锰矿区分为南部矿段和北、中部矿段,累计探明资源/储量约1.32亿t,其中南部矿段累计探明约6615万t,北中部矿段累计探时约6543万t。

下雷锰矿床是20世纪乃至21世纪初全中国乃至整个亚洲最大的锰矿床。

自20世纪60年代开始广西锰矿公司大新锰矿就一直在开采本矿区的氧化锰矿石,主要开采的是5~30线浅表的氧化锰矿石,形成年产10万t的开采能力。2001年6月,广西区政府下文成立广西大锰锰业集团有限公司,大新锰矿隶属于广西大锰锰业集团有限公司。2005年8月,由中信资源控股有限公司与广西大锰锰业集团有限公司共同出资成立中信大锰矿业有限责任公司,大新锰矿隶属于中信大锰矿业有限责任公司。大新锰矿占用资源/储量8000多万t,其中南部矿段5000多万t,北部中部矿段3000多万t。

1985—1995年间,大新锰矿因民采遭受严重的破坏,28~37线"西南矿段和西北矿段遭受严重破坏,残余矿床已千疮百孔、支离破碎,由于开采技术困难、经济上不合理和生产安全,残余氧化锰矿石储量大约130万t降为表外储量"(摘自广西矿产资源委桂资准〔1999〕4号文),这也是西南矿段和西北矿段一直以来无法进一步开展勘查工作,也无法开采的重要原因。

由于矿业权证的分割,下雷锰矿床被分为东西两部分,总体以5线为分界线,西部归属大新锰矿,一直在开采,东部则一直未见开采。大新锰矿开采情况如下。

1999年以前,全部为露天开采氧化锰矿石,开采范围为南部矿段4a~37线,开拓方式为公路汽车运输;经多次扩建,矿山规模逐年增大,至1999年达到了采选30万t/a生产规模,产品有冶金锰矿和天然放电锰粉。

1999年起,除原有露天开采外,大新锰矿开始进行地下开采,开发利用碳酸锰矿石,开拓方式采用平硐开拓。现已形成多中段、平硐和斜井均有的地下开采系统。随着企业发展,矿山采选规模逐年扩大,形成了露天-地下并存,地下开采60万t/a的生产规模。

至2014年末,大新锰矿区累计开采矿量逾1000万t,采矿权范围内保有资源/储量7246万t。氧化锰矿和碳酸锰矿同时利用,产品方案包括冶金锰矿、天然放电锰粉、硫酸锰、电解金属锰、电解二氧化锰等,成为国内外知名的锰矿。

第二节 南部矿段矿床地质特征

南部勘探工作是广西第二地质队、广西壮族自治区第四地质队根据广西地质局〔1978〕96号文分别进入矿区开展工作,于1981年底完成详勘的野外工作。提交的报告综合了1963年以来对矿区勘探和研究的有关资料。

一、矿床规模及形态

下雷锰矿床工业矿体呈层状,共3层,层位稳定,其间有两层夹层,自下而上称Ⅰ矿层、夹一、Ⅱ矿层、夹二、Ⅲ矿层。整个矿床为近东西走向的向斜构造,西端昂起,昂起端及南北两翼连续出露于地表。东西长近9km,南北宽约2.6km。矿体底板埋藏标高:30线以西240m,30~12线10m,12~0线-360m,0线以东约-700m。

(一)矿层的分布及产状

在整个矿区范围内,各矿层工业矿体的展布有一定差别:Ⅰ矿层在 30/CK48(剖面线编号/工程编号,下同)、19/CK737、布康村北 200m、岩关山、0/CK846 等点的连线以南几乎全为工业矿体,呈近东西向延长。Ⅱ、Ⅲ矿层工业矿体分布范围在 30/CK48、15/CK29、5/CK27(北翼)连线的东南面,同 0/CK84、菠萝山西 500m 处、那欣村及北翼东端 K457 连线的西北这一范围亦几乎全部是工业矿体,呈北东-南西方向延长。

矿层产状与围岩一致。北翼比较平缓,南翼陡立(许多地方倒转)。矿区南部矿段西段发生强烈褶皱,成为复杂的复式构造,在次级向斜中,大多数也呈现南翼陡立(部分倒转)北翼较平缓的特点。若将矿层按其倾角分成陡立矿层(倾角大于70°)、急倾斜矿层(倾角45°～70°)、缓倾斜矿层(倾角25°～45°)、平缓矿层(倾角小于25°),则南部矿段 15 以东 $Z_{Ⅲ-1}$—$Z_{Ⅲ-3}$ 转折端及其以南主要为陡立和急倾斜矿层,转折端以北和中部、北部矿段为缓倾斜和平缓矿层;15 线以西南部西段矿层产状变化较大,轴向向南偏转,矿层以急倾斜和陡立为主,往北翼属平缓矿层和缓倾斜矿层。

(二)矿层、夹层的厚度及变化

矿区内各矿层的厚度,一般都为可采厚度(0.70m)的 2～3 倍,Ⅱ矿层在有些地方达到 5～6 倍。矿层厚度的变化具有一定的规律性,三层矿的厚矿体均产于南部 4～10 线一带。各矿层厚度变化特征分述如下。

Ⅰ矿层:一般厚度 1.70m 左右。南部矿段 4～34 线矿层厚度较大,自这一带向西、北、东方向逐渐变薄至尖灭。

南部矿段勘探范围,矿层平均厚度为 1.72m,最大厚度 3.23m(8b/CK718)。其中 4～10 线厚度多数大于 2m 的矿层能连成较大面积;10 线以西厚度大于 2m 的矿体则呈小面积零星分布;而 35～36 线南段以及 13/CK704-1、31/CK523 等处,矿层厚度小于 1m;在 4/ⅢT80—0/CK810 连线的南东至地表,矿层急剧变薄甚至尖灭,见图 6-1。

夹一:在南部矿段 4a～24 线,近地表处厚度最薄,一般厚 1m 左右。自这一带向东、西、北各个方向均变厚,如南部矿段 4a～24 线的陡矿层沿倾向向平缓矿层过渡的拐弯处附近,该夹层厚度已增至 1～3m;到南部、中部矿段分界处附近,厚 3～10m;由此再往东、北、西的其余地区,厚度多为 10～20m,最厚处(38/CK65)达 29.17m,见图 6-2。

Ⅱ矿层:南部矿段 4～24 线浅部附近的陡立和急倾斜矿层厚度较厚,多为 2.5～4m,最厚为 5.05m(8b/CK677),由此向东、北、西方向变薄。如勘探范围北缘附近,矿层厚度大于 1.50m,再往北、往西即逐渐变薄至不可采(<0.70m);4a 线以东,矿层亦逐渐变薄,且浅部与Ⅲ矿层合并(部分工程夹二消失,两矿层很难分开)。

南部矿段勘探范围,本矿层平均厚度为 2.36m。4～24 线浅部大于 2.50m,其中 5～9 线大多数工程矿层厚度大于 3.50m,并能连接成片。由这一带向西、北、东方向均变薄,15 线以西的 $Z_{Ⅲ-5}$ 轴部以北,矿层厚度 1.70m 左右,仅其西端有厚度小于 1m 的小面积矿层零星分布。向北及北东方向矿层厚度虽已降到 1～2m,但却比较稳定。唯向东南方向矿层很快变薄,如

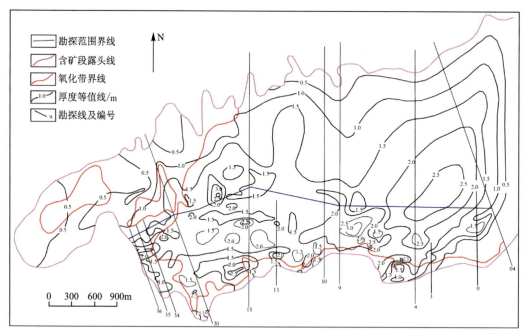

图 6-1 下雷锰矿区南部矿段勘探范围Ⅰ矿层厚度等值线平面示意图

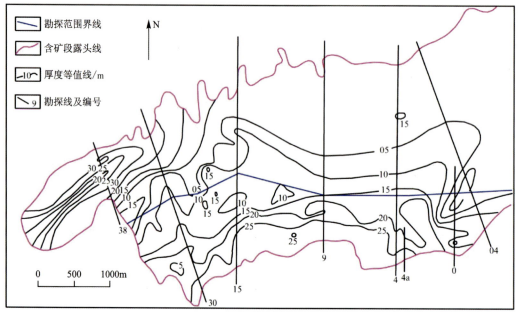

图 6-2 下雷锰矿区南部矿段勘探范围夹一厚度等值线平面示意图

0 线附近矿层已薄至不足 1m,其东 400m 的 04 线地表揭露证实矿层尖灭,见图 6-3。

夹二:本夹层在南部矿段勘探范围厚度较大,一般厚 0.50m 左右,最厚可达 1.28m;仅 4a 线以东近地表的浅部变得很薄甚至尖灭。由勘探范围向其他矿段均变薄或尖灭(北部矿段厚度多在 0.1m 以下),见图 6-4。

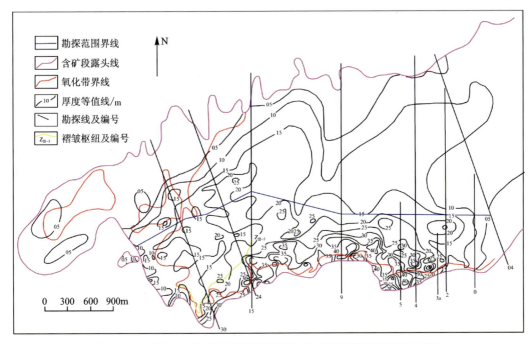

图 6-3 下雷锰矿区南部矿段勘探范围Ⅱ矿层厚度等值线平面示意图

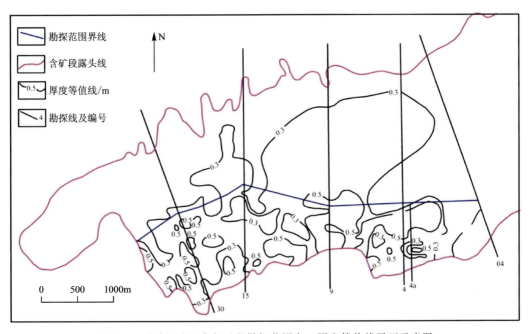

图 6-4 下雷锰矿区南部矿段勘探范围夹二厚度等值线平面示意图

Ⅲ矿层:该矿层厚度最大的地带在南部矿段 1~26 线之间的 $Z_{Ⅲ-3}$ 及 $Z_{Ⅱ-1}$、$Z_{Ⅲ-5}$ 轴部以外,0 线以东向斜核部(0/CK810-北翼东端 CK457 间)还形成一个北东—南西方向伸展的面积较大的工业矿体,已经普查孔证实。而在这一工业矿体的北西和南东,矿层均变薄至不可采甚至尖灭。

在南部矿段勘探范围内,矿层平均厚度为1.68m,绝大多数工程矿层厚度为1.50m左右,0～15线之间有少数工程矿层厚度小于1m或大于2m,个别工程[12/CK705(3)]变薄为0.39m。在4～0线近地表处,0线以东和31～36线南部以及$Z_{Ⅲ-6}$背斜以北的大多数地方矿层厚度亦均变薄至1m以下。总的来看,在本勘探区范围内Ⅲ矿层的厚度具有东厚西薄、南厚北薄的规律,见图6-5。

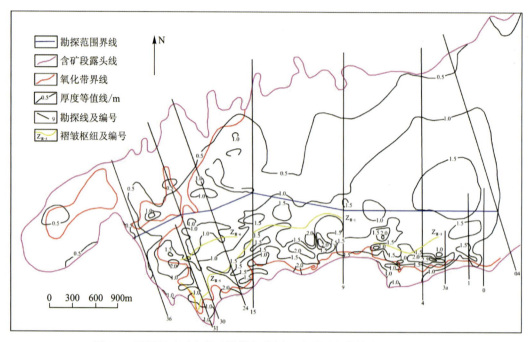

图6-5 下雷锰矿区南部矿段勘探范围Ⅲ矿层厚度等值线平面示意图

南部矿段勘探范围各地段Ⅰ、Ⅱ、Ⅲ矿层平均厚度见表6-1。

表6-1 南部矿段勘探范围Ⅰ、Ⅱ、Ⅲ矿层厚度统计表

矿层	平均厚度/m			
	0～8线	8～24线	24～35a	勘探范围
Ⅲ	2.04	1.67	1.49	1.68
Ⅱ	2.94	2.69	1.74	2.36
Ⅰ	1.91	1.79	1.52	1.72

二、矿石的化学成分

1. 各矿层的主要化学组分含量和变化

各矿层碳酸锰矿石的Mn、Fe、P的含量是比较稳定的,它们在南部矿段勘探范围内的变化系数均在20%以下。以类比的方法,推测这些组分在其他矿段(普查区)也可能是稳定的。

SiO_2 的含量波动幅度较大,稳定性较 Mn、Fe、P 为低,见图 6-6～图 6-9。

现将勘探范围内各矿层主要化学组分及其变化分述如下。

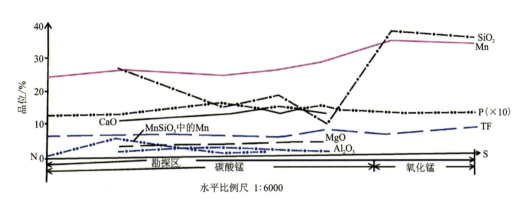

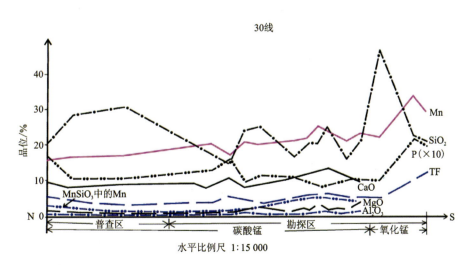

图 6-6 第 4、15、30 勘探线 I 矿层主要化学组分变化曲线图

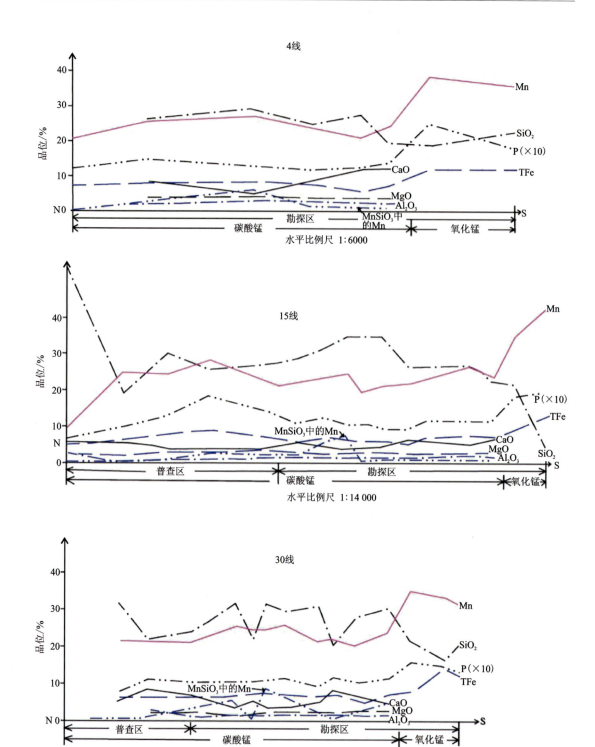

图 6-7　第 4、15、30 勘探线 II 矿层主要化学组分变化曲线图

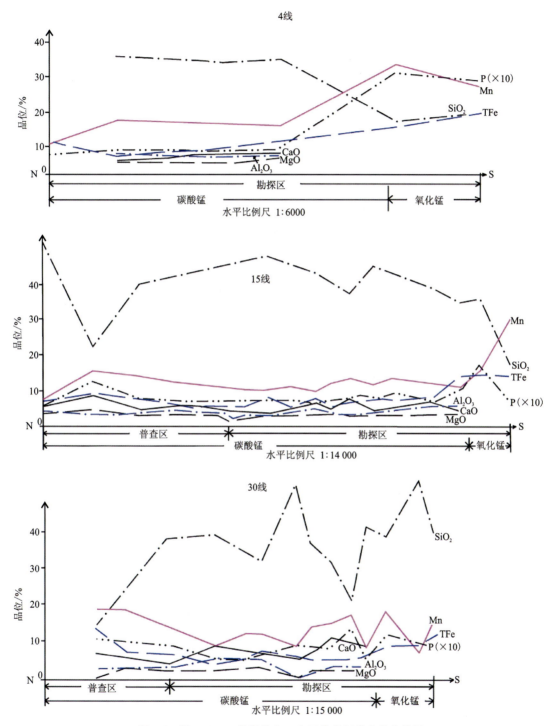

图 6-8 第 4、15、30 勘探线夹二主要化学组分变化曲线图

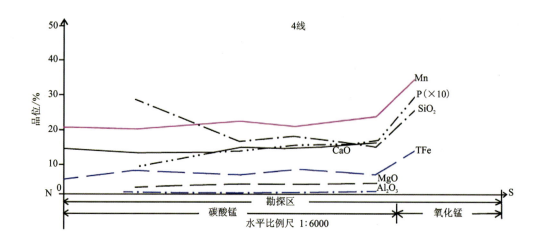
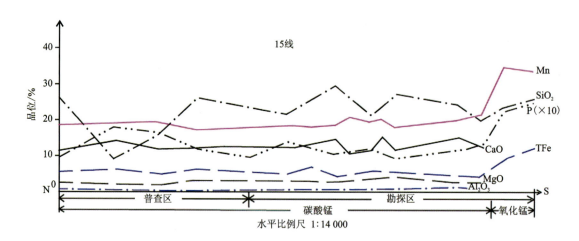
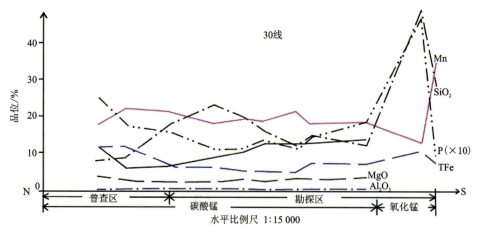

图 6-9　第 4、15、30 勘探线Ⅲ矿层主要化学组分变化曲线图

(1) Ⅰ矿层。

①Mn含量：属稳定的类型，变化系数为17%，平均含量22.72%，其中4～10线含量最高，为25%，个别工程达到34.32%(5/CK20)；10线以西多数工程在22%左右，但有相当数量的工程为15%～20%；Ⅰ线以东的浅部含量低于12%，见图6-10。

矿层本身上、下部的差别较大：下部平均含锰23.6%，最高36.16%(5/CK20)，上部平均含锰仅17.19%。可见其特点为上贫下富，其原因可能是Ⅰ$_上$菱锰矿少，主要为锰方解石，Ⅰ$_下$主要为菱锰矿。

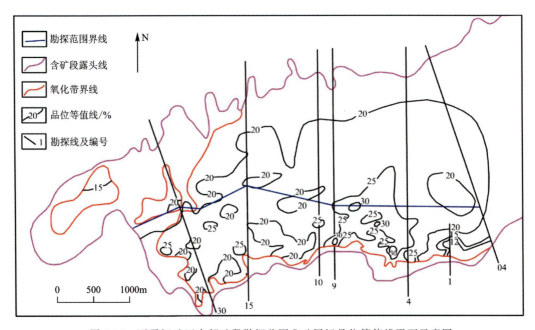

图6-10 下雷锰矿区南部矿段勘探范围Ⅰ矿层锰品位等值线平面示意图

②Fe含量：属稳定类型，变化系数为18%。平均含量5.32%。其中0～8线及24～35线含量略高，平均值为5.47%～5.49%；8～24线略低，平均值为5.07%。矿层上部平均含量为5.24%，下部平均值为5.68%。

③P含量：属稳定类型，变化系数为18%。平均含量0.110%。在水平方向上各地段平均值差异很小(0.103%～0.119%)。矿层上、下部差别较明显，上部平均值为0.094%，下部平均值为0.124%。

④Si含量：同其他组分比较，Si含量的变化较大，但各地段的平均含量则相近(20.45%～21.13%)，总平均值为20.63%。

⑤各主要组分含量之间的关系：本矿层Mn与Fe、Mn与P、Mn与Si之间含量变化的规律很差，其相关系数(用参加储量计算的全部工程平均品位来计算，下同)Mn与Fe之间为0.10，Mn与P之间为0.24，Mn与Si之间为-0.23。由此又可知，它们之间是无规律的。

(2) Ⅱ矿层。

①Mn含量：在水平方向上看很稳定，其变化系数为13%(稳定性比Ⅰ矿层还高)，平均含

量为22.47%。其中4～15线之间Z_{III-3}、Z_{II-1}轴部以南的浅部矿体最富,一般含量在25%左右,最高值见于CK648为30.05%;由上述富矿带往北和15线以西一般为22%左右,但有部分地方为15%～20%;还有2线以东也是15%～20%,见图6-11。个别工程[12/CK705(2)] Mn品位为7.61%,虽有其层位,但变为不具工业意义的无矿"天窗"。

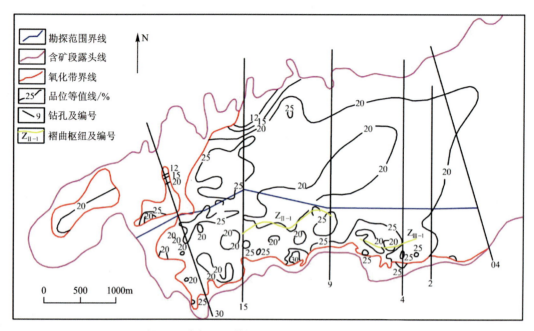

图6-11 下雷锰矿区南部矿段勘探范围Ⅱ矿层Mn品位等值线平面示意图

矿层上、中、下部之间含Mn量以上部最高,平均值为22.80%,中部平均值为20.21%,下部平均值为19.30%。

②Fe含量:属稳定的类型,其变化系数为13%,平均含量为6.68%,各个地段之间的含量平均值差极小,见表6-2。在垂向上铁含量的变化表明,上、下部较高(分别为7.01%、7.81%)、中部较低(5.72%)。

③P含量:亦很稳定,变化系数为16%,平均含量为0.116%。其中0～8线较高,平均值为0.125%;24线以西较低,平均值为0.109%。在垂向上,以矿层中部最高,平均值为0.140%,上部和下部均为0.100%。

④Si含量:SiO_2含量变化略有跳动。从地段平均值来看,8线以东较低,为24.22%;24以西较高,为28.32%。总平均值为25.81%。

⑤各主要组分含量之间的关系:本矿层中Mn与Fe、Mn与P、Mn与Si之间含量的变化稍有规律,Mn与Fe之间含量相关系数为0.42,Mn与P之间含量相关系数为0.38,Mn与Si之间含量相关系数为-0.44。由此可知,它们之间的消长关系均不明显仅约略可见Fe、P含量随Mn含量增高而增高,SiO_2含量随锰含量增高而降低。用线性回归方程计算它们之间的变化关系见图6-12。

表 6-2 南部矿段勘探范围各矿层各地段化学组分平均含量表

单位:%

矿层	地段	Mn	TFe	P	SiO$_2$	CaO	MgO	Al$_2$O$_3$	MnSiO$_3$中的Mn	烧失量	Mn+TFe	Mn/TFe	P/Mn	(CaO+MgO)/(SiO$_2$+Al$_2$O$_3$)
Ⅲ	0~6	19.23	5.69	0.132	22.02	9.34	3.11	1.57	0.022	25.42	25.92	2.87	0.006 9	0.53
	8~24	18.13	6.35	0.121	23.94	9.97	3.24	1.50	0.040	25.73	24.48	2.86	0.006 7	0.52
	24~35	17.78	6.45	0.120	23.75	10.50	3.22	1.54	0.064	25.02	24.23	2.76	0.006 7	0.54
	全矿段	18.49	6.51	0.125	23.13	9.84	3.18	1.54	0.038	25.45	25.00	2.84	0.006 8	0.53
Ⅱ	0~6	22.48	6.66	0.125	24.22	7.72	2.87	1.85	1.75	20.66	29.14	3.38	0.005 6	0.41
	8~24	22.43	6.69	0.112	25.84	6.52	2.75	1.82	2.19	19.92	29.12	3.35	0.005 0	0.34
	24~35	22.54	6.66	0.109	28.32	5.79	2.49	1.69	2.17	18.89	29.20	3.38	0.004 8	0.28
	全矿段	22.47	6.68	0.116	25.31	6.78	2.74	1.80	2.03	19.96	29.15	3.36	0.005 2	0.34
Ⅰ	0~6	24.47	6.49	0.119	20.45	9.35	3.55	1.19	1.21	21.60	29.96	4.46	0.004 9	0.60
	8~24	21.90	5.07	0.103	20.46	12.18	2.88	1.38	1.55	23.83	26.97	4.32	0.004 7	0.69
	24~35	21.69	5.47	0.109	21.13	12.18	2.58	1.43	1.28	23.61	27.16	3.97	0.005 0	0.65
	全矿段	22.72	5.32	0.110	20.63	11.22	3.04	1.33	1.37	23.01	28.04	4.27	0.004 8	0.65

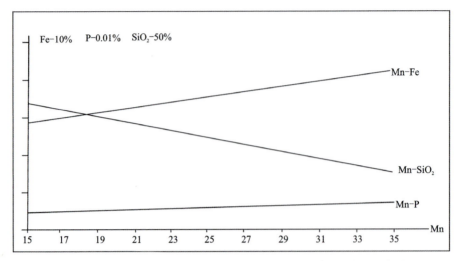

图 6-12　南部矿段勘探范围Ⅱ矿层 Mn、Fe、P、Si 含量变化关系示意图

(3)Ⅲ矿层。

①Mn 含量:本矿层 Mn 品位较Ⅱ矿层还要稳定,变化系数为 12%,平均含量为 18.49%,一般为 15%~20%,大于 20%的基本上呈零星分布,仅在 2~11a 线的近地表浅部连续性稍好,最大含量 26.26%(8a/CK643$_下$),少数钻孔(13/CK168、26/CK62$_上$)含 Mn 低于 15%,个别孔[12/CK705(2)]含 Mn 仅为 9.67%,见图 6-13。

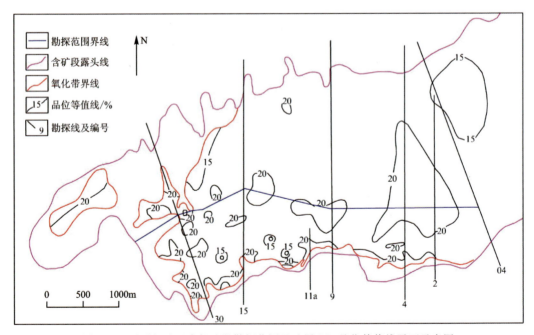

图 6-13　下雷锰矿区南部矿段勘探范围Ⅲ矿层 Mn 品位等值线平面示意图

②Fe 含量:本矿层 Fe 含量稳定,其变化系数为 16%。从平面上看,8~24 线含 Fe 量略低一些,其平均值为 6.35%,勘探范围内总平均值为 6.51%,矿层上部含 Fe 略高(6.83%),

下部稍低(5.77%)。

③P 含量:属稳定类型,其变化系数为 19%,全矿层平均值为 0.125%。其中,0~8 线较高,其平均值为 0.132%;另外,从南北方向来看,深部平缓矿层含量较低(约 0.120%),而近浅部的陡矿层含量较高(约 0.129%)。部分工程统计表明,矿层上部 P 平均含量为 0.160%,下部 P 平均含量为 0.126%。

④Si 含量:SiO_2 的含量变化稍有跳动,但从各地段的平均值来看则差别很小,总平均值为 23.13%。

⑤各主要组分含量之间的关系:本矿层 Mn 与 Fe、Mn 与 P、Mn 与 Si 之间含量变化的规律较差,特别是 Mn 与 Si 之间更突出。Mn 与 Fe 之间含量相关系数为-0.15,Mn 与 P 之间含量相关系数为 0.41,Mn 与 SiO_2 之间含量相关系数为-0.02。

各矿层相比 Mn 含量Ⅰ矿层最高,Ⅲ矿层最低;Fe 含量以Ⅱ矿层最高,Ⅰ矿层最低;P 含量以Ⅲ矿层最高,Ⅰ矿层最低;SiO_2 含量以Ⅱ矿层最高,Ⅰ矿层最低。

总的看来,Ⅰ~Ⅲ矿层均在勘探范围 4~12 线处矿石较富,其中又以浅部矿层较富。

2. Fe、P 在矿石中的赋存状态

(1)Fe 的赋存状态。由岩矿鉴定和物相分析资料可知,矿石中的 Fe 有一半左右是以类质同象的形式赋存在碳酸锰矿物中,其余部分则是个别以 Fe^{3+} 和 Fe^{2+} 状态存在;Fe^{3+} 以赤铁矿(82%)、磁铁矿(14%)等形式出现;Fe^{2+} 以黄铁矿(34%)、菱铁矿(1%)、锰铁叶蛇纹石(1%)、绿泥石、阳起石、黑云母等形式出现。

(2)P 的赋存状态:经过大量的矿石薄片和光片在镜下的详细观察发现,仅有少量的样品中发现极微—微量的胶磷矿或磷灰石。而矿石中普遍含磷,而且含量还比较高。因此矿石中的磷绝大部分是赋存在除磷灰石、胶磷矿以外的其他矿物中的,可能是以细分散状或非晶质微尘状的 $CaPO_4$ 形式存在于含锰矿物之中。

挑选出的锰碳酸盐单矿物分析结果表明,其低价铁及 P_2O_5 的含量较高,可以证实上述关于铁、磷赋存状态的推论是有根据的。分析结果见表 6-3。

表 6-3　南部矿段勘探范围碳酸锰单矿物中的 Mn、Fe、P 分析结果表

样号	矿物名称	化学分析结果/%			
		Mn	FeO	Fe_2O_3	P_2O_5
1	钙菱锰矿	25.23	4.15	0.03	0.243
2	锰方解石	20.68	5.30	1.44	0.132
3	钙菱锰矿	25.44	4.02		0.068
4	菱锰矿	35.71	0.68	0.74	0.337
5	菱锰矿	27.62	4.41	0.60	0.181

3. $MnSiO_3$ 在矿石中的含量

在Ⅰ矿层及Ⅱ矿层的矿石中,大部分都含微—少量的 $MnSiO_3$,其含量一般与矿石的全锰

含量成正比,见图 6-14、图 6-15,但这个规律性不强,它们之间的相关系数Ⅰ矿层为 0.24,Ⅱ矿层为 0.29,在Ⅲ矿层中基本不含或仅有极微量的 $MnSiO_3$,见表 6-4。

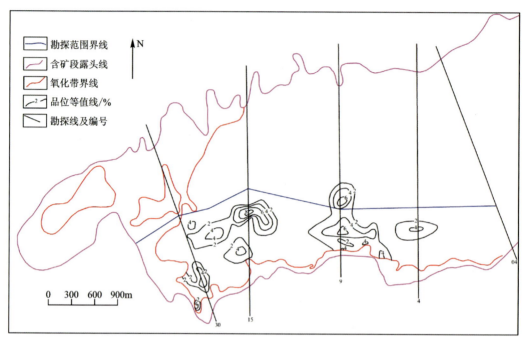

图 6-14　下雷锰矿区南部矿段勘探范围Ⅰ矿层 $MnSiO_3$ 中 Mn 等值线图

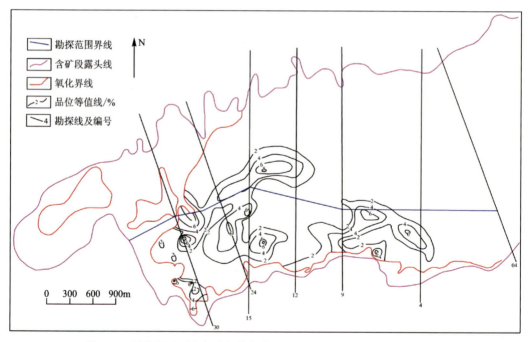

图 6-15　下雷锰矿区南部矿段勘探范围Ⅱ矿层 $MnSiO_3$ 中 Mn 等值线图

表 6-4　南部矿段勘探范围 MnSiO$_3$ 中之锰含量统计表

矿层编号		Ⅰ矿层			Ⅱ矿层				Ⅲ矿层
		Ⅰ$_下$	Ⅰ$_上$	全层	Ⅱ$_下$	Ⅱ$_中$	Ⅱ$_上$	全层	
锰含量/%	最高值	10.51	10.84	9.98	13.63	5.31	11.75	12.06	<1
	平均值	1.01	1.09	1.37	2.29	0.70	2.33	2.03	0.04

在Ⅰ矿层中,MnSiO$_3$ 中的锰含量大于 2%的样品几乎全在勘探范围以内,它们分别以含量大于 5%的 8 个钻孔为中心散布于各个地段,见图 6-14。

在Ⅱ矿层中,MnSiO$_3$ 在平面上分布的特征与Ⅰ矿层相似,仅是 MnSiO$_3$ 中的锰含量大于 2%的样品范围在 12~24 线处超出了勘探范围,往北西方向扩大了分布面积,见图 6-15。另外,在垂直方向上,明显表现出上、下部含量高,而中部含量低的特点,见表 6-4。

按岩石定名原则,把 MnSiO$_3$ 中的 Mn/TMn 大于 25%的矿石,称为 MnSiO$_3$-MnCO$_3$ 矿石,这种矿石在Ⅰ矿层中只有 5 个钻孔揭露到(最高见于 15/CK73,含量为 45.11%),它们又分成 3 小块相隔较远。在Ⅱ矿层中虽有 17 个钻孔揭露到(最高值见于 28/CK501,含量为 45.23%),但它们又分成互相间隔较远的 13 个小块(即 10 个小块只有 1 个钻孔,2 个小块各有 2 个钻孔,1 小块有 3 个钻孔),因此,见到这种矿石的钻孔占总钻孔数的比例在Ⅰ矿层中仅 2%,在Ⅱ矿层中仅占 7%,数量是很少的,又不能连成块段,所以不把它作为一种单独的矿石类型在储量计算中反映出来,而对全部原生矿石统称为碳酸锰矿石。

4. 各矿层中的次要化学组分的含量

矿石中 CaO、MgO、Al$_2$O$_3$、烧失量的含量在各个矿层中的含量平均值略有差异。CaO 在Ⅰ矿层中含量最高,为 11.22%,在Ⅱ矿层中含量最低,为 6.78%;MgO 在Ⅲ矿层中含量最高,为 3.18%,在Ⅱ矿层中含量最低,为 2.74%;Al$_2$O$_3$ 在Ⅱ矿层中含量最高,为 1.80%,在Ⅰ矿层中含量最低,为 1.33%;烧失量在Ⅲ矿层中含量最高,为 25.45%,在Ⅱ矿层中含量最低,为 19.96%。

这些组分在同一矿层中各地段的平均值差别如下:CaO 的差值为 1.16%~2.83%,MgO 的差值为 0.13%~0.97%,Al$_2$O$_3$ 的差值为 0.07%~0.24%,烧失量的差值为 0.71%~2.23%,比各矿层之间含量差还小,并且差值的低值都在Ⅲ矿层,高值都在Ⅰ矿层。由此可知,同矿层中次要组分的含量在平面上是稳定的,特别是Ⅲ矿层更稳定,见表 6-2。

根据矿石化学分析成果计算,勘探范围内的矿石全属酸性矿石,其碱度在Ⅲ矿层为 0.53,在Ⅱ矿层为 0.34,在Ⅰ矿层为 0.65。

第三节　北中部矿段详细普查矿床地质特征

北中部矿段详细普查工作是广西壮族自治区第四地质队根据广西地质局桂地矿〔1978〕96号、桂地矿〔1979〕26号文的要求进入矿区开展工作的,直至1983年6月初才完成详细普查野外地质工作,提交的报告综合了1958—1963年以来对矿区勘探和研究的有关资料。

一、矿床规模及形态

本矿区为大型锰矿床,原生沉积碳酸锰矿及其次生氧化锰矿总储量1.32亿t。工业矿体呈层状,层位稳定。整个矿床为一个近东西走向的向斜构造,西端扬起,向北东倾伏。矿层在向斜两翼及西端出露地表,东西长9km,南北宽2.5km。矿体底板最高标高在30号勘探线为240m,30～12号勘探线为10m,10～0号勘探线为－360m,0号勘探线以东至70号勘探线为－700m左右。

(一)矿层的分布及产状

矿区内工业矿体共3层,在30/CK50-17/CK735-04/CK846的连线以南、06号勘探线以西这个呈东西延长的范围内,基本上全为工业矿体。由此往北东方向,Ⅱ+Ⅲ矿层在北部矿段的04～66号勘探线范围内基本上也都能圈为工业矿体(Ⅰ矿层均不合工业要求)。工业矿体的面积共约$8km^2$,层位稳定,连续性好。

符合工业要求的矿层绝大部分为一向南倾斜的单斜,内部存在一些幅度小且宽缓的起伏。矿层倾角大部分为10°～20°,仅30号勘探线以西为20°～30°,04号勘探线以东20°～35°,在04号勘探线南部属于南翼的矿体及24号勘探线以西属于$Z_{Ⅱ}$-3南翼的矿体,南北倾斜,倾角40°～65°。

(二)矿层、夹层的厚度及其变化

总的来说,矿层及夹二在紧靠南部矿段的地方厚度较大,向西、北、东方向逐渐变薄。而夹一的厚度变化则与上述规律相反。

(1)Ⅰ矿层:普查范围工业矿体平均厚度为1.34m,最大厚度3.12m(24/CK744)。其中,12～24号勘探线及04～4号勘探线的南部其厚度多在1.50m以上,仅8/CK869厚度0.51m,小于可采厚度。见图6-16。

(2)夹一:在近勘探区范围处,厚3～10m,由此向西、北、东方向逐渐增厚到20m左右,最大厚度见于38/CK65,为29.17m,但该处基本上无工业储量,主要储量属于平衡表外。

(3)Ⅱ矿层:工业矿体平均厚度为1.46m,最大厚度为2.71m(26/CK124)。12～26号勘探线的南部多在1.50m以上,虽然有些地方矿层厚度小于0.70m(图6-17),由于它和Ⅲ矿层合并计算储量,仅在4/CK852才出现不能计算储量的天窗。

(4)夹二:在普查范围内,其厚度基本上均小于夹层剔除厚度,甚至尖灭。

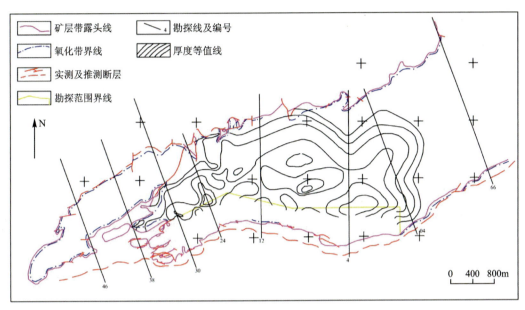

图 6-16　下雷锰矿区普查范围Ⅰ矿层厚度等值线图

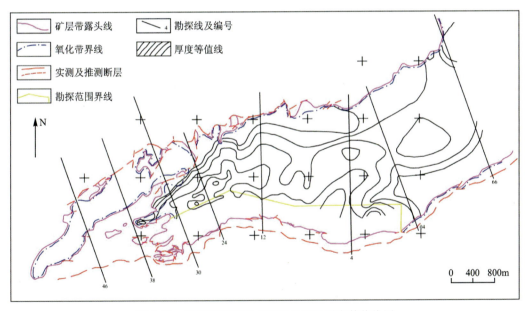

图 6-17　下雷锰矿区普查范围Ⅱ矿层厚度等值线图

(5)Ⅲ矿层:矿层平均厚度 1.10m(因有些地方与Ⅱ矿层无法分开,准确值不能确定),最大厚度 1.92m(2/CK816),2～9 号勘探线靠南部矿段的地方,其厚度大于 1m,见图 6-18。

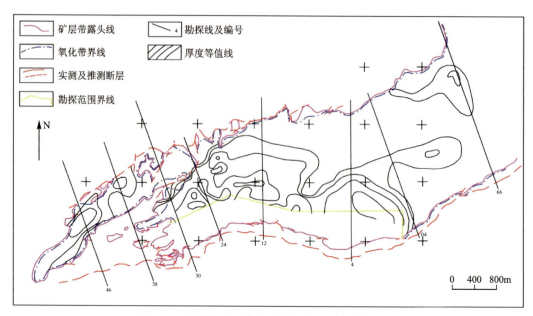

图 6-18　下雷锰矿区普查范围Ⅲ矿层厚度等值线图

二、矿石的化学成分

普查范围内各矿层碳酸锰矿石主要化学成分均相当稳定,其变化系数均低于 40%,尤其是锰品位更为稳定,变化系数均低于 20%。

从矿层平均品位来看,各矿层均属于高磷的矿石。由于各矿层矿石的平均碱度在 0.28～0.73 范围内,因此全部属于酸性矿石,见表 6-5。

表 6-5　下雷锰矿区普查范围碳酸锰矿层化学组分情况统计表

矿层层位	Mn			TFe			P		
	平均品位/%	变化系数/%	含量范围/%	平均品位/%	变化系数/%	含量范围/%	平均品位/%	变化系数/%	含量范围/%
Ⅲ	10.80	12	25.67～15.15	6.57	32	12.05～2.40	0.118	13	0.259～0.088
Ⅱ	21.43	16	29.29～16.25	6.99	22	11.27～3.97	0.105	23	0.189～0.065
Ⅰ	20.82	16	27.86～15.12	5.51	19	7.95～2.85	0.111	16	0.153～0.058

矿层层位	SO_2			相关系数				矿石碱度
	平均品位/%	变化系数/%	含量范围/%	Mn-TFe	Mn-P	Mn-SiO_2	Mn-$MnSiO_3$ 中的 Mn	
Ⅲ	26.81	39	49.14～8.56	−0.10	0.28	−0.44	−0.29	0.45
Ⅱ	28.91	19	39.90～12.10	0.30	0.33	−9.31	0.05	0.28
Ⅰ	20.26	30	41.98～9.93	0.43	0.53	−0.14	0.16	0.73

各矿层之间相比较,以Ⅱ矿层的矿石质量较好,其含锰品位较高,平均值21.43%,Ⅲ矿层的质量最差,含锰平均值仅为17.65%。

虽然各矿层含锰量的变化系数为12%～16%,但从平面上看,矿石质量尚有一定变化规律:靠近南部勘探范围的地方,矿石含锰量较富,往北逐渐变贫,尤其是向南东方向和北西方向变贫较快,见图6-19～图6-21,6～9号勘探线附近,含锰量降低。另外,Ⅲ、Ⅱ矿层在北部矿段的东部近地表处锰品位稍微变富。

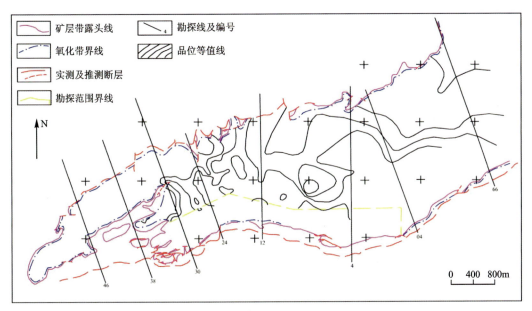

图6-19 下雷锰矿区普查范围Ⅰ矿层锰品位等值线图

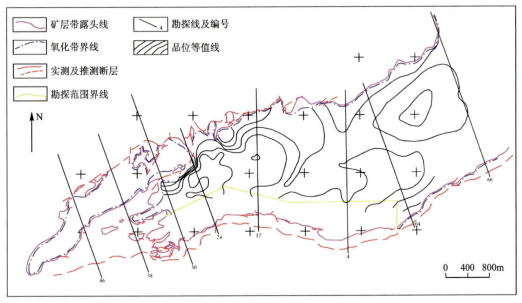

图6-20 下雷锰矿区普查范围Ⅱ矿层锰品位等值线图

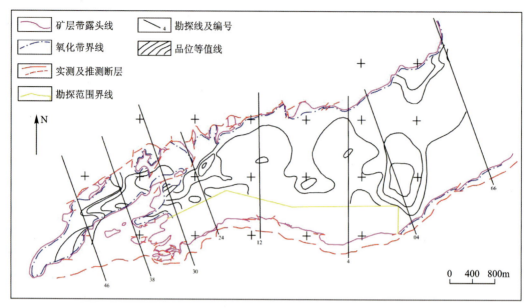

图 6-21 下雷锰矿区普查范围Ⅲ矿层锰品位等值线图

各矿层矿石中铁、磷、二氧化硅的含量在平面方向上没有明显的变化规律。这些组分的含量变化和锰含量变化的关系也不够密切,因而它们之间的相关系数值很低。从总的情况来看,存在锰含量高,则铁和磷也随之增高、二氧化硅降低的事实。各矿层中锰与铁、锰与磷含量相关系数基本上为正值,锰与硅含量相关系数为负值,见表6-5,亦表明这种情况的存在属实。

$MnSiO_3$ 矿物在不同矿层的矿石中的含量有较明显的差别。Ⅲ矿层的 $MnSiO_3$ 含量最低,为 0.010%～1.259%;Ⅱ矿层含 $MnSiO_3$ 最高,为 0.003%～8.443%,平均值 1.795%;Ⅰ矿层为 0.008%～4.890%,平均值 0.423%。与南部矿段勘探范围的平均值(Ⅲ矿层 0.038%,Ⅱ矿层 2.025%,Ⅰ矿层 1.366%)相比有明显降低,其变化规律是由南部勘探范围向普查范围渐减,从 $MnSiO_3$ 中的 Mn/TMn 平均值来看,Ⅲ矿层为 0.46%,Ⅱ矿层为 8.46%,Ⅰ矿层为 2.08%。由于这些比值很低,因而 $MnSiO_3$ 对矿石利用不会产生大的影响。

第四节 北中部矿段矿床地质特征

北中部矿段矿床地质特征主要是指 2012 年 1 月—2015 年 5 月中国冶金地质总局广西地质勘查院在下雷锰矿区北中部矿段开展勘探工作所圈定、研究的矿层特征。

一、矿层形态、规模、产状及变化特征

1. Ⅰ矿层

Ⅰ矿层产于上泥盆统五指山组第二段(D_3w^2)下部,展布于 0～38 号勘探线之间,在水平

投影图上形似一只"奔跑回望的兔子";走向延长 2975～4102m,宽 129.18～1 672.75m,倾向延深 0～30 号勘探线为 596.91～1810m,延深 30～38 号勘探线为 175.36～344.60m,展布面积为 2.76km²;有 147 个钻孔、2 个坑道、33 个地表工程控制,实际控制工程间距 15～10 号勘探线为(162.56～231.64)m×(78.80～429.63)m,15～24 号勘探线为(82.15～117.92)m×(51.95～197.98)m,24～38 号勘探线为(103.72～201.88)m×(10.46～208.01)m。

Ⅰ矿层呈层状产出,板状延伸,与围岩呈整合接触。矿层产状为:8～23 号勘探线倾向为 130°～195°,倾角为 1°～50°;24～28 号勘探线倾向为 215°～344°,倾角为 5°～47.2°。Ⅰ矿层平均倾角为 20.22°。

工程控制的氧化锰矿赋存标高为 376.66～606.82m,碳酸锰矿赋存标高为 5.34～522.31m。Ⅰ矿层赋存标高总体来讲南低北高,东低西高,有一个明显的高值区,即位于 10 号勘探线南部,在 60m 左右的区值内,有一个 203.21m 的高值区。

氧化锰矿层厚度为 0.50～1.25m,平均厚度为 0.74m。碳酸锰矿层厚度为 0.51～5.88m,平均厚度为 1.50m。Ⅰ矿层厚度变化系数为 45.93%,厚度变化属稳定型。锰矿层厚度统计见表 6-6。

表 6-6 表明,氧化锰矿层的厚度在 0.50～1.00m 之间的占统计样数的 83.87%,氧化锰矿层的厚度在 1.00～1.50m 之间的占统计样数的 12.90%,有 3.23% 的工程锰矿层厚度小于最低可采厚度。碳酸锰矿层的厚度主要集中在 0.50～2.00m 之间,占统计数据的 84.35%,厚度大于 2.0m 的占统计数据的 15.65%。

表 6-6 Ⅰ矿层厚度统计表(以单工程)

厚度区间/m	碳酸锰矿		氧化锰矿	
	频数/个	频率/%	频数/个	频率/%
<0.50			1	3.23
0.50～1.00	30	20.41	26	83.87
1.00～1.50	48	32.65	4	12.90
1.50～2.00	46	31.29		
2.00～2.50	16	10.88		
2.50～3.00	4	2.72		
>3.00	3	2.04		
合计	147	100*	31	100.0

注:有 4 个地表工程见的是碳酸锰矿。

*因四舍五入存在较小误差。

碳酸锰Ⅰ矿层厚度变化总体趋势是南厚北薄,有两个高值区:一是矿段中段 15～22 号勘探线南部,矿层厚度为 2.69～4.32m,高值区面积为 0.07km²,总体呈北西-南东展布,与勘查线的方向大体一致;二是矿段东段 10～13 号勘探线的南部,矿层厚度为 1.97～3.60m,高值区面积为 0.2km²,总体呈东西向,与勘查线垂直。另有一些零散的厚度大于 2m 的高值区,如

11号勘探线北部、28号勘探线西部等。由于断层的破坏,在局部也形成厚度小于0.50m的低值区,如11号勘探线的中北部、14号勘探线的南部、28号勘探线的东、西两侧等。

氧化锰矿石Mn品位为10.19%～43.78%,平均为27.53%,变化系数为22.45%;碳酸锰矿石Mn品位为10.30%～30.16%,平均为18.85%,品位变化系数为19.24%,属有用组分分布均匀型。锰矿石Mn品位统计见表6-7。

表6-7 Ⅰ矿层Mn品位统计表(以单工程)

Mn品位区间/%	碳酸锰矿		氧化锰矿	
	频数/个	频率/%	频数/个	频率/%
<10	5	3.29	0	0
10～15	21	13.82	1	3.33
15～20	71	46.71	1	3.33
20～25	50	32.89	7	23.33
25～30	4	2.63	12	40.00
>30	1	0.66	9	30.00
合计	152	100.00	30	100*

注:1个地表工程见矿厚度小于最低可采厚度。

* 因四舍五入存在较小误差。

表6-7显示,Ⅰ矿层氧化锰矿石品位主要集中在20%～30%之间,占统计样数的63.33%;Mn品位大于30%的锰矿矿石占统计样数的30.0%,9个工程均能定为富矿;10%<Mn≤30%的锰矿占统计样数的70.0%(其中,低品位矿占统计样数的3.33%)。因此,Ⅰ矿层氧化锰矿石以贫锰矿石为主。

Ⅰ矿层碳酸锰矿石锰品位主要集中在10%～25%之间,占统计样数的93.47%,富锰矿只占统计样数的3.26%,贫锰矿占统计样数的93.47%(其中,低品位矿占统计样数的13.82%)。因此,Ⅰ矿层碳酸锰矿石以贫锰矿石为主。

2. Ⅱ+Ⅲ矿层

Ⅱ+Ⅲ矿层产于上泥盆统五指山组第二段(D_3w^2)上部,展布于0～44号勘探线之间,在水平投影图上形似一只"奔跑回望的兔子";走向延长2955～4165m,宽192.07～1506.22m,倾向延深0～30号勘探线为570.20～1770.60m,30～38号勘探线为145.72～449.54m,展布面积为2.62km²;有142个钻孔、7个坑道、37个地表工程控制,实际控制工程间距15～10号勘探线为(167.06～227.90)m×(61.88～303.87)m,15～24号勘探线为(34.79～134.36)m×(54.75～202.57)m;24～38号勘探线为(96.34～199.59)m×(11.87～200.55)m。

Ⅱ+Ⅲ矿层呈层状产出,板状延伸,与围岩呈整合接触。矿层产状为:8～23号勘探线倾向为130°～195°,倾角为1°～43.0°;24～28号勘探线矿层倾向215°～305°,倾角为3°～52.8°;Ⅱ+Ⅲ矿层平均倾角为17.70°。

工程控制的氧化锰矿赋存标高为396.14~593.58m,碳酸锰矿赋存标高为21.90~522.31m。Ⅱ+Ⅲ矿层赋存标高总体来讲,南低北高,东低西高;在南部地区有两个不太明显的高值区,一是17~26号勘探线南部,底板标高为246.22~302.75m,二是在10号勘探线南部东、西两侧,在74.16~82.08m低值区出现标高在111.87~175.75m的高值区。

Ⅱ+Ⅲ矿层氧化锰矿层厚度为0.50~3.30m,平均厚度为1.23m,变化系数为57.66%,厚度变化属较稳定型;碳酸锰矿层厚度为0.54~9.13m,平均厚度为2.40m,厚度变化系数为48.99%,厚度变化属稳定型。锰矿层厚度统计见表6-8。

表6-8 Ⅱ+Ⅲ矿层厚度统计表(以单工程)

厚度区间/m	碳酸锰矿		氧化锰矿	
	频数/个	频率/%	频数/个	频率/%
<0.50	5	3.40	1	2.04
0.50~1.00	20	13.61	21	42.86
1.00~1.50	8	5.44	14	28.57
1.50~2.00	24	16.33	5	10.20
2.00~2.50	29	19.73	3	6.12
2.50~3.00	26	17.69	4	8.16
3.00~3.50	18	12.24	1	2.04
>3.50	17	11.56	0	0
合计	147	100	49	100*

注:5个钻孔工程见氧化锰矿。

*因四舍五入存在较小误差。

表6-8显示,氧化锰矿层厚度在0.50~1.50m之间的占统计样数的71.43%,氧化锰矿层厚度大于2.50m的占统计样数的10.20%,有2.04%的工程锰矿层厚度小于最低可采厚度。

碳酸锰矿层的厚度在0.50m以上各区间没有一个厚度区间占明显的优势,只在1.50~2.00m、2.00~2.50m、2.50~3.00m这3个区间稍占一点优势,占统计样数的17%~20%,超过15%,其他厚度区间均在10%上下。

Ⅱ+Ⅲ碳酸锰矿层厚度变化总体趋势是南厚北薄,东厚西薄;有两个高值区,一是16~24号勘探线南部,矿层厚度为3.17~9.13m,高值区面积为0.19km²,总体呈北东-南西展布,与勘查线的方向垂直;二是矿段东部10~13号勘探线的南部,矿层厚度为3.32~5.37m,高值区面积为0.14km²,总体呈南东-北西向,与勘查线斜交约45°;另有一些零散的厚度大于3m的高值区,如14号勘探线中北部、9号勘探线南部等;由于断层的破坏,在局部也形成厚度小于0.50m的低值区,如11号勘探线的中北部、北部、19~22号勘探线的北部、24号勘探线的北部、36号勘探线等。

Ⅱ+Ⅲ矿层氧化锰矿石Mn品位为10.26%~50.30%,平均为24.29%,变化系数为30.80%;碳酸锰矿石Mn品位为11.36~26.37%,平均为19.01%,品位变化系数为17.31%,属有用组分分布均匀型。碳酸锰矿石Mn品位统计见表6-9。

表 6-9 Ⅱ＋Ⅲ矿层 Mn 品位统计表（以单工程）

Mn 品位区间/％	碳酸锰矿		氧化锰矿	
	频数/个	频率/％	频数/个	频率/％
<10	4	2.74	0	0
10～15	15	10.27	5	10.42
15～20	70	47.95	8	16.67
20～25	53	36.30	12	25.00
25～30	4	2.74	14	29.16
>30			9	18.75
合计	146	100	48	100

注：1 个地表工程见矿厚度小于最低可采厚度。

表 6-9 显示，Ⅱ＋Ⅲ氧化锰矿层 Mn 品位主要集中在 10％～30％之间，占统计样数的 81.25％；Mn 品位>30％锰矿矿石占统计样数的 18.75％，其中有 2 个工程 TFe 含量超标，其他 7 个工程均能定为富矿；10％<Mn 品位<30％的锰矿占统计样数的 81.26％（其中低品位矿占统计样数的 22.92％）。因此，Ⅱ＋Ⅲ矿层氧化锰矿石以贫锰矿石为主。

Ⅱ＋Ⅲ碳酸锰矿层 Mn 品位主要集中在 10％～25％之间，占统计样数的 94.52％，Mn 品位≥25％的锰矿只占统计样数的 2.74％，由于 P、TFe、SiO_2 等组分超标，单工程不能定为富矿；10％<Mn 品位≤25％的锰矿占统计样数的 91.95％（其中低品位矿占统计样数的 10.27％）。因此，Ⅱ＋Ⅲ矿层全部为贫锰矿石。

二、矿石质量

1. 矿石颜色

(1) 氧化锰矿石颜色。Ⅰ矿层矿石颜色为黑色、钢灰色、褐黑色、灰黑色、土黄色。Ⅱ＋Ⅲ矿层矿石颜色为黑色、褐黑色、灰黑色、钢灰色、灰色、土黄色。

(2) 碳酸锰矿石颜色。Ⅰ矿层矿石颜色为灰绿色、灰色、浅肉红色、深灰色、棕红色、灰黑色，偶见墨绿色、灰黑色、紫红色。Ⅱ＋Ⅲ矿层矿石颜色为灰黑色、肉红色、棕红色为主，灰绿色、深灰色、灰色为次，偶见墨绿色、灰白色。

2. 矿石构造

1) 氧化锰矿石构造

Ⅰ矿层矿石构造为薄层状构造、块状构造、网脉状构造，偶见微层状构造。Ⅱ＋Ⅲ矿层矿石构造为薄层状构造、网脉状构造、块状构造、蜂窝状构造。

2) 碳酸锰矿石构造

Ⅰ矿层、Ⅱ＋Ⅲ矿层矿石构造大同小异，主要有豆状构造、鲕状构造、条带状构造、块状构造、薄层状构造，偶见结核状构造、角砾状构造。不同构造在矿段不同地段的分布稍有差异，详见表 6-10。主要构造特征如下。

表 6-10 大新锰矿区北中部矿段碳酸锰矿石结构、构造一览表

矿层号	结构构造线号区间	矿石结构 主	矿石结构 次	矿石结构 常见	矿石结构 其他	矿石构造 主	矿石构造 次	矿石构造 常见	矿石构造 其他
Ⅱ+Ⅲ	10～15	微晶状结构、纤维状变晶结构、显微鳞片状结构、隐晶质结构	他形细微粒状结构、半自形结构、半自形柱状结构	微晶状结构、显微片泥质结构		块状、薄层条带状、鲕状、条带状构造	薄层状、豆、鲕状、块状、条带状构造	豆、鲕状、块状、条带状构造	斑点状、结核状、串珠状、层纹状、包卷状构造
	17～23				粒屑结构、砂屑结构	豆、鲕状构造、薄层状构造	条带状、薄层状构造	豆、鲕状构造	结核状、角砾状构造
	24～36					块状、条带状、豆鲕状构造	薄层状、豆、鲕粒状、薄层条带状构造	斑点状、块状、鲕、豆状	层纹状、斑点状、叶片状、层状、眼球状、结核状构造
Ⅰ	10～15	微晶结构、细小他形粒状结构、显微鳞片泥质变晶结构	显微鳞片泥质结构、细微他形粒状结构、他形结构、柱状变晶结构			豆状、鲕状、薄层状构造	块状构造	块状、结核状构造	结核状、微层状构造
	17～23			微晶状结构、显微鳞片泥质结构	柱粒状变晶结构	豆、鲕状、条带状构造	薄层状构造	豆、鲕状、条带状构造	结核状、串珠状、角砾状构造
	24～36					豆、鲕状、条带状构造	块状构造	条带、鲕状、块状构造	结核状构造

(1)豆(鲕)状构造。豆(鲕)构造主要是在致密状的矿石中分布有颜色各异的豆粒、鲕粒,见图6-22。豆(鲕)粒的成分各有差异,有的与基质相同,有的与基质不同。豆(鲕)粒大小不等,一般为0.1～12mm,最大为32mm,密度一般为5～12个/cm²,颜色主要有玫瑰色、墨绿色、紫红色、浅黄色、青灰色,少量灰黑色、黑褐色。豆、鲕粒形状主要有圆形、椭圆形、长条形,少量贝壳状、锥状、水滴状、不规则状;与基质界线一般清楚,少量呈过渡关系。部分豆、鲕粒顺层分布,大多数分布混乱,少数连接成串珠状。大多数豆、鲕粒成分以碳酸锰矿物为主,混杂有其他矿物成分。豆、鲕粒大多未见有岩屑中心(小的豆、鲕粒更是如此),少量能见颜色明显不同的岩屑中心,岩屑大多偏向于一侧。由不同矿物集合体组成的豆、鲕粒大多具环状构造,这类豆、鲕粒一般均较大。由单矿物或2～3种矿物组成的豆、鲕粒一般不具环状构造,这类豆、鲕粒一般均较小,它们的矿物成分分别为碳酸锰矿、锰铁叶蛇纹石、蔷薇辉石、石英、赤铁矿等,由单矿物组成的豆、鲕粒一般少见。

图6-22 豆(鲕)状构造碳酸锰矿石

以蔷薇辉石为主要矿物成分的豆、鲕粒中常分布有锰帘石、锰铁叶蛇纹石及阳起石。由锰铁叶蛇纹石为主的豆、鲕粒中常见有粒状的石榴子石及蔷薇辉石、钠长石等分布。

(2)条带状构造。条带一般是由不同颜色、不同矿物成分的碳酸锰矿石单层相间组成,见图6-23。条带宽0.1～10mm,条带大多与层理一致,断续分布,也有与层面略成斜交的条带,部分条带呈弯曲状、波浪状;条带状构造常与豆、鲕状构造、薄层状构造共存。

(3)结核状构造。结核主要呈不规则状,以棕红色、棕黄色、肉红色为主,偶尔见灰黑色,结核大小不等,一般为1～5cm,作无定向杂乱分布。结核矿物成分常见有硅酸锰、氧化锰矿物,是含锰量最高的一类碳酸锰矿石,含锰最高可达55%。基质由细、微粒碳酸锰矿物组成(图6-24)。

图 6-23　条带状、纹层状、薄层状构造碳酸锰矿石

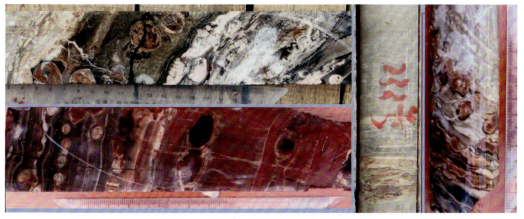

图 6-24　结核状、块状构造碳酸锰矿石

(4)块状构造。具块状构造的矿石是由一种或多种矿物均匀混杂组成的致密状矿石,也是一类较常见的矿石(图 6-24)。

(5)薄层状构造。薄层一般是由不同颜色、不同矿物成分的碳酸锰矿石单层互层或相间而成,宽一般为 1.0～4.50cm(图 6-25)。薄层状构造往往与豆、鲕状构造、条带状构造、结核状构造共存,特别是大的锰结核更是如此。薄层状构造层面往往不平直,因被溶蚀而变得弯曲。

(6)网脉状构造。矿层中的网脉主要是由石英脉组成,偶见有方解石脉,脉宽 0.08～7.45mm。大多呈不规则状,少数呈树枝状、网状、脉状,少数顺层展布,大多与层面斜交,或与层面垂直;从坑道中观察,网脉一般只穿过矿层,而不进入围岩中(图 6-26)。

(7)角砾状构造。角砾状构造主要是由断层或是层间滑动使碳酸锰矿石发生破碎胶结而成的(图 6-27)。角砾大小一般为 0.1～10mm,最大可见 25mm,呈凌角状、次凌角状、次圆状,含量为 35%～56%,成分差别较大,主要是碳酸锰矿石角砾,其次是石英、方解石角砾,偶见钙质硅质岩角砾。角砾一般排列杂乱,局部可见角砾长轴方向与层面一致。胶结物主要有锰

图 6-25 薄层状、条带状构造碳酸锰矿石

图 6-26 网脉状构造碳酸锰矿石（白色为石英脉）

质、硅质、泥质、钙质等。具角砾状构造的矿石一般较破碎，锰含量高低主要与角砾、胶结物的成分有关，大多锰含量较低，一般在10%左右，局部可见含锰达35%～50%。

3. 矿石结构

Ⅰ矿层、Ⅱ+Ⅲ矿层碳酸锰矿石的主要结构稍有不同，Ⅰ矿层矿石结构以微晶、细小他形粒状结构为主，Ⅱ+Ⅲ矿层结构则以微晶、纤维状变晶、显微鳞片状结构为主。不同结构在矿段不同地段的分布各有差异，详见表6-10。现将主要结构介绍如下。

（1）微晶状结构。微晶状结构主要由0.01～0.8mm锰方解石、钙菱锰矿、菱锰矿、方解石、石英呈浑圆状、不规则状、大小混杂无定向、不均匀嵌布；或是富石英的薄层状和富锰方解石及方解石微层，薄层和微层相间排布（图6-28）；或是富（含）锰方解石及钙菱锰矿微层及薄层和富绿泥石及水云母的微层相间排布。

图 6-27 角砾状构造碳酸锰矿石

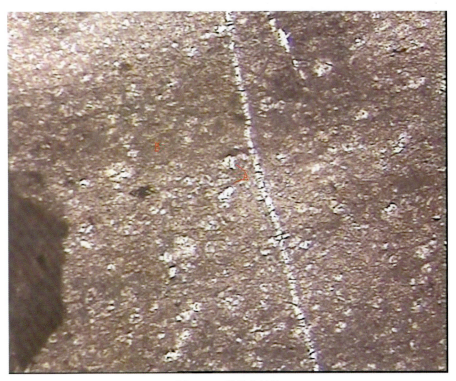

图 6-28 微晶状结构

（2）显微鳞片状结构、显微鳞片泥质结构。显微鳞片状结构、显微鳞片泥质结构由 0.01～0.06mm 的绿泥石、白云母、水云母、高岭石等鳞片组成，排列方向大多与层面一致，呈条带状、微层状分布于碳酸锰矿物间，或组成富绿泥石、水云母的微层相间排布，或零星弥漫在（含）锰方解石、钙菱锰矿、方解石、石英、透闪石等矿物粒间；赤铁矿呈显微鳞片相对聚集成微层浸染状分布于方解石粒间。

(3)纤维状变晶结构。纤维状透闪石呈散状分布在(含)锰方解石粒间;或与绢云母、水云母、高岭石、磁铁矿组成薄层状;或与(含)锰方解石、钙菱锰矿、方解石、石英、绿泥石等矿物混杂分布;少量纤维状的方解石呈不甚规则的浑圆状、拉长状,大小在 0.1～3.60mm 之间,组成生物碎屑呈粗细混杂略具定向排列;纤维状阳起石与钙菱锰矿、菱锰矿、方解石、石英等矿物不甚均匀混杂分布或分布于上述矿物粒间;纤维状阳起石与绿泥石富集成微纹层状排布。

(4)生物碎屑结构。生物碎屑主要由海百合、海绵骨针、介形虫等碎片组成,为显微粒状方解石或方解石与很少量显微粒状的石英取代而成;少数生物碎屑由单个粗大的方解石或纤维状的方解石组成,呈不甚规则的浑圆状、拉长状,大小在 0.1～3.60mm 之间,粗细混杂略具定向排列(图 6-29)。

图 6-29　生物碎屑结构

(5)半自形及他形细微粒状结构。黄铁矿粒度多小于 0.20mm,呈细微半自形及自形立方体、五角十二面体与他形粒状的白铁矿、毒砂、黄铜矿单独或相互嵌布在一起呈星散状分布于石英、(含)锰方解石及钙菱锰矿物粒间,或沿矿石裂隙、微裂隙分布;或与质点状、微纹状的碳质相对聚集成微层排布。

4. 矿石的矿物成分

1)矿物种类

据镜下观察、物相分析等综合研究,矿石主要为碳酸锰矿物,占锰矿物总量的 99.23%,硅酸锰矿物只占少量,约占锰矿物总量的 0.69%,氧化锰矿物也只占少量,约占锰矿物总量的

0.08%,主要矿石矿物、脉石矿物种类详见表6-11。

表6-11 碳酸锰矿石矿物成分一览表

含量级别	矿石矿物	脉石矿物
主要矿物	锰方解石、钙菱锰矿	石英、方解石、高岭石、水云母、黄铁矿
次要矿物	蔷薇辉石、锰帘石、褐锰矿	绿泥石、绢云母、碳质、透闪石、阳起石、黄铜矿、褐铁矿、白铁矿、白钛矿
偶见矿物	菱锰矿、硬锰矿、软锰矿、锰铁叶蛇纹石	蒙脱石、石墨、白云石、长石、辉铜矿、毒砂、磁黄铁矿、方铅矿、闪锌矿

2)矿物成分特征

(1)矿石矿物。Ⅰ矿层、Ⅱ+Ⅲ矿层的各类矿石矿物出现的频率有所不同。Ⅰ矿层主要矿石矿物为锰方解石、钙菱锰矿,次要为蔷薇辉石;Ⅱ+Ⅲ矿层矿石矿物主要为锰方解石及钙菱锰矿,少量的菱锰矿、蔷薇辉石。主要的矿石矿物特征如下。

①锰方解石:矿物中的锰含量在2%~12%之间。矿物呈白色、粉红色、灰色—灰黑色,多数矿物呈菱面体半自形晶—他形晶结构(图6-30),常常呈集合体块状,粒度在0.1~0.4mm之间。分布于菱锰矿粒间或呈浑圆状、不规则状、团块状、条带状、细脉状以及豆状、鲕状大小混杂无定向排列,或是粒间镶嵌分布,或呈富锰方解石的微层、薄层和微层相间排布。

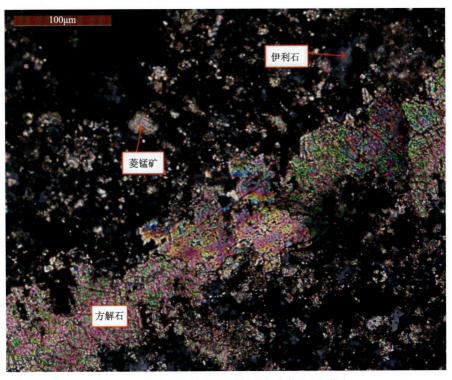

图6-30 锰方解石呈不规则粒状集合体(正交偏光)

②菱锰矿：矿物中的锰含量约为44％，矿物多数呈菱面体或不规则粒状，偶见呈鲕粒状，集合体为致密块状，呈浅褐黄色、粉红色、灰色、灰白色、灰黑色，少量呈褐黄色、褐黑色，硬度$3.5\sim4.5kg/m^2$，密度$3.6\sim3.7kg/m^3$，呈脆性。菱锰矿多数呈不规则粒状分散或呈脉状嵌布于微细粒伊利石中，与伊利石呈混杂交生的形态，或呈富钙菱锰矿的微层、薄层排布，或富集成钙菱锰矿呈薄层和微层相间排布，或呈微细粒集合体块状。在菱锰矿中常常不均匀地分散嵌布黄铁矿、黄铜矿等硫化矿，有时可见方解石呈脉状穿插其中。菱锰矿粒度在0.005～0.15mm之间（图6-31、图6-32）。

图6-31　菱锰矿呈不规则粒状与微细粒伊利石混杂交生、方解石呈脉状穿插于矿石中（正交偏光）

图6-32　菱锰矿与长石共生（正交偏光）

③钙菱锰矿：钙菱锰矿是属于$CaCO_3$-$MnCO_3$连续系列上的含钙较高的锰矿物，与菱锰矿常呈类质同象，两者较难区分。钙菱锰矿一般呈浅灰色微带褐色，多呈隐晶质产出，呈他形粒状、柱状、微粒、微细结构，粒度一般在0.01～0.001mm之间，易呈集合体嵌布。

④蔷薇辉石：矿物中的锰含量约33％，矿物颜色褐红色、肉红色、蔷薇色、灰色—褐灰色，硬度$5.5\sim6.5kg/m^2$，密度$3.4\sim3.7kg/m^3$。矿物呈柱状与方解石、绢云母一起聚集成浑圆形的斑点分布，或不规则粒状，集合体呈束状，或呈半自形的柱粒状相对聚集成薄层状分布；或呈柱粒状与显微鳞片状的蒙脱石、纤维状的透闪石、细小他形粒状的石英极不均匀混杂嵌布在一起；局部可见多条蔷薇辉石、蔷薇辉石-方解石微脉穿插，矿石可见被菱锰矿交代的现象，而且交代关系较复杂，要达到充分解离较为困难。粒度一般在0.05～0.45mm之间（图6-33）。

⑤锰铁叶蛇纹石：墨绿色、橄榄绿色、黄绿色，显微叶片状、鳞片状，在豆（鲕）粒、条带及基质中均有分布，也有呈细脉状或与含锰硅酸盐混杂产出。

（2）脉石矿物。Ⅰ矿层、Ⅱ+Ⅲ矿层的各类脉石矿物出现的频率有所不同。Ⅰ矿层矿石主要脉石矿物为石英、黄铁矿、方解石、高岭石，次要矿物有水云母、褐铁矿、黄铜矿、白铁矿、绿泥石、透闪石，少量碳质、蒙脱石、磁黄铁矿、辉铜矿。Ⅱ+Ⅲ矿层矿石脉石矿物主要为石英、方解石、黄铁矿、高岭石、水云母，次要矿物为绿泥石、碳质、黄铜矿、褐铁矿、绢云母、阳起石、白铁矿，少量的有透闪石、方铅矿、毒砂、白钛石、长石等。主要的脉石矿物特征如下。

图 6-33　蔷薇辉石呈不规则粒状分布(正交偏光)

①石英:粒度大小为 0.01~0.03mm。呈显微粒状,不均匀混杂并各自相对聚集成微层、薄层排布;或交代(含)锰方解石分布;或呈粒屑不均匀分布于矿石中;或不均匀混杂形成富石英的微层,薄层与微层相间排布;常见 1 条至数条石英微脉穿插矿石分布(图 6-34)。

图 6-34　不规则粒状石英呈脉状穿插于微细粒黏土矿物伊利石中(正交偏光)

②方解石：矿物呈白色、灰白色—灰黑色，晶体多数呈菱面体、尖菱面体，方解石常常呈脉状穿插于矿石中，有时呈细分散粒状嵌布于菱锰矿、伊利石中，有时呈集合体团块，或呈显微粒状不均匀混杂并各自相对聚集成微层、薄层排布，或交代(含)锰方解石分布，或组成砂屑、粉屑、微量生物碎屑，呈浑圆状、不规则状大小混杂无定向排布。局部可见1条至数条方解石微脉穿插矿石分布。方解石的粒度最大为1.4mm，最小为0.005mm，一般在0.1~0.6mm之间。

③高岭石：呈显微鳞片状与绢云母、水云母及很少量透闪石、磁铁矿组成微层，或呈星散状分布于(含)锰方解石粒间，或呈隐晶质尖状，零星、不均匀分布，或弥漫于方解石、(含)锰方解石及钙菱锰矿、石英、蔷薇辉石等矿物粒间及粒中。

④水云母：呈显微鳞片状与(含)锰方解石、绢云母、少量石英组成的生物碎屑、高岭石，极少量的菱铁矿、透闪石、磁铁矿组成微层，或呈星散状分布于(含)锰方解石粒间，或组成富绿泥石、水云母的微层相间排布，或零星弥漫在(含)锰方解石及钙菱锰矿、方解石、石英、透闪石粒间。

⑤绿泥石：呈显微鳞片状星散分布于(含)锰方解石粒间，或与(含)锰方解石、方解石、石英、蔷薇辉石、绢云母呈不均匀镶嵌分布，或与(含)锰方解石、钙菱锰矿、石英、方解石组成富绿泥石、水云母的微层相间排布，或呈零星状分布于矿石中，或不均匀混杂排布，局部与石英富集成微纹层排布。

⑥透闪石：呈纤维状与方解石、白云石、绢云母、高岭石不均匀分布于(含)锰方解石、钙菱锰矿、石英、蔷薇辉石等矿物粒间，或与绢云母、水云母、高岭石组成薄层状，或与(含)锰方解石、钙菱锰矿、石英、方解石、绿泥石呈不均匀混杂分布，或与显微鳞片状蒙脱石、柱粒状蔷薇辉石、细小他形粒状石英呈极不均匀混杂嵌布在一起。

⑦黄铁矿：粒度为0.004~0.40mm，或呈细微半自形及自形的立方体、五角十二面体、显微粒状，多聚集成微层状、细小团块状，或星散状分布于石英、锰方解石及钙菱锰矿、蔷薇辉石粒间，或呈细微、显微粒状星散分布在矿石中，或沿矿石的微裂隙分布，或呈质点状相对聚集成微层、微纹层状排布(图6-35、图6-36)。

⑧黄铜矿：粒度为0.004~0.12mm，或呈显微粒状零星分布于(含)锰方解石、钙菱锰矿粒间，或呈细微粒状、细微他形粒状独自或相互嵌布在一起，星散分布于矿石或沿微裂隙分布(图6-37)。

⑨褐铁矿：呈隐晶质状，相对聚集成微层分布在方解石、石英、(含)锰方解石粒间，或呈细微粒状星散分布在矿石中，或呈隐晶质零星渲染(含)锰方解石。

⑩伊利石：呈微细粒的鳞片状，偶见呈鲕粒状，白色，有的被铁染呈黄绿色，或夹带碳质呈灰黑色。伊利石主要作为矿石的基质，一般呈集合体块状，常见菱锰矿、黄铁矿、方解石分散嵌布其中，亦常见石英呈脉状穿插其中(图6-38)。伊利石的粒度一般在0.005~0.015mm之间。

(3)矿物含量及变化特征。各矿层矿物含量见表6-12。从表6-12可以看出，钙菱锰矿及菱锰矿在Ⅱ+Ⅲ矿层含量最高，Ⅰ矿层含量较低，锰方解石及钙菱锰矿在Ⅰ矿层含量稍高，

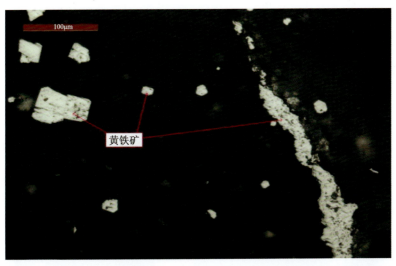

图 6-35 黄铁矿呈自形晶粒状分散浸染于菱锰矿中或呈细脉状充填于菱锰矿裂隙中（反射光）

图 6-36 粗粒黄铁矿与碳酸盐矿物交代呈破布状、边缘呈不规则的溶蚀结构（反射光）

Ⅱ＋Ⅲ矿层含量稍低，变化幅度大。（含）锰方解石在Ⅰ矿层含量虽高，但出现的概率低，Ⅱ＋Ⅲ矿层含量稍低一些。蔷薇辉石在Ⅰ矿层含量虽高，但出现的概率低。锰铁叶蛇纹石在Ⅱ＋Ⅲ矿层中上部含量高，Ⅱ＋Ⅲ矿层中、下部，Ⅰ矿层下部含量为次。锰帘石基本上在Ⅰ矿层，Ⅱ＋Ⅲ矿层中、下部才有。

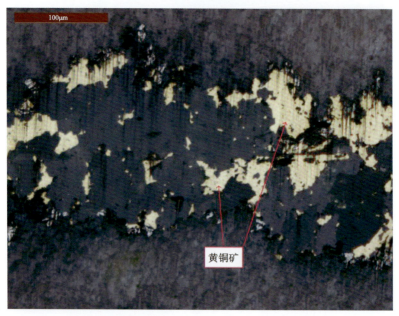

图 6-37　黄铜矿呈不规则状浸染于矿石中(反射光)

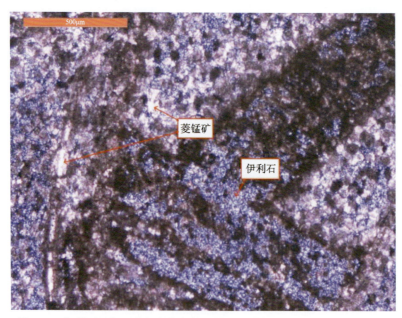

图 6-38　伊利石呈长石的假象与细粒不规则状菱锰矿混杂交生(正交偏光)

表 6-12 碳酸锰矿物主要组分含量统计表

<table>
<tr><th colspan="2" rowspan="2">矿物</th><th colspan="3">Ⅰ矿层主要矿物组分含量/%</th><th colspan="3">Ⅱ+Ⅲ矿层主要矿物组分含量/%</th></tr>
<tr><th>最大值</th><th>最小值</th><th>平均值</th><th>最大值</th><th>最小值</th><th>平均值</th></tr>
<tr><td rowspan="5">矿石矿物</td><td>(含)锰方解石</td><td>85</td><td></td><td></td><td>57</td><td>20</td><td>42.33</td></tr>
<tr><td>钙菱锰矿及菱锰矿</td><td>67</td><td>25</td><td>46.0</td><td>65</td><td>60</td><td>62.50</td></tr>
<tr><td>锰方解石及钙菱锰矿</td><td>57</td><td>25</td><td>45.67</td><td>68</td><td>10</td><td>44.70</td></tr>
<tr><td>锰矿叶蛇纹石</td><td></td><td></td><td></td><td></td><td></td><td>1.30</td></tr>
<tr><td>蔷薇辉石</td><td></td><td></td><td>38</td><td>35</td><td>17</td><td>26.0</td></tr>
<tr><td rowspan="10">脉石矿物</td><td>石英</td><td>72</td><td>10</td><td>24.29</td><td>66</td><td>3</td><td>25.18</td></tr>
<tr><td>方解石</td><td>55</td><td><1</td><td></td><td>38</td><td><1</td><td></td></tr>
<tr><td>水云母</td><td>5</td><td><1</td><td></td><td>15</td><td><1</td><td></td></tr>
<tr><td>高岭土</td><td>5</td><td><1</td><td></td><td>10</td><td><1</td><td></td></tr>
<tr><td>绿泥石</td><td>18</td><td><1</td><td></td><td>30</td><td><1</td><td></td></tr>
<tr><td>绢云母</td><td></td><td></td><td></td><td>15</td><td><1</td><td></td></tr>
<tr><td>黄铁矿</td><td>1</td><td><1</td><td></td><td>1</td><td><1</td><td></td></tr>
<tr><td>黄铜矿</td><td></td><td><1</td><td></td><td></td><td></td><td></td></tr>
<tr><td>褐铁矿</td><td>15</td><td><1</td><td></td><td>10</td><td><1</td><td></td></tr>
<tr><td>碳质</td><td></td><td><1</td><td></td><td></td><td><1</td><td></td></tr>
</table>

三、矿石化学成分及变化规律

(一)氧化锰矿石化学成分及分布变化

氧化锰矿分布于矿段的北部及西部转折端,产于氧化界线之上,是由原生碳酸锰矿经浅部氧化形成。由于乱采乱挖,氧化锰矿受到严重破坏,浅表断层、褶皱较发育,地表、浅部揭露较困难,勘探工作只对北部氧化锰矿层安排少量工程进行了揭露,而对西部转折端氧化锰矿层未安排工程对其进行控制。因此,对氧化锰矿的控制程度较低,估算资源储量依据的是前期勘查工作施工的工程。

Ⅰ矿层厚度为0.50~1.25m,平均厚度为0.74m;Ⅱ+Ⅲ矿层厚度为0.50~3.30m,平均厚度为1.23m。氧化锰矿石质量统计见表6-13。氧化锰矿石锰品位变化统计见表6-14。

表 6-13 氧化锰矿石质量统计表   单位:%

变化区间		矿层编号	
		Ⅰ矿层氧化锰矿石质量	Ⅱ＋Ⅲ矿层氧化锰矿石质量
Mn	范围值	10.19～43.78	10.26～50.30
	平均值	27.53	24.29
TFe	范围值	3.58～15.50	1.66～13.09
	平均值	8.18	7.80
P	范围值	0.021～0.144	0.038～0.164
	平均值	0.083	0.102
SiO_2	范围值	14.68～71.15	11.86～71.02
	平均值	31.18	39.52

表 6-14 氧化锰矿石 Mn 品位变化统计表

变化区间		矿层编号	
		Ⅰ	Ⅱ＋Ⅲ
10%～15%	频数/个	1	5
	频率/%	3.33	10.42
15%～20%	频数/个	1	8
	频率/%	3.33	16.67
20%～25%	频数/个	7	12
	频率/%	23.33	25.0
25%～30%	频数/个	12	14
	频率/%	40.0	29.17
30%～35%	频数/个	7	7
	频率/%	23.33	14.58
35%～40%	频数/个	1	2
	频率/%	3.33	4.17
>40%	频数/个	1	
	频率/%	3.33	

(二)碳酸锰矿石化学成分及分布变化

1. 碳酸锰矿石化学成分

以参加资源储量估算的单工程统计,各矿层锰矿石的化学组分见表 6-15。

表 6-15　Ⅰ矿层、Ⅱ+Ⅲ矿层化学组分统计表

矿层号	项目	Mn	TFe	P	SiO_2	CaO	MgO	Al_2O_3
Ⅰ	范围/%	10.30~30.16	2.48~8.50	0.043~0.140	9.93~54.97	1.60~21.52	0.26~3.98	0.14~1.67
	算术平均值/%	18.85	4.84	0.097	23.79	14.21	3.38	1.31
	变化系数/%	19.24	19.50	17.24	30.64			
	统计孔数/个	147	146	146	118			
Ⅱ+Ⅲ	范围/%	11.36~26.37	3.07~9.84	0.050~0.183	13.90~57.20	3.64~14.34	1.57~3.81	0.52~2.61
	算术平均值/%	19.01	6.41	0.111	27.36	7.62	2.78	1.68
	变化系数/%	17.31	18.51	19.38	21.27			
	统计孔数/个	142	142	142	115			

表 6-15 中Ⅰ矿层碳酸锰矿石 Mn/TFe 值为 3.89，P/Mn 值为 0.005，属中磷中铁贫锰矿石，Ⅱ+Ⅲ矿层碳酸锰矿石 Mn/TFe 值为 2.97，P/Mn 值为 0.006，属高磷高铁贫锰矿石。

2. 碳酸锰矿石化学成分分布变化

1）Ⅰ矿层主要化学成分分布变化

(1)Mn 品位变化：Mn 的组分含量见表 6-15，单工程组分含量为 10.30%~30.16%，算术平均值为 18.85%，变化系数为 19.24%，属组分变化稳定类型。总体上看，Mn 没有明显的富集中心，高品位与低品位的工程相杂散布。断层破坏，局部形成角砾状构造，使锰贫化，形成 11 线、13 线中北部、12 线、22 线的北部 4 个锰含量小于 10% 的低值中心。Mn 品位是 4 个主要组分中变化波动幅度较大的一个组分。沿倾向上（图 6-39、图 6-40），10 线、14 线、24 线含量波动相对大一些，其次是 12、16 线含量局部有波动，其他各条线 Mn 含量波动幅度小，表现出南高北低的趋势；沿走向（图 6-41）Mn 含量总体表现出东高西低的变化趋势，北半部在 19 线、南半部在 14、23 线含量波动幅度要强于其他地段。

(2)TFe 含量变化：铁的组分含量见表 6-15，单工程组分为 2.48%~8.50%，算术平均值

为4.84%,变化系数为19.50%,属组分变化稳定类型。沿倾向变化幅度很小(图6-39、图6-40),10线、24线小幅度波动,12线ZK1203至ZK1206、14线南部、16线ZK1604、18线ZK1802孔等地段有小幅度波动。单工程含量均在10%以内。沿走向上(图6-41),往北半部含量波动较小,南半部局部含量波动要大一些。总体来讲,铁的含量变化是最稳定的一个组分。

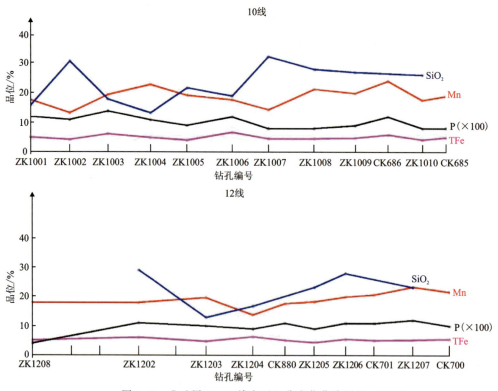

图6-39 Ⅰ矿层10、12线主要组分变化曲线图(1∶5000)

(3)P含量变化:P的组分含量见表6-15,单工程组分含量为0.043%~0.140%,算术平均值为0.097%,变化系数为17.24%,属组分变化稳定类型。沿倾向上(图6-39、图6-40),10线、12线、24线波动幅度较大,14线中南部、16线中北部波动幅度较大,其他各线变化较平稳;沿走向上(图6-41),北半部要比南半部变化平稳一些,南半部局部波动幅度大一些。

(4)SiO_2的组分变化:SiO_2的组分含量见表6-15,单工程组分含量为9.93%~54.97%,算术平均值为23.79%,变化系数为30.64%,属组分变化稳定类型,是4个主要组分中变化波动幅度最大的一个组分。沿倾向上(图6-39、图6-40),矿段中部14线、16线含量波动相对小一些,东部10线、12线的北部比南部含量波动要大一些,西部22线、24线南部含量波动比北部要大一些;沿走向上(图6-41),北半部往西部含量的波动明显加强,南半部有11线、16~23线、32~37线3段含量的波动幅度要强于其他地段。

(5)Ⅰ矿层各主要组分相关性:Ⅰ矿层4个主要组分的相关性见表6-16。表6-16表明,Ⅰ矿层4个主要组分之间的相关性均较弱,其中,SiO_2与其他3个组分呈负相关。

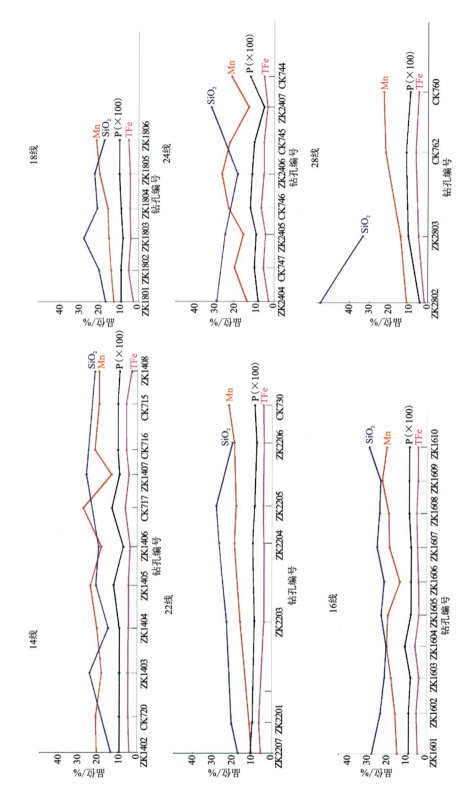

图 6-40 Ⅰ矿层 14、16、18、22、24、28 线主要组分变化曲线图（1:6000）

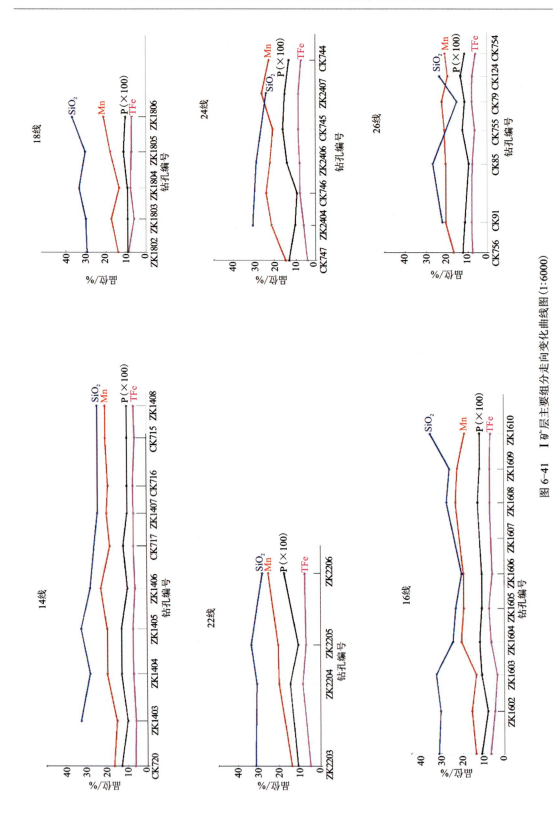

图 6-41　I 矿层主要组分走向变化曲线图 (1:6000)

表 6-16　Ⅰ矿层各主要组分相关系数表

组分相关系数	Mn	TFe	P	SiO$_2$
Mn	1	0.206 8	0.447 3	−0.406 1
TFe		1	0.577 9	−0.176 7
P			1	−0.393 4
SiO$_2$				1

2）Ⅱ+Ⅲ矿层各组分含量分布与变化

（1）Mn 品位变化：Mn 的组分含量见表 6-15，单工程组分含量为 11.36%～26.37%，算术平均值为 19.01%，变化系数为 17.31%，属组分变化稳定类型，是 4 个主要组分中变化波动幅度较大的一个。总体上看，锰品位在 26 线以东南部高，北部低，东部低西部高，断层破坏作用造成了 2 个较明显的 Mn 低含量中心，一是 11～14 线北部，二是 19～24 线北部；26～32 线锰含量明显表现出南高北低的趋势。

从图 6-42、图 6-43 可以看出，沿倾向上，矿段中 10 线、12 线、16 线、18 线、24 线锰含量波动相对大一些，其次是 14 线、26 线，22 线锰含量波动最小；沿走向（图 6-44），Mn 含量总体表现出东、西低、中部高的变化趋势，北半部在 15 线以西、南半部在 16～26 线含量波动幅度要强于其他地段。

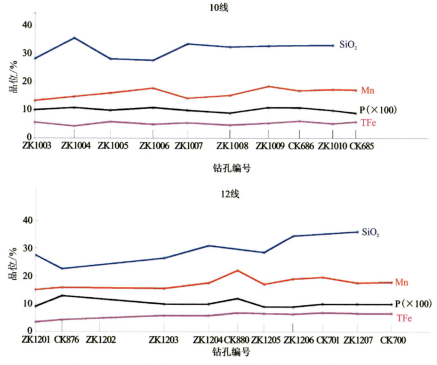

图 6-42　Ⅱ+Ⅲ矿层 10、12 线主要组分变化曲线图（1∶5000）

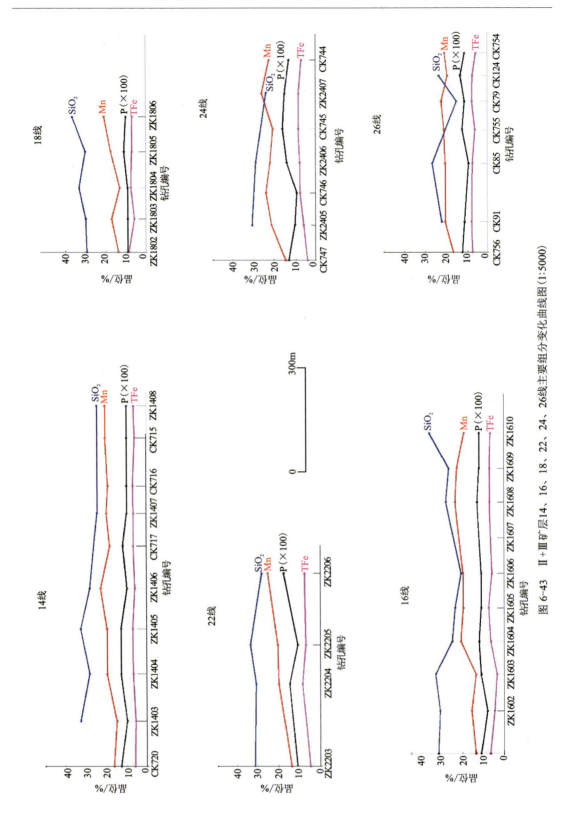

图 6-43　Ⅱ+Ⅲ矿层14、16、18、22、24、26线主要组分变化曲线图（1∶5000）

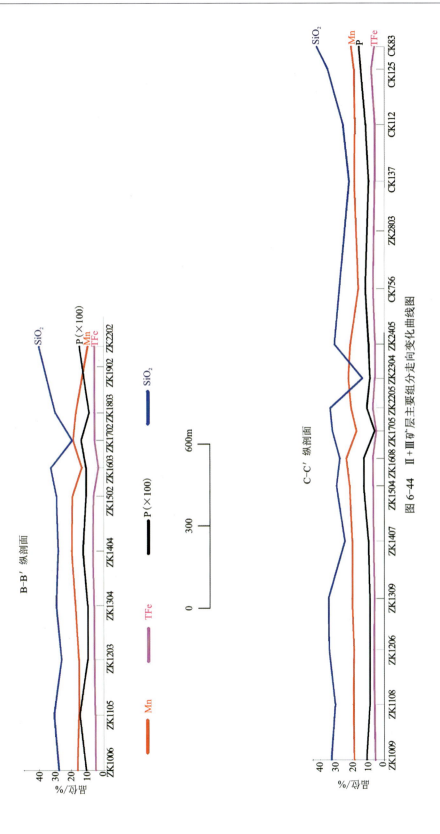

图 6-44 Ⅱ+Ⅲ矿层主要组分走向变化曲线图

(2) TFe 含量变化：铁的组分含量见表 6-15，单工程组分含量为 3.07%～9.84%，算术平均值为 6.41%，变化系数为 18.51%，属组分变化稳定类型。沿倾向总体上波动幅度很小（图 6-42、图 6-43），在 10 线、16 线、18 线、22 线北部、24 线、26 线南部有小幅度的波动，单工程含量均在 10% 以内；沿走向上（图 6-44），北半部 11 线含量有波动，南部 11 线、36 线含量有波动。总体来讲，铁的含量变化是最稳定的一个组分。

(3) P 含量变化：P 的组分含量见表 6-15，单工程组分含量为 0.050%～0.183%，算术平均值为 0.111%，变化系数为 19.38%，属组分变化稳定类型。沿倾向上（图 6-42、图 6-43），12 线、22 线、24 线、26 线磷含量波动较大，10 线、14 线、16 线、18 线磷含量波动相对较小；沿走向上（图 6-44），北半部要比南半部波动相对较大，北半部东、西部磷含量波动较大，中部地区波动相对较小；南半部 14～23 线磷含量波动较大，其他地段磷含量波动较小。

(4) SiO_2 的组分变化：SiO_2 的组分含量见表 6-15，单工程组分含量为 13.90%～57.20%，算术平均值为 27.36%，变化系数为 21.27%，属组分变化稳定类型，是 4 个主要组分中变化波动幅度最大的一个。沿倾向上（图 6-42、图 6-43），10 线、12 线、16 线、26 线含量波动最大，14 线、18 线次之，22 线、24 线含量波动最小；沿走向（图 6-44），北半部 15～18 线，南半部 16～24 线含量的波动幅度要强于其他地段。

(5) Ⅱ+Ⅲ 矿层各主要组分相关性：Ⅱ+Ⅲ 矿层 4 个主要组分之间的相关性见表 6-17。表 6-17 显示，Ⅱ+Ⅲ 矿层 4 个主要组分之间均呈正相关，相关性均较强，相关系数均在 0.9 以上。但在局部地段，Mn 与 SiO_2 含量之间呈明显的负相关，如 10 线 ZK1007、18 线 ZK1804、16 线 ZK1603、26 线 CK79 等钻孔，走向上北半部 16～17 线、南半部 17 线等。

表 6-17　Ⅱ+Ⅲ 矿层各主要组分相关系数表

组分相关系数	Mn	TFe	P	SiO_2
Mn	1	0.955 9	0.952 9	0.968 7
TFe		1	0.985 8	0.980 6
P			1	0.981 0
SiO_2				1

3. Mn 含量在垂向上的分布变化

就整个矿段来看，在垂向上，Ⅱ+Ⅲ 矿层的锰品位比 Ⅰ 矿层的锰品位要稍高一些，这种趋势不是很明显。就矿层来讲，Ⅰ 矿层、Ⅱ+Ⅲ 矿层底部锰品位稍高，由下向上锰品位有变贫的趋势，特别是 Ⅱ+Ⅲ 矿层这种趋势表现得更明显一些。

四、矿石伴生有益有害组分

南部矿段工作时请几个单位用不同型号的光谱分析设备得到 42 件光谱样分析结果，本次工作所得到的包括 21 个钻孔、166 件样品、12 件光谱样的结果，均显示工作区内锰矿床中不含有任何有用的伴生组分。只有 Ⅱ+Ⅲ 矿层中镍含量为 0.03%～0.050%。12 件光谱样各微量元素含量见表 6-18。另外,在围岩光谱样结果中还能见到 I(0.09%)、Y(<0.01%)。

表 6-18 各微量元素含量统计表

元素	矿层编号							
	Ⅰ矿层				Ⅱ+Ⅲ矿层			
	统计数/个	最大值/%	最小值/%	平均值/%	统计数/个	最大值/%	最小值/%	平均值/%
Ba	1			0.1	4	0.30	0.20	0.23
Ti	4	0.08	0.05	0.058	4	0.10	0.08	0.083
Ni					3	0.05	0.03	0.036
Sr	4	0.04	0.03	0.035	4	0.04	0.03	0.035
Pb	1			0.02	3	0.04	0.02	0.027
Zn	1			0.01	1			0.02
Zr	3	0.01	0.01	0.01	2	0.01	<0.01	

五、矿石类型和品级

(一)矿石自然类型

工作区内锰矿石的自然类型有 3 种:氧化锰矿石、碳酸锰矿石、硅酸锰矿石。以碳酸锰矿石为主,氧化锰矿石次之,硅酸锰矿石少量。

1. 氧化锰矿石

该矿石不是本矿段内的主要矿石类型。根据《广西大新县下雷矿区大新锰矿北、中部矿段生产勘探设计》(以下简称《设计》)的要求,本次工作的主要对象为碳酸锰矿,受乱采乱挖等因素的影响,《设计》并未将氧化锰矿列为工作对象,只是设计了极少量的工作对部分地段进行了解。虽对北部的氧化锰矿露头带开展了一定量的工作,但受各种因素的影响,对氧化锰矿露头终未能查清其分布情况。

Ⅰ矿层氧化锰矿石颜色主要为黑色、褐黑色、钢灰色,其次以灰黑色,块状构造、薄层状构造为主,网脉状构造为次,微层状构造偶见。其锰品位较高,一般为 10.19%~43.78%,平均为 27.53%。主要矿石矿物有软锰矿、硬锰矿,含少量的恩苏塔矿、偏锰酸矿,极少量的褐锰矿等。

Ⅱ+Ⅲ矿层氧化锰矿石为黑色、褐黑色、灰黑色,少量钢灰色、灰色,以薄层状构造、网脉状构造为主,少量块状构造、蜂窝状构造;其 Mn 品位相对较低,一般为 10.26%~50.30%,平均为 24.29%。主要矿石矿物为硬锰矿、软锰矿、水锰矿等。

氧化锰矿石赋存于氧化界线以上,是由原生碳酸锰矿石氧化、富集而成。分布于浅部近地表处,锰的氧化率>25%,出露标高在 376.66~606.82m 以上。由 12 条剖面统计,Ⅰ矿层氧化垂深为 5.95~80.79m,平均 39.77m,斜深 17.06~527.71m,平均 124.34m;Ⅱ+Ⅲ矿层氧化垂深为 2.57~101.68m,平均 42.29m,斜深 5.66~704.81m,平均 127.40m。实际控制氧化界线的工程信息见表 6-19。估算氧化锰矿石资源储量为 79.02 万 t,占总资源储量的 2.28%。

表 6-19 氧化界线工程信息表

矿层号	勘查线号	工程编号	氧化界线深度/m	
			倾向	垂直
Ⅰ	15a	CM15a1	18.66	7.98
	32	Ⅲ1213	19.48	18.13
Ⅱ+Ⅲ	16a	CM16a1	18.34	3.23
	32	ⅢT95	12.52	11.93
	17	ZK1701	198.76	70.25

2. 碳酸锰矿石

碳酸锰矿石为本矿段内的主要矿石类型。

Ⅰ矿层矿石颜色为灰绿色、灰色、深灰色、浅肉红色、棕红色,结构以微晶状结构为主,其次为细小他形粒状结构,构造为豆(鲕)状构造、条带状构造、块状构造,其次是薄层状构造、角砾状构造,偶见网脉状构造。主要矿石矿物为锰方解石(钙菱锰矿)。

Ⅱ+Ⅲ矿层颜色为灰黑色、灰绿色、肉红色、棕红色,其次为深灰色、灰色,结构以微晶结构为主,纤维状变晶结构、显微鳞片泥质结构、他形细微粒状结构为次,构造主要为豆(鲕)状构造、条带状构造,其次为块状构造、薄层状构造、结核状构造,偶见角砾状构造、网脉状构造。主要矿石矿物为锰方解石及钙菱锰矿,少量菱锰矿。

碳酸锰矿主要展布于深部,赋存标高为 5.34~522.31m,锰的氧化率小于 25%,估算碳酸锰矿石资源储量为 3 384.72 万 t,占总资源储量的 97.72%。

3. 硅酸锰矿石

硅酸锰矿石主要矿物为蔷薇辉石、锰铁叶蛇纹石,在矿区内基本上不单独构成一类矿石,蔷薇辉石、锰铁叶蛇纹石主要与碳酸锰矿石各类矿物混杂分布。

(二)矿石工业类型

根据《铁、锰、铬矿地质勘查规范》(DZ/T 0200—2002)中的 B.2.3(锰矿石工业类型)、表 E.6(冶金用锰矿石一般工业指标)划分矿区内的矿石工业类型。

1. 氧化锰矿石的工业类型

勘探区内氧化锰矿矿石工业类型可划为冶金用锰矿石,进一步细分为氧化锰矿富锰矿石、氧化锰矿贫锰矿石两类。

1) 氧化锰矿富锰矿石

氧化锰矿富锰矿石是指 Mn 品位≥30%，Mn/TFe 值≥3，P/Mn 值≤0.006，SiO_2 含量≤35% 的那部分矿石。

(1) Ⅰ矿层富锰矿石。富锰矿石锰矿层厚度为 0.50~1.25m，平均值为 0.82m，锰品位为 30.13%~43.78%，平均值为 34.15%，TFe 含量 4.72%~9.60%，平均值为 7.64%，P 含量 0.021%~0.144%，平均值为 0.090%，SiO_2 含量 16.24%~29.16%，平均值为 21.91%，Mn/TFe 值在 3.29~9.28 之间，平均值为 4.47，P/Mn 值在 0.001~0.005 之间，平均值为 0.003。

(2) Ⅱ+Ⅲ矿层富锰矿石。富锰矿石锰矿层厚度为 0.66~2.60m，平均值为 1.12m，锰品位为 30.94%~50.30%，平均值为 35.50%，TFe 含量 1.66%~10.08%，平均值为 7.04%，P 含量 0.056%~0.164%，平均值为 0.099%，SiO_2 含量 11.86%~31.48%，平均值为 25.18%，Mn/TFe 值在 3.12~30.30 之间，平均值为 5.04，P/Mn 值在 0.001~0.005 之间，平均值为 0.003。

2) 氧化锰矿贫锰矿石

(1) Ⅰ矿层贫锰矿石。贫锰矿石锰矿层厚度为 0.52~1.10m，平均值为 0.74m，锰品位为 10.19%~29.30%，平均值为 24.70%，TFe 含量 3.58%~15.50%，平均值为 8.42%，P 含量 0.039%~0.139%，平均值为 0.080%，SiO_2 含量 14.68%~71.15%，平均值为 33.90%，Mn/TFe 值在 1.37~6.31 之间，平均值为 2.93，P/Mn 值在 0.002~0.005，平均值为 0.003。属高铁低磷贫锰矿石。

(2) Ⅱ+Ⅲ矿层贫锰矿石。贫锰矿石锰矿层厚度为 0.50~3.30m，平均值为 1.25m，锰品位为 10.26%~32.11%，平均值为 22.38%，TFe 含量 3.07%~13.09%，平均值为 8.09%，P 含量 0.038%~0.161%，平均值为 0.103%，SiO_2 含量 21.86%~71.02%，平均值为 42.86%，Mn/TFe 值在 1.40~8.29 之间，平均值为 2.77，P/Mn 值在 0.002~0.010 之间，平均值为 0.005。属高铁中磷贫锰矿石。

2. 碳酸锰矿的工业类型

勘探区内碳酸锰矿矿石工业类型可划为冶金用锰矿石，进一步细分为碳酸锰富锰矿石、碳酸锰贫锰矿石、低品位碳酸锰矿石 3 类。

1) 碳酸锰富锰矿石

碳酸锰富锰矿石是指锰品位≥25%、Mn/TFe 值≥3、P/Mn 值≤0.005、SiO_2 含量≤25% 的那部分锰矿石。主要从两方面来统计：一是单工程碳酸锰富锰矿石，二是单样碳酸锰富锰矿石。

(1) 单工程碳酸锰富锰矿石。单工程碳酸锰富锰矿石以单工程见矿样的平均品位值为统计对象。经统计，单工程平均锰品位大于或等于 25% 的：Ⅰ矿层有 5 个钻孔，Ⅱ+Ⅲ矿层有 4 个钻孔。单孔见碳酸锰富矿信息见表 6-20。

表 6-20 单孔见碳酸锰富矿信息统计表

矿层号	工程编号	Mn/%	TFe/%	P/%	SiO$_2$/%	Mn/TFe	P/Mn
Ⅰ	CK669	30.16	6.50	0.138		4.64	0.005
	ZK1012	25.33	5.60	0.101	22.21	4.52	0.004
	CK717	27.86	6.06	0.125		4.60	0.004
	ZK2304	27.80	6.15	0.130	17.85	4.52	0.005
	ZK2406	26.72	5.11	0.108	18.50	5.23	0.004
Ⅱ＋Ⅲ	ZK14a1	25.45	3.07	0.057	46.98	8.29	0.002
	ZK1707	25.50	6.40	0.104	32.30	3.98	0.004
	ZK2206	25.73	7.97	0.183	22.41	3.23	0.007
	ZK2407	26.37	8.24	0.151	24.10	3.20	0.006

再加上 Mn/TFe、P/Mn、SiO$_2$ 这 3 个参数统计，Ⅰ矿层中 5 个锰品位≥25％的钻孔中有 2 个孔是以往勘查工作资料，未见 SiO$_2$ 含量数据，其他 3 个孔碳酸锰矿石均达到富锰矿石标准；Ⅱ＋Ⅲ矿层 4 个锰品位≥25％的钻孔中有 2 个钻孔的 P 含量超标（P/Mn 分别为 0.006、0.007），2 个钻孔的 SiO$_2$ 含量超标（32.30％、46.98％）。因此，Ⅱ＋Ⅲ矿层中以单工程平均锰品位为标准不能圈出碳酸锰富锰矿石。

Ⅰ矿层碳酸锰富锰矿石锰品位为 25.33％～30.16％，平均锰品位为 27.57％，TFe 含量为 5.11％～6.50％，平均值为 5.88％，P 含量为 0.101％～0.138％，平均值为 0.124％，SiO$_2$ 含量为 17.85％～22.21％，平均值为 19.52％，Mn/TFe 值为 4.52～5.23，平均值为 4.76，P/Mn 值为 0.004～0.005，平均值为 0.004。

Ⅰ矿层见碳酸锰富矿钻孔分布见图 6-45。图 6-45 表明，Ⅰ矿层见碳酸锰富锰矿石的钻孔分布零散，CK669、ZK1012 两孔在矿段外，ZK2304、ZK2406 两孔相邻，但不能圈成体，CK717 周围无富矿孔。因此，就单工程而言，本次勘探工作估算碳酸锰富锰矿石资源量的意义不大。单孔碳酸锰富矿分布零散，单独开采意义也不大。碳酸锰富矿钻孔分布情况显示，在晚泥盆世五指山组沉积早期环境相对安静、成矿物质供应相对平稳。

（2）单样碳酸锰富锰矿石。单工程中单样锰含量以见矿工程各单样品位值为统计对象。

①Ⅰ矿层单样碳酸锰富锰矿石。经统计，单样锰品位≥25％的：Ⅰ矿层有 46 件，分布在 40 个钻孔中。加上 Mn/TFe、P/Mn、SiO$_2$ 这 3 个参数统计，单样锰品位≥25％的 46 件样品中有 13 件样无 SiO$_2$ 数据，主要是《广西大新县下雷锰矿区北、中部矿段碳酸锰矿详细普查报告》工作施工的钻孔，1 件样 SiO$_2$ 含量超标，1 件样 TFe 超标，4 件样 P 超标，有 27 件单样锰品位≥25％锰矿石可以定为富锰矿石，分布于 21 个钻孔中。钻孔分布见图 6-46。

第六章　典型锰矿床地质特征

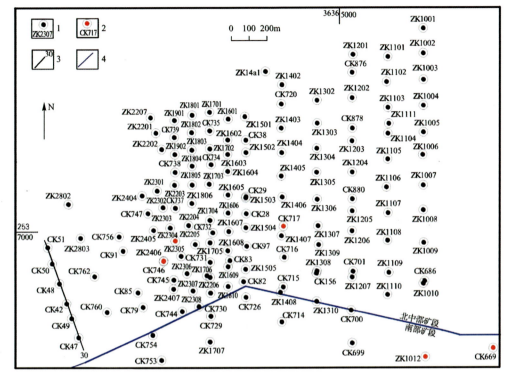

1.碳酸锰贫矿钻孔及编号;2.Ⅰ矿层碳酸锰富矿钻孔及编号;3.勘查线及编号;4.矿段界线。

图 6-45　富碳酸锰矿钻孔(单孔)分布图

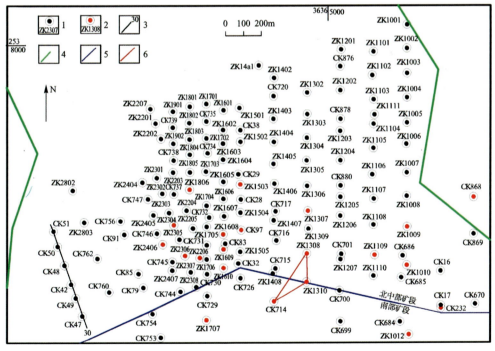

1.碳酸锰贫矿钻孔及编号;2.Ⅰ矿层碳酸锰富矿钻孔及编号(单样);3.勘查线及编号;4.矿权边界线;
5.矿段界线;6.单样富矿块段边界线。

图 6-46　Ⅰ矿层富矿孔(单样)分布图

富锰矿石单样长为 0.19～1.26m,平均值为 0.71m,Mn 品位为 25.73%～32.89%,平均值为 28.54%,TFe 的含量为 3.71%～7.55%,平均值为 5.68%,P 的含量为 0.077%～0.155%,平均值为 0.118%,SiO_2 的含量为 8.97%～23.83%,平均值为 17.32%,Mn/TFe 值为 5.02,P/Mn 值为 0.004。

从图 6-46 可以看出,Ⅰ矿层单样富矿孔大多分布零散,只有 ZK1308、ZK1310、CK714 这 3 个钻孔中的富矿样均展布于矿层的底部,在剖面上能圈成块段,但 CK714 在矿段外。因此,就单样而言,圈算富矿的意义不大,由于矿层厚度小(0.84～0.96m),连片开采的意义不大。富矿孔由于分布零散,对成因研究指导意义也不大。

②Ⅱ+Ⅲ矿层单样碳酸锰富锰矿石。经统计,单样锰品位≥25%的:Ⅱ+Ⅲ矿层有 96 件,分布在 57 个钻孔中。加上 Mn/TFe、P/Mn、SiO_2 这 3 个参数统计,单样锰品位≥25%的 96 件样品中有 20 件样无 SiO_2 数据,主要是《广西大新县下雷锰矿区北、中部矿段碳酸锰矿详细普查报告》工作施工的钻孔,30 件样 SiO_2 含量超标,1 件样 TFe 超标,14 件样 P 超标,有 30 件单样锰品位≥25%锰矿石可以定为富锰矿石,分布于 24 个钻孔中。钻孔分布见图 6-47。

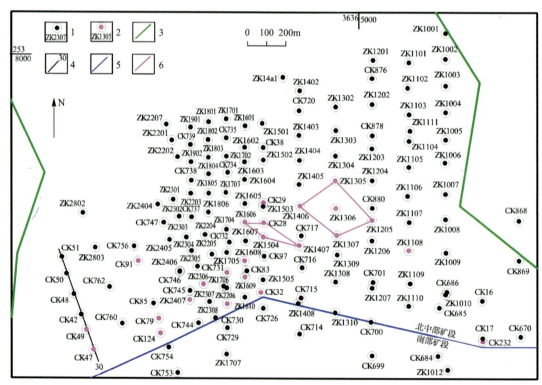

1.碳酸锰贫矿钻孔及编号;2.Ⅱ+Ⅲ矿层碳酸锰富矿钻孔及编号(单样);3.矿权边界线;4.勘查线及编号;
5.矿段分界线;6.单样富矿块段边界线。

图 6-47　Ⅱ+Ⅲ矿层富矿孔(单样)分布图

单样富锰矿石样品长度为 0.09～1.17m,平均值为 0.64m,Mn 品位为 25.12%～35.99%,平均值为 28.94%,TFe 的含量为 5.40%～9.0%,平均值为 7.19%,P 的含量为 0.073%～0.170%,平均值为 0.109%,SiO_2 的含量为 4.44%～23.78%,平均值为 16.88%,

Mn/TFe 值为 4.03,P/Mn 值为 0.004。

从图 6-47 可以看出,Ⅱ+Ⅲ矿层单样富矿孔多半分布零散,其中 ZK1205、ZK1305、ZK1306、ZK1307、ZK1606 钻孔富矿样均展布在矿层的中部,在剖面上可连成 1 个富锰块段,估算(111b)富锰矿石储量 12.56 万 t。ZK1407、CK28、ZK1504、ZK1607 钻孔富矿样均展布在矿层的中部,在剖面上可连成 1 个富锰块段,估算(111b)富锰矿石储量 2.99 万 t。ZK2407 钻孔富矿样展布在矿层的中部,CK79、CK124 两钻孔富矿样展布在矿层的底部,在剖面上不能连成富锰块段。因此,就单样而言,Ⅱ+Ⅲ矿层(111b)块段估算富锰矿石储量为 15.55 万 t,占总资源储量的 0.45%。

Ⅱ+Ⅲ矿层厚度为 0.54~9.13m,平均厚度为 2.40m,而单样富锰块段单样厚度为 0.32~1.17m,平均厚度为 0.72m,相对较薄,富矿的储量不大,连片开采的意义不是很大。

从图 6-47 可以看出,单样富锰矿孔分布总体有北东向展布的规律,说明在五指山组沉积中期某一阶段,局部沉积环境相对较深、较平静,锰质来源也相对较丰富。

2)碳酸锰贫锰矿石

这类矿石既是本次勘探工作探获最多的,也是最主要的一类矿石。以单工程而论,整个矿段无法圈出富锰矿石块段,估算的锰矿石均为碳酸锰贫锰矿石。以单样来讲,在剖面图上Ⅰ矿层可圈出 1 个富锰块段,Ⅱ+Ⅲ矿层在剖面上可圈出 2 个富锰块段。因此,除这 3 个由单样在剖面上圈出的富锰块段所估算的资源储量为富锰矿石外,其他的均为贫锰矿石。共估算(111b+122b+333)贫锰矿石资源储量为 3 296.45 万 t,占总资源储量的 95.17%。

贫锰矿石Ⅰ矿层厚度为 0.51~5.88m,Mn 品位为 10.30%~24.97%,平均值为 18.54%,TFe 的含量为 2.48%~8.50%,平均值为 4.81%,P 的含量为 0.043%~0.140%,平均值为 0.096%,SiO_2 的含量为 9.93%~54.97%,平均值为 24.12%,Mn/TFe 值为 3.85,P/Mn 值为 0.005,为中铁中磷贫锰矿石。

Ⅱ+Ⅲ矿层厚 0.54~9.13m,平均厚度为 2.40m,Mn 品位为 11.36%~26.37%,平均值为 19.01%,TFe 的含量为 3.07%~9.84%,平均值为 6.41%,P 的含量为 0.050%~0.183%,平均值为 0.111%,SiO_2 的含量为 13.90%~57.20%,平均值为 30.0%,Mn/TFe 值为 2.97,P/Mn 值为 0.006,为高铁高磷贫锰矿石。

3)低品位碳酸锰矿石

这类矿石包含在贫锰矿石中,因《铁、锰、铬矿地质勘查规范》(DZ/T 0200—2002)中并未将其单独分类(品级),只是按目前行业习惯将其列出。

低品位碳酸锰矿石是指 Mn 品位大于或等于 10%,小于 15%,亦即 Mn 品位大于或等于边界品位、小于单工程平均品位的那部分矿石。

这类矿石在本次勘探工作中探获的资源量也较少,共估算(331+332+333)锰矿石资源量为 88.27 万 t,占总资源储量的 2.55%。

这类矿石分布区为:Ⅰ矿层 10~13 号勘查线北部,17~22 号勘查线北部,24~28 号勘查线北部,34~38 号勘查线北部,24~28 号勘查线南、中部;Ⅱ+Ⅲ矿层 10~12 号勘查线中、北部,12~14 号勘查线北部,15~18 号勘查线北部,18~24 号勘查线北部,26~30 号勘查线北部。具体见表 6-21。

表 6-21 低品位锰矿石统计表

矿层号	位置	工程编号	块段号	资源储量/万t	Mn/%	TFe/%	P/%	SiO₂/%	CaO/%	MgO/%	Al₂O₃/%
I	10~13线北部	ZK1001,ZK1101	333-3	3.08	14.27	3.62	0.110 0	23.35			
		ZK1001,ZK1002,ZK1101	331-1	5.06	14.14	3.69	0.106 3	24.39	17.78	3.02	1.61
		ZK1002,ZK1101	331-2	5.78	13.07	3.34	0.100 0	26.86			
		ZK1101,ZK1202	333-4	5.32	14.65	3.99	0.104 7	27.06			
		ZK1801,ZK1802	331-3	1.60	13.53	4.02	0.088 7	19.03	17.86	3.20	1.73
	17~22线北部	ZK1801,ZK1802,CK739,ZK1901	331-4	2.46	12.93	4.38	0.086 8	15.99	21.52	3.98	1.67
		ZK1802,ZK1803,CK739	331-5	1.55	14.22	4.59	0.090	24.90			
		ZK1901,CK739,ZK2207,ZK2201	331-6	2.09	11.40	5.40	0.094 7	15.38	21.52	3.98	1.67
		ZK1801,ZK1901	333-25	0.50	12.32	3.36	0.085 4	21.27			
		ZK1803,CK739	333-26	0.72	14.27	4.35	0.083 6	28.42			
	24~28线北部	CK132,ZK2803	333-29	2.57	14.34	4.48	0.098 8	28.53	6.75	1.12	0.41
	24~28线南、中部	ZK2407,CK85	333-30	2.92	14.95	3.45	0.06	26.18			
		ZK2407,CK79	333-31	2.87	14.64	4.32	0.08	27.07			
	34~38线北部	CK111,CK112,CK125	333-42	1.62	14.83	4.47	0.09	24.39	17.30	2.14	1.45
		CK125	333-45	0.19	12.88	6.07	0.09	30.66	13.47	2.52	1.16
		CK125,CK83	333-46	0.73	13.82	5.47	0.09	27.18	15.11	2.79	1.10
		CK83	333-48	0.39	14.65	4.94	0.090 9	24.14	16.55	3.03	1.04
		CK125,CK126,CK83	332-1	1.78	14.78	5.57	0.09	26.24	14.74	2.54	1.12
II+III	10~12线中、北部	ZK1003,ZK1101	333-7	3.66	14.59	4.75	0.121	25.87			
		ZK1102,ZK1103,ZK1111	333-11	7.40	14.80	5.49	0.12	28.78			
		TC1102	333-45	1.10	11.98	4.78	0.076	60.95			

续表 6-21

矿层号	位置	工程编号	块段号	资源储量/万 t	Mn/%	TFe/%	P/%	SiO₂/%	CaO/%	MgO/%	Al₂O₃/%
Ⅱ+Ⅲ	12~14线北部	ZK1302,ZK1303	333-16	8.94	14.80	5.94	0.086	36.48	14.34	3.35	0.88
		ZK1302,CK720	333-17	3.67	14.31	5.70	0.104	36.78	14.34	3.35	0.88
		K90	333-47	0.07	16.73	6.65	0.098	55.38			
		BT1503	333-50	0.33	17.58	7.60	0.100	50.08			
		BT1503,BT15a1,BT1602,CM16a1	333-51	0.29	16.66	7.88	0.103	50.68			
		BT1602,CM16a1,K165	333-52	0.43	16.98	6.57	0.100	58.47			
		O18B	333-58	0.06	14.22	6.20	0.069	62.48			
		O18B	333-59	0.01	14.22						
	15~18线北部	ZK1501,Ha30,CM15a1,ZK1601	333-19	2.90	13.91	6.81	0.10	30.59	10.72	3.14	2.05
		Ha30,ZK1601	333-20	0.30	14.06	7.51	0.11	30.01	10.72	3.14	2.05
		ZK1601,ZK1602	333-21	1.03	14.69	5.64	0.10	31.45	10.72	3.14	2.05
		CK735,ZK1701	333-23	0.21	14.83	6.70	0.11	38.71	6.36	2.82	2.12
		ZK1802	333-32	0.34	14.90	8.18	0.09	32.31			
	18~24线北部	ZK1501,CM15a1,ZK1601	331-1	3.85	14.25	5.96	0.10	31.24			
		CK735,ZK1701,ZK1802	331-2	1.26	14.58	7.14	0.105	33.84	6.36	2.82	2.12
		CK735,ZK1802	331-3	1.22	13.20	6.90	0.12	31.39			
		ZK1804,ZK2203	331-4	2.06	13.73	5.89	0.10	32.50			
		ZK2203,ZK2301,ZK2302	331-5	2.17	14.05	5.97	0.10	33.53			
		ZK2301,ZK2302,CK747	331-6	1.53	14.26	6.09	0.099	35.06	8.34	3.25	2.04
	26~30线北部	K987	333-63	0.24	15.75						
		CK762,CK48	333-37	6.45	14.53	6.13	0.09	39.11	8.74	3.46	1.00

(三)矿石品级

《铁、锰、铬矿地质勘查规范》(DZ/T 0200—2002)中只对氧化锰富锰矿石、铁锰矿、优质氧化锰(富)矿、优质碳酸锰(富)矿石列了品级标准;将富氧化锰矿石品级划分为Ⅰ、Ⅱ、Ⅲ级,将优质锰(富)矿石品级划分为Ⅰ、Ⅱ级;富碳酸锰矿石未划分品级,贫锰矿石未划分品级。

1. 氧化锰矿富锰矿石

(1) Ⅰ矿层富锰矿石。富锰矿石 Mn 品位平均值为 34.15%,TFe 品位平均值为 7.64%,P 品位平均值为 0.090%,Mn/TFe 平均值为 4.47,P/Mn 平均值为 0.003,为Ⅱ级优质氧化锰富锰矿石。

(2) Ⅱ+Ⅲ矿层富锰矿石。富锰矿石 Mn 品位平均值为 35.50%,TFe 品位平均值为 7.04%,P 品位平均值为 0.099%,Mn/TFe 平均值为 5.04,P/Mn 平均值为 0.003,为Ⅱ级优质氧化锰富锰矿石。

2. 碳酸锰富锰矿石

1) Ⅰ矿层富锰矿石

(1) 单工程平均富锰矿石。Ⅰ矿层只有 5 个工程见富锰矿石,但不能圈出富锰矿石块段,无法估算富锰矿石资源储量。富锰矿石质量为:Mn 平均品位为 27.27%,Mn/TFe 品位平均为 4.76,P/Mn 品位平均为 0.004,LEE 品位平均为 22.43%,属Ⅱ级优质碳酸锰富锰矿石。

(2) 单样富锰矿石。富锰矿石 Mn 品位平均为 28.54%,TFe 品位平均为 5.68%,P 品位平均为 0.118%,LEE 品位平均为 23.88%,Mn/TFe 值为 5.02,P/Mn 值为 0.004,为Ⅱ级优质碳酸锰富锰矿石。

2) Ⅱ+Ⅲ矿层富锰矿石

(1) 单工程平均富锰矿石。由于 SiO_2、P 超标,不存在富锰矿石。

(2) 单样富锰矿石。单样富锰矿石 Mn 品位平均为 28.94%,TFe 品位平均为 7.19%,P 品位平均为 0.109%,LEE 品位平均为 20.99%,Mn/TFe 值为 4.03,P/Mn 值为 0.004,为Ⅱ级优质碳酸锰富锰矿石。

六、矿层围岩和夹石

1. 矿层的围岩

1) 顶板

Ⅱ+Ⅲ矿层的直接顶板为上泥盆统五指山组第三段(D_3w^3)底部钙质硅质岩、含碳钙质硅质岩,岩性较单一,厚 0.16~9.19m。间接顶板为上泥盆统五指山组第三段(D_3w^3),岩性也较单一,以钙质硅质岩为主,偶夹钙质泥岩、泥灰岩。含锰普遍较低,具体统计见表 6-22,大部分含锰小于 5%,占统计数的 91.11%,一般含锰 0.35%~7.58%,平均含锰为 2.64%。直接顶板岩石的主要矿物组分及其大致含量为石英(20%~80%)、方解石(10%~25%)、绢云母(1%~12%)及少量黄铁矿、碳质、锰矿物等。

2)夹二

夹二的主要岩性为上泥盆统五指山组第二段(D_3w^2)钙质硅质岩,岩性较单一,厚度、含锰根据地段的不同,稍有差异,含锰特征统计见表6-22。28~10线之间夹二的厚度均较小,据夹二的10个钻孔资料统计,夹二厚一般为0.10~0.26m,大于夹石剔除厚度的只有ZK1207(夹二厚度为1.0m)、ZK1608(夹二厚度为0.47m),含锰普遍较高,有8层夹二含锰大于5%,最高达12.71%,肉眼与顶部的Ⅲ矿层不易区分。28线以西夹二的厚度均较大,据47个钻孔资料统计,夹二厚度大于夹石剔除厚度0.30m的钻孔有22个,最厚为0.75m,含锰也高,含锰大于10%的夹二有38层,其余含锰也在5.27%~9.66%之间,只有一层夹二含锰为1.61%。主要矿物成分为石英、蛋白石、云母、锰矿物及少量的泥质、碳质等。

表6-22 碳酸锰矿层顶、底板及夹一、夹二含锰特征表

层位		含锰				
		≥10%	5%~10%	3%~5%	1%~3%	<1%
顶板	频数/个		8	21	44	17
	频率/%		8.89	23.33	48.89	18.89
夹二	频数/个	41	11	0	3	1
	频率/%	73.21	19.64		5.36	1.7.86
夹一	频数/个		10	10	107	89
	频率/%		4.62	4.62	49.54	41.20
底板	频数/个		5	12	64	26
	频率/%		4.67	11.21	59.81	24.30

3)夹一

夹一的主要岩性为上泥盆统五指组第二段(D_3w^2)的钙质硅质岩,局部夹少量的泥岩、泥质灰岩和硅质岩。岩石呈灰色、深灰色、灰白色、细粒、隐晶质结构、薄层状、中厚层状构造,岩性坚硬,稳固性好。主要矿物成分为石英、蛋白石、绢云母,少量的钙质、碳质、锰矿物等。

岩石含锰普遍较低,一般为0.18%~4.05%,平均含锰为1.63%,含锰统计见表6-22;夹一含锰主要在<1%、1%~3%之间,占统计总数的90.74%。夹一厚2.30~22.41m,平均厚度为11.67m,夹一厚度统计见表6-23。

表6-23 夹一厚度统计表

区间/m	统计数/个	频数/个	频率/%
<5		5	3.03
5~10		46	27.88
10~15	165	84	50.91
15~20		26	15.76
20~25		4	2.42
≥30		0	0

表6-23显示,夹一的厚度主要集中在5~20m之间,占统计总数的94.55%,厚度以10~15m为主,占统计总数的50.91%,其次为厚度5~10m,占统计总数的27.88%。

夹一的厚度变化见图6-48。图6-48显示,夹一的厚度总体表现为以22线为界,22线以东,厚度较小;22线以西,厚度较大。

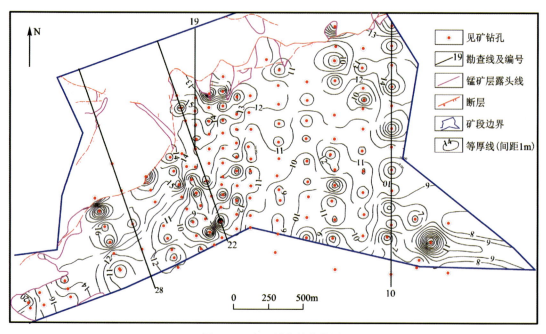

图6-48 夹一厚度等值线图

4)底板

Ⅰ矿层的直接底板岩性为上泥盆统五指山组第二段(D_3w^2)底部钙质硅质岩、含碳钙质硅质岩,厚度为0.11~21.65m,其中,钙质硅质岩厚度为0~21.65m,含碳钙质硅质岩厚度为0.11~10.0m。间接底板为上泥盆统五指山组第一段(D_3w^1)钙质泥岩、泥灰岩夹硅质泥岩、硅质灰岩。底板岩性含锰普遍较低,具体统计见表6-22。含锰以低于3%为主,占统计数的84.11%,一般含锰为0.24%~8.93%,平均含锰为1.88%。直接底板岩石主要矿物成分为黏土矿物,其次为石英及少量的钙质、碳质、锰矿物等。

2. 矿层内部的夹石、脉石

锰矿层中的夹石比较少见,微层状、条带状矿石中偶见钙质泥岩、钙质、泥质硅质岩与碳酸锰矿互层,厚度很薄,一般为0.01~0.23mm,主要在Ⅲ矿层顶部、条带状构造的矿石中常见。

锰矿层中的脉石较常见,主要由石英脉组成,呈白色、乳白色、浅黄色,呈脉状、透镜状、树枝状、不规则状,脉宽一般为0.08~7.45mm。脉体多数与锰矿层层面垂直,少数斜交,平行者极少见。脉石一般仅产于矿层中,不穿过夹层、顶、底板。脉石中主要成分含量见表6-24。

表 6-24 下雷锰矿区脉石化学组分表　　　　　　　　　单位:%

矿层		主要成分含量			
		Mn	TFe	P	SiO$_2$
Ⅰ	最小值	3.31	0.86	0.009	48.10
	最大值	9.74	2.63	0.067	78.88
	平均值	4.87	1.73	0.044 7	72.33
Ⅱ	最小值	2.04	1.16	0.011	48.34
	最大值	9.81	4.77	0.086	89.28
	平均值	6.60	2.98	0.040 6	68.44
Ⅲ	最小值	1.03	1.04	0.006	69.58
	最大值	13.18	3.37	0.069	78.56
	平均值	3.62	1.81	0.035 8	76.33

七、低品位碳酸锰矿选冶技术性能

低品位锰矿石是指锰品位大于或等于 10%,小于 15% 的那部分碳酸锰矿石。勘探工作在矿段北部 CM15a1 坑道里采得的半工业试验样品为低品位矿石,平均(入选)锰品位为 13.95%。

（一）试样采集

本次选矿小型试验的矿样由委托方负责采集并送至广西冶金研究院,矿样采自中信大锰矿业有限责任公司大新锰矿北中部矿段,样品的采取均按采样设计书要求进行。试样的采取主要在坑探工程中进行,采用全巷法采取,规格 0.50m×0.60m×0.50m。另考虑钻探工程较多,在矿芯也采取一小部分,采用 1/4 矿芯劈分法。

本次采集选矿小型试验样品碳酸锰矿石（Ⅰ+Ⅱ+Ⅲ矿层）42 袋共 1 457.85kg,矿层顶底板围岩 14 袋共 306.43kg,配矿用低品位碳酸锰矿石 4 袋共 102.50kg,总计采取样品 1 866.78kg。

根据样品标签及样袋编注,将试样分为Ⅰ层矿全巷样、Ⅱ+Ⅲ层矿全巷样、围岩全巷样、低品位矿全巷样、Ⅰ矿层矿芯样、Ⅱ+Ⅲ矿层矿芯样、围岩岩芯样共 7 件小样。各试验样的采样规格及质量见表 6-25,主要成分化学分析结果见表 6-26。

表 6-25　各试样采样规格及质量

样品名称	规格/(m×m×m)	实际样重/kg
Ⅰ层矿全巷样	0.50×0.60×0.50	685.00
Ⅱ+Ⅲ层矿全巷样	0.50×0.60×0.50	556.50
围岩全巷样	0.50×0.60×0.50	263.00
低品位矿全巷样	0.50×0.60×0.50	102.50
Ⅰ矿层矿芯样	1/4 岩芯	88.58
Ⅱ+Ⅲ矿层矿芯样	1/4 岩芯	127.77
围岩岩芯样	1/4 岩芯	43.43

表 6-26　各试样主要成分化学分析结果　　　　　　　　　　　　单位:%

样品名称	组分			
	Mn	TFe	P	SiO_2
Ⅰ层矿全巷样	14.78	4.58	0.095	17.10
Ⅱ+Ⅲ层矿全巷样	13.11	8.63	0.128	26.89
围岩全巷样	0.57	1.72	/	/
低品位矿全巷样	13.34	6.01	/	/
Ⅰ矿层矿芯样	16.51	4.75	0.096	22.95
Ⅱ+Ⅲ矿层矿芯样	15.04	6.38	0.130	30.75
围岩岩芯样	3.98	3.23	/	/

根据各试样主要回收的有用元素锰品位,3 个矿层中采取的全巷样均较矿芯样低约 10%,说明全巷样的采集已造成矿石的贫化。根据矿山实际开采技术条件,本次试验采集的全巷样品位更符合实际开采情况,具有代表性。因此将Ⅰ层矿全巷样、Ⅱ+Ⅲ层矿全巷样的两个试样按 1∶1 质量比进行配矿作为选矿小型试验样品,试样总重 800kg。

选矿工业试验样品的采集,根据选矿小型试验样品的采样点,采集Ⅰ层矿全巷样和Ⅱ+Ⅲ层矿全巷样,并按质量比 1∶1 配矿作为工业试验矿样。

(二)试验样品的制备

选矿小型试验试样加工流程见图 6-49。对矿样进行破碎、筛分、混匀、缩分,获得试验样、原矿分析样及备样。

(三)原矿性质研究

1. 原矿化学分析

原矿光谱半定量分析结果见表 6-27,原矿多元素化学分析结果见表 6-28,原矿锰物相分析结果见表 6-29。

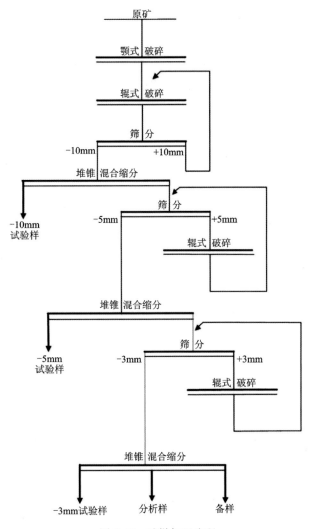

图 6-49　试样加工流程

表 6-27　原矿光谱半定量化学分析结果　　　　　　　　　　　　　单位:%

成分	CaO	SiO_2	Mn	Fe_2O_3	MgO	SO_3
含量	19.5	23.0	14.1	9.0	5.5	4.3
成分	Al_2O_3	P_2O_5	Ni	K_2O	Na_2O	Ti
含量	0.64	0.4	0.2	0.2	0.2	0.1
成分	Zn	As	Cl	Cu	Zr	
含量	0.05	0.05	0.04	0.01	<0.01	

表 6-28　原矿多元素化学分析结果　　　　　　　　　　单位：%

成分	Mn	Fe	SiO_2	MgO	CaO
含量	14.34	5.81	21.12	3.23	16.98
成分	Al_2O_3	S	P	Co	Ni
含量	0.34	0.71	0.105	0.0064	0.17

表 6-29　原矿锰物相分析结果　　　　　　　　　　　　单位：%

锰相	碳酸盐中 Mn	氧化锰中 Mn	硅酸盐中 Mn	TMn
含量	13.72	0.33	0.12	14.17
分布率	96.82	2.32	0.86	100.00

从表 6-28 结果看，原矿 Mn 含量 14.34%，含硫 0.71% 较低，含铁 5.81%、含磷 0.105% 相对略高。主要脉石成分为 SiO_2、CaO、MgO 等。Al_2O_3 含量 0.34% 较低，CaO 含量 16.98% 较高，反映出大量碳酸盐脉石矿物的存在。较低的 Al_2O_3/SiO_2 说明矿石中仅含极少量的黏土矿物，而含有较多石英质脉石。

表 6-29 原矿锰物相分析结果可以看出，原矿中锰主要分布在含锰碳酸盐矿物中，其分布率高达 96.82%，仅有极少量分布在含锰的氧化物及硅酸盐中。

2. 原矿矿物组成及含量

在显微镜下对样品及光片进行鉴定可知，原矿的矿物主要有锰方解石、钙菱锰矿、菱锰矿，其次为蔷薇辉石、黄铁矿、黄铜矿。脉石矿物主要为石英、方解石、绿泥石、伊利石，其次为高岭石、阳起石、透闪石等。主要矿物及含量测定结果见表 6-30。

表 6-30　原矿的矿物组成及含量测定结果　　　　　　　单位：%

矿物名称	锰方解石	（钙）菱锰矿	蔷薇辉石	黄铁矿	绿泥石
含量	12	24	11	5	5
矿物名称	方解石	石英、长石	伊利石	阳起石	其他
含量	17	18	7	0.5	0.5

注：其他包括黄铜矿、透闪石、高岭石、红帘石、蛇纹石等微量矿物。

3. 影响选矿的矿物学因素

1）锰的赋存形式的影响

锰的赋存形式比较复杂，矿石中的锰主要赋存于菱锰矿、钙菱锰矿中，占矿物总量的 24%，其次赋存于锰方解石（占 12%）、蔷薇辉石（占 11%）中，如果把蔷薇辉石也作为选矿回收的对象，则应回收的含锰矿物占矿物总量的 47%。

2）矿物的结构、粒度对锰矿物回收的影响

该矿杂质矿物主要为方解石、石英、长石、伊利石,少量绿泥石。矿石中的伊利石及部分方解石呈微粒状与菱锰矿、钙菱锰矿混杂交生,基本上不能单体解离,对选别不利。石英、长石及部分方解石呈较粗的不规则粒状,构成脉状、集合体块状,因此,大多数石英、长石、方解石较容易在破碎及磨矿过程中与锰矿物解离。另外,矿石中金属硫化物以黄铁矿居多,其次为黄铜矿,金属硫化物常呈浸染状产出,选矿中必要时可以采用脱硫工艺降低锰精矿中含硫。

（四）选矿小型试验研究

1. 试验方案探索

由矿物组成可知,矿石需要回收的有用矿物为碳酸盐锰矿物,其他有价值的矿物含量低,无回收价值。根据碳酸锰常规选矿工艺,针对该矿石性质特点,进行了浮选、重选和磁选工艺流程探索试验。

2. 浮选探索试验

浮选试验磨矿细度为-0.074mm 的占 70.23%,采用碳酸钠调节矿浆 pH 值,水玻璃作为脉石抑制剂,油酸作为碳酸锰矿物捕收剂进行浮选探索试验。试验流程见图 6-50,试验结果列于表 6-31。

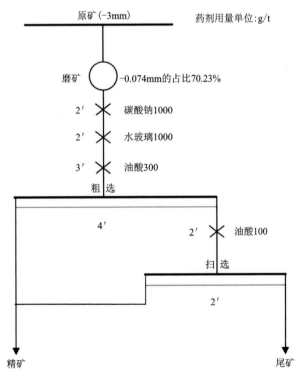

图 6-50 浮选探索试验流程

表 6-31　浮选探索试验结果　　　　　　　　　　　　　　　　单位:%

产品名称	产率	Mn 品位	Mn 回收率
精矿	62.37	15.97	68.74
尾矿	37.63	12.06	31.26
合计	100.00	14.49	100.00

从表 6-31 浮选试验结果看,浮选效果不理想,精矿 Mn 品位为 15.97%,仅比原矿提高 1.48%,Mn 回收率也仅有 68.74%。

3. 摇床重选探索试验

将原矿分别磨细到 -1.0 mm 和 -0.5 mm 两个粒级进行摇床重选探索试验。试验流程见图 6-51,试验结果见表 6-32。

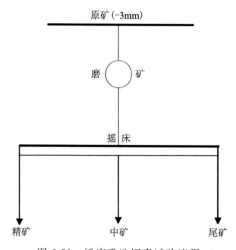

图 6-51　摇床重选探索试验流程

表 6-32　摇床重选探索试验结果　　　　　　　　　　　　　　　　单位:%

入选粒度/mm	产品名称	产率	Mn 品位	Mn 回收率
−1.0	精矿	39.10	15.64	41.71
	中矿	22.38	14.64	25.40
	尾矿	38.52	12.52	32.89
	合计	100.00	14.66	100.00
−0.5	精矿	29.43	16.65	34.28
	中矿	28.58	13.54	27.07
	尾矿	41.99	13.16	38.65
	合计	100.00	14.30	100.00

从表 6-32 摇床重选探索试验结果看,摇床精矿 Mn 品位提高幅度不大,Mn 回收率低,且中矿和尾矿 Mn 品位高,摇床试验效果不理想。其原因主要为碳酸锰矿物与脉石矿物比重差较小。

4. 磁选探索试验

将原矿破碎至-10mm,进行干式强磁选试验,粗选磁场强度 0.5T,扫选磁场强度 0.8T。试验流程见图 6-52,试验结果见表 6-33。

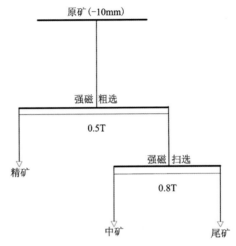

图 6-52　强磁探索试验流程

表 6-33　强磁探索试验结果　　　　　　　　单位:%

产品名称	产率	Mn 品位	Mn 回收率
精矿	40.36	18.90	53.07
中矿	40.62	13.59	38.41
尾矿	19.02	6.44	8.52
合计	100.00	14.37	100.00

从表 6-33 强磁探索试验结果看,精矿 Mn 品位达到了试验要求,回收率也较高。中矿 Mn 品位稍低,尾矿偏高,其原因主要为入选粒度较粗,部分矿物未得到充分解离。

通过浮选、重选、磁选试验结果对比,磁选试验获得的指标明显优于浮选和重选。因此,选择磁选工艺流程进行更深入的条件试验。

5. 磁选试验

根据探索试验以及条件试验研究结果,借鉴类似矿石选别常规采用分级磁选的实践经验,并经探索试验考察,最终采用"原矿-10～+3mm 粗粒强磁选,粗粒磁选尾矿再碎至-3mm,与-3mm 原矿合并,再经强磁选(一粗一扫)选别"的方法进行试验。最终试验流程见图 6-53,试验结果见表 6-34。

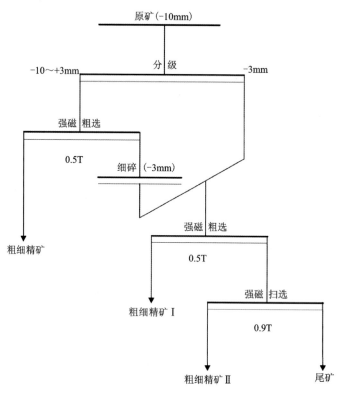

图 6-53　最终试验流程

表 6-34　最终试验指标　　　　　　　　　　　　　　　　　　　　　　　　单位:%

产品名称	产率		Mn 品位		Mn 回收率	
	个别	累计	个别	累计	个别	累计
粗粒精矿	30.14	30.14	18.57	18.57	39.20	39.20
细粒精矿Ⅰ	33.67	63.81	17.85	18.19	42.10	81.30
细粒精矿Ⅱ	11.43	84.24	14.24	17.59	11.40	92.70
尾　矿	24.76	100.00	4.21	14.28	7.30	100.00
合　计	100.00		14.28		100.00	

最终试验获得的指标:粗粒精矿产率 30.14%,Mn 品位 18.57%,Mn 回收率 39.20%;细粒精矿Ⅰ产率 33.67%,Mn 品位 17.85%,Mn 回收率 42.10%;细粒精矿Ⅱ产率 11.43%,Mn 品位 14.24%,Mn 回收率 11.40%。

锰精矿合计(粗粒精矿+细粒精矿Ⅰ+细粒精矿Ⅱ):产率 84.24%,Mn 品位 17.59%,Mn 回收率 92.70%。

6. 产品考察

(1)精矿产品考察。锰精矿多元素化学分析结果见表6-35。

表 6-35 锰精矿多元素化学分析结果　　　　　　　　　　　单位:%

成分	Mn	Fe	S	P	CaO
含量	17.59	6.12	0.35	0.078	19.20
成分	MgO	Al_2O_3	SiO_2	Co	Ni
含量	3.74	0.38	9.15	0.007 9	0.22

(2)尾矿产品考察。尾矿多元素化学分析结果见表6-36。

表 6-36 尾矿多元素化学分析结果　　　　　　　　　　　单位:%

成分	Mn	Fe	S	Ni
含量	4.21	3.65	1.32	0.11
成分	SiO_2	CaO	MgO	
含量	58.23	12.23	2.93	

为查明锰损失于尾矿的原因,对尾矿磨片后使用显微镜观察发现含锰矿物粒度较细,主要穿插、交代于脉石中,难以解离。

(五)选矿工业试验

1. 工业试验概述

为了验证小型试验采用的工艺流程及获得的选矿指标的可靠性,降低开发投资和生产风险,以小型试验成果为依据,对大新锰矿北中部矿段低品位碳酸锰矿石进行了工业试验。

工业试验采集Ⅰ层矿全巷样和Ⅱ+Ⅲ层矿全巷样,按重量比1∶1配矿作为工业试验原矿。

工业试验规模600t/d,工业试验主要设备见表6-37。

表 6-37 工业试验主要设备

作业名称	设备名称	型号规格	数量	处理能力/(t·h^{-1})	生产厂家
粗碎	颚式破碎机	C80	1	130	武汉美卓机电设备有限公司
中碎	标准圆锥破碎机	GP100s	1	120~130	武汉美卓机电设备有限公司
细碎	短头圆锥破碎机	HP200	1	90~120	武汉美卓机电设备有限公司
干式筛分	圆振动筛	LF2160D	1	100~120	山特维克集团

续表 6-37

作业名称	设备名称	型号规格	数量	处理能力/(t·h^{-1})	生产厂家
粗粒级磁选	干式永磁磁选机	YHXTG—4012	4	10~25	柳州市远健磁力设备制造有限责任公司
细粒级磁选	干式永磁磁选机	YZCTG—4012	6	6~15	柳州市远健磁力设备制造有限责任公司

2. 工业试验流程

根据小型试验研究结果，工业试验流程为原矿送入破碎系统经过一段粗碎和二段中碎后经双层干式筛分系统进行筛分分级，双层筛上层＋10mm 产品经过第三段细碎后返回双层筛，形成"三段一闭路破碎筛分系统"，保证入选粒度－10mm。双层筛中间层－10mm～＋3mm产品进入粗粒级干式磁选系统进行磁选得到粗粒精矿，中矿再进行第三段细碎返回双层筛。双层筛底层－3mm 产品进入细粒级干式磁选系统进行磁选（一粗一扫）得到细粒精矿和尾矿。工业试验流程见图 6-54。

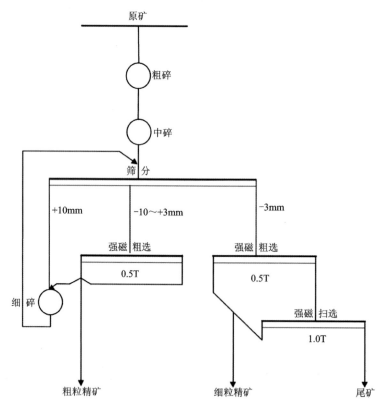

图 6-54 选矿工业试验流程

3. 工业试验指标

工业试验经调试后,正式试验从2014年4月7日头班开始至2014年4月13日中班止。累计处理原矿4 080.7t。工业试验指标见表6-38。

表6-38 选矿工业试验结果　　　　　单位:%

时间	班次	原矿		粗粒精矿	细粒精矿	综合精矿			尾矿		
		处理量/t	锰品位	锰品位	锰品位	产率	锰品位	锰回收率	产率	锰品位	锰回收率
4月7日	头班	210.0	11.89	16.25	15.30	68.95	15.87	92.04	31.05	3.05	7.96
	白班	198.5	15.03	21.06	15.60	74.69	18.88	93.80	25.31	3.68	6.20
	中班	204.3	16.78	19.77	17.25	86.38	18.76	96.58	13.62	4.21	3.42
4月8日	头班	196.8	14.09	18.53	16.24	74.58	17.61	93.24	25.42	3.75	6.76
	白班	210.4	14.27	18.54	15.98	77.28	17.52	94.86	22.72	3.23	5.14
	中班	201.0	13.65	19.16	15.98	71.17	17.89	93.26	28.83	3.19	6.74
4月9日	头班	205.6	13.82	18.83	14.69	76.39	17.17	94.93	23.61	2.97	5.07
	白班	198.7	14.39	19.41	16.34	74.10	18.18	93.63	25.90	3.54	6.37
	中班	214.0	16.18	18.83	16.48	87.36	17.89	96.59	12.64	4.36	3.41
4月10日	头班	199.6	13.39	18.10	16.79	70.24	17.58	92.20	29.76	3.51	7.80
	白班	203.0	14.32	19.49	16.26	72.92	18.20	92.66	27.08	3.88	7.34
	中班	206.1	12.37	17.79	13.97	70.39	16.26	92.53	29.61	3.12	7.47
4月11日	头班	210.0	12.86	19.95	14.95	65.77	17.95	91.80	34.23	3.08	8.20
	白班	—	—	—	—	—	—	—	—	—	—
	中班	207.1	14.57	18.66	15.27	79.81	17.30	94.79	20.19	3.76	5.21
4月12日	头班	196.9	15.65	18.32	15.89	87.16	17.35	96.62	12.84	4.12	3.38
	白班	205.1	14.10	18.74	16.86	73.57	17.99	93.85	26.43	3.28	6.15
	中班	203.0	12.49	17.38	13.78	73.07	15.94	93.25	26.93	3.13	6.75
4月13日	头班	200.5	11.33	17.86	14.53	60.25	16.53	87.90	39.75	3.45	12.10
	白班	196.5	15.02	17.96	16.64	82.47	17.43	95.72	17.53	3.67	4.28
	中班	213.6	12.96	17.98	15.78	69.38	17.10	91.54	30.62	3.58	8.46
合计		4 080.7	13.95	18.64	15.77	74.79	17.49	93.77	25.21	3.45	6.23

注:4月11日白班由于设备故障停机检修。

由表6-38可知,共处理原矿4 080.7t,原矿Mn品位13.95%。综合精矿(粗粒精矿+细粒精矿)产率74.79%,Mn品位17.49%,Mn回收率93.77%。尾矿产率25.21%,Mn品位3.45%,Mn回收率6.23%。工业试验指标与小型试验指标相近,说明采用该选矿工艺流程处理大新锰矿北中部矿段低品位碳酸锰矿石是合理可行的。

(六)生产工艺流程推荐

工业试验结果推荐的生产工艺流程见图6-55。

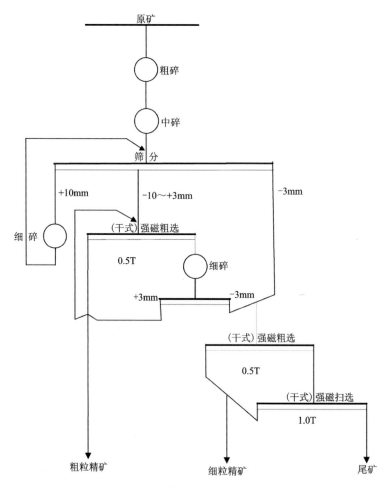

图6-55 推荐的生产工艺流程

(七)矿石工业利用性能评价

原矿性质研究表明,大新锰矿北中部矿段碳酸锰矿石原矿Mn品位14.34%,锰主要分布在含锰碳酸盐矿物中,其分布率高达96.82%。原矿的矿物主要有锰方解石、钙菱锰矿、菱锰矿,其次为蔷薇辉石、黄铁矿,脉石矿物主要为石英、方解石、绿泥石、伊利石。

选矿小型试验采用"原矿-10~+3mm粗粒强磁选,粗粒磁选尾矿再碎至-3mm,与-3mm原矿合并,再经强磁选(一粗一扫)"的工艺流程,获得的试验最终指标为:锰精矿产率

84.24%，Mn品位17.59%，Mn回收率92.70%。

选矿工业试验在中信大锰大新锰矿分公司选矿厂进行，试验规模600t/d，工业试验连续运转7d，获得的工业试验指标：锰精矿产率74.79%，Mn品位17.49%，Mn回收率93.77%。与小型试验指标相近，说明采用该选矿工艺流程处理该低品位碳酸锰矿石是合理可行的。

（八）矿石选冶需要说明的问题

就目前大新锰矿各个生产选厂而言，经采矿贫化后的锰矿石品位达到15%以上的锰矿石可直接电解、酸浸等，不需选矿。只有经采矿贫化后的锰矿石品位达不到15%的那部分锰矿石才需要选矿。

近3年大新锰矿矿山生产指标与本次勘探工作所做的低品位锰矿石选冶所获最终产品指标接近，说明低品位锰矿石选冶技术可用。但由于低品位锰矿石选冶试样的代表性不是很好，影响了选冶指标的代表性。因此，低品位锰矿石选冶技术及指标可作为矿山生产参考。

八、矿区水文地质特征

（一）区域水文地质概述

区域地形属构造侵蚀——溶蚀峰丛洼地、谷地。峰丛山体主要由灰岩、硅质岩组成，峰顶地形标高在450.00~866.00m之间，比高一般小于500.00m。山间洼地标高为250.00~350.00m，山脊走向主要呈北东向。峰丛地貌区山高坡陡，地形坡度一般为40°~55°，大部分为悬崖陡壁，上部山体普遍比下部陡。大部分为裸露、半裸露型岩石山峰，呈峰丛、峰丛洼地、孤峰、谷地等地貌景观。

碎屑岩组分布区呈条带状，属低山地形，碎屑岩组成的山地地形坡度一般为8°~20°，局部30°~40°。

在区域范围内，山脊间沟谷发育，最高处位于矿区南面的中（国）越（南）边界的一处山顶，标高为866.00m，最低处是黑水河，在下雷镇附近河谷，河床标高约为236.00m，为区域的侵蚀基准面。总体趋势为北西高，南东低。

矿区地处亚热带，气候温暖潮湿，雨量充沛。历年最高气温为38.5℃（2006年4月12日），最低气温为−1.9℃（1963年1月15日），多年平均气温为21.9℃。历年日最大降雨量为183.2mm（2008年9月26日）。一次连续最大降雨量为261.1mm（2008年9月24日—2008年9月27日），持续时间为4天。一次最长连续降雨量为405.10mm（1971年7月27日—1971年8月21日），持续时间为26天。多年最大降雨量1 796.90mm，最小降雨量为1 073.10mm，多年平均降雨量为1 302.40mm，降雨多集中在4—9月，其中6—8月多暴雨，占全年降雨量的54.63%，成为明显的雨季；12月至次年的2月为旱季，占全年降雨量的5.44%（统计年份1976—1990年、2004年8月—2009年8月）。平均风速1.8m/s，主导风向夏季为偏南风，冬季为偏北风。

区域最大的河流为黑水河（又称下雷河），属珠江流域左江的一级支流，发源于靖西市东北面的武平圩西北面约5km，由来河、起零河、那排河3条河流在湖润镇附近汇合而成，在矿区东部自北西向南东流经本区,在下游硕龙镇与归春河汇合后流入左江。

区域上的地表水系较发育,地表最大的河流为黑水河(下雷河),区域地下水主要排泄于黑水河,黑水河为左江一级支流。因此,矿区地下水归于左江流域。

区域北面以内巡北面—那荷—凌洪为边界,东面以凌洪—岜达—陇妥东面为边界,南面以陇益—中越边界—690—布替南面为边界,西面以布替—岜关照—内巡为边界。区域地下水边界见图 6-56。

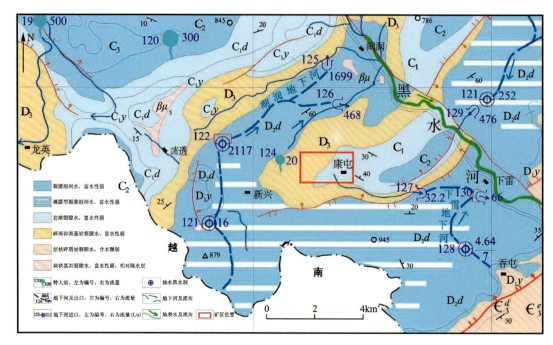

图 6-56 区域水文地质单元边界示意图

根据《1:200 000 区域地质调查报告》(靖西幅)、《1:200 000 区域水文地质调查报告》(靖西幅)、矿区(普查、详查、勘探)水文地质资料、矿区水文地质测绘资料,在区域上矿区位于把荷-湖润复式背斜(轴向北东 30°~60°)中的下雷倒转向斜(轴向 20°~50°)的西南端,区域内小断裂构造及褶曲较发育。

区域出露地层由新到老为第四系冲洪积层 Q^{al-pl} 及新近堆积层,上石炭统(C_2)及下石炭统大唐组(C_1d)、岩关组(C_1y),上泥盆统五指山组(D_3w)、榴江组(D_3l),中泥盆统东岗岭组(D_2d),辉绿岩(βu)。

根据岩性结构、储水空间等,将区域地下水类型划分为松散岩类孔隙水、碎屑岩类基岩裂隙水、不纯碳酸盐岩溶洞裂隙水、质纯碳酸盐岩裂隙溶洞水。

1. 松散岩类孔隙水

松散岩类孔隙水包括冲洪积(Q^{al-pl})孔隙含水层、残坡积(Q^{el-dl})孔隙含水层、堆积(Q^{ml})孔隙含水层。主要接受大气降水、灌溉、溪流水及河水的渗透补给,未见有泉水出露,富水性弱,局部中等。第四系在区域出露总面积 12.3km²。

冲洪积（Q^{al-pl}）孔隙含水层分布于黑水河河床及两岸漫滩、阶地等地带，分布不连续，厚度变化较大，孔隙水赋存于粉砂、砂质粉土和砂砾石层的孔隙中，该层厚度为 0.50～15.00m，局部可达 20.00m。

残坡积（Q^{d-dl}）孔隙含水层规模小，分布不连续，一般发育在山坡脚或地形较平缓处。地下水赋存于碎石、黏性土的孔隙、裂隙中。层厚一般为 0.50～6.00m，局部可达 9.00m 左右。

堆积（Q^{ml}）孔隙含水层主要分布于矿区中南部排土石场，结构松散，富水性弱，厚度为 0～80.0m。

2. 碎屑岩类基岩裂隙水

碎屑岩类基岩裂隙水主要分布于上泥盆统五指山组（D_3w）岩层。该岩层上部为泥灰岩、钙质泥岩夹硅质条带，中部为硅质灰岩、硅质岩，底部夹碳酸锰矿层（Ⅲ—Ⅰ矿层），下部为钙质泥岩，局部为泥灰岩、泥质灰岩，岩层厚度 171～302m。

五指山组呈条带状分布于区域内，黑水河北东面分布于金格锰业—东盟锰业—三锰龙矿业、百当—巴士文—弄龙西面一带；黑水河南西面分布于咋所—金属锰厂区—布逢村—陆翁山—军博锰品以及北西的外巡—团屯—内伏一带。

浅部岩石多风化强烈，山间沟谷较发育，多呈狭长状且切割较深。泉多在山谷沟底出露，出露泉 14 个，标高为 278.0～498.0m，流量为 0.005～1.179L/s，富水性弱—中等。出露面积 17.4km^2，枯水季地下水径流模数小于 3.00L/(s·km^2)。

3. 不纯碳酸盐岩溶洞裂隙水

不纯碳酸盐岩溶洞裂隙水分布在下石炭统大塘组（C_1d）、岩关组（C_1y）中。大塘组岩性为硅质灰岩与硅质岩互层夹少量等粒碎屑灰岩，厚 137～142m。岩关组岩性上部为钙质硅质岩、硅质泥岩夹硅质灰岩，厚度为 31.5～47.9m；下部为硅质灰岩夹生物碎屑灰岩及少量灰岩、泥岩、泥灰岩，厚度为 100～344m。

大塘组、岩关组分布于百当—巴士文—弄龙北西侧、那欣与那瑞南西面、下雷道班—登高梁西面、百兰西面—羊山等地段，呈北东向带状展布，多在半山之上形成悬崖、陡坡。C_1d 出露面积 4.9km^2，C_1y 出露面积 12.8km^2。

区域上黑水河以北出露泉 4 个，标高为 275～290m，流量为 3.793～106.330L/s；黑水河以南出露泉 18 个，标高为 255～486m，流量为 0.003～17.470L/s，富水性中等。

4. 质纯碳酸盐岩裂隙溶洞水

质纯碳酸盐岩裂隙溶洞水分布于上石炭统黄龙组（C_2h）灰岩、硅质灰岩，中泥盆统东岗岭组（D_2d）中厚层灰岩夹白云质灰岩中。

1）上石炭统黄龙组（C_2h）灰岩裂隙溶洞水

岩性为灰岩夹条带状硅质岩或硅质灰岩条带或团块，厚度为 30.0～220.0m。主要分布于黑水河北面的百当村北东面，呈北东向延伸；黑水河南面的那欣村—340 中段平硐口一带，呈北东—南西向延伸,出露面积为 10.1 km²。

黑水河北侧大致沿构造线方向发育一条地下河,河床标高为 337.0～268.0 m,出口流量为 176.00～506.3 L/s。区域内仅在黑水河以北发育 3 个落水洞,洞口标高 325～450 m。出露泉 1 个,出露标高为 313.0 m,流量为 5.472 L/s。黑水河以南出露泉 2 个,出露标高 255～372 m,流量 0.079～17.474 L/s。枯水季地下水径流模数 4.90～6.00 L/(s·km²),富水性强—中等。

2) 中泥盆统东岗岭组(D_2d)灰岩裂隙溶洞水

岩性为中厚层状灰岩夹白云质灰岩,厚度为 207.0～570.0 m。主要分布于黑水河以北的伏派—岜达—下禁一带,黑水河以南的下雷—陇得—布替—古芝—坡班—坡净一带,出露面积为 63.0 km²。

区域内发育 3 条地下河。一条位于区域北东面,呈南南西方向发育,河床标高为 345.0～278.0 m,出口流量为 3 128.0 L/s。黑水河南面发育有 2 条地下河:一条是下雷地下河,河床标高为 306.0～256.0 m,出口流量为 81.7～38 108.7 L/s。另一条是湖润地下河,河床发育标高为 438.0～410.0 m,出口流量为 1 698.3 L/s。

黑水河以北发育 27 处落水洞,洞口标高 265～390 m;黑水河以南发育 51 个落水洞,洞口标高 325～450 m。黑水河以北出露泉 8 个,标高 250～292 m,流量 0.033～53.487 L/s;黑水河以南出露泉 21 个,标高为 250～553 m,流量 0.003～59.874 L/s。枯水季地下水径流模数为 3.1～5.9 L/(s·km²),富水性强—中等。

5. 相对隔水层

1) 块状基岩裂隙水

岩性为基性侵入岩——辉绿岩(βu),辉绿结构。侵入层位有上泥盆统五指山组和下石炭统岩关组,以小岩株、岩床或岩脉(墙)形态产出,零星出露分布,出露面积共计 0.08 km²。

浅部岩体风化较强烈,裂隙一般都为充填较充分且胶结较牢的闭合性裂隙,富水性弱,透水性弱,属相对隔水层。

2) 上泥盆统榴江组(D_3l)硅质岩裂隙水

岩性为钙质泥岩、硅质灰岩夹少量硅质岩和生物碎屑灰岩,厚度为 108～148 m。主要呈环状分布在下雷倒转向斜中部,局部缺失。出露面积 7.64 km²。浅部岩石风化较强,裂隙水主要赋存于硅质岩岩石裂隙中,裂隙多被泥质、硅质等物所充填胶结,接受补给的条件及储水条件较差。

区域内仅见 1 个泉出露,标高为 443 m,流量为 0.237 L/s,为相对隔水层。

区域碎屑岩含水层的地下水具有渗透浅、径流途径短、就地补给、就地排泄的特点,地下水流向总趋势与地形坡向一致。

黑水河北东面的岩溶地下水由两条北东往南西发育的地下河排泄补给黑水河。南西面的岩溶地下水由两条南西往北东发育的地下河排泄补给黑水河。

矿区在区域上位于下雷倒转褶皱水文地质单元的北西翼,下雷河西南侧、湖润地下河与下雷地下河之间的岩溶地下水分散流区,地下水主要自西南向北东径流,以分散流的形式排入下雷河。

区域碳酸盐岩分布较广(占面积的80%以上),主要含水层为中泥盆统东岗岭组(D_2d)、上石炭统黄龙组(C_2h)灰岩裂隙溶洞水;非碳酸盐岩分布有限,组成相对隔水层。

(二)矿区水文地质

1. 矿区地形地貌

矿区四周与中部东侧为岩溶峰丛地形,碎屑岩分布地段形成低山,总体趋势西高东低,最高峰(岩关山位于10勘探线ZK1002孔东部)标高为818.8m,最低处标高241.50m(下雷河)。地形起伏较大,山体总体呈近东西走向,与构造线基本一致。

矿区中部东侧的碳酸盐岩组成的岩溶峰丛地貌,地形标高在400~800m之间,相对高差一般为150~300m。组成布康洼地及东西向的深切沟谷,洼地地面标高350m左右,转折端沟谷标高310~350m。矿区四周为碳酸盐类(D_2d)岩层,南部组成岩溶峰丛洼地,洼地呈串珠状(洼地地表标高460~305m),地下河及天窗、溶洞、溶井均发育。

2. 矿区地表水

1)黑水河(下雷河)

黑水河位于矿区东部,与矿区东边直线距离大于3km,矿区所对应的河床标高为250.00~241.50m,坡降约为1‰。水面宽一般为3~6m,最大宽为9m左右。流速为0.20~1.40m/s,流量为2.5~184.6m³/s,洪峰水位标高为247.60m(观测时间为2009年2月23日—2013年3月16日)。

黑水河河床宽一般为5~15m,河岸局部有基岩出露,241.50m为当地的侵蚀基准面标高。黑水河对矿床开采影响小。

2)布康溪

布康溪发源于矿区北面分水岭的南坡(即矿区边界拐点8的东南面18泉的山谷中),流入布康洼地前有3条小溪汇合,溪流的坡降约为138.0‰。在布康洼地时的溪谷标高约352.00m,矿区内溪谷最低标高310m,流量为0.60~86.65L/s(观测时间为2012年7月12日—2013年3月16日,观测点布在流入布康洼地前)。

1966年曾有过一次山洪暴发,暴雨后1~2个小时,山洪即淹没整个(矿区范围内)布康溪谷及布康洼地东部,淹没深度可达2m左右,水流湍急,冲刷破坏性强,24h内即消退。

由于矿山南面的露天开采的开挖及排土,谷地的地貌景观改变较大,在布康村的东南面到CK660东面引了一条排水坑道,坑道断面1.6m×1.8m。坑道出口到生活区、厂区溪流水为明渠径流,厂区到地下河口为暗渠径流。总汇水面积约为3.57km²,溪流对矿山开采影响较大。

3)东村溪

东村溪发源于矿区东北部,矿区边界拐点8北面的667.6m山顶东侧,在东村屯东侧汇入黑水河(下雷河),流入黑水河时的河床标高约为250m,河流坡降一般大于69.6‰。溪床宽一一般为 1.0～3.0m，局部为 3m 左右，为季节性溪流。总汇水面积约为 4.3km²，对矿山影响小。

3. 矿区水文单元概况

矿区水文地质边界东北面以黑水河为界，以中泥盆统东岗岭组（D_2d）与上泥盆统榴江组（D_3l）或上泥盆统五指山组（D_3w）的交界为边界。形成一个以上泥盆统五指山组第一至第三段（D_3w^{1-3}）硅质岩裂隙水为矿床直接充水层的倒转褶皱水文地质单元。

矿区发育在区域水文地质单元的西端，碎屑岩裂隙水分布区内。

4. 矿区地下水类型及含（隔）水岩组水文地质特征

1）矿区地下水类型

矿区的地下水类型有：松散岩类孔隙水、石炭系上统黄龙组（C_2h）灰岩裂隙溶洞含水层及下统大塘组（C_1d）、岩关组（C_1y^1）灰岩溶洞裂隙含水层，五指山组第一至第三段（D_3w^{1-3}）硅质岩裂隙含水层，东岗岭组（D_2d）灰岩裂隙溶洞含水层；辉绿岩（βu）相对隔水层，岩关组上段（C_1y^2）硅质岩、泥岩相对隔水层，榴江组泥岩（D_3l）相对隔水层。

2）矿区含、隔水岩组水文地质特征

（1）含水岩组。根据各含水岩组的地质年代，由新至老分述如下。

①松散岩类孔隙水。按第四系岩性又划分为冲洪积（Q^{al-pl}）孔隙含水层、残坡积（Q^{el-dl}）孔隙含水层及堆积（Q^{ml}）孔隙含水层，在矿区范围内出露面积 3.342 1km²，现对其水文地质特征分述如下。

A. 冲洪积（Q^{al-pl}）孔隙含水层：主要分布在黑水河、布康小溪及其他小溪的沿岸，分布不连续，厚度变化较大，赋存第四系冲洪积层（Q^{al-pl}）的粉砂、砂质粉土和砂砾（碎）石层的孔隙中，厚度为 0.50～15.00m，局部可达 20.00m，主要接受大气降水、溪流水及地表水的渗透补给，未见有泉出露，富水性弱，局部可达中等。布康小溪的冲洪积层水位埋深 1～2m，15 线洼地（布康洼地）15/CK32—1 中抽水试验渗透系数 K 值为 0.14m/d，单位涌水量 q 值为 0.025 9m³/dm。

B. 残坡积（Q^{el-dl}）孔隙含水层：主要分布在碎屑岩分布的地段。规模小，分布不连续，呈局部出现，一般发育在山坡脚、缓坡地带或地形较平缓处。浅灰色、土黄色或浅红褐色，地下水赋存于碎石、黏性土的孔隙、裂隙中。层厚一般为 0.50～4.00m，局部可达 9.00m 左右，最大厚度 20.4m（ZK1310 孔揭露）。主要接受大气降水或地表水的渗透补给，储存水的条件差，未见泉出露，富水性弱。

C. 堆积（Q^{ml}）孔隙含水层：矿区内共设有 1#、2#、3#、4# 等 4 个废石场，总占地面积 1.481km²。其中，4# 废石场占地面积 0.096km²，已不再排放。2# 废石场（10～12 线之间）占地面积 0.121km²，已不再排放。2# 废石场、4# 废石场堆填厚度 30～40m，最大填土厚度 93.02m（ZK1310 孔揭露）。主要接受大气降水或地表水的渗透补给，储存水的条件差，未见泉出露，富水性弱。

②下石炭统大塘组（C_1d）、上石炭统黄龙组（C_2h）纯碳酸盐岩裂隙溶洞含水层。大塘组

(C_1d)为含硅质灰岩或硅质灰岩与硅质岩互层夹少量生物碎屑灰岩。灰色至深灰色,细—中粒结构,薄—中层状构造,厚度 137.50~142.30m。

黄龙组(C_2h)底部为灰色—灰黑色,薄—中厚层状含锰、铁质灰岩夹条带状硅质岩;上部为灰色—深灰色带暗红色厚层状夹中厚层状灰岩,厚度为 49.00~220.00m。分布于倒转褶皱的北西翼的东部,出露总面积 2.8km²。地表出露的灰岩溶蚀孔洞、溶槽、小溶洞发育,深部岩溶以溶蚀裂隙为主,溶蚀孔洞、溶槽多沿裂隙走向、倾向发育。岩溶发育程度中等。区内出露泉 4 个,流量为 0.026~0.635L/s,出露标高为 310.00~515.00m。富水性中等—强。

该组地层分布区地势西高东低,下伏岩关组上段(C_1y^2)为隔水层,含水层受降水补给,向东排泄于下雷河,对矿床开采影响较小。

③下石炭统岩关组下段(C_1y^1)纯碳酸盐岩溶洞裂隙含水层。岩性以硅泥质灰岩夹硅质灰岩、硅质泥岩和生物碎屑灰岩为主。厚 141.76~204.24m。呈环形条带分布于矿区的中部。出露于黑水河桥—矿区边界拐点 9—布康村—2# 废石场一带。主要分布于布康小溪中下游地段,出露面积 2.7km²。

岩溶发育差异性、不均性明显,在垂直方向上,按岩溶发育可分为 3 段。上段溶洞已被黏土充填,含水性弱;中段为岩溶发育较强带,溶洞呈半充填,充填物多为砂砾石,溶洞规模由数十厘米到十多米,厚度 50~60m,下限标高 250~260m。在潜水区,群孔抽水试验 q 值为 2.660 3L/(s·m),渗透系数 K 值为 0.016 5cm/s,弹性给水度 ue 值为 $2.49×10^{-4}$;下段为溶洞弱发育带,以溶蚀裂隙为主,下限标高 125~180m,单孔单位涌水量 q 值为 0.011 2L/(s·m),渗透系数 K 值为 $3.402~7×10^{-5}$cm/s。

水平分布上,以布康洼地为最强,其次为洼地北、西部及布康溪 13 线以东沟谷部分(潜水区),承压区岩层深埋,溶蚀现象不明显,偶见少量溶蚀裂隙,为弱裂隙含水带。

据南部矿段的勘探资料,施工钻孔见有溶洞发育占全部钻孔 35%,其中在布康洼地可达 59%。

矿区 1# 井(15 线 32 号地质勘探钻孔,54 坐标 $X=2~535~766.98$,$Y=36~365~547.02$)揭露的溶洞标高分别为:331.93~332.93m、316.35~316.85m、305.26~308.00m(上部 1.36m 无充填物);2# 井揭露的溶洞标高分别为:306.32~308.50m(上部 0.82m 无充填物)。

该岩层溶沟、溶槽、溶隙、溶芽较发育,钻孔岩芯发育有两组斜交主要裂隙:一组裂隙轴面夹角 3°~10°,线状裂隙率为 2~6 条/m,裂隙宽 0.2~3mm,呈半张开状,充填胶结不充分;另一组裂隙轴面夹角 20°~30°,线状裂隙率为 1~4 条/m,裂隙宽 0.2~3mm。局部可见线状溶蚀孔洞,无充填物。ZK1707 孔 55.30~55.80m 为无充填小溶洞。区内出露泉 13 个,流量为 0.005~9.125L/s,出露标高 300.00~486.00m。富水性中等。

该岩层为矿层的间接顶板,矿层采空放顶后,将通过垮塌影响带对矿坑间接充水,含水层对矿床开采潜在影响较大。

④上泥盆统五指山组第一至三段(D_3w^{1-3})硅质岩裂隙含水层。该含水层为含锰层位,岩性为硅质岩、硅质灰岩、硅(钙)质泥岩、碳酸锰矿。薄层状构造,部分为条带状、扁豆状构造。岩层厚 80.00~160.00m。

根据岩性变化,自上而下划分为 3 段:第一段下部为钙质泥岩夹少量泥质灰岩,上部为泥质灰岩夹少量泥灰岩或钙质泥岩及硅质岩,厚50～80m;第二段由3层碳酸锰矿和2个夹层组成,厚15m至30多米;第三段为硅质灰岩夹硅质岩,局部夹含锰灰岩;上部偶夹0～0.20m厚的碳酸锰矿薄层,厚41～60m。

呈环形条带分布于矿区的北—西—南面,南北出露不对称,北面出露面较宽,南面较窄。出露面积为 8.0km²。

倒转褶皱北西翼、南东转折端露头带及26线以西为潜水区,其他部位为承压水区。

地下水在山间沟谷渗流汇集成泉,区内出露泉14个,标高278～488m,流量0.005～1.179L/s。据钻孔资料,地下水埋深1.18～79.97m(其中ZK1704为全孔水位埋藏深度1.18m),水位标高363.08～490.31m。

矿山现有主要生产坑道共5个,中段标高分别为385m、380m、340m、280m、260m。其中,260m采中东部采场,中段长490m;280m为排水坑道,是沿D_3w^2与D_3w^1地层的接触面挖进,贯通各个采场,总长5530m,坑口排水量3 724.7～104 431.68m³/d(排260m、280m中段的坑道水);380m采中东部采场及西北采场,中段长315.0m;340m采中东部采场及西北采场,中段长3 700.0m,坑口排水量2 115.94～20 928.67m³/d(排340m、380m中段的坑道水);385m采西北采场,采段长830.0m,坑口排水量321.41～5049m³/d(流量观测时间为2011年12月—2012年11月)。

勘探期间施工的采样坑道(长约150m)内岩石多潮湿,在多组裂隙斜交地段、岩层接触面常有滴水或渗水现象,坑内流量分别为8mL/s、15mL/s。

据勘探钻孔注水试验、抽水试验,含水层钻孔单位涌水量为$9.00×10^{-4}$～$2.33×10^{-2}$m/d·m,渗透系数为$1.65×10^{-4}$～$1.40×10^{-2}$m/d,为矿坑直接充水含水层。富水性为弱—中等。

⑤中泥盆统东岗岭组(D_2d)灰岩裂隙溶洞含水层。在矿区边界拐点坐标范围内只有矿区南面边界17～27号拐点内出现,在矿区范围内出露面积较小。溶蚀孔洞、溶槽多沿裂隙走向、倾向发育,溶蚀孔洞孔径一般为5.00～10.00cm,在矿区西面新兴—湖润镇及东面下雷镇一带地质测量发现该层主要发育有两组裂隙:一组裂隙产状为25°～45°∠45°～70°,线裂隙率为2～3条/m(局部4～5条/m);二组裂隙产状为210°～250°∠75°～80°,线裂隙率为1～3条/m。这些裂隙多呈V形,浅部张开宽度为0.50～3.00cm(局部张开宽达10.00cm),裂隙沿倾向方向延伸长2.00～5.00m。溶蚀孔洞、溶隙、溶槽多沿裂隙发育而成。在矿区边界范围内未见泉水出露。

具代表性的布新洼地揭露的溶洞发育带溶洞多小于1.00m,多数被黏土及砂充填,近洼地中心地带溶洞规模较大,地表可见直径2～5m,洼地落水洞深约10m。CK614孔揭露了高2.27m的半充填溶洞,群孔抽水试验的CK611观测孔降深与时间曲线反映,附近尚有隐藏、充水的大溶洞。布新洼地岩溶发育带深度54.19m,溶洞发育下限标高:洼地中心328m,边缘374m(CK610),溶洞水位标高397.96m,洪水淹没标高415m。群孔抽水试验的q值为0.688L/(s·m),K值为1.705 8m/d。溶蚀裂隙率垂向变化为:0.51%～0.028%,28/CK227抽水试验q值为0.046 6L/(s·m),K值为0.094m/d。富水性中等—强。

13a~29线南面的矿层底板隔水层垮塌后,可导致该含水层对矿坑充水。

(2)隔水岩组。根据各隔水岩组的地质年代,由新至老分述如下。

①下石炭统岩关组上段(C_1y^2)硅质岩、泥岩相对隔水层:岩性为泥质硅质岩、硅质泥岩夹硅质岩,底部含磷,厚103.6~141.9m。呈椭圆形带状分布,主要出露在矿区的东部,出露于黑水河桥—矿区边界拐点9南侧-矿区边界拐点13一带。面积1.781 9km²。

浅部岩石风化较强烈,岩芯线裂隙率0.356%,裂隙多为闭合状。仅见1个泉出露,出露标高335.00m,流量1.65L/s。据以往钻孔注水试验可知,K值为$1.16×10^{-3}$m/d,富水性弱、透水性弱,属相对隔水层。

②上泥盆统五指山组第四段(D_3w^4)硅质岩裂隙隔水层:岩性为灰色至深灰色泥灰岩、钙质泥岩夹硅质条带。呈条带状分布在矿区的南、北,在倒转褶皱北西翼西北方向的22~26线缺失。在26线以西出露面积较大,出露面积共0.697 2km²。

在ZK1012、ZK1101、ZK1307、ZK1704孔的C_1y^1、D_3w^{1-4}、D_3l层进行了6次混合抽水、混合注水试验,K值为$1.65×10^{-4}$~$9.80×10^{-3}$m/d。富水性弱、透水性弱,属相对隔水层。

③上泥盆统榴江组(D_3l)硅质岩相对隔水层:岩性为薄层状钙质泥岩夹硅质岩,层厚150.00~200.00m。在矿区的南、北、西均有出露,在南面呈条带状出露,局部缺失。在西面、北面呈斑块状出露,宽窄变化较大,面积共4.184 9km²。

浅部岩石风化较强烈,矿区范围内出露1个泉,标高294.00m,流量0.138L/s。含水层富水性及透水性弱,属相对隔水层。

3)勘探期间各水文地质试验成果汇总

本次勘探期间进行了4个钻孔的单孔稳定流抽水试验、注水试验及3个钻孔注水试验,其成果见表6-39。

表6-39 矿区勘探期间钻孔(稳定流)抽水、注水试验成果汇总表

钻孔编号	岩层代号	试验段起止深度/m	渗透系数/(m·d⁻¹)	降深/m	单位涌水量/(L·s⁻¹)	稳定水位前(后)/m	备注
ZK1012	D_3w^{1-4}	100.00~330.55	$1.96×10^{-3}$	53.34	$3.44×10^{-3}$	7.85(18.71)	分段抽水
				79.59	$3.60×10^{-3}$		
				104.69	$3.55×10^{-3}$		
ZK1307	D_3w^{2-4}	174.27~296.60	$1.40×10^{-2}$	50.55	$2.33×10^{-2}$	9.67(10.17)	分段抽水
				80.56	$1.33×10^{-2}$		
				101.27	$1.12×10^{-2}$		
	D_3w^{1-4}	169.50~347.35	$9.80×10^{-3}$	43.82	$2.33×10^{-2}$	10.17(10.17)	分段抽水
				83.69	$1.36×10^{-2}$		
				107.87	$1.12×10^{-2}$		

续表 6-39

钻孔编号	岩层代号	试验段起止深度/m	渗透系数/$(m \cdot d^{-1})$	降深/m	单位涌水量/$(L \cdot s^{-1})$	稳定水位前(后)/m	备注
ZK1704	C_1y^1 D_3w^{1-4} D_3l	0.00~67.56	1.65×10^{-4}	34.60 51.90 67.01	8.44×10^{-3} 8.67×10^{-3} 8.63×10^{-3}	0.33(1.18)	全孔抽水
ZK1707	D_3w^{1-4}	59.30~232.30	3.85×10^{-4}	56.53	9.00×10^{-4}	21.10(8.82)	分段抽水
	D_3w^{2-3}		2.00×10^{-3}				定降深放水试验
ZK114A1	D_3w^{1-2}	28.60~61.85	2.70×10^{-3}				注水试验
ZK1101	C_1y^1 D_3w^{1-4}	16.30~92.45	3.70×10^{-4}				注水试验
ZK1310	D_3w^1 D_3l	448.76~509.26	3.90×10^{-3}				注水试验

4) 含水岩组的物探特征

本次物探测井主要实物工作量是测定 ZK1012(330m)、ZK1704(210m)的视电阻率测井曲线,及不同时间测量井液电阻率和井温曲线若干条,初步了解含水层的含水情况。

根据《水文测井工作规范》(DZ/T 0181—1997)进行综合研究,含水岩组的物探特征如下。钻孔 ZK1704 编录显示 2~68m 井段为 C_1y 的灰岩,岩层视电阻率为低值,说明灰岩裂隙较发育且含水较高,视极化率值很高说明该井段地层水矿化度较高。井温流体视电阻率曲线 40m 以上井段变化较大,说明该井段受地表温度及地表水影响较大;68~89m 井段低阻高极化为 D_3w^4 硅质泥岩的反映;89~130m 井段为硅质岩,低电阻率说明裂隙发育,高极化率说明地层水矿化度较高;130~134m 井段低阻高极化为矿层的反映;134~172m 井段岩层视电阻率值普遍较高说明岩层较完整;152~155m 井段的低阻高极化为矿层的反映;172~206m 井段岩层反映为低阻低极化,编录显示该段为硅质岩,说明裂隙较发育但矿化度较低。井温流体视电阻率曲线在 77m 处有突变,在 130m 处有拐点,且按时间先后测得的曲线,其流体电阻值逐渐减小,说明旁侧井液影响了本孔,即地下水导通。

综上所述,ZK1704 孔的 77~130m 井段为含水层,主要是裂隙水,含水层为径流区。

钻孔 ZK1012 编录显示 50m 以上井段为 C_1y 的灰岩、硅质灰岩,岩层视电阻率较高说明灰岩裂隙较发育,极化率为低值说明地层水受地表水影响较大矿化度不高。50~114m 井段为 C_1y 的灰岩、硅质灰岩层,中阻中极化说明灰岩有裂隙发育,中间有低阻高极化夹层;114~178m 井段为灰岩及泥质灰岩夹泥岩层,低阻中高极化说明岩层裂隙发育,地层水矿化度较高,中间有较完整的高阻硅质灰岩夹层;178~228m 井段为硅质岩、钙质硅质岩、泥灰岩夹泥岩,高阻中高极化说明岩层较完整,裂隙不发育,中间低阻井段为泥岩夹层的反映,其中 188~196m 井段低阻高极化为矿层的反映,中间高阻低极化为钙质硅质岩夹层的反映,208~214m

井段、224~228m 井段低阻高极化为矿层的反映;228~264m 为硅质岩层,高阻低极化特征说明岩层完整裂隙不发育;264~310m 井段为硅质泥岩及灰岩层,中阻中极化特征说明岩层较完整;310m 以下为泥灰岩、硅质灰岩段,高阻低极化特征说明岩石较完整。

综上所述,ZK1012 孔 114~178m 井段为含水层,主要为裂隙水,径流区。

ZK1704、ZK1012 水文测井特征曲线见图 6-57、图 6-58。

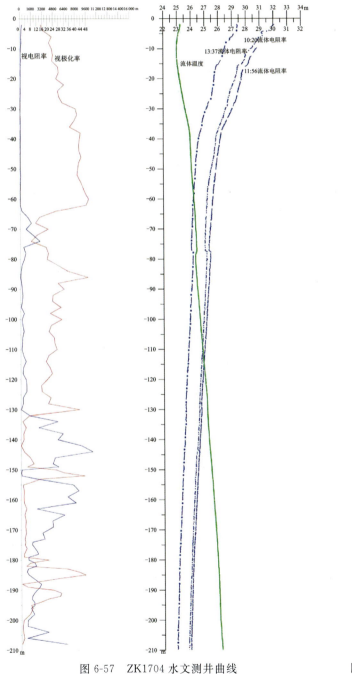

图 6-57　ZK1704 水文测井曲线　　　　图 6-58　ZK1012 激电测井曲线

综合ZK1704孔的井温流体电阻率及激电测井曲线和钻孔柱状图可得出,ZK1704孔的77~130m井段为含水层,主要是裂隙水,含水层为径流区,且和观测孔导通。

综合ZK1012孔的激电测井曲线和钻孔柱状图可得出:ZK1012孔的114~178m井段为含水层,主要为裂隙水、径流区;ZK1012底部断层发育,断层将矿体错开,从激电测井曲线的多处低阻高极化异常可看出。

5)勘探期间钻孔涌水情况说明

勘探期间有5个钻孔出现了不同情况的涌水,总体上涌水量较小,涌水时间以丰水季节为主,季节性明显,涌水段岩性为D_3w^1或D_3w^{1-3}。其中ZK1201、ZK1608、ZK2404钻孔的涌水量为0.011~0.061L/s,ZK1806钻孔的涌水量为0.153~0.569L/s。涌水孔位置位于倒转褶皱的北西翼北西扬起端,由于含水层局部有隔水层相间出现,以及钻孔所处的位置地势较低,丰水季节水量充沛,水位较高,于是产生涌水,详见表6-40。

表6-40 涌水孔统计表

钻孔编号	孔口标高/m	孔口流量/(L·s^{-1})	涌水层位	持续时间	涌水高度/m	水位/m	备注
ZK1608	365.45	0.014	D_3w^1	—	1.28	366.73	封孔
ZK1806	361.88	0.569	D_3w^{2-3}	常年	3.60	365.48	
ZK2404	400.95	0.033	D_3w^1	雨季	5.74	406.69	10月后停止涌水
ZK1201	442.17	0.061	D_3w^{1-3}	—	2.52	444.69	封孔
ZK1707	374.96		D_3w^1	—	21.1	396.06	D_3w^{2-3}水位0.97m,封孔

5. 矿区构造破碎带水文地质特征

1)F_1断层水文地质特征

F_1断层走向近于东西,北盘为底板隔水层,南盘为东岗岭组含水层,15线以东沿断层发育有串珠状溶蚀漏斗(内有缝隙状落水洞)及溶洞,如15~26/Ⅲ14、15/Ⅲa8揭露有高为0.2~2.3m溶洞,串珠状漏斗排泄降水,沿地下河、洼地、漏斗向南东径流,汇合于下雷(229)地下河出口,泄于下雷河。15线以西为斜坡地形,27/mT79揭露断层宽度1m左右,由黏土、灰岩、硅质岩角砾组成,28/CK10、CK227揭露的断层角砾均被方解石胶结,透水性很弱。

F_1断层在15线以东岩溶较发育,其透水性、含水性较强,是南部岩溶水的通道,使南部矿坑充水的隐患增加;15线以西岩溶不发育,透水性、含水性较弱。垂向上随深度增加,岩溶发育程度减弱。

2)其他断层水文地质特征

其他发育在矿层含水层及D_3w^4隔水层中的各组断层,断层破碎带一般都小—很小,宽度10~30cm,个别断层在挤压特别强烈地段及断层交叉处,可达1~2m,断层角砾被方解石、石英脉、硅质等胶结良好。受断层影响的裂隙发育带宽度(包括角砾岩)一般小于10m。矿层含水层、断层影响带裂隙率为0.119%~0.204%,围岩裂隙率一般为0.036%左右,两者裂隙率相差 3~5 倍。

据以往资料,矿层含水层受断层破坏的 5/CK193、8/CK118、15/CK32、24/CK206 4 孔的渗透系数范围值为 $K=0.082\sim0.181\text{m/d}$,而未受断层破坏或影响的 11/CK149、30/CK47 两孔的渗透系数范围值为 $K=0.015\,9\sim0.028\,9\text{m/d}$,两者相差 6 倍。显然,受断层影响,岩层含水性及透水性增强,但就 K 的绝对值而言,断层裂隙带的透水性仍属弱的,而当断层延伸到 D_3w^4 含泥岩较多的层位时,断层带的透水性会更弱。因而,发育在碎屑岩的断层连通其他含水层、地表水(布康小溪水)的能力弱,其他断层的透水性、含水性对矿坑充水影响小。

6. 地下水化学特征

矿区范围内地下水,浅部风化裂隙含水带的化学类型为 HCO_3-SO_4-Ca、HCO_3-Ca 型水,矿化度为 63.55~77.15mg/L,属淡水,总硬度为 174.42~195.60mg/L(以 CaO 含量计),属硬水,pH 值为 6.95~6.68,为中性偏酸水。具体见表 6-41。

表 6-41 地下水矿化度、硬度统计表

含水带	总矿化度/(mg·L^{-1})	总硬度/(mg·L^{-1})	地下水化学类型
岩溶裂隙水	63.55	195.42	HCO_3-Ca
甘祥泉	77.15	1 036.00	HCO_3-SO_4-Ca

7. 矿区地下水补给、径流、排泄及动态特征

1)矿区地下水补给、径流、排泄

区内松散岩孔隙含水岩组在获得大气降雨补给后,以分散而垂直的方式向下渗透补给下伏的碎屑岩、碳酸盐岩含水岩组地下水。而裸露的碎屑岩、碳酸盐岩含水岩组则直接获得大气降水的入渗补给。含水岩组地下水获得直接或间接补给后,一部分以分散渗流等形式向沟谷径流排泄,最后汇入矿区的溪流;另一部分则下渗补给深部地下水,向东、东南方向作区域性径流与排泄,最终也汇入黑水河。

2)地下水动态特征

矿区的地下水动态仍呈气象动态型。地下水气象动态型的主要特点是:在雨季期间,地下水水位抬高,径流量与排泄量增大;而在雨季过后,地下水水位下降,径流量与排泄量减少。如下为泉、坑道、溪水的长观动态情况。

q_5 泉在 2—4 月、7—8 月的流量分别为 3.5~9.1L/s、15.1~38.9L/s;280m 中段在 2—4 月、5—8 月坑口排水流量分别为 31.9~43.3L/s、30.1~1 208.7L/s(2012 年 2 月 15 日—2012 年 9 月 2 日)。地下水动态与降水关系曲线见图 6-59。

8. 矿坑充水因素分析

矿区的锰矿体赋存于上泥盆统五指山组第二段(D_3w^2)的地层中。未来矿坑充水的水源主要是大气降水、溪流水、地下水,充水通道则主要是岩石节理裂隙及断层。

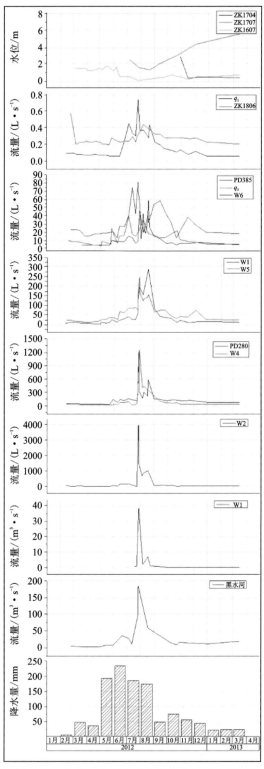

图 6-59 地表水地下水动态与降水关系曲线图

1) 大气降水对矿坑充水的影响

矿区内沟谷较发育，溪流也较发育，地形有利于大气降水的排泄；矿层裸露于地表，并呈层状产出，岩石风化裂隙发育，从而导致大气降水通过风化裂隙含水层向下渗透补给矿坑。从上述对泉水（q_5、矿坑）的动态观测资料可知，泉水流量大小与降雨量有关，雨季流量增大，而后减小。大气降水是矿坑充水的主要影响因素。

2) 地表水对矿坑充水的影响

黑水河在矿区东面3.0km，河床最低标高241.5m，即使开采水平低于黑水河，因矿层及其顶底板导水性较差，黑水河通过矿层及其直接顶底板含水层对补给影响不大。

溪流途经布康洼地出现补给关系的变化：溪流进入洼地后水量逐渐减少，补给了地下水（流量为23.94～13.24L/s），至洼地出口后，接受泉补给，流量再逐渐变大。布康洼地上泥盆统五指山组含水层与布康小溪水力联系较密切，当上泥盆统的五指山组含水层对矿坑充水时，布康溪将通过该层对矿坑充水。

3) 矿层间接顶底板（C_1y^1、D_2d）的岩溶地下水对矿坑充水的影响

(1) C_1y^1溶洞裂隙含水层为大气降水和地表水补给，地下水位是西高东低，北高南低，最大标高510m，最小标高240m，布康溪多为350～310m，地下水总的流向是自西向东，排泄于黑水河，局部补给布康溪，为矿层的间接充水含水层。矿层含水层与纯碳酸盐岩溶洞裂隙含水层（C_1y^1）间存在相对隔水层（D_3w^4），两层水位差达数米至20m以上，通过钻孔对两含水层隔离检查，水位差一般在5～37m，具有良好的隔水性能，故两含水层在天然条件下无水力联系。30线以东C_1y^1含水层广泛分布，露头区岩溶较发育，富水性较强。而矿层顶隔水层（D_3w^4）在矿区东部变薄，一般20～40m，最薄为10.13m（70/CK819），矿层采空放顶后或因封孔质量欠佳很有可能引起该岩溶含水层对矿坑充水。

(2) D_2d裂隙溶洞含水层为大气降水补给，主要以地下河的形式集中径流、排泄，矿区南面水位标高446～240m，大致由西向东、北东径流，地下河出口（在下雷镇）流量368L/s以上。矿区北面地下水位标高为285～430m，地下水由南西向北东方向径流，地下河出口流量468～2864L/s。D_2d岩溶含水层是区域含水层，同时该层也是矿层底板间接充水含水层，补给源丰富，富水性强。转折端局部地段底板隔水层较薄、断层的切割或缺失，都有可能引起该含水层对未来矿坑充水。

(3) C_2h、C_1d溶洞裂隙含水层为大气降雨补给，水位标高368.18～392.4m，自西向东径流，排泄于黑水河（下雷河），局部因C_1y^2隔水层作用，以泉的形式向相邻沟谷排泄，对矿床充水影响小。

4) 矿层含水层和直接底板风化带含水层对矿坑充水的影响

富水性弱—中等的上泥盆统五指山组第一至三段（D_3w^{1-3}）硅质岩裂隙含水层是矿床直接充水含水层，对矿坑充水有较大的影响。上泥盆统榴江组（D_3l）硅质岩在西部（26线以西）及北西翼、南东转折端露头带含弱风化裂隙潜水，为补给区。两者都是相互密切联系的含水体，均为大气降水补给。地下水位标高大于400m。在潜水区的深切沟谷中以线状、片状渗出形成泉，补给地表小溪。

5）构造破碎含水带对矿坑充水的影响

F_1 断层在 15 线以东岩溶较发育，透水性、含水性较强，是南部岩溶水的通道，使南部矿坑充水的隐患增加；以西岩溶不发育，透水、含水性较弱，对矿坑充水影响较小。

其他发育在矿层含水层及 D_3w^4 隔水层中的各组断层：断层破碎带宽度一般都很小，断层角砾被方解石、石英脉、硅质等胶结良好。透水性弱，对矿坑充水影响小。

6）岩溶漏斗导水对矿坑充水的影响

据现场水工环测绘资料，矿区影响范围内有布新、布康两个岩溶洼地，在灰岩发育区有岩溶漏斗。其中，布新洼地分布在矿区的西南面的矿区边界拐点 22 附近，已做废石场，大部分地段已堆放废石。该洼地及岩溶漏斗发育在中泥盆统东岗岭组地层内，也就是发育在矿层的间接底盘。目前靠近该洼地北面的锰矿已经开采了大部分，仅剩极少量残矿，如果开采时不破坏矿层的间接底板（D_3l）上泥盆统榴江组地层（相对隔水层），则通过布新洼地岩溶漏斗导水对矿坑充水的可能性小。其中，布康洼地分布在本次勘探范围南面中部边界，洼地南面已做废石场，并逐步向北堆填。该洼地及岩溶漏斗发育在下石炭统岩关组 C_1y^1 地层内。从 15 号勘探线剖面分析中等富水性的（C_1y^1）纯碳酸盐岩溶洞裂隙含水层与矿层间之间的碎屑岩（硅质岩）岩层（D_3w^3、D_3w^4）厚度 65～100m，通过布康洼地岩溶漏斗导水对矿坑充水的可能性小。

（三）水文地质条件概述

1. 边界条件概述

本次勘探范围位于下雷矿区的北中部，主要位于下雷倒转褶皱的北西翼（见图 6-60）。锰矿层富集于上泥盆统五指山组第二段（D_3w^2），五指山组第二、三段（D_3w^{2-3}）富水性弱—中等，为未来矿坑主要充水含水层。上泥盆统五指山组第四段（D_3w^4）、上泥盆统榴江组（D_3l）富水性弱，为主要隔水岩层。

根据岩层富水性特点，以 D_3w^1、D_3l 及 D_3w^4 为隔水边界，将矿段划分为 Ⅰ、Ⅱ 两部分（图 6-60）。Ⅰ 部分主要位于矿区北部，地势高，矿层埋藏浅，开采时可自然排水，主要接受大气降水，补给深层地下水。Ⅱ 部分为本次勘探的主要范围，矿区北中部矿层埋藏深，主要采用地下坑道开采，本次主要计算该部分的矿坑涌水量。

含水层、隔水层及矿层倾角多小于 45°，为计算方便将含水层和隔水层简化为水平。

2. 充水来源分析

计算范围如图 6-60 区 Ⅱ 部分所示，主要含水层为上泥盆统五指山组第二、三段（D_3w^{2-3}），与上覆含水层（$C_2h—C_1y$）间为 D_3w^4 隔水层，与下伏含水层（D_2d）间为 $D_3w^1—D_3l$ 隔水层。

补给来源主要有大气降水、侧向补给及上下隔水层的越流补给。区域内无大的河流，溪流水量小且多为季节性支流，布康水塘规模小，水位浅且补给量小，因此，地表水补给量可以忽略。矿层主要充水来源有以下几种。

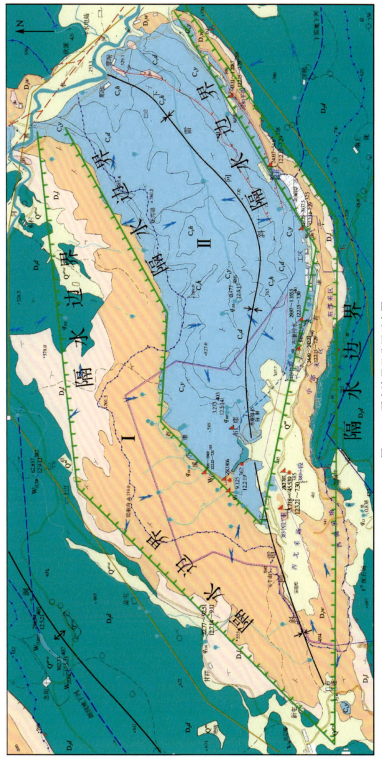

图 6-60 隔水边界及分区示意图

(1) 矿层直接充水含水层 D_3w^{2-3}。

(2) 大气降水。大气降水不直接补给含水层，但通过补给裸露的 D_3w^{2-3} 含水层（图6-60中区Ⅰ）后，以侧向径流补给矿层含水层。

(3) 上覆含水层越流补给。上覆含水层（$C_1y—C_2h$）为岩溶裂隙含水层，富水性中等，地下水补给来源主要为大气降水。开采后，矿层地下水位下降，可能通过越流补给 D_3w^{2-3} 含水层。隔水层（D_3w^4）厚度为11~80m，平均为30m。

(4) 下伏含水层越流补给。下伏含水层（D_2d）为岩溶裂隙含水层，富水性强。开采后，可能越流补给矿层含水层。隔水层为（$D_3w^1—D_3l$），本次勘探钻孔均未揭穿该隔水层，据以往勘探CK714资料，该隔水层厚度约为230m。因此，越流补给量较小，计算中可以忽略。

(5) 可能的充水通道。

未封堵钻孔：ZK1806、ZK2404终孔后留为长期观测孔使用，未封孔。其余钻孔均对矿层及其顶底板做封孔处理，因此，对矿坑涌水量影响小。

断层或者破碎带：勘探区北、中部有一些小断层存在，其导水性质尚未查明；部分地质钻孔中也存在岩芯破碎地段，可能沟通上覆 $C_1y—C_2h$ 岩溶裂隙含水层，造成矿坑突水。

冒落带：勘探区北部隔水顶板 D_2w^4 较薄，矿坑开采产生的冒落带可能沟通其上的 $C_1y—C_2h$ 岩溶裂隙含水层，造成矿坑突水。

采空区及老窿积水：目前，各露天采场及各生产坑道均不存在积水情况。280m标高（含280m）以上各中段产生的矿坑涌水均可自然排水，无须人工抽水。中、东部采场260m中段，长490m，产生的矿坑涌水抽至280m中段排出。因此，南部各生产坑道对未来北中部坑道涌水量影响有限。

(四) 结论

C_1y^2、D_3w^4 和 D_3l 这3个隔水层将矿区分成 C_2-C_1、C_1-D_3、D_3-D_2d 等4个相对独立补给、径流、排泄条件的水文地质小单元。

矿区锰矿层赋存于上泥盆统五指山组第二段（D_3w^2）的地层中。富水性弱—中等的上泥盆统五指山组第一至三段（D_3w^{1-3}）硅质岩裂隙含水层是未来矿井直接充水含水层；富水性弱的上泥盆统五指山组第四段（D_3w^4）硅质岩裂隙含水层（相对隔水）为矿层的直接顶板；富水性中等的下石炭统岩关组下段（C_1y^1）纯碳酸盐岩溶洞裂隙含水层为间接顶板充水含水层；上泥盆统榴江组（D_3l）硅质岩相对隔水层为矿层的间接底板；富水性中等—强的中泥盆统东岗岭组（D_2d）灰岩裂隙溶洞含水层为矿层的间接底板充水含水层。

Ⅰ矿层分布标高为4.85~491.69m，Ⅱ+Ⅲ矿层分布标高为21.32~500.20m，矿层部分位于当地侵蚀基准面（241.5m标高）以上。

综合判定矿区水文地质勘探类型属水文地质条件中等的矿床。

(五) 建议

(1) 在未来开采过程中应遵循"先探后掘（掘进），有疑必探"的原则，避免遭受矿坑突水的危害。考虑配备相应的排水设施,防止发生矿场淹没事故。

(2)矿坑排水可与供水相结合,作为洗、选矿等生产用水。检验水质达标后才排放。

(3)对矿山建设及产生的废渣、尾矿应进行收集,按规范分类建库集中堆放,在库周边采取修建截排水沟及底部的防渗措施,以防止产生泥石流灾害和污染地下水、地表水。

(4)矿区水文地质条件较复杂,生产中对各种原因导致的水害要予以高度重视。由于区内断层构造发育,可能沟通上下含水层对矿坑充水造成影响,生产中应加强相关监测防范。避免遭受矿坑突水的危害。

(5)经勘探期间施工钻孔揭露矿层直接顶板(D_3w^4)岩层厚度:2.47m(ZK2308)~80.60m(ZK1203),往北变薄明显。因此,在矿山设计及开采时应充分保护该层,防止矿层间接顶板的C_1y^1溶洞裂隙水对矿山充水的影响。同时,建井和生产应加强顶底板管理及监测,采矿时应合理布置安全矿柱,预防顶底板事故。

(6)矿区南部为露天采场及废石场,发生暴雨时极易形成泥石流,对矿区东南的厂区及生活区影响大,要做好防洪及防泥石流工作。

(7)勘探发现局部地段的矿层埋藏深度较大(大于500m),锰矿深部可能地温、地压较高,设计和开采中,应采取相应的安全措施。

(8)本矿采矿已产生地面沉降和塌陷等地质灾害,在未来锰矿开采中,必须注意对环境的保护。

(9)要加强对露天采场边坡、地下采坑的监测,及时发现险情并采取措施。

第七章　下雷锰矿床研究新进展

第一节　含锰岩系研究新进展

一、概述

如前文所述,1982年12月由广西壮族自治区第四地质队编制的《广西大新县下雷锰矿区南部碳酸锰矿详细勘探地质报告》将下雷锰矿床的含锰岩系定为上泥盆统榴江组($D_3 l$),分为两个亚组,共18分层。第1~17分层为第1亚组($D_3 l_1$),该亚组可进一步分成4段:第1~3分层为第一段($D_3 l_1^1$),第4~8分层为第二段($D_3 l_1^2$),第9~10分层为第三段($D_3 l_1^3$),第11~17分层为第四段($D_3 l_1^4$);第18分层为第2亚组($D_3 l_2$)。

1982年广西壮族自治区地质矿产局曾友寅、杨家谦等编著的《广西大新县下雷锰矿床地质研究》将下雷锰矿床的含锰岩系定为上泥盆统榴江组和五指山组。含锰岩系共划分为17个分层,其中榴江组为第1分层,五指山组分上、中、下3段,包括第2~17分层。

1989年广西地矿局科研所苏一保等通过对桂西南晚泥盆世地层中的牙形刺的研究,首次将榴江组地层划分对比为两个沉积期,下部为榴江组,相当于西欧的"弗拉斯期",上部为五指山组,相当于西欧的"法门期"。

自此以后,在桂西南,以至整个广西境内"下雷式"锰矿床的含锰岩系就定格为上泥盆统五指山组。下雷锰矿区内开展的地质、科研工作日渐减少,对含锰岩系上泥盆统五指山组地层的研究不够,未建立在有翔实的第一手资料、较完整的含锰岩系柱状图的基础上。

夏柳静、文运强等(2014)在执行下雷矿区大新锰矿北中部矿段地质勘探工作时,建议投资方施工6个钻孔,打穿含锰岩系五指山组。然后,通过对这6个钻孔柱状图、97个未打穿含锰岩系五指山组钻孔柱状图的研究,认为含锰岩系上泥盆统五指山组($D_3 w$)可分4段18分层,夹3层碳酸锰矿,其中第一段分为6个分层,第二段分为9个分层,夹3层碳酸锰矿,第三段分为2个分层,第四段分为1个分层。

二、含锰岩系特征

本书作者从矿床成因等角度考虑,在总体上沿用夏柳静、文运强等在《广西大新县下雷矿区大新锰矿北、中部矿段勘探报告》中将含锰岩系上泥盆统五指山组($D_3 w$)分为4段18分层,夹3层碳酸锰矿。但考虑3层含碳钙质硅质岩可作为分层、圈矿的标志层,将含锰岩系各段的分层调整为第一段分为 6 个分层,第二段分为 8 个分层,夹 3 层碳酸锰矿,第三段分为 2 个分层,第四段分为 2 个分层,见图 7-1。

系	统	组		段		分层		柱状图	厚度/m	主要岩性特征
		名称	代号	名称	代号	序号	代号			
石炭系	下统	岩关组	C_1y	下段	C_1y^1					深黑色夹深灰色,偶见灰白色,微晶中厚层含碳硅质灰岩
泥盆系	上统	五指山组	D_3w	第四段	D_3w^4	18			3.36~80.6	灰色、深灰色、灰黑色,微晶粉晶薄层状、条带状钙质硅质岩与钙质泥岩、泥岩互层。泥质含量高岩层颜色深,硅质含量高岩层颜色浅
						17			0.50~14.42	深黑色夹灰黑色微晶薄层、块状含碳钙质硅质岩,含碳为 2%~8%
				第三段	D_3w^3	16			27.82~57.04	灰白色、灰黑色、黑色泥晶薄层、条带状钙质硅质岩夹钙质泥岩。泥质含量高岩层颜色深,硅质含量高岩层颜色浅
						15			0.16~5.10	黑色、块状含碳钙质硅质岩,含碳为1%~5%
				第二段	D_3w^2	14			0~4.09	深灰色、灰黑色,微晶薄层、条带钙质硅质岩
						13	Ⅲ		0.56~8.90	灰色、深灰色,微晶、显微鳞片薄层、条带状碳酸锰矿。浅表氧化形成锰帽型氧化锰矿
						12	夹二		0~2.61	青灰色、灰绿色、灰黑色,粉晶薄层、局部夹条带钙质硅质岩。局部含锰6%~7%
						11	Ⅱ		0.56~9.89	浅灰绿色、肉红色、深灰微晶、他形细微粒豆、鲕状、条带、块状碳酸锰矿。浅表氧化形成锰帽型氧化锰矿
						10	夹一		5.65~20.88	灰色、深灰色、灰白色、黑色,泥晶薄层、条带状钙质硅质岩
						9	Ⅰ		0.56~7.34	灰绿色、灰色、深灰色、浅肉红色微晶、显微鳞片变晶豆、鲕状、条带状碳酸锰矿。浅表氧化形成锰帽型氧化锰矿
						8			0~11.65	深灰色、灰黑色,微晶薄层、块状钙质硅质岩
						7			0.11~10.00	深黑色、灰黑色,致密块状含碳钙质硅质岩含碳1%~6%
				第一段	D_3w^1	6			3.14~12.34	灰白色,泥晶条带、薄层钙质泥岩
						5			6.8~17.80	灰绿色夹灰白色泥晶条带、薄层夹中厚层钙质泥岩
						4			0~24.0	紫红色夹灰绿色,泥晶条带夹中厚层钙质泥岩
						3			0~23.05	灰绿色夹紫红色,薄层、条带夹中厚层钙质泥岩
						2			0~39.0	浅灰绿色、灰白色,条带、薄层夹中厚层钙质泥岩
						1			0~19.96	浅灰色、灰白色、灰黑色,薄层、条带钙质泥岩
		榴江组	D_3l	上段	D_3l^1					深灰色、灰黑色,微晶中厚层泥灰岩、生物碎屑灰岩

图 7-1 五指山组含锰岩系柱状图

(一)含锰岩系直接底板

含锰岩系直接底板为上泥盆统榴江组(D_3l)上段生物碎屑灰岩、泥灰岩夹硅质灰岩。灰黑色、深灰色、灰白色,中厚层状构造、生物碎屑构造。此段与上覆地层整合接触。此段因具有较显著的生物碎屑构造,与上泥盆统五指山组第一段的岩性、构造等差别较大,可作为上泥盆统五指山组第一段(D_3w^1)与上泥盆统榴江组(D_3l)的分层标志。

(二)含锰岩系特征

1. 第一段(D_3w^1)

第一段根据岩石的颜色、构造及岩性的稍微差异又可细分为6个分层。

第1分层:钙质泥岩。浅灰色、灰白色、深灰色、灰黑色、浅灰绿色,中厚层状构造夹薄层状、条带状构造,条带由浅灰色、灰白色与灰黑色、浅灰绿色钙质泥岩互层组成,泥质含量越高,条带颜色越深,条带宽一般为0.03~2.0cm。分层厚0~19.96m。

第2分层:钙质泥岩夹泥灰岩,局部地段为泥质灰岩。灰绿色、浅灰绿色、灰色夹灰黑色,中厚层状构造夹薄层状构造,局部见到上部条带状构造、中部中层状、偏豆状构造、下部中厚层状构造夹薄层状构造,条带由灰绿色钙质泥岩与灰白色(局部与灰黑)钙质泥岩互层组成。分层厚0~39.0m。

第3分层:钙质泥岩夹硅质岩、泥质灰岩。灰绿色夹紫红色、灰白色,中厚层状构造夹条带状构造。局部可见紫红色以薄层状构造为主,灰绿色以条带状构造为主,顶部中厚层状构造、中部条带状构造夹薄层状构造、下部是中厚层状构造。条带由浅灰绿色钙质泥岩与灰白色(局部可见灰黑色)钙质泥岩、硅质岩互层组成。条带宽0.01~0.75cm。分层厚0~23.05m。

第4分层:钙质泥岩。以紫红色、猪肝红色为主,偶夹灰绿色、浅灰绿色、灰白色,薄层状构造夹条带状构造,局部可见中厚层状。条带由紫红色、灰绿色、灰白色钙质泥岩互层组成,条带宽0.01~1.20cm。局部条带发生揉皱。分层厚0~24.0m。

第5分层:钙质泥岩。灰绿色、浅灰绿色夹灰白色,局部夹紫红色、灰黑色,条带状构造夹薄层状构造,局部夹中厚层状构造。条带由灰绿色、浅灰绿色与灰白色互层组成,条带宽0.07~2.10cm。分层厚6.80~17.80m。

第6分层:钙质泥岩,局部夹泥灰岩。浅灰色、灰白色、灰黑色,条带状、薄层状夹中厚层状构造。条带由灰白色与灰黑色钙质泥岩互层组成,条带宽0.03~3.0cm。分层厚3.14~12.34m。

第一段经风化后,野外基本上不能类比原岩来分层。岩石岩性以泥岩为主,以硅质泥岩为次,偶见泥质硅质岩。颜色比较杂,以浅黄色、土黄色为主,灰白色、褐黄色、紫红色、浅红色常见,浅灰绿色、深灰色比较少见。构造则以薄层状为主,偶见中厚层状构造。

2. 第二段(D_3w^2)

第二段主要是根据岩石岩性的不同,细分为5分层夹3层碳酸锰矿层,见图7-2、图7-3。

第7分层:含碳钙质硅质岩。深黑色、灰黑色,致密块状构造,局部可见条带状、网脉状构造。含碳一般1%~10%,局部达到10%~25%,污手,能见丝绢光泽,岩石硬度大。原岩风化后,碳质、钙质流失,变成以浅黄色为主的硅质岩。分层厚度0.11~10.0m。

第8分层:钙质硅质岩。灰色、浅灰色、灰黑色,薄层状、条带状构造,局部夹中厚层状构

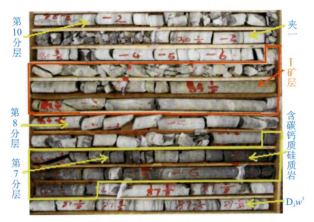

图 7-2　Ⅰ矿层碳酸锰矿特征

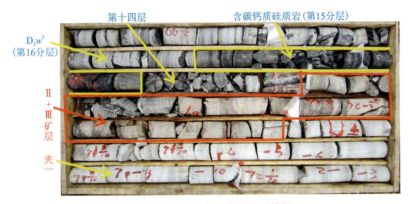

图 7-3　Ⅱ+Ⅲ矿层碳酸锰矿特征

造。条带一般由灰黑色与灰色、浅灰色的钙质硅质岩组成,泥质含量高的条带的颜色相对要深。主要矿物成分为石英、方解石,次要矿物成分为绢云母、高岭石、白云石等。分层厚 0～11.65m。

第 9 分层:Ⅰ矿层。以灰绿色、浅灰绿色、浅肉红色为主,深灰色、灰色、浅棕红色、棕红色为次,局部见灰黑色、墨绿色、浅紫红色。以豆状、鲕状、条带状构造为主,薄层状、块状构造为次,偶见斑状、角砾状、结核状构造。豆(鲕)粒呈圆状、椭圆状、扁球状、水滴状及不规则状,大小一般为 0.1～32mm,密度一般为 5～12 个/cm^2。条带由不同颜色的碳酸锰矿石单层互层组成,单层厚度一般为 0.5～30mm。矿层厚 0.56～7.34m。

就构造而言,豆(鲕)状构造的矿石一般含锰 9%～48%,条带状矿石含锰 16%～50%,大多在 25% 以上,块状构造矿石含锰 4%～40%,变化幅度大,大多在 25% 以下。薄层状矿石一般含锰 7%～45%。结核状锰矿石含锰最高,一般在 35%～50%,局部达到 55%。

就颜色而言,灰绿色矿石含锰 12%～45%;棕红色、紫红色矿石含锰一般为 25%～50%,结核状锰矿石一般具有这类颜色。浅灰色、灰色矿石含锰一般为 12%～28%,相对较低。

浅表氧化富集后可形成锰帽型的氧化锰矿。氧化锰矿石呈黑色、钢灰色,其次为褐黑色、灰黑色,以薄层状、块状构造为主,以网脉状构造为次,偶见微层状构造。

第10分层:夹一。钙质硅质岩,局部夹硅质岩、泥岩,偶见泥质灰岩。以灰色、深灰色为主,灰白色、灰黑色、浅灰色为次,偶见灰绿色、紫红色。以薄层状构造为主,夹条带状、中厚层状、块状构造(图7-4)。分化后为以浅黄色、土黄色为主的含锰硅质岩、硅质泥岩、硅质岩。分层厚5.65~20.88m。

图7-4 薄层状构造夹条带状构造

第11分层:Ⅱ矿层。浅灰绿色、肉红色、棕红色、灰色、深灰色,下部以灰绿色、绿色为主,中部则以肉红色、棕红色为主,上部以灰色、深灰色为主。以豆状、鲕状、薄层状构造为主,块状、条带状、结核状构造为次。豆(鲕)粒呈椭圆形、圆形,偶见长条形、水滴状,大小一般为0.1~20mm,密度一般为3~10个/cm²。豆(鲕)状构造一般分布于矿层的底部,中部较少,上部基本少见。分层厚0.56~9.89m。

第12分层:夹二。钙质硅质岩。青灰色、灰绿色、灰黑色,薄层状、条带状构造。夹二的厚度大部分小于夹石剔除厚度0.30m。据统计,只有2个钻孔见到夹二的厚度大于0.30m,一个是ZK1207钻孔见夹层真厚度为1.0m、锰含量为9.30%;另一个是ZK1608钻孔见夹二真厚度为0.47m。分层厚0~1.0m。

第13分层:Ⅲ矿层。灰白色、灰色、深灰色、灰黑色,偶见黄绿色,条带状、薄层状构造,偶见纹层状构造。条带主要由不同颜色的碳酸锰矿单层互层组成,条带宽0.1~30.0mm。条带构造一般分布于矿层顶部,薄层状构造则主要分布于矿层底部。矿层厚0.56~9.89m。

由于夹二厚度薄,经统计98%以上的真厚度小于2002年版《铁、锰、铬矿地质勘查规范》(DZ/T 0200—2002)中规定的夹石剔除厚度,因此,无论是原生的碳酸锰矿,还是氧化富集后的氧化锰矿,很难将Ⅱ、Ⅲ矿层分开,只能合并成Ⅱ+Ⅲ一层矿。

Ⅱ+Ⅲ矿层就其构造而言,豆(鲕)状构造的矿石含锰6%~43%,大部分都在15%以上,半数达到25%以上。结核状构造矿石含锰35%~44%,是锰含量最高的一种矿石。块状构造矿石含锰一般10%~38%,含锰较均匀的一种矿石。条带状构造矿石一般含锰8%~43%,条带宽度越小,含锰越高。薄层状构造矿石含锰一般为4%~45%,含锰极不均匀。

就颜色而言,黑色的矿石含锰一般为18%~48%,70%的矿石含锰超过25%。肉红色矿石含锰一般为 10%～43%,矿石含锰较均匀。深灰色矿石含锰一般为 6%～34%,是含锰最低的一类矿石。浅绿色矿石含锰为 10%～53%,含锰极不均匀。

Ⅱ+Ⅲ矿层氧化富集后形成锰帽型的氧化锰矿层。氧化锰矿层以黑色、褐黑色为主,钢灰色、灰黑色为次。以薄层状、网脉状构造为主,蜂窝状、块状构造为次。

第 14 分层:钙质硅质岩(图 7-3)。深灰色、灰黑色、灰白色,薄层状夹条带状构造。风化以后以硅质泥岩为主,Ⅱ+Ⅲ矿层直接顶板则以含锰硅质岩为主。分层厚为 0～4.09m。

3. 第三段(D_3w^3)

第 15 分层:含碳钙质硅质岩。深黑色、灰黑色,致密块状构造,偶见条带状、网脉状构造。网脉主要由方解石脉呈树枝状、细脉状、团块状组成,脉宽一般 0.01～4.20cm。风化后碳质、钙质流失,岩石变为以土黄色、浅黄色、黄褐色、薄层状构造为主的硅质岩。分层厚 0.16～5.10m。

第 16 分层:钙质硅质岩,夹钙质泥岩、硅质岩。灰白色、灰黑色、黑色,薄层状构造夹条带状、中厚层状构造(图 7-3)。条带由灰白色、灰黑色、黑色钙质硅质岩与钙质泥岩互层组成,条带宽 0.1～2.80cm,含泥质越高,条带颜色越深。分层厚 27.82～57.04m。岩石风化后,变成以灰白色、灰色、薄层状构造为主的硅质岩。

4. 第四段(D_3w^4)

第 17 分层:含碳钙质硅质岩。深黑色夹灰黑色、灰白色、黑色,致密块状构造,夹薄层状、中厚层状构造,偶见网脉状构造。含碳 2%～8%。当岩层较破碎时,往往发育有方解石脉呈树枝状、细脉状,脉宽一般为 0.02～2.43mm。分层厚 0.56～14.42m。

岩石分化后,碳质全部流失,钙局部有残留,变成以浅黄色、灰白色、浅灰色、薄层状构造为主的硅质岩。

本段局部夹有 0.1～0.40m 的含锰钙质硅质岩,一般含锰为 2.50%～9.78%;氧化后形成含锰为 5.43%～12.38%。由于厚度较小,锰质分布不均匀,极少能圈成锰矿体。

第 18 分层:本分层以三杂为特色(岩性杂、颜色杂、构造杂)。厚度虽然较大,但各个单层厚度较小,无法继续分层。岩石颜色有深灰色、灰色、灰黑色、灰白色、浅灰色,夹黑色、土黄色。主要颜色常常组成条带,相间出现。泥质、灰质含量越高,岩石颜色越深,硅质含量越高,岩石颜色越浅。岩石构造以条带状、薄层状为主(图 7-4、图 7-5),夹块状、微层状、网脉状构造,靠近南部矿段的钻孔običen见到中厚层状构造。

岩性为泥灰岩、钙质泥岩、钙质硅质岩互层,夹硅质岩、硅质灰岩、硅质泥岩。往南部岩石颜色越来越单调、越来越浅,以灰色调为主;往北部接近氧化带岩性变得相对单调,颜色还是较杂。条带主要是由灰黑色、黑色钙质泥岩、泥灰岩与灰色、灰白色、浅灰色钙质硅质岩互层组成。泥质含量高,条带宽度大,颜色深。往北部条带的颜色越来越浅,往南部条带状构造逐渐过渡到薄层状、中厚层状构造。网脉状构造则是由方解石沿裂隙面、层面充填、胶结形成树枝状、细脉状、团块状、不规则状。这类岩层往往较破碎。本段岩石风化后变成泥岩、硅质泥岩,偶夹泥质灰岩、硅质岩,颜色还是较杂,但以浅黄色、土黄色、黄褐色、灰白色、灰褐色为主,

图 7-5 条带状构造夹薄层状构造

偶夹粉红色、浅紫红色、浅灰绿色,构造以薄层状为主,靠近南部多见中厚层状,中、北部偶夹中厚层状构造。分层厚 3.39～80.60m。

(三)含锰岩系直接顶板

含锰岩系直接顶板为下石炭统岩关组下段(C_1y^1)含碳硅质灰岩。灰黑色、黑色、深灰色,中厚层状构造。本段与下伏地层呈整合接触,厚度稳定。因其岩性单一、含碳,与下伏上泥盆统五指山组第四段(D_3w^4)上部岩性相差大,可作为下石炭统岩关组(C_1y)与上泥盆统五指山组(D_3w)地层的分层标志。

三、含锰岩系的成因意义

笔者建立的含锰岩系柱状图与以往各个时期所建立的含锰岩系柱状图有较大的不同。笔者主要是从含锰岩系成因意义上考虑将第 17 分层的含碳钙质硅质岩划分到第四段,将第 15 分层的含碳钙质硅质岩划分到第三段。划分出完整的、连续的三层含碳钙质硅质岩,这在以往的任何勘查、研究报告中均未见到。

这三层含碳钙质硅质岩在地质方面意义重大:首先,可作为含锰岩系四段的分层标志层;其次,第 7 分层、第 15 分层的含碳钙质硅质岩可作为见矿、穿矿、连矿的标志层;再次,能作为划分沉积相的标志层。上泥盆统五指山组第一段 1～6 分层主要岩性为泥质、钙质岩系,局部夹硅质岩系,是正常的深海沉积;第 7～17 分层则是硅质岩系,通常认为是火山热水沉积;第 18 分层是杂性岩系,是热水沉积过渡到正常深海沉积的混合岩系。

综合现代煤炭地质学和海洋地质学的研究成果,本书作者圈出的含锰岩系及这 3 层含碳钙质硅质岩还可以完美地演绎下雷锰矿床洋中脊火山喷流沉积旋回及亚旋回。

现代煤炭地质学研究认为,煤炭在自然界中形成必须满足 3 个基础条件:一是大量的生物种群及残骸,二是高温,三是高压。现代海洋学研究认为,洋中脊的地壳厚度较小,构造运动强烈,是火山、岩浆最活跃的区域。无论多深的海底中都生存有生物群体,只是随着海水深度加大,生物种群、数量在锐减。《大新锰矿北、中部矿段勘探报告》依据下雷锰矿床中较发育的锰结核构造等资料将下雷锰矿床形成的海水深度定为4000~6000m,在如此深海里生物种群、规模均较弱小,但却有足够大的压力。火山喷流的温度一般在900~1300℃,温度足够高。因此,下雷锰矿床形成时的环境完全有条件形成含碳层,却因生物种群弱小不能形成煤矿层。

根据火山喷流出的主要物质、喷流间歇时间,五指山期海底火山喷流沉积可分为3个喷流旋回12个亚旋回。第一喷流旋回分为1~8个亚旋回,对应7~14分层;第二喷流旋回分为9~10个亚旋回,对应15~16分层;第三喷流旋回分为11~12个亚旋回,对应17~18分层。

第一亚旋回喷出硅质,与早期海底生物在高温、高压下形成的碳质一同沉积形成第7分层含碳钙质硅质岩;第二亚旋回喷出硅质,沉积形成第8分层钙质硅质岩;第三亚旋回喷出锰质,沉积形成Ⅰ矿层(第9分层);第四亚旋回喷出硅质,沉积形成夹一层(第10分层);第五亚旋回喷出锰质,沉积形成Ⅱ矿层(第11分层);第六亚旋回喷出硅质,沉积形成夹二层(第12分层);第七亚旋回喷出锰质,沉积形成Ⅲ矿层(第13分层);第八亚旋回喷出硅质,沉积形成第14分层钙质硅质岩。

此时有一个较长的间歇期,海底生物得以生长,当第九亚旋回喷出的硅质与海底生物在高温、高压下形成的碳质一同沉积形成第15分层含碳钙质硅质岩,第十亚旋回喷出硅质,沉积形成第16分层钙质硅质岩。

此时又有一个较长的间歇期,海底生物同样得以生长,当第十一亚旋回喷出的硅质与海底生物在高温、高压下形成的碳质一同沉积形成第17分层含碳钙质硅质岩,第十二亚旋回喷出硅质,沉积形成第18分层钙质硅质岩。

至此,整个五指山期火山喷流作用基本结束,通过较长一段时间的间歇,在石炭世早期又开始喷溢,却改变了喷溢口的方向,喷出的物质也稍有不同。

综上所述,在收集野外翔实第一手资料、详细研究矿床含矿岩系特征的基础上,可以完整地演绎矿床形成环境、矿床形成过程,进而为矿床成因研究、找矿预测及建立找矿预测模型提供必要的、可信的资料,提升预测准确度。

第二节　含锰岩系分层标志研究新进展

根据夏柳静、文运强等编制的《广西大新县下雷矿区大新锰矿北、中部矿段勘探报告》,含锰岩系上泥盆统五指山组四段由3层含碳钙质硅质岩分层,是一种较显著的分层标志。

《大新锰矿北、中部矿段勘探报告》技术人员通过野外观察对103个钻孔柱状图进行研究,认为C_1y^1与D_3w^4、D_3w^4与D_3w^3、D_3w^3与D_3w^2、D_3w^2与D_3w^1、D_3w^1与D_3l之间有明显的标志层。C_1y^1与D_3w^4标志层为中厚层状的含碳硅质灰岩,岩性较纯。D_3w^4与D_3w^3、D_3w^3与D_3w^2、D_3w^2与D_3w^1标志层均为含碳钙质硅质岩。D_3w^1与D_3l标志层为中厚层状生物碎屑灰岩。各标志层的统计情况见表7-1。

由表7-1可知,由于地表剥蚀,有31个钻孔在上泥盆统五指山组第三段地层(D_3w^3)上开孔,未见到C_1y^1地层,未见C_1y^1/D_3w^4之间的标志层。同理,有21个钻孔未见D_3w^4地层、2

个钻孔见到氧化的 D_3w^4 地层,含碳标志层中的碳流失,均未见 D_3w^4/D_3w^3 之间的标志层,只有 2 个钻孔见到 D_3w^4 地层,未见 D_3w^4/D_3w^3 地层之间的标志层。有 7 个钻孔未见到 D_3w^3 地层、3 个钻孔见到 D_3w^3 处于氧化状态、3 个钻孔中的 D_3w^3 被断层错失,均未见 D_3w^3/D_3w^2 之间的标志层;有 2 个钻孔中 D_3w^2/D_3w^1 之间标志层被断层错失,5 个孔 D_3w^2/D_3w^1 之间标志层被氧化,碳质流失。

表 7-1 大新锰矿区各地层间标志层统计表

地层代号	C_1y^1/D_3w^4	D_3w^4/D_3w^3	D_3w^3/D_3w^2	D_3w^2/D_3w^1	D_3w^1/D_3l
分层标志层	中厚层状含碳硅质灰岩	含碳钙质硅质岩	含碳钙质硅质岩	含碳钙质硅质岩	中厚层状生物碎屑灰岩
总钻孔数/个	103	103	103	103	5
频数(孔数)/个	72	78	90	95	4
频率/%	70	76	87	92	80

排除上述因素,C_1y^1/D_3w^4 之间见标志层的频率为 100%,D_3w^4/D_3w^3 之间见标志层的频率为 100%,D_3w^3/D_3w^2 之间见标志层的频率为 98%,D_3w^2/D_3w^1 之间见标志层的频率为 100%,D_3w^1/D_3l 之间见标志层的频率为 80%。

自 1985 年广西壮族自治区第四地质队提交《广西大新县下雷锰矿区南部碳酸锰矿详细勘探地质报告》以来,D_3w^3/D_3w^2、D_3w^2/D_3w^1 之间由于没有明显的分层标志层,一直以来均以Ⅱ+Ⅲ、Ⅰ矿层作为分层标志层,这样不尽合理。

如图 7-1 所示,D_3w^3/D_3w^2、D_3w^2/D_3w^1 之间两层含碳钙质硅质岩之间是岩性很单一的钙质硅质岩,应是一个沉积旋回。而 D_3w^1 地层的岩性只偶见含硅,主要是灰质、泥质,将 D_3w^2 底部的钙质硅质岩(包括标志层含碳钙质硅质岩)划分到 D_3w^1 显然不合理。因此,以这两层含碳钙质硅质岩作为 D_3w^3/D_3w^2、D_3w^2/D_3w^1 之间分层标志更合理一些。

第三节 褶皱构造研究新进展

如前文所述,各个时期勘查、科研工作对下雷锰矿床的控矿褶皱构造的认知、得出的结论均不一致。

一、倒转褶皱

(1)《1:200 000 靖西幅区调报告》认为下雷锰矿区所处的上映-下雷褶皱为倒转向斜(图 4-2)。

(2)1985 年广西壮族自治区第四地质队提交的《广西大新县下雷锰矿区南部碳酸锰矿详细勘探地质报告》将下雷锰矿床的控矿构造下雷向斜总体上定为倒转的向斜构造。

二、平卧褶皱

《广西大新县下雷矿区大新锰矿北、中部矿段勘探报告》认为用倒转向斜的观点对下雷锰矿床以下几个问题的解释并不是很到位。

（1）下雷锰矿床南部矿段岩、矿层产状陡，且小断层极发育，应是应力最集中、处于褶皱的转折部位（图7-6）。

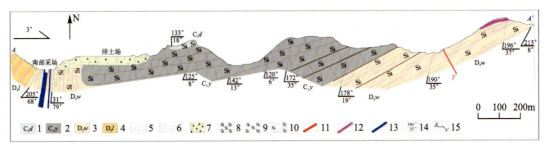

1.下石炭统大塘组；2.下石炭统岩关组；3.上泥盆统五指山组；4.上泥盆统榴江组；5.灰岩；6.钙质泥岩；7.堆土；
8.硅质灰岩；9.硅质岩；10.钙质硅质岩；11.断层；12.氧化锰矿层；13.碳酸锰矿层；14.岩、矿层产状；15.剖面编号。

图7-6 下雷锰矿区 $A—A'$ 线实测剖面简图

（2）北、中部矿段岩、矿层的产状平缓。统计数据见表7-2。从表7-2中可以看出，Ⅰ、Ⅱ＋Ⅲ矿层的产状（倾角）以小于30°为主，分别占统计孔数的87%、91%，产状小于10°的分别达到20%、28%，产状小于20°的分别达到59%、71%，产状小于25°的分别达到76%、81%。矿层平均倾角18.63°。

表7-2 北、中部矿段矿层产状统计表

矿层倾角范围/(°)	Ⅰ矿层		Ⅱ＋Ⅲ矿层	
	频数（孔数）/个	频率/%	频数（孔数）/个	频率/%
<10	19	20	25	28
10～15	14	15	17	19
15～20	23	24	22	24
20～25	16	17	9	10
25～30	10	11	9	10
>30	12	13	8	9
合计（孔数）	93	100	90	100

（3）整个下雷锰矿区的岩、矿层产状总体倾向南，并不表现出明显的向斜形态，石炭系岩层也并未见明显的向斜轴（图7-6）。

（4）工作区内发现平卧褶皱，在钻孔内也发现微型平卧褶皱（图7-7）。图7-7的上部为ZK1009号钻孔陡壁上的平卧褶皱，下部为ZK1008号钻孔陡壁上的平卧褶皱。

（5）以平卧褶皱的观点对上述3个问题的解释就相对通畅、合理。下雷平卧褶皱形态见图7-8。

平卧褶皱倒转翼被完全剥蚀掉，正常翼、转折端保存完好。正常翼倾向19线以东为160°～195°，22～26线为130°～215°，28线为305°～344°，倾角为0°～54.4°，平均为18.63°

图 7-7　工作区内及钻孔内的平卧褶皱

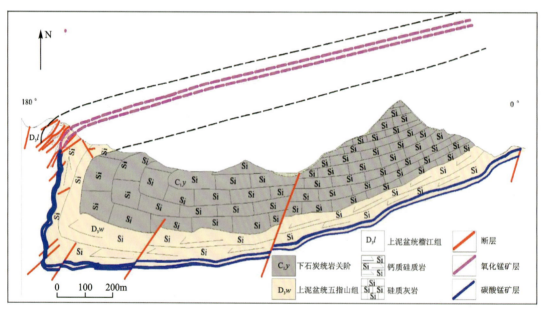

图 7-8　下雷锰矿区下雷平卧褶皱示意图

(去掉了明显是由局部揉皱引起的岩矿层倾角在 60°以上的钻孔,只有 2 个孔)。转折端位于矿区的南部,即为南部矿段碳酸锰矿层,倾角陡,一般为 50°~88°,局部直立,甚至倒转,揉皱,小断层特别发育(图 7-8)。这些小断层规模不大,主要分布于倒转翼转折部位,对锰矿层有一定的破坏作用,使锰矿层变得破碎,网脉状构造、角砾状构造较发育,局部使锰矿石品位变贫。次级褶皱主要分布在 Ⅰ 级平卧褶皱正常翼的西段,划分有 Ⅱ、Ⅲ、Ⅳ 级。Ⅱ 级褶皱呈雁行排列,Ⅲ、Ⅳ 级褶皱在南部矿段西段特别发育且复杂并呈带状分支。具体特征如前文所述。

三、同生褶皱

如图 7-9 所示,下雷锰矿床大新锰矿北中部矿段在 10~15 线之间钻探工程沿矿层倾向实际控制工程间距达到 61.88~78.80m。在如此高密度控制的基础上,《广西大新县下雷矿区大新锰矿北、中部矿段勘探报告》将Ⅱ+Ⅲ锰矿层顶板高程制作成等高线图。图中显示,下雷锰矿床锰矿层埋藏标高为西高东低,北高南低。锰矿层顶板等高线的疏密较均匀,特别是 15 线以东更具有这一特点,说明锰矿层的产状没有太大的起伏。

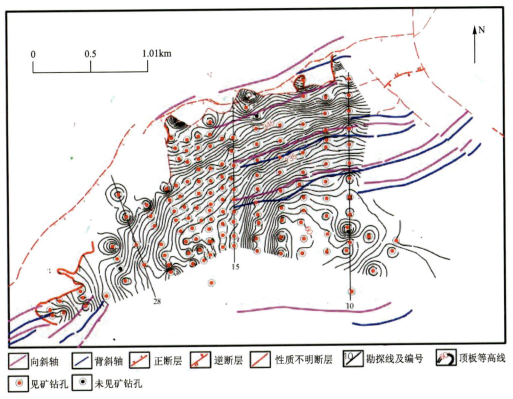

图 7-9 下雷锰矿区褶皱构造与Ⅱ+Ⅲ矿层顶板等高线叠合图

通过历年的地质工作,在下雷锰矿床展布区填出背、向斜构造,编制出矿区构造纲要图。将矿区构造纲要图中的褶皱构造叠加到Ⅱ+Ⅲ矿层顶板等高线图中(图 7-9)。图中显示,背、向斜核部经过的地段,特别是有些钻孔的位置正处于背、向斜核部,这些地段锰矿层等高线并未出现突变区,这说明锰矿层与顶部地层并未发生同步褶皱。图 7-10 更能直观地说明这一特征。

在下雷锰矿床,上泥盆统五指山组(D_3w)与下石炭统岩关组(C_1y)是连续沉积的两套地层,不存在任何不整合界面,也不存在断层接触。这样一套连续沉积的地层其上覆地层发生褶曲,而下伏地层不发生褶曲,从地质应力学角度无法得到合理解释,属于不正常的地质现象。从地质应力学角度讲,两套连续沉积的地层,如果上覆地层发生褶皱,其下伏地层必须同步发生褶皱。上下两套地层若不同步褶皱,就只能是下伏地层是时代较老的地层发生褶曲

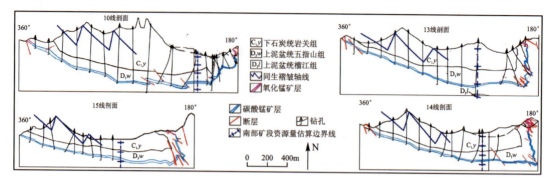

图 7-10 下雷锰矿区 10~15 号勘探线地质剖面简图

后,再次下降沉入水底继续接受沉积形成盖层,上部盖层地层(新地层)只要不受到后期构造应力作用,就不会发生褶曲。这一套不同步发生褶皱的地层组合有个最突出的特点,就是上下两套地层之间必然会出现沉积间断,存在角度不整合,或是平行不整合界线。

如前文所述,上泥盆统五指山期在本地区出现火山喷流沉积作用,形成下雷锰矿床;从火山喷流作用的角度来看,五指山期末(即相当于第 12 亚旋回、第 18 分层)火山喷流作用停止,有一个相当长的停歇期。

海水不断下侵,与浆岩浆接触、升温,形成大量的气液,使浆岩浆与海底岩层接触部位温度、压力不断升高,到了早石炭世早期火山喷流作用又开始,部分喷液从未被充填、胶结封闭的水平方向的喷流口喷出。从水平方向喷流口喷出的热液在深海底形成"波浪",在"波浪"的作用下,沉积物像沙滩上的沙子一样形成"波痕"状构造,当这些"波痕"状构造被完好地保留下来,也即是图 7-10 中的褶皱形态,即同生褶皱。

四、伪向斜

如图 7-10 所示,下雷锰矿床含锰岩系上泥盆统五指山组(D_3w)地层中并未发育有较明显的向斜轴。若以南部矿段作为向斜的另一翼(不正常翼),则与正常翼(北中部矿段)完全不对称。若以南部产状陡(倒转)、小断裂发育的部分作为向斜转折端,则无论下雷锰矿床的控矿主体褶皱是倒转向斜,还是平卧褶皱,根据褶皱构造形成原理,应该还有另一翼,且也应有 1.0~1.32 亿 t 的锰矿石。这么庞大的锰矿石去了哪里?

之所以说不正常翼与正常翼完全不对称,表现在下面几个方面。一是资源量规模不对称,正常翼的锰矿石总量为 8 253.70 万 t,而不正常翼的锰矿石总量为 4 957.73 万 t。不正常翼这近 5000 万 t 的锰矿石量还包括 28 线以东 100~550m 产状平缓的正常翼矿石量,如图 7-10 所示。二是展布面积不对称,不正常翼展布面积(估算资源量面积)约占整个矿区面积的 1/4 左右,同样也包括 28 线以东 100~550m 产状平缓的正常翼的面积。三是构造形迹上完全不对称,不正常翼断裂规模虽小,但十分发育,次级揉皱、滑塌构造也较发育,而正常翼产状平缓,形态开阔,断裂构造较少,揉皱基本少见,这在矿床这样小的构造单元内是不可能出现的构造现象。四是下雷锰矿床整个控矿褶皱构造形态就像一个仰放着的大写"L",完全不具有褶皱构造形态上对称性的特征,见图 7-10。

另一翼(倒转翼)(1.0~1.32)亿 t 锰矿石量若是消失,从地质角度讲,起作用的主要有 3 个方面的决定性因素。

一是被物理风化剥蚀掉了,但这种情况基本上是不存在的。首先,下雷锰矿床位于北回归线以南,常年气温在零摄氏度以上。即便是在炎热的夏天,白天阳光直烤,温度较高,但茂密的植被挡住了大部分阳光,使岩石不被阳光直照,吸收的热量有限,温度升高较小。夜晚降温幅度很小,使岩石的温度与气温相差不大,无法使岩石产生剧烈的热胀冷缩,也就很难发生较强烈的物理分化作用,岩矿层也就不会大面积塌陷。其次,在下雷锰矿床展布区未见到任何堆积型的锰矿床,历年来累计提交的1.32亿t锰矿矿石量中,也未包括任何堆积型、淋积型锰矿床的矿石量。

二是被化学风化吞蚀掉了,但如前文所述,这种情况也是不可能存在的。这也可以从 3 个方面来看。首先,矿层的顶板上有五指山组第四段(D_3w^4)、下石炭统岩关组上段(C_1y^2)相对隔水层,底板上有上泥盆统榴江组(D_3l)相对隔水层,均具有良好的隔水性能,因此,岩矿层大面积被地表水、地下水侵蚀的可能性不存在。其次,矿区最大的断层为位于南部矿段的 F_1 同生断裂,如前文所述,F_1断层在15线以东断层岩溶较发育,断层透水、富水性强,随着深度增大岩溶发育程度减弱,但断层北盘上泥盆统榴江组(D_3l)为相对隔水层,隔断了与产于北部的岩矿层的水力联系。F_1断层于15线以西断层岩溶不发育,断层透水、富水性弱,断层角砾被方解石、石英脉胶结良好。因此,矿床在没有被开采、被完整保存的情况下,F_1断层与锰矿层的水力联系比较弱,对矿床发生化学风化所起的作用也比较弱。最后,F_1断裂带中未见有淋积型的锰矿体产出,也未见有规模较大的由锰质胶结的断层角砾岩层。

因此,锰矿层被化学风化主要发生在露头带。如前文所述,下雷锰矿床锰矿石的主要矿石矿物为碳酸锰,碳酸盐类岩石在酸性环境中极易被化学分解。南方茂盛的植被腐烂、分化后刚好能提供大量的酸性物质,使丰富的雨水变成微弱酸水,形成酸性环境,碳酸锰很容易被分解。锰矿层的顶底板围岩是硅质岩类,相对不容易被分化,这样就在锰矿层的顶底板形成两堵"墙",使分解出来的锰质不易流失,就地堆积,或沿锰矿层的裂隙顺层堆积。这种风化结果,使氧化带中的氧化锰矿石的品位要高于原生碳酸锰矿石品位8%~12%。很显然,这种化学风化由于矿层厚度较小,受作用面积小,风化产生的锰质又可以胶结裂隙,减弱化学风化速度。而氧化锰矿石量为951.50万t,只占下雷锰矿床总矿石量(13 211.43 万 t)的7.20%,说明氧化矿石富集的锰质也有限。因此,地表露头带的化学风化远远不可能消耗掉1.0~1.32亿t的锰矿石所提供的锰质。

三是被较大规模的断层"吞食"掉了。但从历年的工作成果看,下雷锰矿床正常翼保存相对较完整,未见到较大规模的断层破坏矿层,见图7-10。在矿床这样小面积的构造单元内,褶皱两翼所受的构造影响应相同。因此,不正常翼被较大规模的断层"吞食"掉的可能性也应不存在。

但从洋中脊火山喷流沉积成因的角度考虑,所得出的结论完全不一样。现代海洋学研究认为:洋中脊是地球上最长、最宽的环球性洋中山系,由洋中脊轴部、向下过渡为深海平原、中央断裂谷地组成。这些深海平原、中央断裂谷地相对于洋中脊轴部来讲,深度更大,在火山喷流时水动力更弱,自然就成为深海锰矿沉积的最有利场所。洋中脊轴部也是构造运动、火山喷流作用最活跃的区域。西方学者(Rona)研究认为,现代海洋铁锰质沉积基本上均集中在洋中脊。

因此,完全可以认为下雷锰矿床控矿构造正是这些洋中脊、深海平原,或中央断裂谷地接受沉积以后被完整保留下来的形迹。南部矿段即为洋中脊轴部的一侧,崖高坡陡,在沉积过程中由于重力的作用,沉积的岩矿层发生垮塌、滑动形成规模小的断裂群。北、中部矿段则正好是深海平原,或中央断裂谷地的"沟底"部位,开阔、平缓,地势起伏不平,向洋中脊轴部一侧倾斜,这样也使沉积的地层形成总体向南倾斜(图7-10)。

综上所述,下雷锰矿床的主体控矿向斜构造是一个"伪向斜",本来就不存在另一翼,即不正常翼根本不存在!

五、同生褶皱与伪向斜的成因意义

同生褶皱是指非构造应力形成的,在地层沉积过程中受到某一方向上水平力的作用形成"波浪",沉积物在"波浪"的作用下形成类似海滩上"波痕"状的构造形迹。同生褶皱在剖面上表现为一翼长而平缓,另一翼短促而陡峭。在平面上则表现为一个背斜、一个向斜组成一组,组内背、向斜轴部相距较近。组与组之间背、向斜轴部则相距较远。离力源越近,组与组之间的距离也越小。喷流作用越猛烈,同生褶皱的规模越大。

根据"波痕"形成的原理,同生褶皱长而缓的一翼指示着力的作用方向,短而陡的一翼则是位于与力的作用方向相反的一侧,也即是说从火山喷流作用的角度讲,同生褶皱长而缓的一翼指示着喷流口的方向。根据这一原理,如图7-10所示,下雷锰矿床的喷流口则应在南部。

伪向斜是指在沉积地层沉积之前就存在,能为深海沉积提供有利场所,后期未受构造应力破坏,有较大规模的"沟状"构造形迹,如洋中脊深海平原等。沟的底部平缓而开阔,接受的沉积物产状也较平缓。沟的两侧则是堤岸,高而陡,接受的沉积物产状往往较陡。在重力的作用下,堤岸一侧的沉积物往往会滑塌产生小而发育的断裂群,堤岸越高,沉积物的产状会越复杂,断裂群会越发育。反之,堤岸越低,一侧的沉积物与沟底沉积物留下的构造形迹越具有继承性、过渡性。

因此,从控矿构造的角度考量,下雷锰矿床也应是洋中脊火山喷流作用形成的。

第四节 小断层研究新进展

以往对下雷锰矿区的勘查工作认为断层对锰矿层的破坏作用较明显,很有些断层的规模还较大。通过广西大新县下雷矿区大新锰矿北中部矿段勘探地质工作的加密控制,初步认为这些断层的规模大多均较小,见图7-11。

F_{81}断层以往地质工作控制或推断其走向长度为700m,即17～28号勘查线(亦即17、18、19、22、23、24、28号勘查线等线均见到F_{81}断层),加密工程证实F_{81}断层在22、23号勘查线对锰矿层基本无破坏作用,可以确定F_{81}断层在22、23号勘查线缺失,或是倾向延伸很小。

同样,18号勘查线加密工程后,可证实F_{83}断层的规模更小;11号勘查线的ZK1106孔所

第七章 下雷锰矿床研究新进展

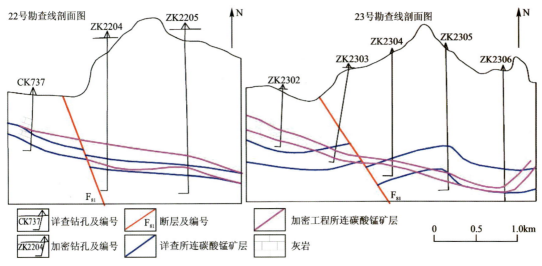

图 7-11　22、23 号勘查线加密工程后连矿示意图

见断层规模也很小。Ⅰ矿层与Ⅱ+Ⅲ矿层垂距约为 11m，断层仅只错断Ⅰ矿层。对其他一些剖面进行统计，也出现类似的现象。

有些断层甚至是层间滑动（图 7-12）。因此，对这些断层的控制不是勘查工作所能够详细查明的，也只能通过专题科研，或是详细的矿山地质工作才能详细查明。正因为这些断层的规模均较小（或走向延长小，或倾向延伸小），它们对锰矿层的破坏有限，并不影响锰矿层总体的连续性，也就构不成影响勘查类型的主要因素。

图 7-12　微型断层（层间滑动）

第五节　矿床成因研究新进展

综合历年研究成果，认为下雷锰矿床成因属洋中脊（海沟）火山喷流沉积，成矿物质主要来源于软流圈。综述如下。

一、以往的研究成果

1. 锰矿床形成的岩相古地理

如前文所述,晚泥盆世下雷至上映地区发育下雷-上映台沟,下雷锰矿床位于这台沟的南西部。下雷-上映台沟展布方向为北东-南西,中心部位沉积钙质硅质岩,向两侧沉积的则是硅质泥岩、灰质硅质岩、硅质灰岩等。台沟外侧的台地沉积物以碳酸盐岩为主。该台沟受靖西-魅圩台地、大新-天等台地挟持而局部变窄、变浅,导致台沟局部地段处于封闭状态,而台沟的南部、西北部则均为开阔状态。

2. 含锰岩系特征

下雷锰矿床含锰岩系为上泥盆统五指山组,含锰段为第二段,其厚度为 7.60~58.81m,这是最有利于锰矿形成的沉积地层厚度区间。含锰岩系岩性组合为硅质、灰质、泥质,富含牙形刺、竹节石等浮游生物而缺少底栖生物,总体显示为水深较大,水动力较弱。

下雷锰矿床含锰岩系各段岩性的差异。可显示五指山期在沉积过程中沉积环境有稍微的差异:第一段岩性以泥质、灰质为主,说明早期沉积环境条件比较复杂,为深水向浅水过渡、以深水为主的过渡阶段;第二、三段岩性以硅质为主,富含钙质、碳质,说明中期沉积环境为水动力微弱、还原的深水环境;第四段以硅质、灰质、泥质为主,说明后期沉积环境与早期的沉积环境相似,为深水向浅水过渡、以深水为主的过渡阶段。因此,五指山期沉锰过程中,沉积环境总体较深、较平静,但早晚有微弱的波动,经历由浅—深—浅的过程。

碳酸锰矿石中以硅质为主,同时钙、镁含量也较高,说明锰矿在形成过程中处于弱酸、弱碱交替环境。含锰岩系岩矿石颜色多为灰色、深灰色、灰黑色、黑色等,含3层碳质钙质硅质岩,含黄铁矿也较多,说明沉积环境为还原条件。从矿层、顶、底板岩石中同生黄铁矿硫同位素自下而上有重硫增大的趋势也可看出,沉积环境处于封闭的还原环境。

3. 成矿物质来源

下雷锰矿层的 $\delta^{13}C$ 值与岩浆源碳酸盐矿物的 $\delta^{13}C$ 值非常相似。Ⅰ、Ⅱ、Ⅲ矿层稀土元素的球粒陨石标准化曲线图和火山成因的宁明膨润土矿床的球粒陨石模式曲线图完全一样,说明下雷锰矿床成因与火山有关。

将下雷锰矿床中的微量元素含量投在 Fe-Mn-(Cu+Ni+Co)×10、Fe-Mn-Al 三角图,几乎全部落在热水沉积区域。锰矿层中 Al/(Al+Fe+Mn) 值五指山期仅为 0.044,均说明下雷锰矿区锰矿层形成过程中,明显受热水作用影响。而豆(鲕)状构造、蔷薇辉石等一系列热液矿物的存在,说明锰质来自深源。

二、现代海洋学研究成果

1. 走滑断裂构造带

有资料研究表明,走滑断裂带是最活跃的构造带,也是火山活动最活跃、最容易发生的地带(图 7-13)。

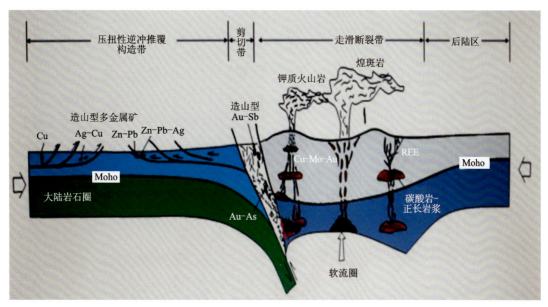

图 7-13 现代海洋构造分区示意图

下雷锰矿床属海洋沉积型锰矿,在形成过程中受下雷-灵马同生走滑断裂带(F_1 同生断裂)控制,说明下雷锰矿床形成、物质来源与火山喷溢有关。

2. 现代海洋铁锰质沉积环境

西方学者(Rona 等)研究认为,现代海洋铁锰质沉积基本上均集中在洋中脊(图 7-14)。洋中脊是构造断裂带,也是构造活动强烈、频繁地带,常常伴随火山活动。洋中脊顶部的地壳热量相当大,是地热的排泄口,并有火山活动,地震活动也很活跃。

三、新的认识

1. 微型黑白烟囱

李江海、初凤友、冯军等研究认为,黑白烟囱只发育在海洋地壳的扩张中心,下面涌动着灼热的岩浆。在构造运动作用下,裂隙、断裂扩张,海水下侵,被岩浆加热,溶蚀各类金属元素喷出,形成黑白烟囱。

黑白烟囱在形成过程中,或是熄灭后,在重力作用下,或是被海水溶蚀而重力坍塌,形成大量的角砾,并在(2~5)万年内,在丘体边部和地下持续发生热液渗流和交代成矿,并形成微型黑白烟囱。微型黑白烟囱位于海底 1000~4000m,极少数为浅海、湖泊。主要构造环境包括洋中脊、弧后盆地、拉分盆地、转换断层裂谷等。

下雷锰矿层中也发育有微型黑白烟囱构造(图 7-15)。这些微型黑白烟囱与世界各地发现的微型黑白烟囱相同,或非常相似。

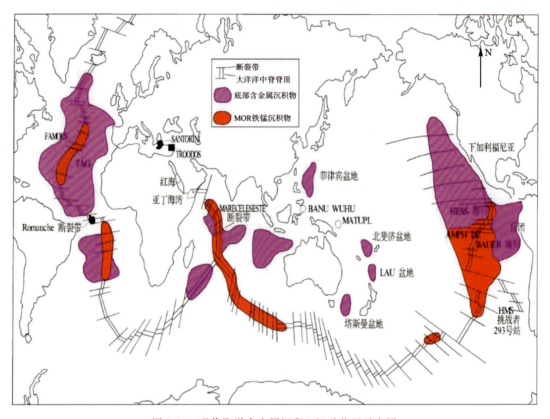

图 7-14 现代海洋含金属沉积(矿)总位置示意图

图 7-15 下雷锰矿区微型黑白烟囱构造

2. 锰结核构造

现代海洋学研究认为,锰结核的物质来源有4个方面。其中,一个方面来自火山、岩浆喷发产生的大量气体与海水相互作用时,从熔岩中搬走一定量的Fe、Mn,使海水中Mn、Fe越来越多,达到过饱和状态以胶体状态沉淀,吸附Cu、Ni、Co、岩屑、生物屑等后形成小的结核,在动荡水环境下滚动、长大,再滚动、再长大,最后形成大的锰结核。

锰结核的主要成分有Mn(24%～30%)、Ni(1.0%～1.50%)、Cu(0.7%～1.20%)、Co(0.2%～0.25%),还有Fe、Si、Al、Ca、Na、Mg、K、Ti、Ba及H、O等。

现代海洋中的锰结核覆盖70%的海面面积,可以产于任何深度,但高浓度的锰结核只产于4000～6000m深海,现代能采出被工业所利用的锰结核也来自5000～6000m深海,主要是因为锰含量高、综合利用价值高。

相对于其他同类型的锰矿床来讲,下雷锰矿层中锰结核是很发育的。下雷锰矿床的锰结核中锰的含量比现代海洋中锰结核中锰的含量要高,一般达到35%～55%。因此,可以推测下雷锰矿床锰结核生成环境应至少在海洋深处4000～6000m,或更深。

第六节 成因机理与矿床成因模型

一、概述

如前文所述,下雷锰矿床碳酸锰矿物的$\delta^{13}C$值变化范围为$-1.71‰\sim-9.50‰$,与岩浆源碳酸盐矿物的$\delta^{13}C$值非常相似。Al/(Al+Fe+Mn)值特低,含锰岩系五指山期仅为0.044,十分接近热液喷口处的金属软泥值。豆鲕粒构造是下雷锰矿床的主要构造之一,热气液喷出口及其附近具有丰富的物质来源与较高温度的热水流动地带是锰矿豆鲕粒最有利的生成环境。Ⅰ、Ⅱ、Ⅲ矿层稀土元素的球粒陨石标准化曲线图与火山成因的宁明膨润土矿床的模式曲线图完全一样,即轻稀土富集、重稀土亏损,并具明显的Eu正异常,说明下雷锰矿床成因与火山有关。下雷锰矿床南部发育有同生走滑F_1区域大断裂。

区域走滑断裂带是最活跃的构造带,也是火山活动最活跃、最容易发生的地带。洋中脊顶部的地壳热量相当大,是地热的排泄口,也是构造活动强烈、频繁地带,常伴有火山活动,地震活动也很活跃。微型黑白烟囱产于海底1000～4000m。现代海洋中高浓度的锰结核生成环境在海洋深处4000～6000m。现代海洋中铁锰质沉积基本上均集中在洋中脊。

在下雷锰矿床中发现微型黑白烟囱构造。锰结核构造也是下雷锰矿床中主要构造之一,锰结核中锰的含量一般达到35%～55%,具有高浓度特征。

《广西大新县下雷锰矿区大新锰矿北、中部矿段勘探报告》(以下简称《勘探报告》)根据前人研究成果及勘探工作过程中观察到的第一手资料,将下雷锰矿床成因定为"洋中脊火山喷流沉积"。

通过进一步研究,下雷锰矿床还发育有同生褶皱,下雷锰矿床控制主体褶皱应为伪向斜。这些不同类型的构造也是洋中脊火山喷流沉积的证据。但没有关于洋中脊火山喷流沉积的形成机理的任何讨论。

二、软流圈中豆鲕粒的形成

在桂西南锰矿富集区天等县一带发育一类近乎全部由豆鲕粒构成的锰矿层（俗称"羊屎矿"），追索这类锰矿只能见到一层无法圈出工业矿层的含锰泥岩层（俗称"松软锰矿"）。这层含锰泥岩厚度一般只有 0.20~0.80m，含锰一般为 2%~8%，少部分达到 10%~18%，硬度小，极易被风化剥蚀。风化产生的锰质随地表水往低洼、开阔处汇集。锰质在搬运过程中不断吸收锰质及其亲和成分形成豆鲕粒，在低洼、开阔、水动力突然减弱区域呈扇形堆积形成锰矿层。

进一步观察、研究，豆鲕粒的分布有着明显的规律。在锰质搬运路径中，有一窝一窝的豆鲕层，挖开后，显示出原始搬运路径的凹凸不平。离矿源层含锰泥岩层越近，豆鲕粒越小，含量也越低。低洼、开阔、水动力突然减弱处随深度增大，豆鲕粒大小、含量有增大、增多的趋势，接近地表则基本上是由锰质组成，这也是搬运路径逐渐被填平的缘故。

豆鲕粒层展布的这种规律说明，自然界豆鲕粒的形成要具备 4 个条件：一是要有物质来源，这是产生锰矿豆鲕粒且逐渐变大的保障；二是要有搬运动力，豆鲕粒只有在搬运中不断滚动、持续地吸收所经过路径中的相同、亲和的物质，才可能逐渐长大；三是搬运路径要凹凸不平，才能产生豆鲕粒，随着搬运路径中的凹凸不断被填平，豆鲕粒大小在减小，含量在降低，锰质被直接搬运到低洼、开阔处；四是豆鲕粒如牙膏一般，受到由地形高差产生的压力总是向着压力小的区域运动，最终在压力最小的区域堆积成层。

地球围绕着太阳公转，公转的轨道为近似正圆的椭圆。因此，地球在公转过程中的运行方向是时刻在发生变化的。任何运动均会产生惯性，方向时刻变化的运动可使地球产生自转的惯性。公转的向心力可以分解为与运动方向一致的力和垂直运动方向的力。垂直运动方向的力正好与地球曲面相切，成为地球自转的动力。

地球自转的轴是经过南、北两极的直线。若将地球的这种运动看成陀螺式的转动，那地球的南极或是北极就是地球陀螺转动的着力点。当使产生陀螺运动的作用力（向心力）大小不变时，陀螺的运动速度与其质量成反比，质量越大，转速越小，质量越小，转速就会越大。

地球是由地核、地幔及地壳组成。地幔与地壳之间接触带称为软流圈，它既是地壳与地幔相对运动的产物，也是两者之间相对运动的润滑剂，温度在 1000~3000℃。软流圈为地球上的火山喷出、岩浆侵入提供岩浆源，也为内生矿产以及部分非煤的固体外生矿产提供成矿物质和热源。

地壳组成物质的比重为 $2.60~2.90g/m^3$，质量为 $0.026×10^{21}t$，地幔组成物质的比重为 $3.20~5.60g/m^3$，质量为 $4.043×10^{21}t$，地核组成物质的比重为 $10.0~13.09g/m^3$，质量为 $1.932×10^{21}t$。很显然，地幔的质量最大，地壳最轻，地幔的质量是地壳的 155.5 倍。在向心力的作用下，地壳自转速度最快，地幔自转速度最慢。

地壳是由不同的物质组成的，这些物质在空间上组合，形成厚度不同的岩石圈层。这些由不同的物质组成的岩石圈层在软流圈高温高压下，熔融的速度也会有相当大的差异，这样与软流圈接触的地壳就会形成凹凸不平的接触带。

地壳与软流圈在做相对运动,地壳与软流圈之间存在凹凸不同的接触面,并包含有各种类型的成矿物质,因此,在软流圈内存在产生豆鲕粒的环境和条件,并时刻在形成豆鲕粒。豆鲕粒形成后又受到凹凸不同的接触面的阻挡,又与软流圈做相对运动。而软流圈中所含那些成矿物质为豆鲕粒逐渐变大提供了丰富的物质来源和补给,使豆鲕粒变大有了可能。变大的豆鲕粒受到地壳的重压,朝着压力最小的区域运动,在运动中不断变大,将成矿物质富集,最后通过侵入或喷出方式为形成内生,或是为内源外生矿床提供物质供给。

三、地壳中压力最小的区域

正确地讲,地壳应是由岩石圈和水圈组成。从相对角度考虑,地壳上存在两种压力最小的区域。

一是区域性深大断裂。这类断裂构造常常走向长几千米,甚至几十、上百千米。倾向沿深几千米,几十千米,甚至延深到软流圈。在深大断裂形成,还未封闭、充填、胶结这段时期内,断裂带内的压力在整个地壳中无疑是最小的。这种最小压力具有时段性。错过这一时段,由于深大断裂会被充填、胶结、封闭,这种最小压力就会消失,断裂带内的压力就恢复为地壳同等的压力。

二是洋中脊,或是海沟。这一区域在地壳中压力最小。地壳上岩石的比重为 $2.60 \sim 2.90 g/m^3$,海水的比重一般在 $1.02 \sim 1.07 g/m^3$ 之间,同体积的岩石比同体积的海水要重 $2.55 \sim 2.66$ 倍。同理,相同深度的岩石圈中某一点所受到的压力要比相同深度的海水中某一点所受到的压力也要大 $2.55 \sim 2.66$ 倍。因此,同深度的海水中某一点所承受的压力与同深度的岩石圈某一点所承受的压力相比是更小的。整个洋中脊,或是海沟也就是岩石圈中压力最小的区域。这种最小的压力具有存续时间长,消失速度非常慢的特性。

四、成因机理及成矿模式图

如图7-16所示,软流圈中豆鲕粒形成后开始向压力较小的区域运动。在运动的行程中,若遇到未胶结、封闭的区域深大断裂,就形成侵入岩。由大气降水,或是深大断裂切穿含水层中的地层水在深大断裂中形成断层水。这些断层水通过裂隙与侵入的高温岩浆接触,从豆鲕粒中萃取成矿物质形成成矿热液,压力增大,进入裂隙形成脉状矿体。由于大气降水有季节性,断裂切穿含水层的水也受大气降水的影响。因此,断裂中的水来源有限,从豆鲕粒中萃取的成矿物质有限,豆鲕粒中成矿物质大部分存留在岩浆岩中形成岩浆岩型矿床。

很显然,当软流圈中豆鲕粒与区域深大断裂相遇,区域深大断裂才能为岩浆岩矿床的形成提供通道,才可能形成岩浆岩型矿床。若是没有偶遇豆鲕粒,深大断裂就只能成为岩浆岩侵入的通道。若是有大量的断层水,使接触带压力持续增大,则可能形成火山岩型矿床。软流圈中豆鲕粒与区域深大断裂相遇存在极大的偶然性,因此,即使区域深大断裂再多,规模再大,深度再深,形成矿床的概率也是很低的,而形成岩浆岩的概率却是很高的。

如图7-17所示,软流圈中豆鲕粒形成后在地壳的压力下不断地向压力最小的洋中脊(海沟)运动。洋中脊断裂、裂隙发育,为海水下渗提供了通道。这些下渗的海水通过裂隙与侵入的高温岩浆接触,从豆鲕粒中萃取成矿物质形成高温、高压的成矿热液。由于海水的持续注

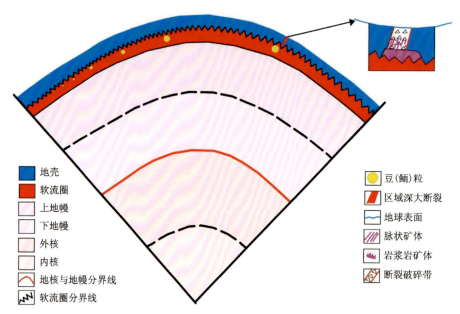

图 7-16 豆鲕粒与深大断裂成因机理、成矿模式图

入,接触带温度越来越高,压力越来越大,挤压、溶蚀裂隙带,形成海底喷溢口。成矿物质从喷溢口进入海底,形成黑(白)烟囱,溶入海水。在水动力相对较弱的深海平原,或中央断裂谷地沉积形成矿床。由于海水量大,直至将豆鲕粒中的成矿物质萃取完全,也只能形成深海沉积矿床,而不会留下任何与岩浆岩有关的痕迹。

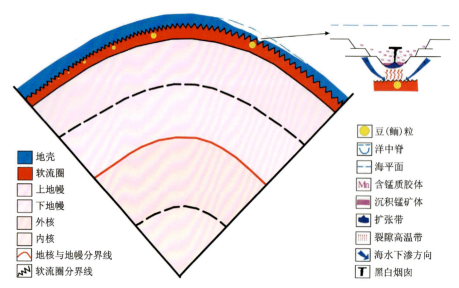

图 7-17 豆鲕粒与洋中脊成因机理、成矿模式图

毫无疑问,无论是深大断裂,还是洋中脊(海沟)中的矿床规模,都与豆鲕粒的大小关系密切。而豆鲕粒的大小与形成的时间长短密切相关。豆鲕粒形成的时间越久,运动的路线越长,吸收的同类物质、亲和的物质越丰富,豆鲕粒就越大。豆鲕粒越大,形成的矿床规模也就

越大。若是豆鲕粒形成时间较短就遇到了区域深大断裂,形成的矿床规模一般也较小,甚至只形成脉状矿床。受豆鲕粒大小的影响,内生矿床,或是内源外生矿床的规模就会大小不一、形态千奇百怪。

五、结论

自然界中无论是区域深大断裂,还是洋中脊(海沟),都遍布着大量的岩浆岩,如峨嵋山岩浆岩省。在这大量的岩浆岩展布区内发育有岩浆岩矿床的却是极少的区域。这一自然现象说明,软流圈中虽然含有各类成矿物质,但其含量就如同地壳岩层中的各类成矿物质含量一样,普遍很低,如锰在地壳中的丰度为 1300×10^{-6},在上地幔的丰度为 1600×10^{-6},很接近。要想为某一类矿床的形成提供足够的物质,必须以一种或几种方式将成矿物质(包括亲和物质)富集。软流圈中不可能存在地壳上可以将成矿物质从岩石中分解、萃取出来的化学分化、物理分化、变质作用等,但软流圈一直在流动,就像自然界中地表水的运动一样,可以在凹凸不平的软流圈接触面上形成豆鲕粒。形成的豆鲕粒因受软流圈凹凸不平接触面的阻挡,与软流圈作着相对运动。在这相对运动过程中,豆鲕粒不断从软流圈中吸取成矿物质,越滚越大。

因此,无论是岩浆岩型矿床,还是"内源外生"型矿床,其规模、贫富取决于豆鲕粒的大小及豆鲕粒形成的时间。毫无疑问,豆鲕粒形成的时间越长,从软流圈中吸取的成矿物质越多,形成的矿床品位会越高,豆鲕粒越大,则形成的矿床的规模就会越大。

第七节 找矿标志

一、直接找矿标志

1. 矿层、矿体露头标志

氧化锰矿露头比较清楚,层位稳定,与围岩界线清晰。碳酸锰矿,特别是Ⅱ+Ⅲ矿层的碳酸锰矿露头与围岩并不是很好分辨。因此,可以以氧化锰矿层露头为基础,寻找深部碳酸锰矿及堆积锰矿。

2. 锰矿转石标志

原生锰矿经风化剥蚀,常形成大小不一的氧化锰矿块,沿重力作用方向散布在残积、坡积及浮土中,是近矿的重要找矿标志。

二、间接找矿标志

1. 地层标志

矿区内锰矿产出的层位为上泥盆统榴江组、五指山组,在这类地层里可找到"下雷式""土湖式"锰矿床。

2. 岩性标志

锰矿赋存原岩的主要岩性组合为钙质硅质岩-碳酸锰矿-含碳钙质硅质岩组合。氧化、风化后主要是一套硅质岩、泥岩系列。如硅质泥岩、泥质硅质岩、硅质岩、泥岩等。

3. 构造标志

有含矿层位存在,应注意在下列构造部位找矿:一是同生断裂;二是同生褶皱(伪向斜);三是向斜核部和背斜倾伏端及其两翼的次级褶皱部位。

4. 岩相古地理标志

对锰矿形成最有利的岩相古地理为台沟相,亚相为台沟下斜坡-沟底之间的凹槽部位。

5. 特定构造标志

有一定规模的同生褶皱、伪向斜是锰矿控矿的两类重要的褶皱形态,可以其为指标寻找内源外生的锰矿床。

6. 地形地貌标志

沉积型锰矿及以其为矿源层的锰帽型氧化锰矿往往展布于半山腰,锰矿层赋存部位一般表现为负地形。

7. 矿床类型共生组合特征

矿区上泥盆统榴江组、五指山组锰矿有多种成因类型的锰矿床共生,即上部为风化锰帽型矿床,深部为沉积型矿床。

第八章 结 论

一、关于岩相古地理

　　截至1982年,业界普遍认为下雷锰矿床的锰矿可能为近滨海的浅海盆地或台间盆地沉积形成。锰矿沉积在 Eh 为 0,pH 为 7.8 的正常盐质的介质环境中。矿区南方的印支地块(包括越北古陆)缺失法门期沉积地层,可以认为越北古陆风化剥蚀物向北运移,为矿区成矿提供了成矿物质。中酸性火山岩活动,也可能为本区提供了一定的成矿物质,但不居主要地位。

　　北东-南西走向的下雷-东平断裂带的陷落,导致下雷-东平断陷台沟相形成,特别是下雷矿区南部—西南部构造活动最为强烈,陷落较深,形成台沟中的凹兜,形成斜坡亚相、沟底亚相。

　　斜坡脚-沟底边缘凹槽亚相断陷最深,以胶体-化学沉积和浊流沉积为主,由灰质-泥质沉积变为泥-硅-灰-锰沉积。

　　本书作者认为下雷锰矿床应为洋中脊(海沟)火山喷流沉积,最有利的岩相古地理应是地壳较薄的洋中脊。因为地壳越薄,越容易形成火山喷流,形成的锰矿床规模可能越大,品位可能越高。地壳厚度越大,成矿高温热液从生成到喷出,就需要较长的时间,成矿热液的温度会随着时间的延长而降低。温度高的成矿热液在初始阶段会熔蚀通道,被熔蚀的物质进入热液,一方面降低了热液温度,另一方面也使成矿物质浓度变低。下侵的海水与上升的成矿热液相遇,也会降低成矿热液的温度。这样,成矿热液在厚大地壳中侵入、上升,初始阶段是熔蚀上升通道,到了后期,就变成了堵塞通道。最终能喷出的成矿热液数量也会很少,热液中的成矿物质浓度也会降得较低,形成的矿床规模小,品位低。

　　火山作用本是硅质岩形成的一种主要方式,洋中脊强烈的火山活动能形成大量的硅质胶体,沉积以硅质为主。深海平原或中央断裂谷地的环境相对封闭、安静,水动力弱,火山喷流的硅质不断补给,很难使重碳酸钙过饱和而大量沉淀,使含锰层中含钙偏低。洋中脊远离陆源补给,在深水环境很难有泥质沉积。洋中脊海水较深,生物种群数量少,在火山喷流提供的高温作用下,才能形成一定规模的含碳岩层。

　　因此,下雷锰矿床形成的岩相古地理亚相为深海平原,或中央断裂谷地。这两个区域海水较深,水动力较弱,外来物质补给也很少,有利于锰质的沉积。

　　而当深海平原或中央断裂谷地未经过后期大规模的构造运动变动、改造,原始形态基本保留下来,就形成了下雷锰矿床主要控矿构造形态"伪向斜"。

五指山期火山喷流后期,由于较长期的喷流间歇,前期垂直的喷溢通道部分被堵塞,后续的岩浆热液部分从未堵塞,或是松散的水平喷溢通道喷出,形成"波浪",在地层中形成同生褶皱构造。

因此,伪向斜和同生褶皱构造可以作为洋中脊火山喷流沉积的证据之一。恢复古老的洋中脊可能是今后找矿取得突破的一个重要因素。

二、关于沉积微相

锰矿床形成时的微相主要是指含锰层的岩性组合。如前文所述,含锰层的岩性大致可以分为3类:一类以硅质为主,钙质为次,少量泥质或不含泥质;二类以硅质、钙质为主,泥质为次;三类以泥质、砂质为主,硅质、钙质为次。

含锰层不同的岩性组合,既可以形成不同规模的锰矿床,也可以显示锰矿床形成时的沉积环境及物质来源。

以硅质为主,钙质为次,少量泥质(或不含泥质)的含锰层可以形成大型、超大型锰矿床,如下雷锰矿床。下雷锰矿床含锰层(含锰岩系柱状图中的第二段、第三段)的岩性是很单一的钙质硅质岩、含碳钙质硅质岩。这套岩性组合是在洋中脊由火山作用形成,沉积在与洋中脊相伴生的深海平原,或中央断裂谷地。成矿物质来源主要是软流圈中的锰质以豆鲕粒的形式富集,被不断下侵的海水在高温下萃取豆鲕粒中的锰质形成成矿汽液,从洋中脊较发育的各类断裂、裂隙中喷流入海沉积形成大型、超大型矿床。

以硅质、钙质为主,泥质为次的含锰层也可以形成大型、超大型锰矿床,如同产于下雷-上映台沟东北部的东平锰矿床。东平锰矿床含锰层(含锰岩系柱状图中的第二段、第三段)的岩性也是很单一的硅质泥灰岩、含锰硅质泥灰岩。夏柳静、汤朝阳在《广西西南地区锰矿及早三叠世岩相古地理与锰矿找矿方向》中也论述了这套岩性是海底火山喷流沉积形成。只是火山多期次、喷流出的大量成矿物质在沉积形成矿层之前(或之中),地壳开始上升,使沉积环境变浅,底层海水温度升高。一方面,一些窄温生物被较高温度的海水"杀死",增加了成矿物质中的钙质等物质;另一方面,由于海水温度升高,海水中碳酸钙等物质浓度升高,发生沉淀,也增加了成矿物质中的钙质、泥质等物质。随着这些外来钙质、泥质等物质的加入,成矿热液中的成矿物质浓度降低,形成的锰矿床原生矿石的品位相对偏低,锰矿石品位以 $10\% \leqslant Mn < 15\%$ 为主。

这种地壳上升的幅度不大,时间也较短,地壳很快又稳定下来,形成一个时间相对较长、较稳定、水深较大的沉积环境。随火山喷出的成矿物质接着大量、连续沉积,也同样可以形成大型、超大型矿床。

以泥质、砂质为主,硅质、钙质为次的含锰层只能形成中型、小型锰矿床,或锰矿点,如钦防地槽中的锰矿床(点)、斗南锰矿带中的锰矿床等。这些锰矿床含锰层的岩性较杂,主要为泥岩类(包括页岩类,以及由黏土岩、粉砂岩类等通过热接触变质作用形成的角岩类等)、(粉)砂岩类,其次为硅质、钙质岩类。这种微相显示在沉积期地壳发生振荡,沉积水环境较浅(一般为海洋大陆架、湖泊、河流三角洲等地带),水动力较大,成矿物质主要由周边的古陆,或古陆地提供,即成矿物质主要为陆源。

陆源成矿物质要达到适于锰矿形成的较深水、水动力弱的环境,必须经过搬运,大多甚至要经过长途搬运。在搬运的路途中会遇到各种各样的环境,并且环境还在时刻发生变化,部分成矿物质,甚至大部分成矿物质自然会沉积、消耗。而动荡的沉积环境,又使一部分呈胶体状的锰质"逃逸"。这样要形成大型、超大型矿床,通过风化、剥蚀等作用为矿床提供成矿物质来源的地层面积,或是矿床规模要多大?

总之,含锰层的岩性越单一,说明沉积时间越长,形成锰矿的水环境越深、越静,很少,甚至完全没有外来物质的补给,只要成矿物质足够,就能形成大型、超大型锰矿床。而含锰层的岩性越杂,说明沉积时间越短,形成锰矿的水环境越浅,水动力越大。外来物质的补给越频繁,对锰矿的形成越不利,即便有足够的成矿物质供给,动荡的环境使呈胶体状的锰质"逃逸"而去,一般也只能形成中型及以下规模的锰矿床。

三、关于物质来源

对于下雷锰矿床成矿物质来源,综合各类资料,大概有以下四大类代表性的观点。

(1)陆源。这一类观点认为下雷锰矿床成矿物质是由越北古陆、云开陆地岩层分化产生的锰质经过搬运,汇集到下雷锰矿区沉积形成。这一观点也认可岩浆岩、火山岩为锰矿床的形成提供成矿物质,但也是岩浆岩、火山岩浅表风化后形成的锰质运移到下雷锰矿区沉积形成锰矿床。因此,成矿物质来源与岩浆活动、火山活动无关。

(2)热水、陆源。这一类观点认为下雷锰矿床成矿物质来源与热水有关。地下水受热源的作用,变成热卤水在地壳岩石圈中循环,淋滤、萃取岩石圈中的锰质而形成下雷锰矿床。这一观点从本质上讲物质来源还是陆源。产生淋滤、萃取成矿物质的热卤水的热源既可以是浆岩作用、火山作用提供,也可能是变质作用提供,还有可能是热泉等提供。

(3)岩浆、陆源。这一类观点认为下雷锰矿床成矿物质来源与岩浆(火山)作用有关。海水通过同生断裂(带)向下渗透,与深部岩浆岩接触,温度升高,形成高温气液,一方面从岩浆中萃取成矿物质,又从同生断裂(带)上升。高温气液在上升过程中从地壳岩层淋滤、萃取成矿物质而形成下雷锰矿床。这一类观点考虑各类成矿物质在软流圈中的含量很低,可能无法提供形成下雷锰矿床所需的巨量锰质,最后还是偏重于陆源,只认可深部岩浆岩只提供较少量的锰质。

(4)深源。这一类观点认为下雷锰矿床成矿物质来源与软流圈有关。软流圈通过形成豆鲕粒而将含量很低的锰质富集,能提供足够的成矿物质。当豆鲕粒运动到洋中脊,从同生断裂(带)下渗的海水与其接触,温度升高,萃取豆鲕粒中的锰质及亲和元素形成成矿热液,从海底喷流形成黑白烟囱,锰质及亲和物质漂流到海水深度大、水动力弱的深海平原,或中央断裂谷地沉积形成下雷锰矿床。

各类物质来源的优劣,在前文中有粗浅的探讨。

四、关于方法适用性

地球物理方法在南方(物理风化弱的)地区指导找矿工作,必须采取两套代表性强的物性标本。一套是在浅表氧化带中采取,另一套是在深部原生带中采取。如前文所述,受氧化作用、风化作用等的影响,原生带中岩矿石的钙、碳、黄铁矿等成分淋失,使在氧化带中形成的岩矿石成分发生较大的变化,物性也产生了较大的变化。如果还是想张冠李戴地开展物性测量、物探工作,用地球物理方法在南方(物理风化较弱的)地区指导找矿,恐怕只会是渐行渐远!

地球化学方法在南方(物理风化弱)地区指导找矿工作,最好的、最有效的方法是岩石土壤地球化学剖面测量。剖面线要布置在目标层上,采样深度一般要超过第四系浮土层,见到基岩,点距要根据具体情况确定,如找锰矿,点距必须有2~5条线控制在3~5m以内,线距则可根据"V"字形法则在目标层上适当放稀。

如前文所述,大比例尺的化探扫面、水系沉积物化学方法在南方(物理风化弱)地区所圈的异常,能指导找到什么样的矿床,则不能一概而论,要根据异常分布范围所处的标高、所见到的矿块的磨圆度等来判定。

五、关于资料的代表性

如前文所述,在南方地区浅表所施工的探矿工程收集到的资料、信息较全,但毕竟只能描述氧化带中的岩矿石特征。施工的钻孔工程虽然能收集到深部原生岩矿石的资料、信息,但却受所采岩矿芯体积小、采取率变化等因素的影响,所收集的资料代表性欠佳。

当矿山地质技术人员地位被摆正,主观能动性被充分调动起来后所编录的有效的矿山地质资料(包括地采、坑采),所记录、描述的矿体、褶皱及断层的空间展布特征更接近于实际,更能全面地反映矿石质量特征,氧化带、蚀变带等的组成、分带特征。矿山地质资料还有一个可能其他资料都远不可及的优势,那就是能更全面观察到对研究矿床成因等特别有用的特殊地质现象,如微型黑白烟囱、原生蚀变带的全貌等。这些资料的获得对指导下一步(深部)找矿是任何资料均无法替代的。

第九章 成矿预测

第一节 矿产预测类型

矿产预测类型是根据相同的矿产预测要素以及成矿地质条件对矿产划分的类型。矿产预测类型是开展矿产预测工作的基本单元,凡是在同一地质作用下形成的,成矿要素和预测要求基本一致,可以在同一预测底图上完成预测工作的矿床、矿点和矿化线索可以归为同一矿床预测类型。同一矿种存在多种矿床预测类型,不同矿种组合可能为同一矿床预测类型,同一成因类型可能有多种矿床预测类型,不同成因类型组合可能为同一矿床预测类型。

针对矿区原生碳酸锰矿成矿规律及锰品位特征,选择矿区内的大新县下雷锰矿床、大新县土湖锰矿床作为"下雷式"锰矿和"土湖式"锰矿两个典型矿床,从成矿时代、构造特征、岩相古地理特征、区域成矿作用及成矿特征、矿化情况等特征研究总结典型矿床成矿要素,并总结研究区域成矿规律,总结区域成矿要素,编制区域成矿模式。在区域成矿要素及区域成矿模式的基础上,总结预测要素,编制研究区锰矿床成矿预测要素表,见表9-1。

表9-1 研究区锰矿床成矿预测要素表

预测要素特征描述			描述内容 锰矿床	预测要素分类
地质环境	成矿时代		晚泥盆世(榴江期、五指山期)	必要
	构造背景		同生断裂(带)	必要
	大型及以上	岩相古地理	洋中脊(海底)、海沟	必要
		古地理亚相	深海平原、或中央断裂谷地	必要
		古地理微相	以硅质岩建造为主,钙质岩建造为次,泥质岩建造少量或不含	必要
		物质来源	深源(软流圈)	必要
	中型及以下	岩相古地理	台地	必要
		古地理亚相	台地下斜坡底	必要
		古地理微相	以泥质岩建造、砂质岩建造为主,硅质岩建造、钙质岩建造为次	必要
		物质来源	陆源	必要

续表 9-1

预测要素			描述内容	预测要素分类
特征描述			锰矿床	
矿床特征	地层		上泥盆统榴江组、五指山组	必要
	构造	大型及以上	伪向斜	必要
		中型及以下	向斜、背斜	重要
	岩性	大型及以上	以硅质岩为主,钙质岩为次,泥质岩少量或不含	必要
		中型及以下	以泥质、砂质岩为主,硅质、钙质岩为次	重要
	矿物组合		硬锰矿、软锰矿、锰方解石、钙菱锰矿等	重要
	结构构造		显微鳞片泥质结构、微晶状结构;微层状构造、条带状构造、豆鲕粒状构造、结核状构造	次要
	含矿岩系厚度		49.22～352.12m	重要
	矿体厚度		锰矿层厚度:Ⅰ矿 0.50～5.88m;Ⅱ+Ⅲ矿 0.54～9.13m	次要
地球化学特征	化探异常特征		大比例尺岩土剖面测量,在矿床、矿化点分布区可圈定 Mn、Co、Ni、V、Ag 等元素异常	参考
找矿特征	地表		锰帽、老隆、锰转石	次要

图 9-1 是根据下雷锰矿区、湖润锰矿区、土湖锰矿区、龙邦锰矿区等历年勘查、科研工作统计得出含矿岩系厚度,并根据岩相古地理、含锰岩系厚度变化等特征编制而成。图 9-1 显示,下雷锰矿区的含锰岩系是最薄的,在 100～200m 范围。湖润锰矿区的含锰岩系厚度明显增大,在 300～500m 范围。龙邦锰矿区的含锰岩系厚度在 300～350m 范围。土湖锰矿区含锰岩系厚度与下雷锰矿区的含锰岩系厚度相近,也在 100～200m 范围。

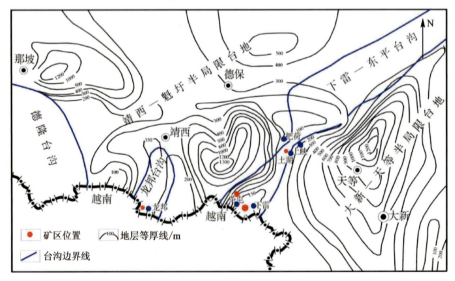

图 9-1 矿区五指山期地层等厚线图

第二节 找矿远景区

一、广西大新上映-下雷台沟找矿远景区

为了寻找接替资源,为矿山企业提供充足的后备矿产资源,中国地质调查局发展研究中心设立了对老矿山深部和外围实施找矿的勘查项目,简称老矿山接替资源勘查项目。中国冶金地质总局广西地质勘查院和广西大新县土湖锰矿根据中国地质调查局发展研究中心(发展审〔2014〕工242)号文的精神共同开展了"广西大新县土湖锰矿接替资源勘查"项目;项目任务书编号为(资〔2014〕03-001-048),项目编码为12120114067401。

老矿山接替资源勘查项目在土湖锰矿区04线施工ZK0401孔、ZK0402孔均见上泥盆统榴江组地层中Ⅰ矿层、Ⅱ矿层、Ⅲ矿层,各个矿层特征见表9-2。

表9-2 ZK0401、ZK0402、ZK0403孔见矿特征一览表

钻孔号	含锰岩系	Ⅰ		Ⅱ		Ⅲ	
		Mn/%	真厚/m	Mn/%	真厚/m	Mn/%	真厚/m
ZK0401	上泥盆统榴江组	10.41	0.51	11.33	0.77	10.38	0.52
ZK0402		11.54	0.64	10.74	4.07	10.83	0.67
ZK0403				12.79	2.62		
	上泥盆统五指山组	15.03	2.15				

ZK0401孔、ZK0402孔见矿意义重大,因为证实了土湖锰矿区锰矿层不只是受土湖箱状背斜控制,主体控矿褶皱还应为上映-下雷倒转向斜,也即土湖锰床的形成环境是上映-下雷台沟(即图9-1中的下雷-东平台沟)。

根据"广西大新县土湖锰矿接替资源勘查"项目取得的成果,特别是ZK0401孔、ZK0402孔见矿证实土湖锰矿区锰矿层主体控矿褶皱为上映-下雷倒转向斜,中国冶金地质总局广西地质勘查院根据广西国土资源厅《关于开展2014年第二批自治区找矿突破战略行动地质勘查项目和2015年度预算编制项目立项申报工作的通知》(桂国土资办〔2014〕198号)的文件精神申报了"广西大新县土湖锰矿区外围锰矿普查"项目并获得广西壮族自治区国土资源厅(桂国土资函〔2015〕761号)批准实施。

土湖锰矿区外围普查项目在上泥盆统五指山组第二段(D_3w^2)地层中圈定1个锰矿体,矿体沿走向长度为800m,厚度0.51~2.16m,平均厚度为1.33m,碳酸锰矿石品位为15.79%。

本普查项目也在04线追索施工了ZK0403孔。ZK0403钻孔在上泥盆统榴江组、五指山组地层中均见到锰矿层,矿层特征见表9-2,并使土湖锰矿区锰矿层主体控矿褶皱上映-下雷倒转向斜形态更完整,见图9-2。

图9-2中的4项信息对在上映-下雷台沟内找矿很有指导意义。一是土湖锰矿区有两套含锰岩系,即为上泥盆统榴江组、五指山组。二是土湖锰矿区东南翼产状陡,与下雷锰矿区南

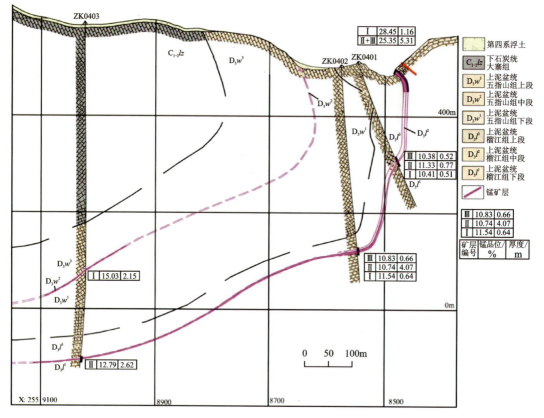

图 9-2 土湖锰矿区及外围 04 线地质剖面图

翼产状相近。三是上映-下雷台沟在上泥盆世榴江期就开始了火山喷流沉积形成锰矿。榴江组地层中的Ⅰ、Ⅱ、Ⅲ碳酸锰矿层锰矿石品位大多在 10%～13% 之间,比下雷锰矿床碳酸锰矿石平均品位小 8%～12%,因此,榴江期的火山喷流中心也应是在下雷锰矿床南部,喷流出的锰质胶体向土湖地区漂流沉积成矿。到了五指山期第五亚旋回(沉积Ⅱ矿层)、第六亚旋回(沉积夹二层)、第七亚旋回(沉积Ⅲ矿层)菠萝岗至新湖一带台沟由于受北西向近垂直台沟走向的断裂影响(图 9-3)而抬升,位于下雷锰矿区南部的火山喷流中心喷流出的锰质胶体无法向土湖地区漂流,土湖地区无锰质来源,致使五指山组含锰岩系缺失Ⅱ+Ⅲ锰矿层。四是在土湖锰矿区及外围区域均未见五指山组地层中锰矿层露头。这可能是因为在沉积了Ⅰ矿层后,该地区新湖至上映一带受北西向断裂影响稍有沉降,后续沉积面积大于前期沉积区面积,将矿层掩埋。

综合图 9-1、图 9-2 中的内容,上映-下雷台沟找矿远景区可分为两部分,第三部分则值得注意和探讨。

(1)广西大新菠萝岗-巴荷远景区。如图 9-3 所示,该远景区浅表的部分地区工作程度较高,如菠萝岗锰矿区、新湖锰矿区、土湖锰矿区、智刚锰矿区等均提交有普查、详查报告。但对于台沟的中心区域控制程度较低,如菠萝岗锰矿区由于受矿业权的限制,开展工作的范围只相当于下雷锰矿区南部矿段陡倾斜部分。土湖锰矿区虽在接近台沟中心部位施工了几个钻孔,但由于钻孔施工工艺上的问题,或是采取率不够,或是碰到断层,见矿效果较差。

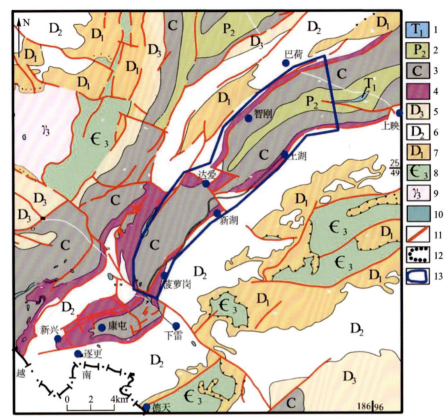

1.下三叠统;2.中二叠统;3.石炭系;4.含锰岩系;5.上泥盆统;6.中泥盆统;7.下泥盆统;8.上寒武统;9.印支期花岗岩;10.辉绿岩;11.断层;12.角度不整合界线;13.找矿远景区范围。

图 9-3　上映-下雷台沟找矿远景区略图

(2)广西大新下雷锰矿区深部远景区,主要是指下雷锰矿区深部榴江组的含矿性。如前所述,上映-下雷台沟在榴江期就开始了火山喷流沉积作用,而火山喷流沉积作用中心又在下雷锰矿区南部地区。虽然在下雷锰矿区未见到榴江组产出锰矿层露头,但也有可能出现土湖锰矿五指山组锰矿层产出特征,即在浅表未见五指山组锰矿露头,在下雷锰矿区未见到榴江组锰矿层露头也属正常。

(3)另外,根据丹池台沟从中泥盆统就开始火山喷流作用成矿,上映-下雷台沟的火山喷流作用成矿是否也会从中泥盆统开始?值得注意和研讨。

二、广西那坡-隆林找矿远景区

如前所述,广西那坡-隆林找矿远景区位于广西那坡-隆林台沟内,其范围包括广西壮族自治区百色市、那坡县、田林县、西林县、隆林县、云南省富林县、广南县等县市一部分,或是大部分。这是一个面积宽广的台沟,台沟长 439km,宽 170km,面积为 7100km²,见图 9-4。

通过"广西大新-云南广南一带优质锰矿评价""广西那坡-云南麻栗坡锰多金属矿资源评

价"等项目的执行,在台沟区发现含锰地层有下泥盆统、中泥盆统、上泥盆统、下石炭统、中石炭统、上二叠统、下三叠统等。这些含锰地层有的是以往工作就确定了的,有的则是新发现的,如下泥盆统芭蕉菁组等。

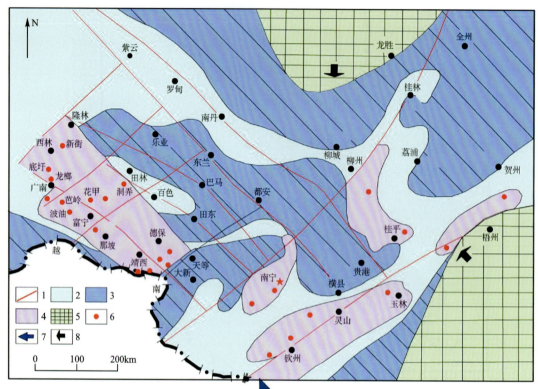

1.活动断裂;2.深水盆地;3.浅水盆地;4.成锰沉积盆地;5.古陆;6.锰矿床(点);7.海侵方向;8.陆源物质供给方向。

图9-4 那坡-隆林找矿远景区

下泥盆统芭蕉菁组展布于杨柳井评价区。杨柳井评价区位于云南广南县城南约20km,属广南县八宝镇、杨柳井乡、板蛙乡管辖,其地理坐标为:东经$105°11'46''$—$105°32'25''$,北纬$23°48'58''$—$23°59'45''$。

下泥盆统芭蕉菁组(D_1b)含锰岩系分布在平邑背斜及杨柳井背斜两翼,展布的规模较大。其岩性可分为3个岩性段6个分层。

第一岩性段(D_1b^1):由第1分层组成。岩性为紫红色泥岩夹泥灰岩。

第二岩性段(D_1b^2):为含锰岩性段。由第2~5分层组成。第2分层为灰黑色硅质岩夹泥质硅质岩。第3分层为氧化锰矿层,呈一层顺层产出,矿层厚0.60~0.78m。第4分层岩性为灰黑色硅质岩夹泥质硅质岩。第5分层岩性为深灰色中层状灰岩夹泥质灰岩。

第三岩性段(D_1b^3):由第6分层组成。岩性为紫红色、褐黄色泥岩夹泥质粉砂岩。

下泥盆统芭蕉菁组矿层以单层产出,产状与围岩基本一致。顶底板均为灰黑色硅质岩。控制锰矿层走向延长约800m,矿层厚0.57~0.61m,平均为0.59m。氧化锰矿石主要化学组分为Mn(27.82%)、TFe(6.05%)、P(0.428%)、SiO_2(33.96%)。矿石为氧化锰贫矿。

台沟内展布的锰矿点有：云南富宁花甲-归朝矿点、发达寨矿点、彪卜矿点、坡油矿点、安索矿点、鸡咀山矿点、龙洋矿点、团保矿点、理达矿点、睦伦多矿点、至周矿点、大宝山矿点、毛凤胜山矿点、平沙矿点、木都矿点、广南老龙矿点、底圩矿点、平邑矿点、董堡矿点、那凹矿点、龙榔矿点、岜岭矿点，以及广西西林的新街矿点、那坡坡荷矿点、果腊矿点、百都矿点等。

新发现的矿点有底圩矿点、那凹矿点、龙榔矿点、岜岭矿点、新街矿点、八步矿点、百都矿点等。

通过"广西大新—云南广南一带优质锰矿评价"项目的执行，将云南富宁花甲-归朝矿点扩大为中型锰矿床。在矿区内初步圈出含锰岩系上泥盆统五指山组及其锰矿层展布规模走向延长大于80km，经地表工程控制矿体走向延长约37.77km，共圈出22个锰矿体，单个锰矿体走向延长530~8680m，控制垂深60~140m，矿体厚度为0.50~1.95m，锰矿石品位为21.44%~52.19%。共估算(333)+(334_1)锰矿石资源量1421.45万t。其远景规模可达大型，甚至超大型。

通过2017年3月执行的"云南广南地区矿产地质调查"项目，将云南广南那凹矿点扩大为中型锰矿床。在矿区下三叠统石炮组含锰岩系中共圈出3层锰矿，初步估算预测的资源量(334_1)氧化锰矿石量为241.80万t，矿层平均厚度为1.11m，矿石平均Mn品位为11.40%。其远景规模可达大型。

广西那坡-隆林台沟规模巨大，其中一定存在有利于形成大型、超大型锰矿床的岩相古地理及其亚相、微相，前期找矿工作又取得初步突破。只要后续加大研究力度，加大勘探投入，是最有希望取得重大突破的远景区之一。

三、钦灵地区找矿远景区

钦灵地区(钦灵槽盆)位于广西东南部，其范围包括玉林市、兴业县、灵山县、钦州市、防城港市等县(市)的部分地区，或是全部区域。东北方向长231.44km，西北方向宽69.10km，面积为11258.24km^2(图9-5)。

如前文所述，钦灵地区(钦灵槽盆)东北部玉林市、兴业县、灵山县等地区开展过一定程度的地质勘查工作，目前共提交5个锰矿点，估算锰矿石资源量为22.39~60.22万t。从地理位置讲，钦防地区(钦灵槽盆)东北部与云开陆地距离较近。从岩相古地理讲，其东南部为浅海盆地相带、滨海碎屑岩相带，海水深度较浅。形成锰矿的物质可能主要来源于云开陆地，即为陆源。这一系列的条件均不适合形成中型以上规模的锰矿床。

钦防地区(钦灵槽盆)西南部钦州市、防城港市等地区，目前开展的地质勘查工作虽较少，但如前文所述，近期的地质勘查工作在防城港市滩利等地区找矿取得了新的进展，控制到碳酸锰矿层。从地理位置讲，钦防地区(钦灵槽盆)西南部与云开陆地距离较远。从岩相古地理讲，已经远离云开陆地、滨海碎屑岩相带，海水深度变大。形成锰矿的物质可能主要为深源。这一系列的条件基本满足形成大型以上规模的锰矿床。

因此，钦防地区(钦灵槽盆)应首先选择钦州市、防城港市等区域开展地质、科研工作，以期找矿取得更大的突破。

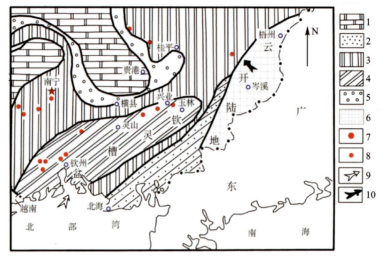

1.浅海半局限台地相带;2.滨海碎屑岩相带;3.浅海盆地相带;4.半深海槽盆相带;5.台地边缘浅滩相带;6.古陆;7.中型锰矿床;8.小型锰矿床;9.海侵方向;10.陆源物质供给方向。

图 9-5　钦灵地区(钦灵槽盆)找矿远景区位置图

四、云南淌甸-竹圆镇找矿远景区

淌甸-竹圆镇找矿远景区位于淌甸-竹圆镇台沟内,台沟长 10.81km,宽 2.47km,面积约为 26.70km²。

台沟相是大型及以上规模锰矿床形成的必要、最有利的条件之一。

五、预测资源量

依据全国锰矿资源潜力评价成果及资源潜力预测方式、方法,预测 4 个找矿远景区内锰矿石资源量为 3 亿~5 亿 t。

主要参考文献

陈洪德,侯明才,许效松,等,2006.加里东期华南的盆地演化与层序格架[J].成都理工大学学报(自然科学版),33(1):1-8.

池汝安,田君,罗仙平,等,2012.风化壳淋积型稀土矿的基础研究[J].有色金属科学与工程,3(4):1-13.

邓晓东,2011.云贵高原及邻区次生氧化锰矿晚新生代大规模成矿作用及其构造和古气候意义[D].武汉:中国地质大学(武汉).

杜秋定,2009.滇东南法郎组含锰地层沉积相及其锰矿成因研究[D].成都:成都理工大学.

杜秋定,伊海生,惠博,等,2010.滇东南中三叠统法郎组锰矿床成因的新认识[J].地质论评,56(5):673-682.

杜远生,黄宏伟,黄志强,2009.右江盆地晚古生代—三叠纪盆地转换及其构造意义[J].地质科技情报.28(6):10-15.

地质矿产部区域地质矿产地质司,1985.中国锰矿地质文集[M].北京:地质出版社.

范玉海,屈红军,王辉,等,2012.微量元素分析在判别沉积介质环境中的应用——以鄂尔多斯盆地西部中区晚三叠世为例[J].中国地质,39(2):382-389.

冯增昭,1992.单因素分析综合作图法——岩相古地理学方法论[J].沉积学报,10(3):70-77.

顾家裕,马锋,季丽丹,2009.碳酸盐岩台地类型、特征及主控因素[J].古地理学报,11(1):21-26.

胡丽沙,杜远生,杨江海,等,2012.广西那龙地区中三叠世火山岩地球化学特征及构造意义[J].地质论评,58(3):481-494.

金秉福,林振宏,季福武,2003.海洋沉积环境和物源的元素地球化学记录释读[J].海洋科学进展,21(1):99-106.

黎彤,1992.锰的成矿地球化学特征及其资源预测[J].矿床地质,11(4):301-306.

李艳丽,王世杰,孙承兴,等,2005.碳酸盐岩红色风化壳 Ce 异常特征及形成机理[J].矿物岩石,25(4):85-90.

刘宝珺,王剑,1989.一个与生物丘有关的成岩成矿模式[J].四川地质学报,9(1):39-44.

刘运黎,周小进,廖宗庭,等,2009.华南加里东期相关地块及其汇聚过程探讨[J].石油实验地质,31(1):20-25.

毛光周,刘池洋,2011.地球化学在物源及沉积背景分析中的应用[J].地球科学与环境学报,33(4):337-348.

梅冥相,李仲远,2004.滇黔桂地区晚古生代至三叠纪层序地层序列及沉积盆地演化[J].现代地质,18(4):555-563.

梅冥相,高金汉,2005.岩石地层的相分析方法与原理[M].北京:地质出版社,24-214.

潘桂棠,肖庆辉,陆松年,等,2009.中国大地构造单元划分[J].中国地质,36(1):1-28.

裴秋明,李社宏,苑鸿庆,等,2014.广西德保县荣华锰矿地质特征研究[J].岩石矿物学杂志,33(2):343-354.

史晓颖,侯宇安,帅开业,2006.桂西南晚古生代深水相地层序列及沉积演化[J].地学前缘,13(6):153-170.

涂光炽,1984.中国层控矿床地球化学[M].北京:科学出版社.

腾格尔,刘文汇,徐永昌,等,2004.缺氧环境及地球化学判识标志的探讨:以鄂尔多斯盆地为例[J].沉积学报,22(2):365-372.

夏柳静,汤朝阳,2018.广西西南地区锰矿及早三叠世岩相古地理与锰矿找矿方向[M].武汉:中国地质大学出版社.

夏柳静,2014.广西大新县下雷锰矿床成因新认识[J].矿床地质,33(S):758-759.

姜在兴,2006.沉积学[M].北京:石油工业出版社.

陈毓川,王登红,朱裕生,等,2007.中国成矿体系与区域成矿评价[M].北京:地质出版社.

王剑,谭富文,付修根,等,2015.沉积岩工作方法[M].北京:地质出版社.

内部报告

龚景秋,1972.广西邕宁苏圩-吴圩一带铁锰矿区普查报告[R].南宁:广西第四地质队革命委员会.

黄桂强,夏柳静,2006.广西靖西县龙邦矿区南矿段锰矿详查报告[R].南宁:中国冶金地质勘查工程总局中南局南宁地质调查所.

黄桂强,夏柳静,2008.广西靖西县岜爱山矿区优质锰矿普查报告[R].武汉:中国冶金地质勘查工程总局中南地质勘查院.

黄焕英,文瑞生,1982.广西天等县东平氧化锰矿床地质勘探报告[R].贵港:广西冶金地质勘探公司273队.

简耀光,龚运吉,2005.广西大新县下雷锰矿区外围菠萝岗矿段锰矿普查地质报告[R].南宁:中国冶金地质勘查工程总局中南局南宁地质调查所.

简耀光,夏柳静,2008.广西大新—云南广南一带优质锰矿资源评价[R].武汉:中国冶金地质勘查工程总局中南地质勘查院.

简耀光,夏柳静,2008.广西壮族自治区靖西县龙昌矿区优质锰矿普查报告[R].武汉:中国冶金地质勘查工程总局中南地质勘查院.

简耀光,夏柳静,2017.广西天等县东平矿区外围锰矿普查报告[R].南宁:中国冶金地质勘查工程总局广西地质勘查院.

主要参考文献

寇秀根,李淦波,1981.广西靖西县湖润锰矿区内伏矿段碳酸锰矿初步普查地质报告[R].南宁:广西壮族自治区第四地质队.

雷英凭,陆建辉,2002.广西巴马良庭矿区锰矿普查报告[R].南宁:广西壮族自治区第四地质队.

李升福,苏绍明,2004.广西桂西南优质锰矿评价报告[R].武汉:中国冶金地质勘查工程总局中南地质勘查院.

廖青海,黄桂强,2012.广西靖西县那敏矿区锰矿详查报告[R].南宁:中国冶金地质勘查工程总局中南局南宁地质调查所.

廖青海,朱炳光,2016.广西大新县土湖锰矿接替资源勘查成果报告[R].南宁:中国冶金地质勘查工程总局广西地质勘查院.

廖青海,朱炳光,2017.广西大新县土湖锰矿区外围锰矿普查报告[R].南宁:中国冶金地质勘查工程总局广西地质勘查院.

廖清海,朱炳光,2014.广西靖西县龙昌矿区那院矿段、利更矿段、巴荷矿段、龙昌矿段锰矿详查报告[R].南宁:中国冶金地质勘查工程总局广西地质勘查院.

廖养民,李学圣,1982.广西大新县土湖锰矿区初步勘探地质报告[R].南宁:广西壮族自治区第四地质队.

林建辉,吴国平,1994.广西靖西县湖润矿区扑隆矿段62—87线锰矿详查报告[R].南宁:冶金工业部中南地质勘查局南宁地质调查所.

林健,廖青海,2008.广西兴业县陈村矿区陈村、黄古岭矿段锰矿详查报告[R].南宁:中国冶金地质勘查工程总局中南局南宁地质调查所.

林健,罗美智,2005.广西玉林市兴业县福地矿区锰矿普查报告[R].南宁:南宁三叠地质资源开发有限责任公司.

龙明周,蒙永坚,2006.广西来宾地区锰矿普查报告[R].南宁:广西壮族自治区第四地质队.

卢斌,刘晓珠,2004.广西田林县洞弄氧化锰矿普查报告[R].武汉:中国冶金地质勘查工程总局中南地质勘查院.

卢斌,刘晓珠,2019.广西贺州市信都矿区锰矿预查报告[R].南宁:中国冶金地质勘查工程总局广西地质勘查院.

骆华宝,周尚国,2001.桂西-滇东南大型锰矿勘查技术与评价研究成果报告[R].北京:中国冶金地质总局.

聂德彬,陈昌伟,1989.广西玉林市新庄矿区锰矿详查地质报告[R].贵港:广西第六地质队.

施伟业,林健,2005.广西桂西南百色龙川-燕垌优质锰矿富集区预查报告[R].武汉:中国冶金地质勘查工程总局中南地质勘查院.

谈开甲,1972.广西扶绥那标-邕宁六里钴锰铁矿区勘探报告[R].南宁:广西第四地质队革命委员会.

谈开甲,杨家谦,1982.广西大新县下雷锰矿区南部碳酸锰详细勘探地质报告[R].南宁:

广西壮族自治区第四地质队.

覃学仁,陈浩,1996.广西田东县义圩矿区锰矿普查报告[R].柳州:广西壮族自治区地球物理勘察院.

王跃文,晏玖德,2006.广西兴业县城隍矿区锰矿普查报告[R].南宁:南宁三叠地质资源开发有限责任公司.

王跃文,周尚国,1993.广西靖西县湖润锰矿区茶屯矿段详查报告[R].南宁:冶金工业部中南地质勘查局南宁地质调查所.

韦健甲,梁官华,1992.广西来宾寺山锰矿区六力矿段详查地质报告[R].南宁:广西壮族自治区第四地质队.

韦昆昌,龚景秋,1983.广西大新县下雷锰矿区北、中部矿段碳酸锰矿详细普查地质报告[R].南宁:广西壮族自治区第四地质队.

夏柳静,黄荣章,1999.广西田东县龙怀锰矿区龙怀矿段氧化锰矿详查地质报告[R].南宁:冶金工业部中南地质勘查局南宁地质调查所.

夏柳静,汤朝阳,2016.广西天等龙原—德保那温地区锰矿整装勘查区专项填图与技术应用示范报告[R].南宁:中国冶金地质勘查工程总局广西地质勘查院,武汉:中国地质调查局武汉地质调查中心.

夏柳静,文运强,2015.广西大新县下雷矿区大新锰矿北中部矿段勘探报告[R].南宁:中国冶金地质勘查工程总局广西地质勘查院.

许剑雄,劳复天,1966.广西靖西县湖润锰矿区普查报告[R].钦州:426地质队.

杨家谦,黄尊廷,1987.广西靖西县湖润锰矿区巡屯矿段碳酸锰矿普查地质报告[R].南宁:广西壮族自治区第四地质队.

杨家谦,黄尊廷,1990.广西靖西县新兴锰矿区详查地质报告[R].南宁:广西壮族自治区第四地质队.

杨少培,林建辉,1987.广西靖西县湖润锰矿区内伏矿段24-27线氧化锰矿详查地质报告[R].南宁:中南冶金地质勘探公司南宁冶金地质调查所.

张鑑仁,何洪才,1980.广西灵山县上井矿区铁锰矿地质普查报告[R].钦州:广西第三地质队.

赵冠华,乐兴文,2005.广西大新县新湖矿区锰矿普查报告[R].南宁:广西壮族自治区第四地质队.

赵品忠,黄宗添,2021.广西大新县下雷-土湖锰矿矿集区矿产地质调查课题成果报告[R].南宁:中国冶金地质勘查工程总局广西地质勘查院.

赵品忠,彭磊,2017.广西天等县东平锰矿区冬裕-含柳矿段碳酸锰矿普查报告[R].南宁:中国冶金地质勘查工程总局广西地质勘查院.

周泽昌,邱占春,2004.广西天等县把荷锰矿区补充普查地质报告[R].南宁:南宁三叠地质资源开发有限责任公司.